机械设计与机械原理
考研指南（上册）

（第三版）

彭文生　杨家军　王均荣　主编

华中科技大学出版社

中国·武汉

内 容 提 要

　　本书由国内具有代表性的七所重点大学有丰富教学、教材编写及研究生指导经验的教授编写。

　　全书分上、下两册，共三篇。上册含两篇（共 21 章）即：第一篇——机械设计（第 1～10 章）；第二篇——机械原理（第 11～21 章）。下册为第三篇——参考答案与考研试题精选，包括：第一部分——各章复习与练习题参考答案；第二部分——考研试题精选。

　　本书可作为报考硕士学位研究生有关人员的考前复习辅导教材，本、专科大学生及自考学生学习"机械设计""机械原理"和"机械设计基础"课程的复习资料与自学教材；也可供从事"机械设计""机械原理"和"机械设计基础"课程教学的教师和有关工程技术人员参考。

图书在版编目（CIP）数据

　　机械设计与机械原理考研指南.上册/彭文生，杨家军，王均荣主编.—3 版.—武汉：华中科技大学出版社，2014.10（2023.10 重印）
　　ISBN 978-7-5609-9636-3

　　Ⅰ.①机…　Ⅱ.①彭…　②杨…　③王…　Ⅲ.①机械设计-研究生-入学考试-自学参考资料　②机构学-研究生-入学考试-自学参考资料　Ⅳ.①TH

　　中国版本图书馆 CIP 数据核字（2014）第 243278 号

机械设计与机械原理考研指南（上册）　　　　　　彭文生　　杨家军　　王均荣　主编
　　　　（第三版）

策划编辑：万亚军
责任编辑：刘　勤
封面设计：李　嫚
责任校对：张　琳
责任监印：张正林
出版发行：华中科技大学出版社（中国·武汉）
　　　　　武昌喻家山　　邮编：430074　　电话：（027）81321913
录　　排：武汉楚海文化传播有限公司
印　　刷：武汉市籍缘印刷厂
开　　本：787mm×1092mm　1/16
印　　张：21.5
字　　数：547 千字
版　　次：2009 年 10 月第 2 版　　2023 年 10 月第 3 版第 12 次印刷
定　　价：49.80 元

前　言

本书第一版出版以来,作为当时国内第一本正式出版的机械类专业考研的主要参考书,受到广大报考机械类相关专业的考生、大学生和担任"机械设计""机械原理""机械设计基础"任课教师们的欢迎和好评。2005年出版的第二版将相关院校的研究生入学考试试题由第一版的14份增至29份。在2005—2012年的八年中,本书共进行了七次印刷,为适应考研的新形势决定出版第三版。

本书第一版出版时(2001年),全国在读硕士研究生的人数为27万,至本书第三版出版时(2013年),全国在读研究生的人数,据不完全统计已达160万,十三年间在读研究生的人数增加了近六倍。2013年研究生入学考试的人数达180万,创历史最高,比2012年增加15万。

在第一版前言中,我们曾指出:"当今社会对具有创新能力的高素质人才的需求比以往任何时候都更加迫切。因此,崇尚科学、崇尚知识,不仅是一种知识价值的体现,也是时代的需求和社会进步的标志。'考研热'的兴起并持续升温,正体现了时代的需求和广大莘莘学子的愿望。"

党的十八大报告中指出:"全党必须更加自觉地把推动经济社会发展作为深入贯彻落实科学发展观的第一要义,牢牢扭住经济建设这个中心,坚持聚精会神搞建设、一心一意谋发展,着力把握发展规律、创新发展理念、破解发展难题,深入实施科教兴国战略、人才强国战略、可持续发展战略……"而要落实"科教兴国战略"与"人才强国战略"的关键,又在于落实中共中央、国务院印发的《国家中长期教育改革和发展规划纲要(2010—2020年)》(以下简称《纲要》)所强调的,我国高等教育要牢固确立人才培养在工作中的中心地位,"着力培养信念执着、品德优良、知识丰富、本领过硬的高素质专门人才和拔尖创新人才"。而研究生的培养正是我国贯彻《纲要》,培养拔尖创新人才的主要途径之一。而据国际经济界权威人士预测,再过8~10年,我国经济总量将超过美国跃升至全球第一位。经济的发展急需一大批高科技的创新人才。人才从何而来?主要靠国内大学自己培养,同时从国外引进高科技创新人才。因此,今后国内985大学,每年招收研究生、博士生、博士后的人数将趋近本科生的人数。

本次修订是为了适应考研的新形势,主要进行了以下几项工作。

(1)在保持原版体系、特色和风格不变的前提下,对各章内容进行了重新审核、校对与勘误,删去了"考试复习与练习题"中的一些重复内容,个别章节充实了一些内容。

(2)增加了第21章机械创新设计。

(3)对下册第二部分"考研试题精选"的内容进行了全面更新,共选出华中科技大学、哈尔滨工业大学、华南理工大学、东北大学、武汉理工大学、中南大学等六所大学的硕士研究生入学考试模拟试题共 35 份,其中学术型研究生(三年制)试题 33 份,专业型研究生(两年制)试题 2 份,包括"机械设计""机械原理""机械设计基础"课程的内容。而华中科技大学从 2008 年起的试题中还包括一道较灵活的关于机械创新设计的试题(参见第二部分该校的考研模拟试题精选)。

参加此次修订工作的有:华中科技大学彭文生(第 2、3、4、10 章及下册第三篇的第二部分)、杨家军(第 11、12、13、14、17、20、21 章及下册第三篇的第二部分);武汉理工大学王均荣(第 1、5 章)、余培明(第 15 章);华南理工大学朱文坚(第 6 章)、李杞仪(第 16 章);东北大学陈良玉、闫玉涛(第 7、9 章)、陈良玉、杨强(第 18、19 章);哈尔滨工业大学宋宝玉(第 8 章)。

下册第一部分的复习与练习题参考答案,均由第一版或第二版各对应编撰者提供,但出第三版时少数原作者有变动,但新作者对上册原稿及下册相应的复习与练习题参考答案都进行了认真的核对与修改。

需要说明的是:由于目前国内各高校使用的教材不尽相同,因此,在选入下册第二部分的 35 份研究生入学考试模拟题中,为保持"原汁原味",同一内容表达的个别符号,可能不尽相同。此外,参与第二版编撰的个别作者,由于各种原因未参加本版的修订工作,在此,对这些作者在前两版付出的辛勤劳动表示感谢。此外,中南大学刘瞬尧教授为本书提供了部分研究生入学模拟试题,在此深表谢意!

本书由彭文生、杨家军、王均荣担任主编。诚恳地欢迎广大读者对本书中的不妥之处批评指正,并先在此致谢!

编著者

2014 年 8 月

第二版前言

本书第一版于 2001 年出版以来,作为考研的主要参考书,受到广大考研者、学生和教师们的欢迎和好评。由于近三年来硕士研究生入学考试科目和内容有所变动,考研形势发生了很大变化,为了适应新的考研形势而出版第二版。

一是全国招收研究生的人数每年以 30% 以上的速度递增:2001 年全国在读研究生人数共计 29 万人;而 2002 年全国招收研究生人数为 20 万人;2003 年全国招收研究生人数为 27 万人;2004 年全国招收研究生人数为 33 万人。以上数字表明:"当今社会对具有创新能力的高素质人才的需求比以往任何时候都更加迫切。……'考研热'的兴起并持续升温,正体现了时代的需要和广大莘莘学子的愿望。"①

最近教育部更明确指出:今后要继续扩大硕士研究生的招生规模。从发展趋势看,今后全国重点大学,每年招收研究生的人数将超过招收本科生的人数。

二是从 2002 年起,硕士研究生入学考试科目,由五门改为四门,即除全国统一命题的政治、数学、外语三门基础课程之外,另一门考试科目由各校自定。但对于各高校大机械类学科各专业(机械、动力、汽车、船舶、能源等),绝大多数大学都是从"机械设计"、"机械原理"、"机械设计基础"中选一门列为必考科目。也有少数学校曾考过"机械设计基础"加力学或加公差等内容的题目。

三是从 2003 年起,一些重点大学被批准自己划定录取分数线,自主招生录取的权限在逐步扩大。

第二版修订工作是在总结第一版使用经验的基础上进行的。修订的原则是:以继承为主,既保持第一版的特色和风格,又考虑了当前考研形势的发展与变化,对全书内容进行了整体优化与整合,以增强对考研的针对性和适应性。具体进行了以下几项工作。

(1) 在保持第一版体系、特色和风格不变的前提下,对绝大多数章节在内容上做了些压缩,去掉"考试复习与练习题"中的一些重复内容。

(2) 对下册第二部分"考研试题精选",第一版共选出 1998 年及 1999 年的研究生入学考试试题计 14 份。第二版对这部分的内容全部做了更新,共选出 2000—2005 年的研究生入学考试试题 29 份,其内容包括:机械设计、机械原理、机械设计基础、机械工程基础(含机械设计、机械原理及互换性)等考研试题。

(3) 更正了第一版文字、插图及计算中的疏漏和印刷错误。

参加此次修订工作的有:华中科技大学彭文生(第一篇的第二、三、四、十章及第三篇的第二部分)、杨家军(第二篇的第十一、十二、十三、十四、十七、二十章及

---

① 参见第一版前言。

第三篇的第二部分);西南交通大学吴鹿鸣、罗大兵(第一章);武汉理工大学王均荣(第五章)、余培明(第十五章);华南理工大学朱文坚(第六章)、李杞仪(第十六章);东北大学张钰(第七、九章)、王淑仁(第十八、十九章);哈尔滨工业大学王连明(第八章)。

下册第一部分的复习与练习题参考答案,均由各对应章的编撰者提供。本书由彭文生、杨家军、王均荣担任主编。

需要说明的是:由于目前国内各高校使用的教材不尽相同,因此选入下册第二部分的 29 份考试试题中,为保持其"原汁原味",同一内容表达的个别符号,可能不尽相同。另外,参与第一版编撰的个别作者,由于各种原因未能参加第二版的修订工作,在此,对这些作者为第一版付出的辛勤劳动表示感谢。

诚恳地欢迎广大读者对本书中不妥之处批评指正。

编著者
2005 年 5 月

第一版前言

人类社会在经历了农业、工业经济的文明历程之后,已逐渐进入到信息时代。21世纪将是人类更多地依靠知识创新、知识的创新应用和可持续发展的时代。而新世纪的核心是科技,关键是人才,基础是教育。我们的国家、民族以至每一个人,都面临着充满竞争的全球化知识经济时代的机遇与挑战。当今社会对具有创新能力的高素质人才的需求比以往任何时候都更加迫切。因此,崇尚科学、崇尚知识,不仅是一种知识价值的体现,也是时代的需求和社会进步的标志。"考研热"的兴起并持续升温,正体现了时代的需求和广大莘莘学子的愿望。

研究生入学考试是通向研究生之路的阶梯,而考试成绩的高低又是能否被录取的主要依据。现国内各高校机械类各专业(含部分力学专业、管理类等专业)的研究生入学考试科目,除全国统一命题的外语、数学、政治三门基础课外,还将"机械设计"、"机械原理"和"机械设计基础"中的一门课程列为必考科目。为了帮助考生进行有效的复习备考,以便在较短的时间内掌握有关课程的内容,我们在总结参编7校近10年来考研命题经验的基础上,特编撰本书。

本书分上、下两册,共三篇。上册有两篇共20章,即第一篇——机械设计(10章);第二篇——机械原理(10章)。而每一章的内容包括:主要内容与基本要求、重点与难点分析、例题精选与解析、考试复习与练习题等四个部分。在重点与难点分析中,对考生应掌握的基本概念、基础理论、分析计算方法、机构分析与设计方法,均进行了总结性、规律性的阐述和一般性指导。在例题精选与解析中,通过示范解题给考生以解题思路和技巧。在考试复习与练习题中,按单项选择题、填空题、问答题、分析计算题、结构题(图解题),共给出了1400多道考题。本书所选用的例题、考试复习与练习题,绝大多数来自参编7校近5~10年的硕士研究生入学考试试题和本科生课程考试试题,也包括参考文献所列有关资料中的部分试题。本书下册为第三篇——参考答案与考研试题精选,即包括:第一部分,各章复习与练习题参考答案,给出了除问答题以外的其他题型的参考答案计1200多道题;第二部分,考研试题精选,共选出7校1998年及1999年的研究生入学考试试题计14份。其中,"机械设计"试题6份;"机械原理"试题5份;"机械设计基础"试题3份。所选入的考研试题在全国有较广泛的代表性。

本书既可作为报考硕士学位研究生有关人员的考前复习辅导教材以及本、专科大学生学习"机械设计"、"机械原理"、"机械设计基础"课程的自学教材,也可供教师和有关工程技术人员参考。

参加本书编撰工作的有:华中科技大学彭文生(第一篇的第二、三、十章及第三篇的第二部分)、杨家军(第二篇的第十一、十二、二十章及第三篇的第二部分);西南交通大学吴鹿鸣(第一章);浙江大学周银生(第四章)、陈文华(第十三、十四、十七章);武汉理工大学王均荣(第五章)、余培明(第十五章);华南理工大学朱文坚(第六章)、李杞仪(第十六章);东北大学张钰(第七、九章)、王淑仁(第十八、十九章);哈尔滨工业大学王连明(第八章)。下册第一部分各章的复习与练习题参考答案,均由各对应章的编撰者提供。本书由彭文生、杨家军、王均荣担任主编。

需要说明的是:由于目前国内各高校使用的教材不尽相同,因此选入下册第二部分的 14 份考研试题,为保持"原汁原味",题中同一内容表达的个别符号可能不尽相同。

因编撰此类书属于首次,加之作者水平和时间所限,书中错漏之处在所难免,恳切希望广大读者批评指正。

编著者

2000 年 6 月

目　　录（上册）

第一篇　机械设计

第二篇 机 械 原 理

第一篇 机 械 设 计

第 1 章 机械设计总论

1.1 主要内容与基本要求

1.1.1 主要内容

1. 机械设计课程的内容、性质与任务

本课程的内容,主要是研究通用机械零件的设计问题。它是一门设计性的技术基础课,其主要任务有两方面:一是培养学生综合运用基础理论、工程技术基础和基本知识去解决一般参数的通用机械零件设计问题;二是设计技能的训练,使学生具有设计机械传动和简单机械的能力。

2. 机械及机械零件设计概要

(1) 主要说明机械与机械零件设计的一般程序。

(2) 阐述机械零件的主要失效形式、设计准则及设计方法。

机械零件的主要失效形式有:整体断裂、表面破坏(如磨损、压溃、点蚀、胶合等)、变形量过大、功能失效(如打滑)。它们是制定设计准则的依据。归纳多种失效形式,提出强度、刚度、耐磨性等设计准则。设计准则确定后,一般用理论或经验设计的方法来设计机械零件。

3. 机械零、部件设计的强度问题

从分析载荷与应力开始,一般介绍了静应力下机械零件的强度问题,重点阐述了变应力作用下机械零件的强度,还对机械零件的接触疲劳强度作了一定的说明。

4. 机械零、部件的摩擦、磨损与润滑

主要阐述机械零、部件的摩擦、磨损的分类、机理和影响因素,形成流体动压油膜的承载机理和雷诺方程,以及弹性流体动压润滑的基本知识。

1.1.2 基本要求

(1) 要搞清本课程"为什么学"、"学什么"和"如何学"这三个大问题,树立学习好本课程的信心与决心。

(2) 要从总体上建立机械设计,尤其是机械零件设计的总体概念。即从机械的总体要求出发,引出对零件的要求,根据零件的失效—→拟定设计准则—→用一定的设计方法来设计零件。

(3) 掌握静强度计算中三个强度理论的概念和公式;了解疲劳曲线与极限应力曲线的来源、意义和用途,能根据材料的几个基本力学性能(如 σ_b、σ_s、σ_{-1}、σ_0 等)[①]及零件的几何特性,绘制零件的极限应力简化曲线图;学会单向变应力的强度计算方法与双向变应力的强度校核方

---

① 几个材料力学性能符号,新国标已有所改变,但不涉及对材料力学性能的正确理解与表达,故第三版不跟进修改。

法;了解疲劳损伤累积假说(Miner 法则)的意义与用途;了解机械零件接触疲劳强度及其计算公式。

(4) 扼要地了解各类摩擦的机理、物理特性及其影响因素;初步了解磨损的一般规律(即磨损曲线)及各种磨损的机理、物理特性和影响因素;了解润滑的作用及润滑剂的主要质量指标;掌握流体动压润滑的基本概念与油楔承载机理,而对弹性流体动压润滑只需有一初步的了解。

1.2 重点与难点分析

1.2.1 重点

1.2.1.1 本课程的性质、特点与学习方法

本课程是一门设计性的重要技术基础课,其特点是:①综合性 它要综合应用先修课的知识来解决机械零、部件的设计问题;②实践性 其设计题目来自生产实际,而设计成果又可直接用于生产实际;③设计性 它是论述机械设计理论、研究机械设计方法、培养学生具有机械设计能力的课程。

针对本课程的特点,必须采取如下学习方法:①把握机械零件设计分析问题的主线,即要时刻贯穿"零件失效形式→受力分析→强度计算→结构设计"这一主线,无论学习何种机械零、部件设计,如果以此主线为纲,就便于入门、便于掌握;②要理论联系实际,必须从生产实际的条件与要求出发来考虑问题,注意公式的使用条件与范围,参数选择也要紧密结合实际来进行;③机器是由许多零件按一定方式连接起来的,零件之间有一定联系,因此要从整体出发来考虑零件的设计,并注意零件间的协调与配合,特别是零件设计的原始数据和要求,要与整机要求相适应;④必须重视结构设计,初学者往往只看重计算而忽略结构设计,要认识到计算虽重要,它只为结构设计提供一个基础,而零、部件和机器的最后尺寸与形状,通常是由结构设计决定的,它在设计工作量中也占有较大比重,因而必须高度重视结构设计;⑤更新设计观念,重在培养综合设计能力,要建立符合时代要求的新的设计观念,特别是要把创新的思想贯彻进去,所谓综合设计能力主要包括技术基本能力、创造性能力、掌握信息与自学能力、评价与决策能力及集体合作设计能力等,要通过学习与训练,逐步提高学生综合设计的能力。

1.2.1.2 载荷与应力的分类、机械零件的强度及表面接触疲劳强度

1. 载荷与应力的分类

载荷与应力的分类如图 1-1 所示。

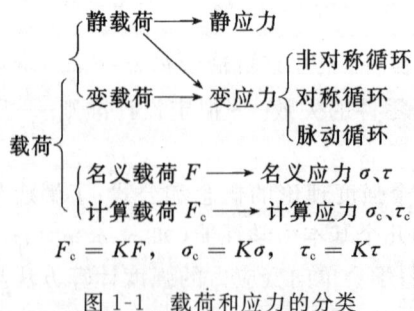

图 1-1 载荷和应力的分类

零件所受的载荷是静载荷还是变载荷较易判别,但在分析零件的应力时,容易出错,特别

是零件承受静载荷时,不仅产生静应力,有时也能产生变应力。比如,承受静载荷的回转运动或周期运动的零件将产生变应力。

2. 机械零件的强度

1) 强度判定方法(强度准则)

$$最大应力 \leqslant 许用应力\left(= \frac{材料的极限应力}{许用安全系数}\right)$$

即

$$\begin{cases} \sigma \leqslant [\sigma] = \dfrac{\sigma_{\lim}}{S_\sigma} \\[2mm] \tau \leqslant [\tau] = \dfrac{\tau_{\lim}}{S_\tau} \end{cases} \tag{1-1}$$

$$实际安全系数\left(= \frac{材料的极限应力}{最大应力}\right) \geqslant 许用安全系数$$

即

$$\begin{cases} S_{\sigma ca}\left(= \dfrac{\sigma_{\lim}}{\sigma}\right) \geqslant S_\sigma \\[2mm] S_{\tau ca}\left(= \dfrac{\tau_{\lim}}{\tau}\right) \geqslant S_\tau \end{cases} \tag{1-2}$$

$$材料的极限应力\begin{cases} 静应力状态下\begin{cases} 脆性材料取抗拉强度 \sigma_b \\ 塑性材料取屈服强度 \sigma_s \end{cases} \\ 变应力状态下\begin{cases} 脆性材料 \\ 塑性材料 \end{cases}均取疲劳极限极限 \sigma_{rN} \end{cases}$$

2) 复合应力状态下工作的零件

对塑性材料的零件,应按第三或第四强度理论确定强度准则。

第四强度理论适用于拉应力和切应力的复合应力,其强度准则为

$$\sigma = \sqrt{\sigma_1^2 + 3\tau_T^2} \leqslant [\sigma] \tag{1-3}$$

第三强度理论适用于弯、扭复合应力,其强度准则为

$$\sigma = \sqrt{\sigma_w^2 + 4\tau_T^2} \leqslant [\sigma] \tag{1-4}$$

上述两种强度准则用安全系数表达为

$$S_{ca} = \frac{S_\sigma S_\tau}{\sqrt{S_\sigma^2 + S_\tau^2}} \geqslant S \tag{1-5}$$

对脆性材料的零件,应按第一强度理论确定强度准则,即

$$\sigma = \frac{1}{2}\left[\sigma_w + \sqrt{\sigma_w^2 + 4\tau_T^2}\right] \leqslant [\sigma] \tag{1-6}$$

$$S_{ca} = \frac{2\sigma_b}{\sigma_w + \sqrt{\sigma_w^2 + 4\tau_T^2}} \geqslant S \tag{1-7}$$

3. 表面接触疲劳强度

高副机构(如齿轮传动、滚动轴承等),其载荷是通过线接触或点接触传递动力的,大多数零件在循环接触条件下工作,所以接触应力是循环的变应力。因此,接触疲劳强度的准则为

$$\sigma_{Hmax} \leqslant [\sigma]_H \tag{1-8}$$

式中：σ_{Hmax} 为接触部位的最大接触应力；$[\sigma]_H$ 为接触零件的许用接触应力。

齿轮副齿廓的接触状况与两圆柱体接触状况相似，其 σ_{Hmax} 可借用两圆柱体相接触的赫兹公式，即

$$\sigma_{Hmax} = \sqrt{\frac{1}{\pi\left[(1-\mu_1^2/E_1)+(1-\mu_2^2/E_2)\right]} \cdot \frac{F_n}{L\rho_\Sigma}} \tag{1-9}$$

式中：ρ_Σ 为综合曲率半径，$\frac{1}{\rho_\Sigma}=\frac{1}{\rho_1}\pm\frac{1}{\rho_2}$（$\rho_1$、$\rho_2$ 分别为两圆柱体的曲率半径，"＋"号用于外接触，"－"号用于内接触）；F_n 为外载荷；L 为接触线长度；E_1、E_2 分别为两圆柱体的弹性模量；μ_1、μ_2 分别为两圆柱体的泊松比。

1.2.1.3 雷诺流体动压方程与油楔承载机理

首先要了解在讨论动压油膜的形成原理时所作的一些简化假定，其次要了解雷诺流体动压方程的推导过程，从而进一步掌握动压油膜的形成条件，以及搞清楚油楔的承载机理。

要记住一维流体的动压轴承基本方程（又称一维雷诺方程）：

$$\frac{\partial p}{\partial x} = 6\eta v\,\frac{h-h_0}{h^3} \tag{1-10}$$

由上式可知，油膜压力的变化与润滑油的黏度、表面相对滑动速度和油膜厚度的变化有关。利用这一公式，可求得油膜上各点的载荷 p 沿 x 方向的分布，再将该压力积分便可求得油膜的承载能力。

进一步分析可知，形成流体动压润滑的必要条件是：①两滑动表面必须具有收敛的楔形间隙；②移动件必须有足够的速度（方向从大口指向小口）；③润滑油应有一定的黏度，且供油要充分。

1.2.2 难点

本章的难点主要是，零件在变应力作用下，其极限应力和安全系数的确定。

本课程对这部分问题的讨论，主要是在材料力学的基础上进一步扩展与深化，以便在其他有关章节中得到应用。

机械零件工作时可能经受的变应力，大体上可归纳为两大类：稳定循环变应力（见图 1-2(a)）和非稳定循环变应力（见图 1-2(b)）。

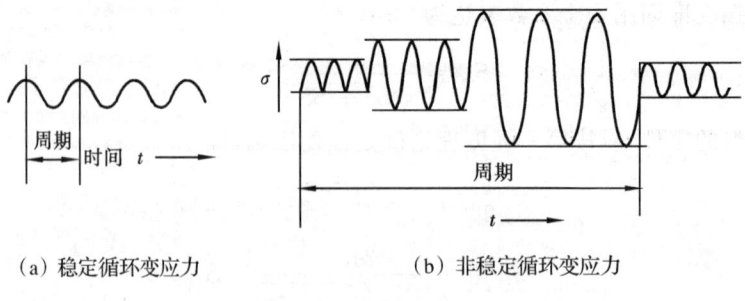

（a）稳定循环变应力　　　　　（b）非稳定循环变应力

图 1-2　变应力

无论是稳定还是非稳定循环变应力，都可能是简单应力（只有弯曲或扭转应力等），也可能是复杂应力（如既有弯曲应力也有扭转应力）。

因为作用在机械零件上的应力类型和应力循环次数，对零件材料的极限应力有明显影响，

所以应力类型和应力循环次数不同,其极限应力和安全系数确定的方法也不相同。

1.2.2.1 稳定循环简单变应力时极限应力和安全系数的确定

稳定循环简单变应力是最基本的变应力,掌握了它的极限应力与安全系数的有关概念与计算方法后,其他应力类型的问题就较易解决了。

从应力的循环特性来看,稳定循环简单变应力可分为对称循环变应力($r=-1$)、脉动循环变应力($r=0$)和非对称循环变应力($-1<r<0$ 和 $0<r<1$)。从应力循环次数来看,若以 N_0 表示应力循环的基本循环次数,则实际应力循环次数 N 可以大于或小于 N_0。当应力循环特性和循环次数不同时,其极限应力也不同。下面按不同情况进行讨论。

1. 当应力循环次数 $N=N_0$ 时零件在对称循环变应力下的极限应力和安全系数

这种应力是最基本的应力,其极限应力由实验确定,在有关手册中可以查到。

循环特性 $r=-1$(对称循环)时,极限应力为 σ_{-1}(或 τ_{-1})。按照定义,安全系数为极限应力与工作应力之比,即 $S=$极限应力/工作应力。

因为零件在对称循环变应力作用下,其极限应力为 σ_{-1},最大工作应力 $\sigma_{max}=\sigma_a$(见图1-3),则安全系数为

$$S_{ca} = \frac{\sigma_{-1}}{\sigma_a} \tag{1-11}$$

考虑应力集中等因素的影响,得

$$S_{ca} = \frac{\sigma_{-1}}{K_\sigma \sigma_a} \tag{1-12}$$

式中:$K_\sigma = k_\sigma/(\varepsilon_\sigma \beta)$ 为考虑应力集中(k_σ)、零件绝对尺寸(ε_σ)以及零件表面状态(β)等对零件极限应力的综合影响系数。

2. 当应力循环次数 $N=N_0$ 时零件在非对称循环应力下的极限应力和安全系数

为了确定零件在非对称循环应力作用下的极限应力 σ_r,需要借助于极限应力图。

若材料在 $N=N_0$、$r=-1$ 时的极限应力为 σ_{-1},$N=N_0$、$r=0$ 时的极限应力为 σ_0,静应力($r=+1$)时的抗粒强度极限和屈服强度分别为 σ_b 和 σ_s,则可作出其相应的极限应力图,如图1-4所示。

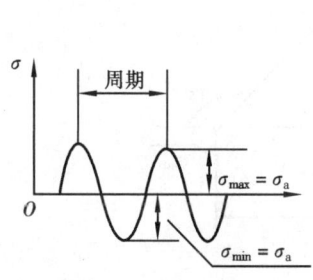

图1-3 对称循环变应力

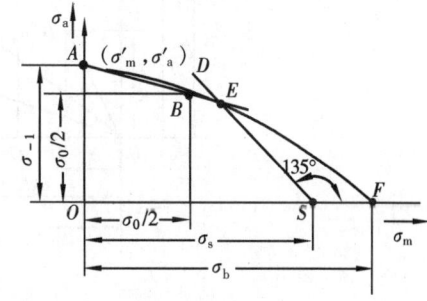

图1-4 极限应力图

图中曲线 ABF 为极限应力曲线,曲线上点 A 为对称循环点($0,\sigma_{-1}$),点 B 为脉动循环点($\sigma_0/2,\sigma_0/2$),点 F 为静应力点($\sigma_b,0$)。对于塑性材料,曲线 ABF 可以简化为两根折线 AE 和 ES,AES 为简化后的极限应力曲线,其上的任一点(σ_m',σ_a')是与之相应的某一循环特性 r 时的极限应力,即

$$\sigma_r = \sigma_m' + \sigma_a' \tag{1-13}$$

设零件工作时,作用在其上的应力幅为 σ_a,平均应力为 σ_m,对于稳定循环的变应力,如图

1-5所示,有

$$\sigma_{\min} = \sigma_m - \sigma_a, \quad \sigma_{\max} = \sigma_m + \sigma_a \tag{1-14}$$

由此可得

$$\sigma_a = \frac{1}{2}(\sigma_{\max} - \sigma_{\min}), \quad \sigma_m = \frac{1}{2}(\sigma_{\max} + \sigma_{\min}) \tag{1-15}$$

由循环特性的定义得

$$r = \frac{\sigma_{\min}}{\sigma_{\max}} = \frac{\sigma_m - \sigma_a}{\sigma_m + \sigma_a} = \frac{1 - \sigma_a/\sigma_m}{1 + \sigma_a/\sigma_m} \tag{1-16}$$

在图 1-6 中,连接原点 O 与点 $D(\sigma_m, \sigma_a)$,并延长之,使之与极限应力曲线相交于点 C,设 OC 与横坐标的夹角为 α,则式(1-16)可以写成

$$r = \frac{1 - \tan\alpha}{1 + \tan\alpha} \tag{1-17}$$

或

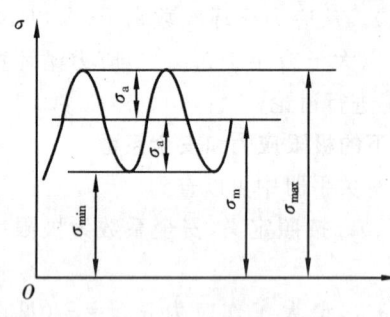

图 1-5 稳定循环变应力

$$\tan\alpha = \frac{1 - r}{1 + r} \tag{1-18}$$

因为 α 与应力循环特性 r 有关,所以角 α 是应力循环特性的另一表达式。对于某一循环特性 r,可以用相应的某一角 α 来表示。

如图 1-6 所示,过原点 O 作任一与横坐标成 α 角的直线(相当于某一应力循环特性 r,D 为其上的点),使之与极限应力曲线相交于点 C,则点 $C(\sigma_m', \sigma_a')$ 即为该循环特性时的极限应力点,其极限应力为

$$\sigma_r = \sigma_m' + \sigma_a' \tag{1-19}$$

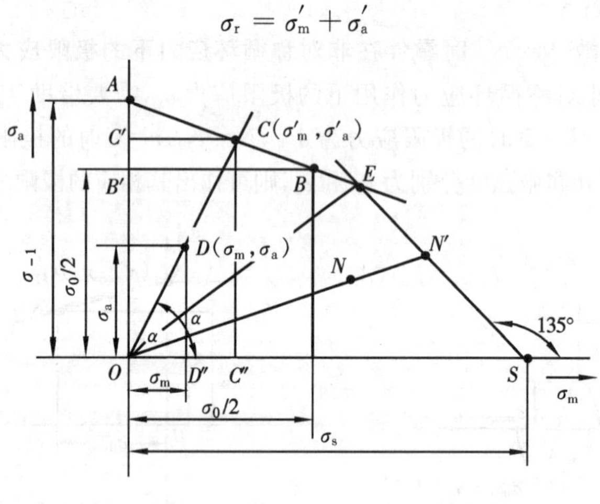

图 1-6 简化的极限应力图

在图 1-6 中,由相似三角形 $\triangle ACC'$、$\triangle ABB'$ 和相似三角形 $\triangle ODD''$、$\triangle OCC''$ 之间的关系,得

$$\left. \begin{aligned} \frac{\sigma_{-1} - \sigma_a'}{\sigma_{-1} - \sigma_0/2} &= \frac{\sigma_m'}{\sigma_0/2} \\ \frac{\sigma_m}{\sigma_m'} &= \frac{\sigma_a}{\sigma_a'} \end{aligned} \right\} \tag{1-20}$$

对 σ'_a 和 σ'_m 求解式(1-20)后,得

$$\sigma'_a = \frac{\sigma_{-1}\sigma_a}{\sigma_a + \psi_\sigma\sigma_m} \qquad (1-21)$$

$$\sigma'_m = \frac{\sigma_{-1}\sigma_m}{\sigma_a + \psi_\sigma\sigma_m} \qquad (1-22)$$

式中:$\psi_\sigma = (2\sigma_{-1} - \sigma_0)/\sigma_0$,称为等效系数。

由此可求得包括脉动循环在内的任意应力循环特性下的极限应力和安全系数为

$$\sigma_r = \sigma'_a + \sigma'_m = \frac{\sigma_{-1}(\sigma_a + \sigma_m)}{\sigma_a + \psi_\sigma\sigma_m} \qquad (1-23)$$

$$S_{ca} = \frac{\sigma_r}{\sigma_{max}} = \frac{\sigma_{-1}(\sigma_a + \sigma_m)}{\sigma_a + \psi_\sigma\sigma_m} \bigg/ (\sigma_a + \sigma_m) = \frac{\sigma_{-1}}{\sigma_a + \psi_\sigma\sigma_m} \qquad (1-24)$$

若考虑应力集中等因素的影响,则上述安全系数的公式可以写成

$$S_{ca} = \frac{\sigma_{-1}}{K_\sigma\sigma_a + \psi_\sigma\sigma_m} \qquad (1-25)$$

对应于点 N 的极限应力点 N' 位于直线 ES 上。此时的极限应力为屈服强度 σ_s。这就是说,当处在工作应力点 N 时,首先可能发生的是屈服失效,故只需进行零件的静强度计算。则其计算屈服失效的安全系数为

$$S_{ca} = \frac{\sigma_s}{\sigma_{max}} = \frac{\sigma_s}{\sigma_a + \sigma_m} \qquad (1-26)$$

分析图 1-6 得知,凡是工作应力点位于 OES 区域内时,极限应力为屈服强度,故都只需对零件进行静强度计算。

3. 当应力循环次数 $N < N_0$ 时零件在变应力下的极限应力和安全系数

实验研究表明,材料的极限应力与应力循环次数有密切关系。图 1-7 所示为极限应力与应力循环次数的关系曲线。

由该图可知,当应力循环特性 r 一定时,随着应力循环次数 N 的增加,极限应力下降,直到 $N = N_0$ 为止。极限应力与应力循环次数的这一关系,可用方程表示如下:

$$\sigma_{rN}^m N = \sigma_r^m N_0 = 常数 \qquad (1-27)$$

由此得应力循环次数为 N 时的极限应力

$$\sigma_{rN} = \sigma_r \sqrt[m]{\frac{N_0}{N}} = K_N\sigma_r \qquad (1-28)$$

式中:σ_r 为 $N = N_0$ 时任意循环特性 r 所对应的极限应力

$$\sigma_r = \frac{\sigma_{-1}(\sigma_a + \sigma_m)}{\sigma_a + \psi_\sigma\sigma_m}$$

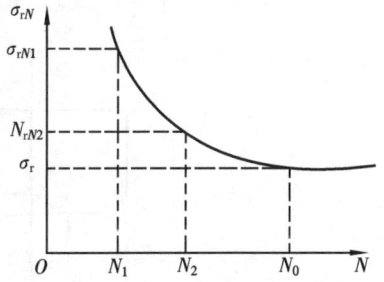

图 1-7 疲劳曲线

K_N 为寿命系数

$$K_N = \sqrt[m]{N_0/N}$$

这时的安全系数为

$$S_{ca} = \frac{\sigma_{rN}}{\sigma_{max}} = \frac{K_N\sigma_r}{\sigma_a + \sigma_m} = \frac{K_N\sigma_{-1}}{\sigma_a + \psi_\sigma\sigma_m} \qquad (1-29)$$

若考虑应力集中等因素的影响,则安全系数为

$$S_{ca} = \frac{K_N\sigma_{-1}}{K_\sigma\sigma_a + \psi_\sigma\sigma_m} \qquad (1-30)$$

若变应力为对称循环应力,则极限应力为

$$\sigma_{-1N} = K_N\sigma_{-1} \tag{1-31}$$

安全系数为

$$S_{ca} = \frac{K_N\sigma_{-1}}{K_\sigma\sigma_a} \tag{1-32}$$

若取 $\sigma_a = \sigma_m$,则式(1-30)即为脉动循环应力时的安全系数计算公式。

1.2.2.2 稳定循环复杂变应力时极限应力和安全系数的确定

若在零件的同一断面上既有弯曲应力,也有扭转应力,则该断面的应力状态为复杂应力状态。

上面已求得任意循环特性 r 和任意循环次数 N 时的简单应力状态下的安全系数,若以 S_σ 表示只受弯曲应力时的安全系数,S_τ 表示只受扭转应力时的安全系数,则

$$S_\sigma = \frac{K_N\sigma_{-1}}{K_\sigma\sigma_a + \psi_\sigma\sigma_m} \tag{1-33}$$

$$S_\tau = \frac{K_N\tau_{-1}}{K_\tau\tau_a + \psi_\tau\tau_m} \tag{1-34}$$

实验发现,塑性材料在对称循环弯曲应力与对称循环扭转应力同相位作用下,其疲劳极限曲线近似于一条椭圆曲线,可用下式表达:

$$\left[\frac{\sigma'_a}{\frac{\beta\varepsilon_\sigma}{k_\sigma}\sigma_{-1}}\right]^2 + \left[\frac{\tau'_a}{\frac{\beta\varepsilon_\tau}{k_\tau}\tau_{-1}}\right]^2 = 1 \tag{1-35}$$

上式表明,其极限应力图为一椭圆曲线(如图1-8所示的曲线 $\overset{\frown}{AB}$)。若图1-8中的点 N 为零件同时受到 σ_a 与 τ_a 复合作用的工作应力点,过点 N 作等安全系数曲线 $\overset{\frown}{A'NB'}$,考虑到各种影响因素,则此零件的安全系数 $S_{ca} = OM/ON = \sigma'_a/\sigma_a = \tau'_a/\tau_a$,将此式代入式(1-35),得

$$\left[\frac{S_{ca}}{\sigma_{-1}/(K_\sigma\sigma_a)}\right]^2 + \left[\frac{S_{ca}}{\tau_{-1}/(K_\tau\tau_a)}\right]^2 = 1 \tag{1-36}$$

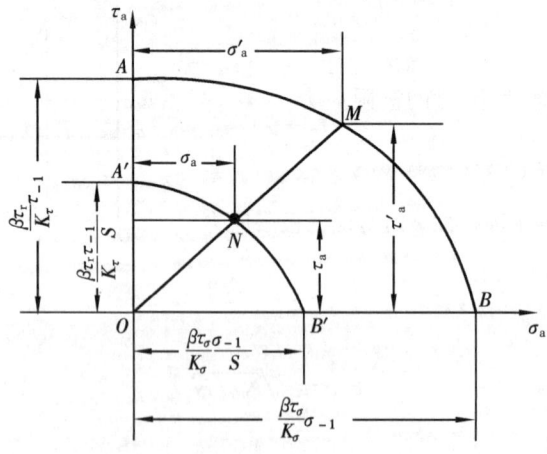

图1-8 复合应力的极限应力图

由式(1-12),当应力为对称循环变应力时,有正应力与切应力安全系数

$$S_\sigma = \frac{\sigma_{-1}}{K_\sigma\sigma_a}, \quad S_\tau = \frac{\tau_{-1}}{K_\tau\tau_a}$$

将上式代入式(1-36)，化简后得受对称循环复合变应力作用时，零件的安全系数为

$$S_{ca} = \frac{S_\sigma S_\tau}{\sqrt{S_\sigma^2 + S_\tau^2}} \tag{1-37}$$

对于非对称循环与任意循环次数的复合变应力作用的塑性零件，其安全系数也可近似按式(1-36)计算。其中，S_σ、S_τ 应分别按式(1-33)和式(1-34)计算。

1.2.2.3　不稳定应力状态（规律性）时极限应力和安全系数的确定

计算的基本理论是线性疲劳损伤累积假说（又称 Miner 定理）。不稳定变应力的应力谱中，给出各应力水平 σ_i 及各相对应积累循环次数 n_i，则在各 σ_i 作用下，经历 n_i 时材料受到的疲劳损伤率分别为 n_i/N_i，N_i 为对应 σ_i 作用下材料发生疲劳破坏的极限循环次数。因此，按这一假说，当理论上满足了

$$\sum_{i=1}^{n} \frac{n_i}{N_i} = 1 \tag{1-38}$$

时，材料总寿命损伤率为 1，即意味着该零件已达到疲劳极限状态。

以该假说为工具，即可按 σ_i、n_i 作用下的不稳定变应力疲劳损伤效应与某一稳定变应力 σ_v（称为等效应力）及某一循环次数 N_v（称为等效循环次数）作用产生的疲劳损伤效应相等原则，可方便地将不稳定变应力疲劳强度问题转化为简单的稳定变应力问题，进而确定其疲劳极限及安全系数。

一般有两种计算方法：①等效（或当量）应力计算法；②等效（或当量）循环次数计算法。

本书有关章节较多采用第②种方法，下面对其进行阐述。

等效循环次数计算法的实质是，取某一应力值作为稳定的等效应力 σ_v，通常取 σ_v 为应力谱 σ_i 中作用时间最长的和（或）起主要作用的应力，而将各应力的循环次数 N_i 转化为对应于 σ_v 的等效循环次数 N_v，则按疲劳损伤效应相等的条件，有

$$\sigma_v^m N_v = \sum_{i=1}^{n} \sigma_i^m n_i \tag{1-39}$$

则等效循环次数为

$$N_v = \sum_{i=1}^{n} (\sigma_i/\sigma_v)^m n_i \tag{1-40}$$

设对应于 N_v 的材料疲劳极限为 σ_{rv}，按疲劳曲线方程，可得出

$$\sigma_{rv}^m N_v = \sigma_r^m N_0 \tag{1-41}$$

则

$$\sigma_{rv} = \sigma_r \sqrt[m]{N_0/N_v} = K_N \sigma_r \tag{1-42}$$

式中：$K_N = \sqrt[m]{N_0/N_v}$，称为等效循环次数时的寿命系数。

参照稳定非对称循环变应力零件的安全系数计算式，可得出不稳定应力（规律性）时的非对称变应力安全系数为

$$S_{\sigma a} = \frac{\sigma_{rv}}{K_\sigma \sigma_{av} + \psi_\sigma \sigma_{mv}} = \frac{K_N \sigma_{-1}}{K_\sigma \sigma_{av} + \psi_\sigma \sigma_{mv}} \tag{1-43}$$

式中：σ_{av} 和 σ_{mv} 分别为 σ_v 的应力幅和平均应力。

1.2.2.4　按应力变化规律在极限应力曲线上判定强度计算时的极限应力问题

显然，强度计算时所用的极限应力，是零件的极限应力曲线上的某一点所代表的应力。到底以哪一点来表示才算合适？一般它与应力变化规律有关。通常，典型的应力变化规律有三种：①变应力的循环特性保持不变，即 $r=c$（例如绝大多数转轴中的应力状态）；②变应力的平

均应力保持不变，即 $\sigma_m = c$（例如振动着的受载弹簧中的应力状态）；③变应力的最小应力保持不变，即 $\sigma_{min} = c$（例如紧螺栓连接中螺栓受轴向变载荷时的应力状态）。

研究分析表明，同一个极限应力曲线，应力变化规律不同，即使同一个工作应力点，其极限应力也有所不同，而且其疲劳安全区及塑性安全区的划分，应根据应力变化规律来确定。

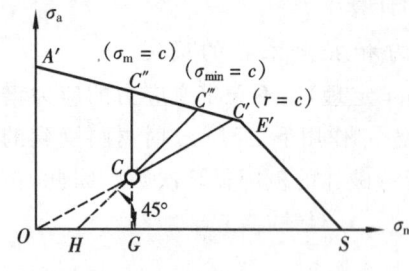

图 1-9　疲劳极限应力图

1. 不同应力变化规律时极限应力的确定问题

如图 1-9 所示，已知某零件的极限应力曲线 $A'E'S$，则在同一工作应力点 $C(\sigma_m, \sigma_a)$ 时，三种典型应力变化规律时的疲劳极限应力确定方法如下：

（1）$r = c$　从坐标原点引射线通过工作应力点 C，与极限应力曲线交于点 C'，点 C' 代表的应力值 σ_r 即为计算时所用的极限应力；

（2）$\sigma_m = c$　过点 C 作纵坐标轴的平行线，与极限应力曲线交于点 C''，点 C'' 代表的应力值 σ_r 即为计算时所用的极限应力；

（3）$\sigma_{min} = c$　通过点 C 作与横坐标轴夹角为 $45°$ 的直线，与极限应力曲线交于点 C'''，则点 C''' 所代表的应力 σ_r 即为计算时所用的极限应力。

2. 不同应力变化规律时疲劳安全区与塑性安全区的划分问题

（1）$r = c$　如图 1-10(a) 所示，连接坐标原点 O 与点 E'，则 OE' 左边的 $OA'E'$ 为疲劳安全区，右边的 $OE'S$ 为塑性安全区；

（2）$\sigma_m = c$　如图 1-10(b) 所示，过点 E' 作与纵坐标轴平行的直线，与横坐标轴交于点 G，则 $E'G$ 左边的 $OA'E'G$ 为疲劳安全区，右边的 $E'GS$ 为塑性安全区；

（3）$\sigma_{min} = c$　如图 1-10(c) 所示，过点 E' 作与横坐标轴成 $45°$ 角的直线，交于点 K，则 $E'K$ 左边的 $OA'E'K$ 为疲劳安全区，右边的 $E'KS$ 为塑性安全区。

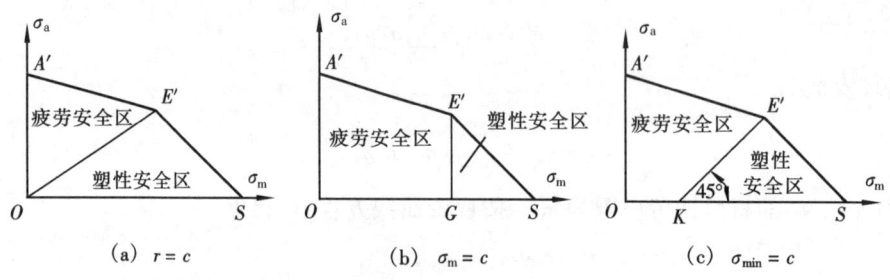

图 1-10　疲劳安全区与塑性安全区

1.3　例题精选与解析

例 1-1　已知例 1-1 图(a) 所示零件的极限应力点 C 的位置，工作应力为 $\sigma_{max}(\sigma_m, \sigma_a)$。试在该图上标出按三种应力变化的规律，即 $r = \sigma_{min}/\sigma_{max} = c$、$\sigma_m = c$ 及 $\sigma_{min} = c$ 时，对应于点 C 的极限应力点，并指出该点处于破坏区还是安全区。

解题要点：

（1）当 $r = \sigma_{min}/\sigma_{max} = c$ 时，在例 1-1 图(b) 中，连接 OC 并延长，交于极限应力曲线 $A'E'S$ 上

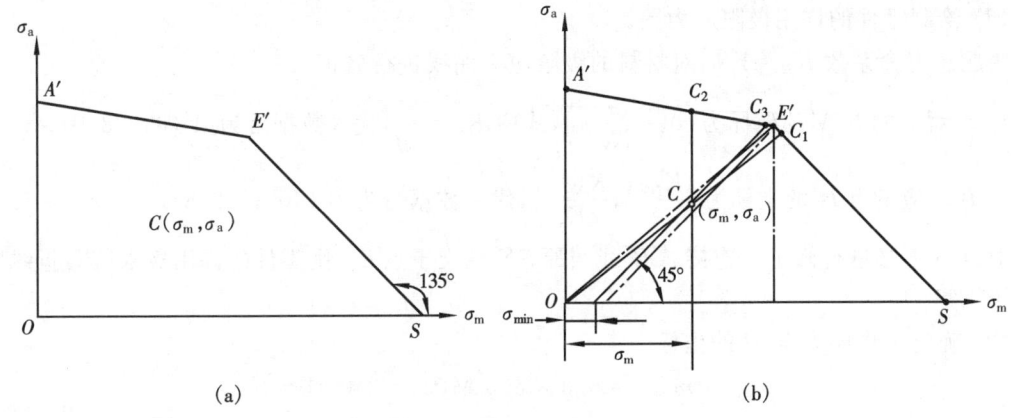

(a)   (b)

例 1-1 图

的点 C_1，则点 C_1 为极限应力点，且位于塑性安全区。

（2）当 $\sigma_m = c$ 时，自点 C 作横坐标的垂线，交 $A'E'S$ 于点 C_2（极限应力点），且位于疲劳安全区。

（3）当 $\sigma_{min} = c$ 时，自点 C 作与横坐标轴呈 $45°$ 角的斜线交 $A'E'S$ 于 C_3 点（极限应力点），且位于疲劳安全区。

例 1-2 已知某钢材的力学性能为 $\sigma_{-1} = 500$ MPa，$\sigma_s = 1000$ MPa，$\sigma_0 = 800$ MPa。

（1）试按比例绘制该材料的简化疲劳极限应力图；

（2）由该材料制成的零件，承受非对称循环应力，其应力循环特性 $r = 0.3$，工作应力 $\sigma_{max} = 800$ MPa，零件的有效应力集中系数 $k_\sigma = 1.49$，零件的尺寸系数 $\varepsilon_\sigma = 0.83$，表面状态系数 $\beta = 1$，按简单加载情况在该图中标出工作应力点及对应的极限应力点；

（3）判断该零件的强度是否满足要求。

解题要点：

（1）绘制材料的简化疲劳极限应力图。

因材料为塑性材料，故极限应力图用 σ_m-σ_a 极限应力图表示。确定极限应力图折线 ABS 上的各点坐标：$A(0, \sigma_{-1})$、$S(\sigma_s, 0)$ 及 $B(\sigma_0/2, \sigma_0/2)$，代入数值后为：$A(0, 500)$、$B(400, 400)$ 及 $S(1000, 0)$，连接直线 AB 与自点 S 作与横坐标轴成 $135°$ 的斜线交于点 E，则 $ABES$ 折线为极限应力图（见例 1-2 图）。

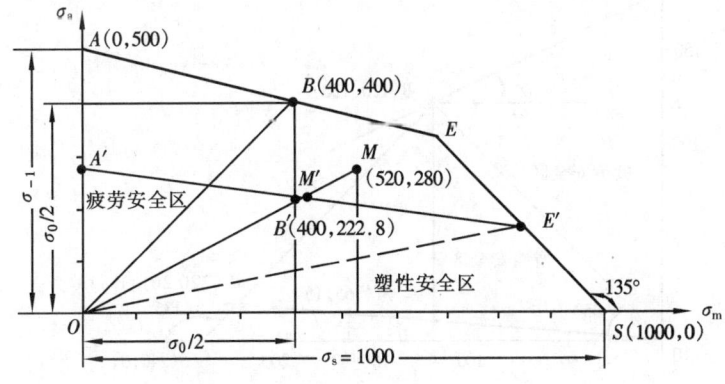

例 1-2 图

（2）绘制零件的许用极限应力图。

由题意寿命系数 $K_N = 1.0$，对材料的极限应力曲线进行修正。

点 A 对应的点 A' 的坐标为 $\left(0, \dfrac{K_N \sigma_{-1}}{K_\sigma}\right)$，式中 $K_\sigma = \dfrac{k_\sigma}{\varepsilon_\sigma \beta}$，代入数据后为 $A'(0, 278.5)$。

点 B 对应的点 B' 的坐标为 $\left(\dfrac{K_N \sigma_0}{2}, \dfrac{K_N \sigma_0}{2K_\sigma}\right)$，代入数据后为 $B'(400, 222.8)$。

对点 S 不必进行修正。连接 $A'B'$ 线与原 SE 线交于点 E'，则零件的许用极限应力折线图为 $A'B'E'S$。

（3）确定工作应力点 M 的坐标。

$$\sigma_{min} = r\sigma_{max} = 0.3 \times 800 \ \text{MPa} = 240 \ \text{MPa}$$

$$\sigma_a = \frac{\sigma_{max} - \sigma_{min}}{2} = \frac{800 - 240}{2} \ \text{MPa} = 280 \ \text{MPa}$$

$$\sigma_m = \frac{\sigma_{max} + \sigma_{min}}{2} = \frac{800 + 240}{2} \ \text{MPa} = 520 \ \text{MPa}$$

所以工作应力点的坐标为 $M(520, 280)$。

（4）按简单加载情况，过原点 O 连射线 OM 交 $A'B'E'$ 于点 M'，该点即为极限应力点。

（5）点 M 落在疲劳安全区 $OA'E'$ 以外，该零件发生疲劳破坏。

例 1-3 某零件受稳定交变弯曲应力作用，最大工作应力 $\sigma_{max} = 180 \ \text{MPa}$，最小工作应力 $\sigma_{min} = 150 \ \text{MPa}$，材料的力学性能 $\sigma_{-1} = 180 \ \text{MPa}$，$\sigma_0 = 240 \ \text{MPa}$，$\sigma_s = 240 \ \text{MPa}$，按无限寿命设计，并略去综合影响系数 K_σ 的影响。试分别由图解法及计算法求出：（1）等效系数 ψ_σ 值；（2）安全系数 S_{ca} 值。

解题要点：

1）用图解法

（1）按已知数据绘制极限应力图（见例 1-3 图）。

$$r = \sigma_{min}/\sigma_{max} = 150/180 = 0.833, \quad r = c$$

$$\sigma_m = \frac{\sigma_{max} + \sigma_{min}}{2} = 165 \ \text{MPa}, \quad \sigma_a = \frac{\sigma_{max} - \sigma_{min}}{2} = 15 \ \text{MPa}$$

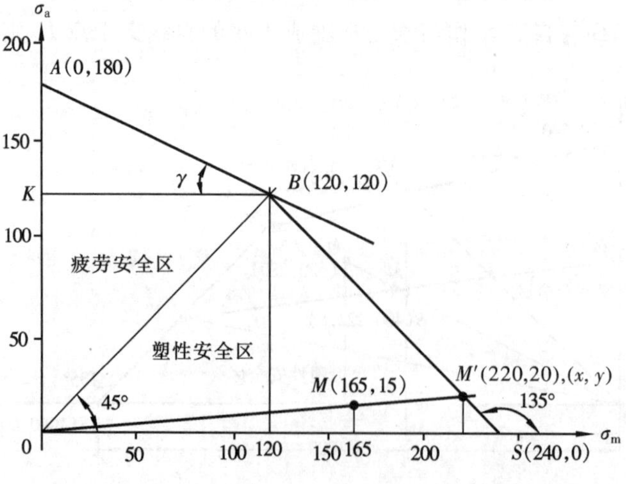

例 1-3 图

工作应力点的坐标为 $M(165,15)$。

(2) 求 ψ_σ。

由图可知，$\psi_\sigma = \tan\gamma = \dfrac{AK}{BK}$，量取 AK 和 BK 线段的长度，得

$$\psi_\sigma = \frac{60}{120} = 0.5$$

(3) 求安全系数 S_{ca}。

由图可知，当 $r=c$ 时，射线 OM 交 ABS 于点 M'，点 M 位于塑性安全区，故屈服强度安全系数为

$$S_{ca} = \frac{OM'}{OM} = \frac{220}{165} = 1.33$$

2) 用解析法

(1) 求得 $\psi_\sigma = \dfrac{2\sigma_{-1} - \sigma_0}{\sigma_0} = \dfrac{2 \times 180 - 240}{240} = 0.5$。

(2) 联立求解直线 SM' 及 OM 方程：设点 M' 的坐标为 $M'(x,y)$，则两方程为

$$x + y = \sigma_s = 240 \quad (SM' \text{ 方程})$$

$$\frac{y}{x} = \frac{15}{165} = \frac{1}{11} \quad (OM \text{ 方程})$$

联立求解得 $x=220$，$y=20$。

(3) 求得安全系数 $S_{ca} = \dfrac{OM'}{OM} = \dfrac{20}{15} = 1.33$ 或 $S_{ca} = \dfrac{\sigma_s}{\sigma_a + \sigma_m} = \dfrac{240}{15 + 165} = 1.33$（屈服安全系数）。

例 1-4 某轴只受稳定交变应力作用，工作应力 $\sigma_{max} = 240$ MPa，$\sigma_{min} = -40$ MPa。材料的力学性能 $\sigma_{-1} = 450$ MPa，$\sigma_s = 800$ MPa，$\sigma_0 = 700$ MPa，轴上危险截面的 $k_\sigma = 1.30$，$\varepsilon_\sigma = 0.78$，$\beta = 1$。

(1) 绘制材料的简化应力图；

(2) 用作图法求极限应力 σ_r 及安全系数（按 $r=c$ 加载和无限寿命考虑）；

(3) 取 $S = 1.3$，试用计算法验证作图法求出的 σ_{ra}、σ_{rm} 及 S_{ca} 值，并校验此轴是否安全。

解题要点：

(1) 绘制材料的极限应力图。

根据各点坐标 $A(0,450)$、$B(350,350)$ 及 $S(800,0)$，按前述方法即可绘制此图（见例 1-4 图）。

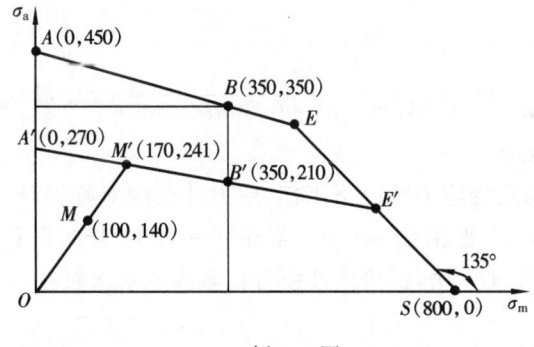

例 1-4 图

(2) 绘制零件的极限应力图。

各点坐标为：$A'\left(0, \dfrac{K_N \sigma_{-1}}{K_\sigma}\right)$、$B'\left(\dfrac{K_N \sigma_0}{2}, \dfrac{K_N \sigma_0}{2K_\sigma}\right)$ 及 $S(\sigma_s, 0)$，代入数值后为

$$A'(0,270), \quad B'(350,210), \quad S(800,0)$$

由点 A'、B' 及 S，按前述方法可绘出该图。

（3）在图上标出工作应力点 M。

$$\sigma_m = \frac{\sigma_{max} + \sigma_{min}}{2} = \frac{240 - 40}{2} \text{ MPa} = 100 \text{ MPa}$$

$$\sigma_a = \frac{\sigma_{max} - \sigma_{min}}{2} = \frac{240 + 40}{2} \text{ MPa} = 140 \text{ MPa}$$

则工作应力点的坐标为 $M(100,140)$，并标于图上。

（4）由作图法求极限应力 σ_{ra}、σ_{rm} 及安全系数 S_σ。

由图大致量得

$$\sigma_{rm} = 170 \text{ MPa}, \quad \sigma_{ra} = 241 \text{ MPa}$$

$$S_\sigma = S_{\sigma a} = \frac{OM'}{OM} = \frac{291}{170} = 1.71$$

（5）用计算法验证。

由

$$\tan\alpha = \frac{\sigma_{ra}}{\sigma_{rm}} = \frac{1-r}{1+r}, \quad r = \frac{\sigma_{min}}{\sigma_{max}} = \frac{-40}{240} = -0.167$$

所以

$$\frac{\sigma_{ra}}{\sigma_{rm}} = \frac{1+0.167}{1-0.167} = 1.4$$

疲劳强度极限线 $A'E'$ 的直线方程为

$$\sigma_{ra} = \frac{K_N \sigma_{-1}}{K_\sigma} - \frac{1}{K_\sigma} \cdot \psi_\sigma \sigma_{rm}$$

式中

$$\psi_\sigma = \frac{2\sigma_{-1} - \sigma_0}{\sigma_0} = \frac{2 \times 450 - 700}{700} = 0.2857$$

$$K_\sigma = \frac{k_\sigma}{\varepsilon_\sigma \beta} = \frac{1.30}{0.78} = 1.667$$

$$\sigma_{rm} = \sigma_{ra} \cdot \frac{\sigma_m}{\sigma_a}$$

所以

$$\sigma_{ra} = \frac{K_N \sigma_{-1}}{K_\sigma + \psi_\sigma \cdot \sigma_m / \sigma_a} = \frac{450}{1.667 + 0.2857 \times 100/140} \text{ MPa} = 240.5 \text{ MPa}$$

$$\sigma_{rm} = \frac{\sigma_{ra}}{1.4} = \frac{240.5}{1.4} \text{ MPa} = 171.8 \text{ MPa}$$

校核轴的疲劳强度

$$S_{ca} = \frac{K_N \sigma_{-1}}{K_\sigma \sigma_a + \psi_\sigma \sigma_m} = \frac{450}{1.667 \times 140 + 0.2857 \times 100} = 1.718 > S = 1.3$$

故此轴疲劳强度达到安全要求。

例 1-5 某零件在不稳定变应力情况下工作，应力性质为对称循环，在循环基数 $N_0 = 10^7$ 时，$\sigma_{-1} = 300$ MPa，疲劳曲线方程指数 $m = 9$。若在 $\sigma_1 = 600$ MPa 下工作 $n_1 = 1 \times 10^4$ 次，在 $\sigma_2 = 400$ MPa 下工作 $n_2 = 4 \times 10^4$ 次，试按线性疲劳积累假说求出它在 $\sigma_3 = 350$ MPa 下可工作的应力循环次数 n_3。

解题要点：

（1）由疲劳曲线方程 $\sigma_i^m N_i' = c$，求各应力水平的 N_i'。

$$N_1 = \left(\frac{\sigma_{-1}}{\sigma_1}\right)^m N_0 = \left(\frac{300}{600}\right)^9 \times 10^7 = 1.953 \times 10^4$$

$$N_2 = \left(\frac{\sigma_{-1}}{\sigma_2}\right)^m N_0 = \left(\frac{300}{400}\right)^9 \times 10^7 = 7.508 \times 10^5$$

$$N_3 = \left(\frac{\sigma_{-1}}{\sigma_3}\right)^m N_0 = \left(\frac{300}{350}\right)^9 \times 10^7 = 2.497 \times 10^6$$

（2）由线性疲劳积累假说 $\sum_{i=1}^{n} \frac{n_i}{N_i} = 1$，求 n_3。

因
$$\frac{n_1}{N_1} + \frac{n_2}{N_2} + \frac{n_3}{N_3} = 1$$

所以
$$\frac{1 \times 10^4}{1.953 \times 10^4} + \frac{4 \times 10^4}{7.508 \times 10^5} + \frac{n_3}{2.497 \times 10^6} = 1$$

故
$$n_3 = 1.085 \times 10^6$$

1.4 考试复习与练习题

一、单项选择题（从给出的 A、B、C、D 中选一个答案）

1-1 某齿轮传动装置如题 1-1 图所示，轮 1 为主动轮，则轮 2 的齿面接触应力按_____变化。

    A. 对称循环

    B. 脉动循环

    C. 循环特性 $r = -0.5$ 的循环

    D. 循环特性 $r = +1$ 的循环

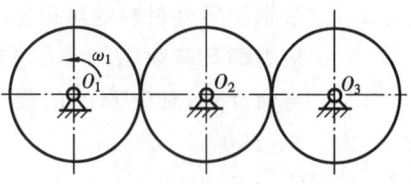

1-2 如题 1-1 图所示的齿轮传动装置，轮 1 为主动轮，当轮 1 作双向回转时，则轮 1 齿面接触应力按_____变化。

题 1-1 图

    A. 对称循环

    B. 脉动循环

    C. 循环特性 $r = -0.5$ 的循环

    D. 循环特性 $r = +1$ 的循环

1-3 某单向回转工作的转轴，考虑启动、停车及载荷不平稳的影响，其危险截面处的切应力 τ_T 的应力性质，通常按题 1-3 图中的_____计算。

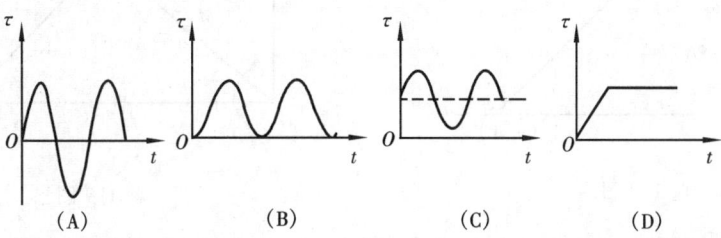

题 1-3 图

1-4 两等宽的圆柱体接触，其直径 $d_1 = 2d_2$，弹性模量 $E_1 = 2E_2$，则其接触应力值为_____。

A. $\sigma_{H1} = \sigma_{H2}$ B. $\sigma_{H1} = 2\sigma_{H2}$

C. $\sigma_{H1} = 4\sigma_{H2}$ D. $\sigma_{H1} = 8\sigma_{H2}$

1-5 某四个结构及性能相同的零件甲、乙、丙、丁,若承受最大应力 σ_{max} 的值相等,而应力循环特性 r 分别为 $+1$、0、-0.5、-1,则其中最易发生失效的零件是_____。

A. 甲   B. 乙

C. 丙   D. 丁

1-6 题 1-6 图所示为四种圆柱体接触情况,各零件的材料相同,接触宽度及受载均相同,图中 $r_2 = 2r_1$,则情况_____的接触应力最大;_____的接触应力最小。

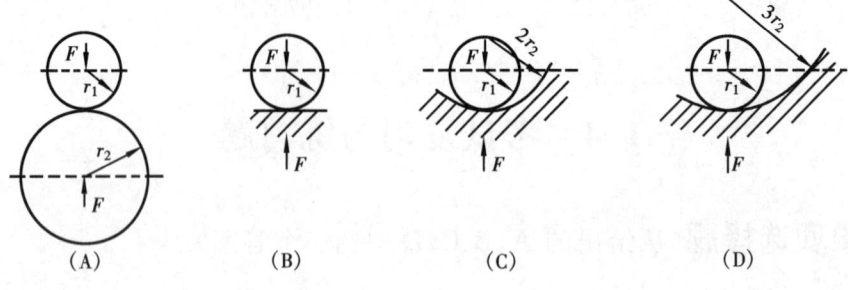

题 1-6 图

1-7 某钢制零件材料的对称循环弯曲疲劳极限 $\sigma_{-1} = 300$ MPa,若疲劳曲线指数 $m = 9$,应力循环基数 $N_0 = 10^7$,当该零件工作的实际应力循环次数 $N = 10^5$ 时,则按有限寿命计算,对应于 N 的疲劳极限 σ_{-1N} 为_____ MPa。

A. 300   B. 428

C. 500.4   D. 430.5

1-8 如题 1-8 图所示的极限应力图,工作应力点 N 的位置如图所示。加载情况属于 $\sigma_{min} =$ 常数情况,试用作图法判定其材料的极限应力取为_____。

A. σ_b B. σ_0

C. σ_{-1} D. σ_s

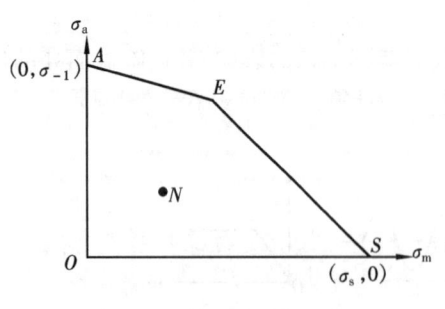

题 1-8 图

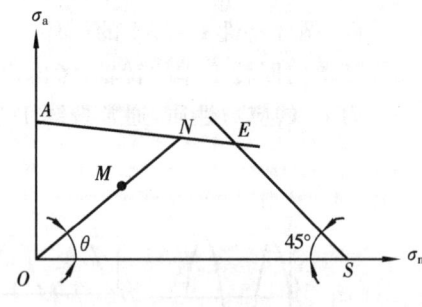

题 1-9 图

1-9 如题 1-9 图所示的极限应力图,点 M 为工作应力点,应力循环特性 $r =$ 常数,线 NO 与横坐标轴间夹角 $\theta = 40°$,则该零件所受的应力类型为_____。

A. 不变号的不对称循环变应力   B. 变号的不对称循环变应力

C. 对称循环变应力   D. 脉动循环变应力

1-10 某结构尺寸相同的零件,当采用_____材料制造时,其有效应力集中系数最大。

    A. 灰铸铁 HT200   B. 35 钢

    C. 40CrNi 钢   D. 45 钢

1-11 某截面形状一定的零件,当其尺寸增大时,其疲劳极限值将随之_____。

    A. 增高   B. 降低

    C. 不变   D. 规律不定

1-12 某 40Cr 钢制成的零件,已知 $\sigma_b = 750$ MPa,$\sigma_s = 550$ MPa,$\sigma_{-1} = 350$ MPa,$\psi_\sigma = 0.25$,零件危险截面处的最大工作应力 $\sigma_{max} = 185$ MPa,最小工作应力 $\sigma_{min} = -75$ MPa,疲劳强度的综合影响系数 $K_\sigma = 1.44$,则当循环特性 $r = $ 常数时,该零件的疲劳强度安全系数 $S_{\sigma a}$ 为_____。

    A. 2.97   B. 1.74

    C. 1.90   D. 1.45

1-13 对于承受简单的拉、压、弯及扭转等体积应力的零件,其相应应力与外载荷成_____关系;而对于理论上为线接触的两接触表面处的接触应力与法向外载荷成_____关系;对于理论上为点接触的接触应力与法向外载荷成_____关系。

    A. 线性   B. $\sigma \propto \sqrt[3]{F}$

    C. $\sigma \propto \sqrt{F}$ D. $\sigma \propto F^2$

1-14 对于循环基数 $N_0 = 10^7$ 的金属材料,下列公式中,_____是正确的。

    A. $\sigma^m N = C$ B. $\sigma N^m = C$

    C. 寿命系数 $K_N = \sqrt[m]{N/N_0}$ D. 寿命系数 $K_N < 1.0$

1-15 已知某转轴在弯-扭复合应力状态下工作,其弯曲与扭转作用下的安全系数分别为 $S_\sigma = 6.0$,$S_\tau = 18$,则该转轴的实际安全系数值为_____。

    A. 12.0   B. 6.0

    C. 5.69   D. 18.0

1-16 如题 1-16 图所示,在_____情况下,两相对运动的平板间黏性流体不能形成油膜压力。

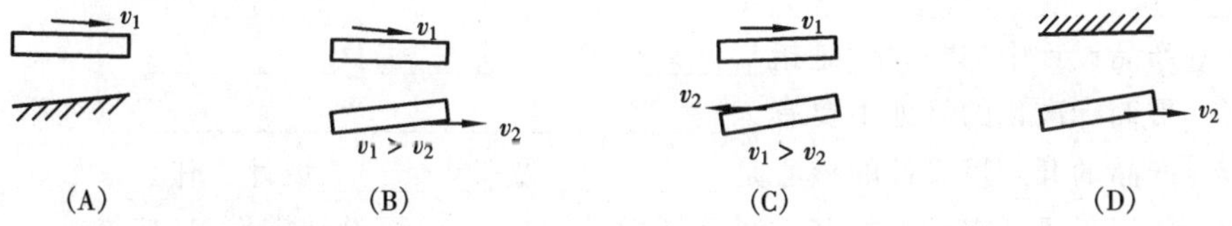

    (A)   (B)   (C)   (D)

题 1-16 图

1-17 摩擦副接触面间的润滑状态判据参数膜厚比 λ 值为_____时,为混合润滑状态;λ 值为_____时,可达到流体润滑状态。

    A. 0.25   B. 1.0

    C. 5.2   D. 1.8

1-18 已知某机械油在工作温度下的运动黏度 $\nu = 20$ mm^2/s,该油的密度 ρ 为 900 kg/m^3,则其动力黏度 η 为_____ Pa·s。

A. 18000   B. 45

C. 0.0018   D. 0.018

1-19   题 1-19 图所示为几种不同的磨损过程图,图中 q 表示磨损量,t 表示时间,则图_____表示接触疲劳磨损;图_____表示恶劣工况条件的磨损;图_____表示一般正常磨损;图_____表示两个稳定磨损阶段的正常磨损。

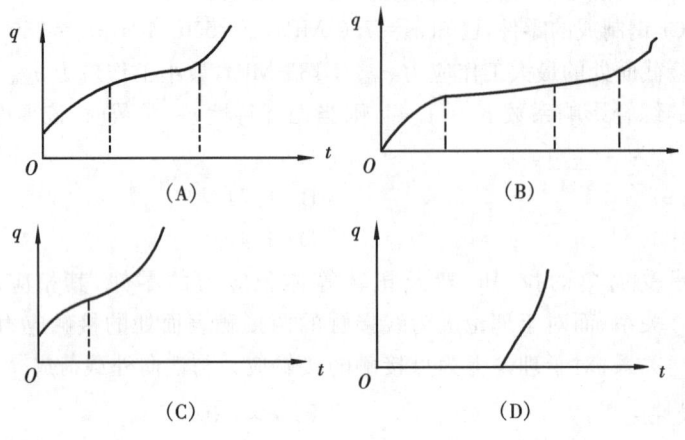

题 1-19 图

二、填空题

1-20   机械零件设计计算的最基本计算准则是_____。

1-21   机械零件的主要失效形式有_____、_____、_____及_____。

1-22   机械零件的表面损坏形式主要有_____、_____、_____及_____。

1-23   产品样机试验完成后,为使设计达到最佳,需对设计方案进行_____及_____评价工作。

1-24   新产品从提出任务到投放市场的全部程序一般要经过的四个阶段为_____、_____、_____及_____。

1-25   产品设计中的"三化"是指_____、_____及_____。

1-26   贯彻标准化的好处主要有_____、_____及_____。(列举三项)

1-27   产品的开发性设计的核心是_____及_____设计工作。

1-28   作用于机械零件上的名义载荷是指_____,而设计零件时,应按_____进行计算,它与名义载荷间的关系式为_____。

1-29   提高机械零件强度的主要措施有_____、_____及_____。(列举三项)

1-30   零件刚度的计算准则是_____。

1-31   判断机械零件强度的两种方法是_____及_____;其相应的强度条件式分别为_____及_____。

1-32   在静载荷作用下的机械零件,不仅可以产生_____应力,也可能产生_____应力。

1-33 在静应力工况下,机械零件的强度失效是_____或_____。

1-34 在变应力工况下,机械零件的强度失效是_____;这种损坏的断面包括_____及_____两部分。

1-35 机器零件振动稳定性的计算准则是_____。

1-36 机械零件的表面强度主要是指_____、_____及_____。

1-37 零件表面磨损强度的条件性计算准则有_____、_____及_____。

1-38 钢制零件的疲劳曲线(σ-N 曲线)中,当 $N < N_0$ 时为_____区;而当 $N \geqslant N_0$ 时为_____区。

1-39 钢制零件的 σ-N 曲线上,当疲劳极限几乎与应力循环次数 N 无关时,称为_____疲劳;而当 $N < N_0$ 时,疲劳极限随循环次数 N 的增加而降低的称为_____疲劳。

1-40 零件按无限寿命设计时,疲劳极限取疲劳曲线上的_____应力水平;按有限寿命设计时,预期达到 N 次循环时的疲劳极限表达式为_____。

1-41 在校核轴危险截面处的安全系数时,在该截面处同时有圆角、键槽及配合边缘等应力集中源,此时应采用_____应力集中系数进行计算。

1-42 零件所受的稳定变应力是指_____,非稳定变应力是指_____。

1-43 有一传动轴的应力谱如题 1-43 图所示,则 $\tau_a = $_____,$\tau_m = $_____。

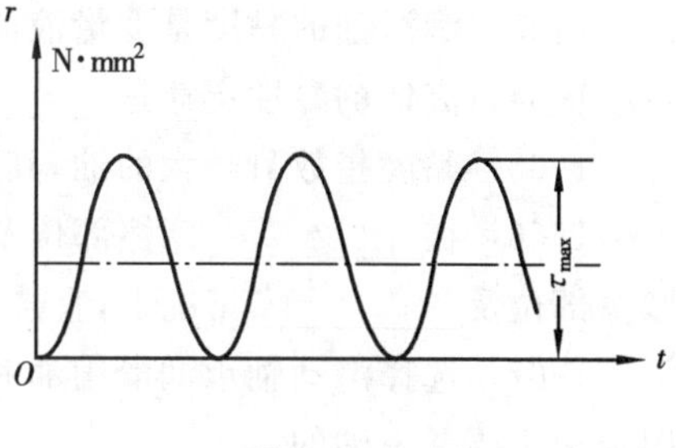

1-44 铁路车辆的车轮轴只受_____应力。

1-45 零件结构对刚度的影响主要表现在_____及_____。(列举两项)

1-46 在设计零件时,为了减小截面上的应力集中,可采用的主要措施有_____、_____及_____。

题 1-43 图

1-47 提高表面接触强度的主要措施有_____、_____及_____。(列举三项)

1-48 试说明变应力下安全系数分式 $S_\sigma = \dfrac{K_N \sigma_{-1} + [K_\sigma - \psi_\sigma] \sigma_m}{K_\sigma(\sigma_a + \sigma_m)}$ 中各代号的意义:K_N 表示_____,K_σ 表示_____,ψ_σ 表示_____,σ_{-1} 表示_____,σ_a 表示_____及 σ_m 表示_____。

1-49 公式 $S_{ca} = \dfrac{S_\sigma S_\tau}{\sqrt{S_\sigma^2 + S_\tau^2}}$ 表示_____应力状态下_____强度的安全系数,而 $S = \dfrac{\sigma_s}{\sqrt{\sigma_{max}^2 + 4\tau_{max}^2}}$ 表示_____应力状态下的_____强度的安全系数。

1-50 影响机械零件疲劳强度的主要因素有_____、_____及_____。(列举三项)

1-51 钢的强度极限愈高,对_____愈敏感;表面愈粗糙,_____愈低。

1-52 零件在规律性非稳定变应力作用下,总寿命损伤率 $F = \sum\limits_{i=1}^{n} \dfrac{n_i}{N_i}$ 在_____情况下取 $F = 1$。

1-53 非稳定变应力零件的疲劳强度计算中的等效应力 σ_v 通常取等于_____的应力。

1-54 按摩擦状态不同,摩擦可分为_____、_____、_____及_____。

1-55 机械零件的磨损过程一般分为_____、_____及_____三个阶段。

1-56 按建立压力油膜的原理不同,流体润滑主要有_____、_____及_____三种类型。

1-57 获得流体动压油膜的必要条件是_____、_____及_____。

1-58 在_____润滑状态下,磨损可以避免,而在_____及_____润滑状态下,磨损则不可避免。

1-59 磨损按破坏机理不同,可分为_____、_____、_____及_____四种基本类型。

1-60 弹性流体动力润滑计算是在流体动力润滑基础上又计入的主要因素有_____及_____。

1-61 工业用润滑油的黏度主要受_____及_____的影响。

1-62 工业用润滑油的黏度因_____而降低;在一定压强下,又因_____而提高。

1-63 润滑油的黏度是度量液体_____的物理量。

1-64 流体的黏性定律是_____。

1-65 黏度指数 VI 越大的油,其黏度受_____变化越小。

1-66 在_____摩擦部位及_____工况下,宜选用黏度较低的油;在_____摩擦部位及_____工况下,宜选用黏度较高的油。

1-67 选择滑动轴承润滑用油时,对液体摩擦轴承主要考虑油的_____;对非液体摩擦轴承主要考虑油的_____。

1-68 边界摩擦润滑时,可能形成的边界膜有_____、_____及_____三种。

1-69 边界润滑中,物理吸附膜适宜于_____工况下工作;化学吸附膜适宜于_____工况下工作;化学反应膜适宜于_____工况下工作。

1-70 润滑剂中加进添加剂的作用是_____;常用的添加剂有_____、_____及_____。(列举三种)

1-71 对于金属材料的干摩擦理论,目前较普遍采用的是_____理论。

1-72 根据简单黏着理论,当结点材料的剪切强度极限为 τ_b、压缩屈服极限为 σ_{sc} 的金属处于干摩擦状态时的摩擦力 F_μ 为_____,摩擦系数 $\mu=$_____。

1-73 两滑动表面所处的润滑状态,可近似按参数_____进行判断。该参数的表达式为_____。

1-74 润滑油的动力黏度与运动黏度间的关系式为_____,其量纲分别为_____及_____。

1-75 根据膜厚比 λ 的大小可大致估计两接触表面间的润滑状态,当 λ 为_____时,为流体润滑状态;当 λ 为_____时,为混合润滑状态;当 λ 为_____时,为边界润滑状态。

三、问答题

1-76 解释名词(注意简明扼要地回答)

(1)机械零件的失效与破坏;(2)名义载荷与计算载荷;(3)工作应力与工作能力;(4)可靠性与可靠度;(5)极限应力与许用应力;(6)油的黏性与油性;(7)摩擦与磨损;(8)物理吸附膜与化学吸附膜;(9)接触表面处的挤压强度与接触强度;(10)有限寿命设计与无限寿命设计。

1-77 设计机器时应满足哪些基本要求?设计零件时应满足哪些基本要求?

1-78 实行标准化的重要意义何在?

1-79 简述机械零件的主要失效形式有哪些,主要计算准则有哪些。

1-80 为什么对于一般机械零件通常把满足强度要求作为最主要计算准则?满足了刚度要求的零件为什么一般能同时满足强度要求?对于普通碳钢制的零件,若设计时发现刚度不足,改用高强度合金钢能否提高该零件的刚度?在设计中可采取哪些措施提高零件的刚度?

1-81 为了保证机器及零件的振动稳定性,有哪些方法可改变零件的自振频率?在实际工程中可利用哪些阻尼方式来减轻振动?

1-82 可靠性设计与常规设计有何重要不同?

1-83 结合已接触到的实例来说明提高表面接触强度的主要措施有哪些。

1-84 以轴的结构设计为例,简述提高疲劳强度措施有哪些,并说明其理由。

1-85 设计零件时,在什么条件下采用设计性计算、校核性计算及条件性计算?

1-86 机械零件上的哪些位置易产生应力集中?

1-87 机械零件的胶合失效是如何产生的?

1-88 试举例说明承受静载荷作用的零件能否在其危险截面处产生变应力作用。

1-89 根据流体润滑的一维雷诺方程 $\dfrac{\mathrm{d}p}{\mathrm{d}x}=6\eta v\,\dfrac{h-h_0}{h^3}$,说明形成流体动压润滑的必要条件是什么。

1-90 已知某零件的极限应力简图中(见题1-90图)工作点 $C(\sigma_{cm},\sigma_{ca})$ 的位置,试在该图上标出按 $r=\dfrac{\sigma_{min}}{\sigma_{max}}=$常数、$\sigma_m=$常数及 $\sigma_{min}=$常数三种应力变化规律时的极限应力点。

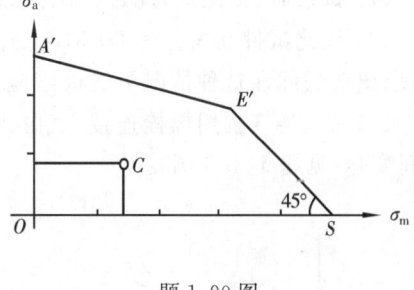

题1-90图

1-91 何谓疲劳损伤积累假说?写出疲劳损伤积累的线性方程式。

1-92 零件受不稳定变应力作用时,各应力水平值为 σ_i,各 σ_i 下作用的应力循环次数为 n_i,疲劳曲线的指数为 m,循环基数为 N_0,试导出等效循环次数 N_v 的表达式及其寿命系数 K_N 的公式。

1-93 何谓材料的疲劳极限线图?简化的极限应力图是如何绘制出的?如何根据零件材料的极限应力图绘制零件的极限应力图(许用极限应力图)?其中,综合影响系数 K_σ 对极限平均应力有无影响?寿命系数 K_N 对极限平均应力及屈服强度 σ_s 有无影响?

1-94 黏着摩擦理论与古典摩擦理论的摩擦系数表达式有何区别?

1-95 黏度的表示方法主要有哪些?各种黏度的单位与换算关系如何?

1-96 润滑油及润滑脂的主要性能指标有哪些？

1-97 为什么对高副接触零件的润滑计算需引入弹性流体动压润滑计算？其接触曲面间的最小油膜厚度计算与按刚体的流体动压润滑计算有何本质区别？

1-98 在边界润滑状态与流体摩擦状态下选用润滑油时,对润滑油的性能指标要求有何不同？

1-99 三种边界膜的作用机理及应用场合有何不同？

1-100 润滑油加入添加剂的主要作用是什么？常用的添加剂有哪些？

四、分析计算题

1-101 何谓产品的可靠度 R_t？若有一批零件的件数为 N,在预定的时间内,有 N_f 个零件随机失效,剩下 N_t 个零件仍能继续工作,则此零件的可靠度 $R_t = ?$ 失效概率 $P = ?$

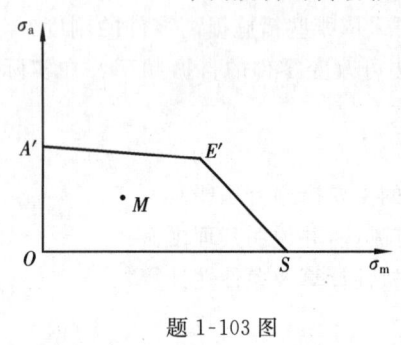

题 1-103 图

1-102 一单向旋转的传动轴,材料为中碳钢,$\tau_{-1} = 230$ MPa,$\tau_s = 390$ MPa,$\psi_\tau = 0.05$,现知该轴某危险剖面处的直径 $d = 50$ mm,该剖面处的疲劳强度综合影响系数 $K_\tau = \dfrac{k_\tau}{\varepsilon_\tau \beta_\tau} = 3.07$,轴的转速 $n = 955$ r/min,若要求安全系数 $S_\tau = 2.0$,

(1) 试求此时该轴能传递的最大功率 $P(\text{kW})$；

(2) 在 τ_m-τ_a 极限应力图上表示此时的应力状况。

1-103 在题 1-103 图示零件的极限应力图中,零件的工作应力位于点 M,若最小应力值 $\sigma_{min} =$ 常数(即 $\sigma_{min} = c$),求对应于点 M 的零件极限应力 σ_{max}。

1-104 一塑性材料试件,已知其 $\sigma_b = 700$ MPa,$\sigma_s = 500$ MPa,$\sigma_{-1} = 200$ MPa,$\sigma_0 = 400$ MPa,试利用题 1-103 中给出的已知数据绘制其简化极限应力图,并分别标出安全区、疲劳区和塑性区。

1-105 已知某一合金钢的 $\sigma_{-1} = 370$ MPa,$\sigma_s = 880$ MPa,$\sigma_0 = 625$ MPa。

(1) 试绘制(按比例)此材料试件的 σ_m-σ_a 简化极限应力图；

(2) 设此试件受 $\sigma_{max} = 300$ MPa、$\sigma_{min} = -120$ MPa 的变应力作用,试用所绘制的极限应力图,求出该试件在这种情况下的极限应力 σ_r。

1-106 某气缸用螺栓连接,气缸工作压力在 $0 \sim Q$ 间变化,使螺栓的轴向工作载荷在 $0 \sim F$ 间变化(见题 1-106 图)。

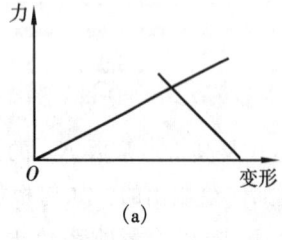
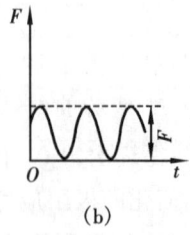
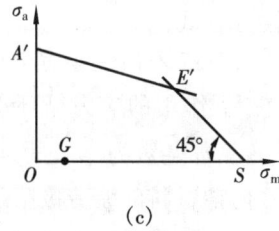

(a)　　　　　　　　(b)　　　　　　　　(c)

题 1-106 图

(1) 试在题给的螺栓连接力-变形图(图(a))上,标出预紧力 F'、剩余预紧力 F''、螺栓所受的轴向工作载荷变化图($0 \sim F$)；在螺栓拉力变化图(图(b))中,标出 F_{0max}(螺栓最大拉力)、

F_{0mim}（螺栓最小拉力）及 F_{0a}（螺栓拉力幅）；

（2）在题给的该零件许用极限应力图（图(c)）上，直接按作图法标出相应于螺栓最小工作应力 σ_{min} 点的极限应力点 C'；

（3）由题给的极限应力图，按比例标出满足应力幅强度条件 $S_a = 2$ 时的工作应力点 C。

1-107 试说明等效系数 ψ_σ 的物理意义，并由材料的简化 σ_m-σ_a 极限应力图说明 ψ_σ 的几何意义。

1-108 已知材料的力学性能 $\sigma_{-1} = 350$ MPa，$m = 9$，$N_0 = 5 \times 10^6$，用此材料作试件，进行对称循环疲劳试验，依次加载应力和循环次数如下：

（1）$\sigma_1 = 550$ MPa，$N_1 = 10^4$；

（2）$\sigma_2 = 450$ MPa，$N_2 = 10^5$；

（3）$\sigma_3 = 400$ MPa。

试求还要经过多少次循环，该试件才能被破坏？

1-109 题 1-109 图所示为直动滚子从动件盘形凸轮。已知从动件与凸轮在点 A 处接触，从动件作用力 $F = 10$ kN，点 A 处压力角 $\alpha = 28°$，曲率半径 $R = 60$ mm，滚子半径 $r_r = 10$ mm，滚子宽度 $b_T = 16$ mm，凸轮宽度 $B = 15$ mm，两者材料均为合金钢，$E_1 = E_2 = 2.1 \times 10^5$ MPa，许用接触应力 $[\sigma]_H = 2000$ MPa，试校核凸轮在接触点 A 处的接触疲劳强度（摩擦忽略不计）。

$$\left(\text{注：计算公式：} \sigma_H = 0.418 \sqrt{\frac{F_n E}{b\rho}}; E = \frac{2E_1 E_2}{E_1 + E_2}\right)$$

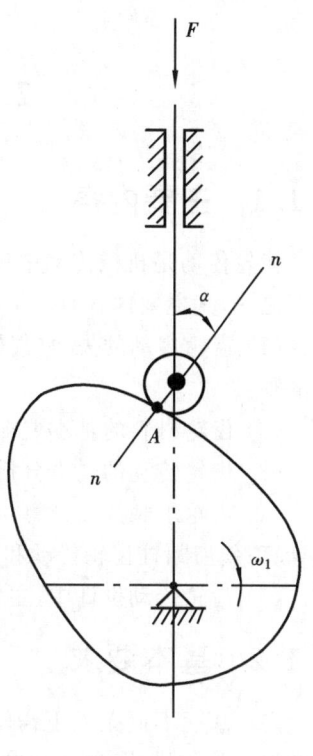

题 1-109 图

第2章 齿轮传动

2.1 主要内容与基本要求

2.1.1 主要内容

齿轮传动是机械传动中最重要和应用最广泛的一种传动形式。它也是考研试题中的重点内容之一,其主要内容有以下几方面。

(1) 齿轮传动的失效(损伤)形式,各种失效的机理和特点、防止措施,以及齿轮传动的计算准则。

(2) 齿轮材料的基本要求,软齿面与硬齿面的常用热处理方法及材料选用原则。

(3) 齿轮传动的受力分析,计算载荷,各种载荷系数的物理意义与影响因素。

(4) 齿轮承载能力计算包括:直齿圆柱齿轮传动的齿面接触强度计算与齿根弯曲疲劳强度计算;斜齿圆柱齿轮传动和直齿锥齿轮传动的计算特点。

(5) 齿轮传动设计中,主要参数的选择原则及影响因素,各参数间的相互影响关系。

2.1.2 基本要求

(1) 掌握不同条件下齿轮传动的轮齿损伤与失效形式的特点、失效部位、失效机理、防止或减轻失效的措施,以及针对不同失效形式的设计计算准则。

(2) 掌握选用齿轮材料的基本要求,软齿面与硬齿面的常用材料与热处理方法,合理地选用齿轮的配对材料及热处理方法。

(3) 熟练掌握齿轮传动的受力分析方法。对于直齿圆柱齿轮、斜齿圆柱齿轮和直齿锥齿轮所受各分力的大小与方向,一定要会计算和正确判断(包括在图上正确表示),否则会使轴与轴承的受力分析出错,后果是严重的。

(4) 理解齿轮计算中要用计算载荷而不用名义载荷的道理,了解四个载荷系数(K_A、K_v、K_β、K_α)的物理意义及其影响因素,采取哪些措施可减小载荷系数。

(5) 掌握直齿圆柱齿轮的齿面接触疲劳强度计算与齿根弯曲疲劳强度计算的理论依据,以及力学模型、应力的类型与变化特性;掌握推导公式的思路、公式中各参数的意义及应用公式的注意事项。对斜齿圆柱齿轮与直齿锥齿轮的强度计算,应根据它们的传动特点,转化为当量直齿圆柱齿轮后再进行强度计算,但必须注意它们的计算与直齿圆柱齿轮计算的异同点。

2.2 重点与难点分析

2.2.1 重点内容分析

本章重点内容是:齿轮传动的失效形式;各类齿轮传动的受力分析;圆柱齿轮强度计算中的重要基本概念。

1. 齿轮传动的失效形式分析

齿轮传动中轮齿的五种失效(损伤)形式分别为:齿根弯曲疲劳折断、齿面疲劳点蚀、齿面磨损、齿面胶合、齿面塑性变形。由于齿轮失效形式是强度计算的前提,因而对各种失效的现象,损伤出现于轮齿的什么部位,损伤的机理(基本原因)、防止和减轻各种失效的主要措施,以及采用的计算准则就成为分析的重点。

1)齿面疲劳点蚀(简称齿面点蚀)

轮齿工作时齿面受脉动循环变化的接触应力,在接触应力的反复作用下,当最大接触应力σ_{Hmax}超过材料的许用接触应力σ_{HP}[①]时,齿面就出现疲劳裂纹,并由于有润滑油进入裂纹,将产生很高的油压,促使裂纹扩展,最终形成点蚀。

点蚀首先出现在节线附近的齿根表面上。其原因为:①节线附近常为单齿对啮合区,轮齿受力与接触应力最大;②节线处齿廓相对滑动速度低,润滑不良,不易形成油膜,摩擦力较大;③润滑油挤入裂纹,使裂纹扩张。

防止或减轻点蚀的主要措施:①提高齿面硬度和降低表面粗糙度;②在许可范围内采用大的变位系数和(即$\chi = \chi_1 + \chi_2$),以增大综合曲率半径;③采用黏度较高的润滑油。

2)齿根弯曲疲劳折断(简称轮齿折断)

轮齿在变应力作用下,齿根受载大;又由于在齿根圆角处产生应力集中,轮齿长期工作后,当危险截面的弯曲应力σ_F超过材料的许用弯曲应力σ_{FP}[①]时,齿根出现疲劳裂纹,裂纹扩展后产生齿根断裂。由于轮齿材料对拉应力敏感,故疲劳裂纹往往从齿根受拉侧开始发生。

对于直齿圆柱齿轮,齿根裂纹一般从齿根沿齿向扩展,发生全齿折断;对于斜齿圆柱齿轮和人字齿轮,由于接触线为一斜线,因此裂纹往往从齿根沿着斜向齿顶方向扩展,而发生轮齿的局部折断。

提高轮齿抗折断能力的主要措施:①采用正变位齿轮,以增大齿根厚度;②增大齿根圆角半径和降低表面粗糙度值;③采用表面强化处理(如喷丸、辗压等)。

其他三种失效形式的失效机理、防止或减轻措施,参见有关教材。

3)齿轮传动在不同工况下的主要失效形式

齿面点蚀——闭式传动齿轮的主要失效形式,特别是在软齿面(硬度<350 HBS)上更容易产生,在一般的硬齿面(如表面淬火,特别是热处理硬度不均匀时)上也容易产生。

轮齿折断——闭式传动中的极硬齿面(硬度>58 HRC,如经过渗碳淬火、渗氮处理等)的主要失效形式,也是短期过载或受严重冲击齿轮的主要失效形式。

齿面磨损——开式传动齿轮的主要失效形式。

齿面胶合——闭式传动的高速重载齿轮易产生热胶合;低速重载齿轮易产生冷胶合。提高齿面抗胶合能力的主要措施:①采用角度变位齿轮或对齿轮进行修形,以减小啮入始点和啮出终点处的滑动系数;②提高齿面硬度和降低齿面粗糙度值;③减小模数、降低齿高,以减小齿面的滑动速度;④采用抗胶合能力高的齿轮材料,添加极压润滑油等。

齿面塑性变形——软齿面硬度低(如正火齿轮)的重载齿轮才会发生这种失效。

2. 齿轮传动的受力分析

应以直齿圆柱齿轮为基础,而以斜齿圆柱齿轮为重点进行分析;从力的分解与平衡关系着

---

① 国标 GB/T 3480—1997 中,许用接触应力记为σ_{HP},许用弯曲应力记为σ_{FP}。而不少教材中将许用接触应力记为$[\sigma]_H$,将许用弯曲应力记为$[\sigma]_F$。

手,但忽略齿面摩擦力的影响。分析时,必须对主动轮和从动轮上各力的大小进行计算,对各分力的方向和作用点十分清楚,而且能正确在图面上表达。

1)斜齿圆柱齿轮的受力分析

斜齿圆柱齿轮的受力分析如图 2-1 所示,其分解顺序如下:

$$\underset{\substack{(\text{法面内分解})}}{F_{\text{n}}}\begin{cases} \underset{(\text{切面内分解})}{F_1 = F_{\text{n}1}\cos\alpha_{\text{n}}} \begin{cases} F_{\text{t}1} = F_1\cos\beta = 2T_1/d_1 \\ F_{\text{a}1} = F_1\sin\beta = F_{\text{t}1}\tan\beta \end{cases} \\ F_{\text{r}1} = F_{\text{n}1}\sin\alpha_{\text{n}} = F_{\text{t}1}\tan\alpha_{\text{t}} = F_{\text{t}1}\tan\alpha_{\text{n}}/\cos\beta \end{cases} \tag{2-1}$$

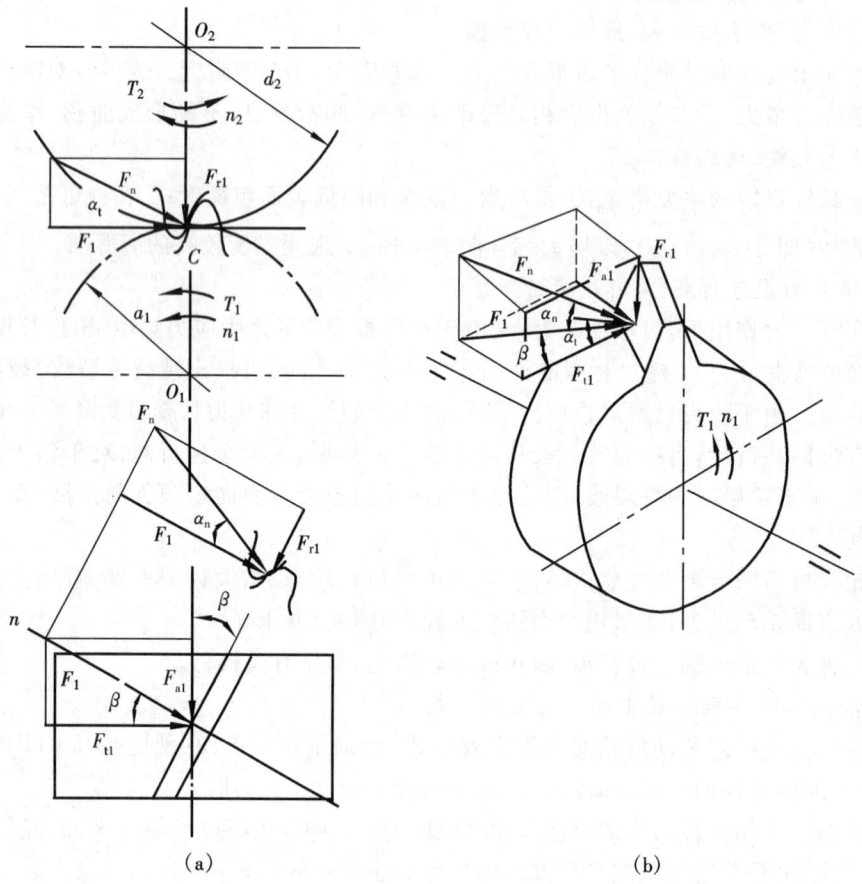

(a)   (b)

图 2-1 斜齿圆柱齿轮的受力分析

这里注意:在切面内,F_1 与 $F_{\text{t}1}$ 的夹角为 β,因此 $F_{\text{a}1}$ 与 $F_{\text{t}1}$ 的关系为 $F_{\text{a}1} = F_{\text{t}1}\tan\beta$。而在端面内,$F_{\text{r}1} = F_{\text{t}1}\tan\alpha_{\text{t}}$,根据 α_{t} 与 α_{n} 的关系 $\tan\alpha_{\text{t}} = \tan\alpha_{\text{n}}/\cos\beta$,即可得到 $F_{\text{r}1} = F_{\text{t}1}\tan\alpha_{\text{n}}/\cos\beta$。

作用在主动轮和从动轮上各力均等值反向。各分力的方向判定如下。

(1)圆周力 F_{t},在主动轮上是阻力,它与其回转方向相反;在从动轮上是驱动力,它与其回转方向相同(简称为"主反从同")。

(2)径向力 F_{r},分别指向轮心(简称为"径向心")。

(3)轴向力 F_{a},取决于齿轮的回转方向与螺旋线方向,可用"主动轮左、右手定则"来判断。当主动轮为右旋时,用右手四指弯曲的方向表示主动轮的回转方向,则拇指表示它所受轴向力的方向;当主动轮为左旋时,则用左手定则来判断,方法同上。从动轮上所受各分力的方向与主动轮上的各分力方向相反,但大小相等,即 $F_{r1} = -F_{r2}$,$F_{t1} = -F_{t2}$,$F_{a1} = -F_{a2}$。必须强调的是,上述"左、右手定则"仅适用于主动轮。

口诀为:径向心,周相切(主反从同),轴向力按"左、右手定则"进行分析。

2) 直齿圆柱齿轮的受力分析

当斜齿轮的螺旋角 $\beta = 0°$ 时,即为直齿轮。故各分力的方向判定,同样适用"径向心"与"周相切(主反从同)"的原则;其力的大小为

$$\left.\begin{array}{l} F_{t1} = 2T_1/d_1 \\ F_{r1} = F_{t1}\tan\alpha \\ F_n = F_{t1}/\cos\alpha = 2T_1/(d_1\cos\alpha) \end{array}\right\} \quad (2\text{-}2)$$

3) 直齿锥齿轮的受力分析

直齿锥齿轮的受力分析如图 2-2 所示。分析力作用时,假定载荷沿齿宽均布,并集中作用于齿宽中点节线处的法向平面内。应注意掌握它与直齿圆柱齿轮的不同之点。锥齿轮的轮齿比圆柱齿轮的轮齿向一端下倾了一个 δ 角。法向力 F_n 亦分解为 F_t、F_r、F_a 三个方向相互垂直的分力。

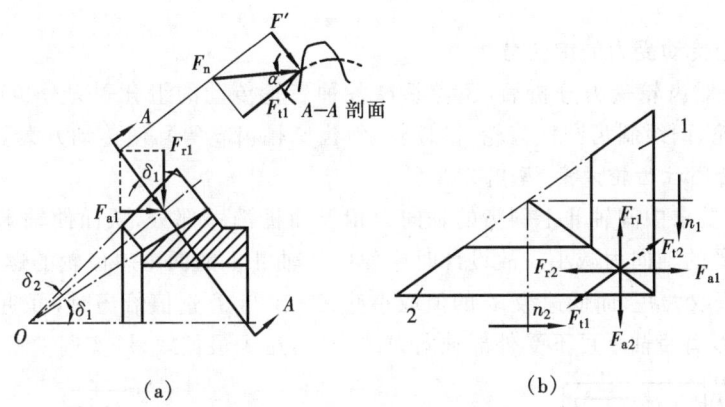

图 2-2 直齿锥齿轮的受力分析

必须注意:①直齿锥齿轮主、从动轮的轴线相互垂直($\delta_1 + \delta_2 = 90°$),因此 F_{r1} 与从动轮的轴线平行(图 2-2(b)),得 F_{r1} 与 F_{a2} 大小相等、方向相反;而 F_{a1} 则垂直于从动轴的轴线,得 F_{a1} 与 F_{r2} 大小相等、方向相反;只有圆周力 F_{t1} 与 F_{t2} 大小相等、方向相反;②锥齿轮的轴向力 F_{a1}、F_{a2} 与回转方向无关,总是从小端指向大端。

为什么轴向力恒指向大端呢?①当一对锥齿轮啮合时,受轴向力后使两齿轮有分开或压紧的趋势。此时,由轴承部件设计时的正确固定来保证锥齿轮正常工作。②若轴向力指向小端,则两轮会自动挤紧,最终导致无法工作。

口诀为:径向心、周相切(主反从同)、轴向力恒指向大端。

$$\left.\begin{array}{l} F_{t1} = 2T_1/d_{m1} = 2T_1/[(1-0.5\psi_R)d_1] \\ F_{r1} = F_{t1}\tan\alpha\cos\delta_1 \\ F_{a1} = F_{t1}\tan\alpha\sin\delta_1 \\ F_n = F_{t1}/\cos\alpha \end{array}\right\} \quad (2\text{-}3)$$

各类齿轮轮齿受力分析可归纳于表 2-1。

表 2-1　各类齿轮的受力分析

齿轮类型	力的种类			
	圆周力 F_t	径向力 F_r	轴向力 F_a	法向力 F_n
直齿圆柱齿轮	$F_{t1} = \dfrac{2T_1}{d_1} = -F_{t2}$ （主反从同）	$F_{r1} = F_{t1}\tan\alpha = -F_{r2}$ （指向轮心）	0	$F_n = \dfrac{F_{t1}}{\cos\alpha}$ （指向受力面，切于基圆）
斜齿圆柱齿轮	$F_{t1} = \dfrac{2T_1}{d_1} = -F_{t2}$ （主反从同）	$F_{r1} = F_{t1}\dfrac{\tan\alpha_n}{\cos\beta} = -F_{r2}$ （指向轮心）	$F_{a1} = F_{t1}\tan\beta = -F_{a2}$ （主动轮：按"左、右手定则"判断方向）	$F_n = \dfrac{F_{t1}}{\cos\alpha_n\cos\beta}$ （指向受力面，切于基圆）
直齿锥齿轮	$F_{t1} = \dfrac{2T_1}{d_{m1}}$ $= -F_{t2}$ （主反从同）	$F_{r1} = F_{t1}\tan\alpha\cos\delta_1$ $= -F_{a2}$ （指向轮心）	$F_{a1} = F_{t1}\tan\alpha\sin\delta_1$ $= -F_{r2}$ （从小端指向大端）	$F_n = \dfrac{F_{t1}}{\cos\alpha}$ （指向受力面，切于基圆）

3. 各类齿轮传动受力的综合分析

在掌握了一对齿轮受力分析后，还应掌握各种齿轮传动的组合受力分析（如斜齿圆柱齿轮-直齿圆柱齿轮、两级斜齿圆柱齿轮、锥齿轮-斜齿圆柱齿轮等），使传动方案受力分布合理。

1）两级斜齿圆柱齿轮方案（见图 2-3）

设计时往往要求中间轴Ⅱ上斜齿的轴向力相反而抵消一部分，从而使轴上受的综合轴向力减小，即轴承受的轴向力减小。故设计时应使中间轴Ⅱ上的两个斜齿轮的螺旋线方向相同，且高速级 β_2 的值取大些，而低速级 β_3 的值取小些，当 β_2 与 β_3 选值恰当时，可使 $F_{a2} \approx -F_{a3}$，即轴向力全部抵消，而使轴承可不受外部轴向力的作用，达到最佳效果（实例参见例 2-4）。

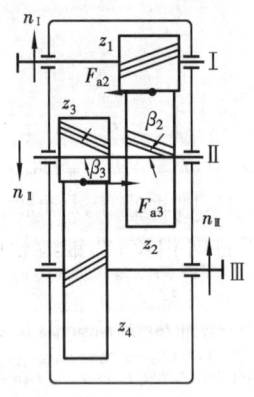 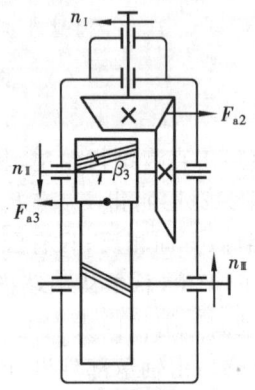

图 2-3　两级斜齿圆柱齿轮传动受力分析　　　　图 2-4　锥齿轮-圆柱齿轮传动受力分析

但 β_2 与 β_3 是同时选左旋或右旋则取决于轴的转向，根据分析与试算的结果，应使 F_{a2} 与 F_{a3} "面对面"（见图 2-3），此时大多数情况下轴与轴承受力较小，故不应选用"背对背"的方案。

2）锥齿轮-斜齿圆柱齿轮方案（见图 2-4）

当要求中间轴Ⅱ上两齿轮轴向力抵消一部分时，不管 $n_Ⅱ$ 的转向如何，F_{a2} 总是向右，因此要求 F_{a3} 向左，这样 β_3 的方向由 $n_Ⅱ$ 的转向决定，如图所示 $n_Ⅱ$ 方向，β_3 一定为左旋。这时 F_{a2} 与

F_{a3} 只能是"背对背"。若要求达到"面对面",则需将斜齿轮移至锥齿轮的右边,反而要增加中间轴的长度,这是不合适的。

4. 圆柱齿轮强度计算中的重要基本概念及影响因素

1) 齿面接触应力 σ_H 的基本概念

进行齿面接触强度计算时,应特别注意接触应力 σ_H 的基本概念。按弹性力学给出的接触应力计算公式(H. Hertz 公式),略经简化可得

$$\sigma_H = \sqrt{\frac{F_n E_\Sigma}{2\pi b \rho_\Sigma}} \tag{2-4}$$

从式(2-4)中可以看出,影响接触应力的四个因素如下。

① 外载荷 F_n:$F_n \uparrow$,则 $\sigma_H \uparrow$。

② 接触宽度 b:$b \uparrow$,则 $\sigma_H \downarrow$。

③ 综合曲率半径 ρ_Σ:$\rho_\Sigma \uparrow$,则 $\sigma_H \downarrow$。

④ 综合弹性模量 E_Σ:$E_\Sigma \uparrow$,则 $\sigma_H \uparrow$。

2) 两齿轮啮合时的接触应力 σ_H 与许用接触应力 σ_{HP}

(1) 一对啮合齿轮的接触应力是相等的,即 $\sigma_{H1} = \sigma_{H2}$。这是由于齿轮啮合时的接触应力属于脉动循环应力,又因啮合时一对齿轮的接触面积相等,所以一对啮合齿轮的接触应力是大小相等、方向相反的作用力与反作用力。

(2) 一对啮合齿轮的许用接触应力与接触强度。

由于大小齿轮的材料与热处理硬度不一定相同,且寿命系数 Z_N 又不一定相等,因此许用接触应力就不一定相等,即 $\sigma_{HP1} \neq \sigma_{HP2}$,所以接触强度一般不相等,通常 $\sigma_{HP1} > \sigma_{HP2}$,这时大齿轮的接触强度弱。故在应用公式时应取 σ_{HP} 值小者代入。

若一对齿轮的 $\sigma_{HP1} = \sigma_{HP2}$,则一对齿轮不但接触应力相等(即 $\sigma_{H1} = \sigma_{H2}$),而且接触强度也相等。

3) 齿根弯曲应力 σ_F、齿形系数 Y_{Fa} 及等弯曲强度的概念

进行齿根弯曲强度计算时,将轮齿视为悬臂梁,齿根危险剖面处,弯矩最大时的齿根弯曲应力也最大。由于 $\varepsilon_a > 1$,当载荷作用于齿顶时虽然力臂最大,但由于两对轮齿分担载荷,弯矩不是最大;只有当力作用于单对齿啮合区上界点 D(见图 2-5),力由一对齿来承担时,弯矩才最大,这时 σ_F 亦最大,本来这才是计算的依据,但力作用点 D 的尺寸计算过于复杂,为了简化计算,以力作用于齿顶为计算依据,用重合度系数 Y_ε 将力作用于齿顶时的齿根弯曲应力折算为单对齿啮合区上界点 D 时的齿根弯曲应力。

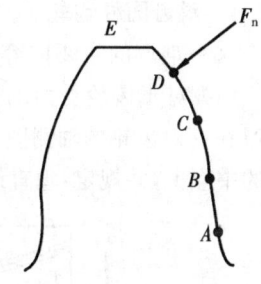

图 2-5 载荷作用点

直齿圆柱齿轮齿根弯曲疲劳强度计算公式为

$$\sigma_F = \frac{2KT_1}{bz_1 m^2} Y_{Fa} Y_{Sa} Y_\varepsilon \leqslant \sigma_{FP} \quad ① \tag{2-5}$$

从此式中可看出,影响弯曲应力的主要因素如下。

① 模数 m:因 $\sigma_F \propto 1/m^2$,则模数是影响弯曲强度的最重要因素,当弯曲强度不足时,首先应增大模数。

---

① 若为斜齿圆柱齿轮,则式(2-5)中的 Y_ε 后面需乘以螺旋角系数 Y_β。

② 齿宽 b：当 $b\uparrow$，则 $\sigma_F\downarrow$，但 b 过大会使齿向载荷分布系数 $K_\beta\uparrow$，而使 $K\uparrow$。

③ 齿数 z 及变位系数 χ：$z\uparrow$、$\chi\uparrow$，则 $Y_{Fa}Y_{Sa}\downarrow$、$Y_\varepsilon\downarrow$，而使 $\sigma_F\downarrow$。

（1）一对标准齿轮啮合，通常 $\sigma_{F1}\neq\sigma_{F2}$，$\sigma_{FP1}\neq\sigma_{FP2}$。

这是由于一般 $z_1\neq z_2$，则 $Y_{Fa1}\neq Y_{Fa2}$，$Y_{Sa1}\neq Y_{Sa2}$，所以 $\sigma_{FP1}\neq\sigma_{FP2}$；一对大、小齿轮的材料和热处理硬度不同，则弯曲疲劳极限 σ_{Flim} 也不同，加之弯曲疲劳寿命系数 Y_N 的影响，所以 $\sigma_{FP1}\neq\sigma_{FP2}$。

（2）齿形系数 Y_{Fa} 与模数 m 无关的原因是：因 Y_{Fa} 是反映当力作用于齿顶时，轮齿齿廓形状对齿根弯曲应力的影响系数，它是指齿根厚度与齿高的相对比例关系。当齿高增大，齿根厚度变小，轮齿变为"瘦高型"，即 $Y_{Fa}\uparrow$，$\sigma_F\uparrow$，抗弯曲能力差；反之，齿高减小，齿厚增大，则轮齿变为"矮胖型"，即 $Y_{Fa}\downarrow$，$\sigma_F\downarrow$，抗弯曲能力强。因此，Y_{Fa} 是反映轮齿"高、矮、胖、瘦"程度的形态系数。而模数 m 的值是反映一个轮齿绝对尺寸的大小，对于用标准刀具加工标准齿轮时，若 z 相同仅 m 不同，则加工出的轮齿都几何相似，m 只是它们的放大比例。

（3）Y_{Fa} 的影响因素及其选择。标准直齿圆柱齿轮的 Y_{Fa} 只取决于齿数 z。当 $z\uparrow$，渐开线越平坦，齿根厚度 $\uparrow$，则 $Y_{Fa}\downarrow$；当 z 一定时，采用正变位方法可使齿根厚 $\uparrow$，达到降低 Y_{Fa} 的效果，而 $\sigma_F\downarrow$，则抗弯强度提高。对于斜齿轮的 Y_{Fa} 应按当量齿数 $z_v=z/\cos^3\beta$ 选取；对于直齿锥齿轮，Y_{Fa} 应按 $z_v=z/\cos\delta$ 选取。斜齿圆柱齿轮设计中，若 $\beta\uparrow$、$z_v\uparrow$，则 $Y_{Fa}\downarrow$，故斜齿轮的抗弯强度比直齿轮高。

（4）齿轮设计中，一般 $\sigma_{F1}\neq\sigma_{F2}$、$\sigma_{FP1}\neq\sigma_{FP2}$，从弯曲强度计算公式知，$Y_{Fa1}Y_{Sa1}/\sigma_{FP1}$ 与 $Y_{Fa2}Y_{Sa2}/\sigma_{FP2}$ 中比值大者，其弯曲强度弱，故设计时应以两者中的大值代入。只有当 $\sigma_{FP1}/(Y_{Fa1}Y_{Sa1})=\sigma_{FP2}/(Y_{Fa2}Y_{Sa2})$ 时，才表示一对啮合齿轮为等弯曲强度。

2.2.2　难点内容分析

本章难点内容是：斜齿圆柱齿轮轴向力方向的判定；载荷系数的影响因素及减小措施；影响齿轮强度的因素分析及主要参数（z、m、β、ψ_d）的选择。

1. 斜齿圆柱齿轮 F_a 方向的判定及各分力大小的计算

这一难点的主要内容已在前述"齿轮受力分析"中阐述，但尚须注意以下两点。

（1）对于齿轮受力的表达，不但要练习在平面图上表示 3 个分力的方向（见图 2-6），还要练习在一对齿轮的轴测图上表示 3 个分力的方向（见图 2-7）。特别要注意将力的作用点画在齿宽的中点上，并规定：垂直纸面向里的力用符号"⊗"表示；垂直纸面向外的力用符号"⊙"表示。

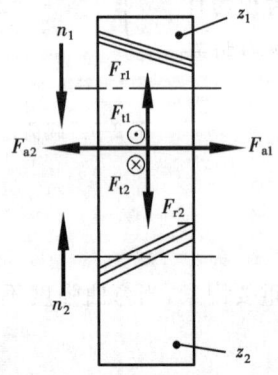

图 2-6　二维图形受力分析

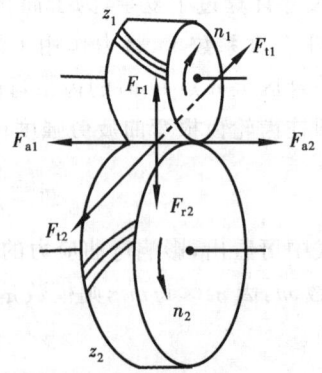

图 2-7　三维图形受力分析

(2) 对斜齿轮(或锥齿轮)的三个要素(即轮齿螺旋线方向、齿轮回转方向及轴向力方向)知其二可求其一,应灵活运用。从比较图 2-6 与图 2-7 可知:两对齿轮螺旋线方向相同,但回转方向相反,结果 F_t 与 F_a 都要改变方向;若两对齿轮回转方向相同,但螺旋线方向相反,仅改变 F_a 的方向。

2. 载荷系数的主要影响因素及减小措施

(1) 动载系数 K_v K_v 是考虑齿轮副本身的啮合误差(基节误差、齿形误差、轮齿受载变形等)所引起的啮入、啮出冲击和振动而产生内部附加动载荷影响的系数。

影响动载荷系数 K_v 的主要因素有:①基节误差和齿形误差;②轮齿变形和刚度大小的变化;③齿轮转速的高低及变化。

基节误差引起内部附加动载荷的机理及减小动载荷的措施:一对理想的渐开线齿廓的齿轮,只有基圆节距相等($p_{b1}=p_{b2}$)时才能正确啮合,瞬时传动比才恒定。但由于制造误差及轮齿的弹性变形等原因,基圆齿距不可能完全相等,即产生基节误差。如图 2-8 所示:①当 $p_{b1} < p_{b2}$ 时(见图 2-8(a)),使即将进入啮合的一对齿轮尚未进入啮合区就提前在点 A' 开始啮合,节点 C 移至 C',从而改变了两轮的节圆直径,瞬时传动比也随之改变;②当 $p_{b1} > p_{b2}$(见图 2-8(b))时,即第一对齿在点 E 脱离啮合时,第二对齿轮尚未进入啮合,则前一对轮齿离开啮合线后仍继续保持接触,直至后一对轮齿进入啮合时,前一对轮齿才在点 E' 脱离接触(见图 2-8(c))。此时,节点 C 移至 C'',也改变了两轮的节圆直径,瞬时传动比也随之改变。

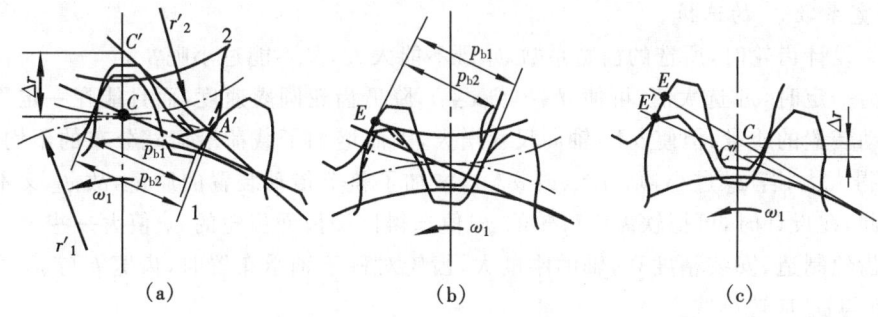

图 2-8 基节误差产生动载荷的分析

这种瞬时传动比的变化,使得 ω_2 突然增大或减小,而产生内部附加动载荷,产生振动与噪声。

减小动载荷的措施有:①提高制造精度以减小基节误差与齿形误差;②对轮齿进行适当的修形(也称为修缘),以减小轮齿的啮入、啮出冲击;③增大轴和轴承的刚度,以减小系统的变形。

(2) 齿向载荷分布系数 K_β K_β 是考虑沿齿宽方向载荷分布不均匀影响的系数。

影响 K_β 的主要因素:①齿轮的制造与安装误差;②轴的弯曲变形与扭转变形;③齿宽 b 的大小选用不当等。这些因素都将使得齿向载荷分布不均(也称为"偏载")。

减小齿轮传动偏载的措施有:①提高支承(如轴承、箱体等)的刚度,减小变形;②综合考虑弯曲变形与扭转变形的影响,齿轮在轴上尽可能对称布置,并应尽可能将齿轮布置在远离转矩输入端,以缓和载荷分布不均匀现象;③针对不同工况,恰当选择齿宽系数 $\psi_d = b/d_1$;④提高制造精度与安装精度;⑤对轮齿进行沿齿宽方向修形。

(3) 齿间载荷分配系数 K_α K_α 是考虑同时啮合的各对轮齿间载荷分配不均匀影响的系数。

影响 K_α 的主要因素有：①齿轮在啮合线上不同啮合位置，轮齿的弹性变形及刚度变化的影响；②齿轮制造误差，特别是基节误差，使载荷在齿间分布不均匀；③重合度、齿顶修形也影响齿间载荷分布不均匀。

3. 齿轮强度计算中主要参数的选择

1）齿数 z 的选择

对于闭式软齿面齿轮传动，其主要失效形式是齿面疲劳点蚀。设计时，首先从保证齿轮的接触强度出发来确定齿轮直径（或中心距）。这时齿数的多少，主要影响齿轮的模数及弯曲疲劳强度。故其选择原则为：在满足弯曲强度条件下，z 尽可能选多些有利。其原因为：①$z\uparrow$，则重合度 $\varepsilon_\alpha\uparrow$，使传动平稳，降低齿轮传动的振动与噪声；②$\varepsilon_\alpha\uparrow$，则重合度系数 $Z_\varepsilon\downarrow$ 而使 $\sigma_H\downarrow$，可提高齿轮的接触强度；③$z\uparrow$，则 $m\downarrow$，可减轻齿轮的质量和减小金属切削量，节省工时和费用；④$z\uparrow$ 还能降低齿高，减小滑动系数，减少磨损，提高传动效率和抗胶合能力。一般取 $z_1=20\sim40$。

对于闭式硬齿面齿轮传动，其主要失效形式是轮齿折断。设计时，首先从保证轮齿弯曲强度出发，确定齿轮的模数 m。这时 z 的多少直接影响齿轮结构尺寸的大小，故其选择原则为：在保证足够的接触疲劳强度的前提下，齿数不宜过多，一般 $z_1\geqslant17$。

开式齿轮传动的尺寸主要取决于轮齿的弯曲疲劳强度，故 z 也不宜过多，对标准直齿轮，$z_1\geqslant17$，以避免根切。

2）齿宽系数 ψ_d 的选择

为什么设计齿轮时，所选的齿宽系数 ψ_d 既不能太大，又不能过小呢？

当载荷一定时，ψ_d 选大值，可使 $d\downarrow$（或 $a\downarrow$），降低齿轮圆周速度，而且能在一定程度上减轻整个传动装置的质量，但使 $b\uparrow$，轴向尺寸增大，因而增加了载荷沿齿宽分布的不均匀性，故 ψ_d 不能选得太大；若 ψ_d 过小，则 $d\uparrow$（或 $a\uparrow$），增加了整个传动装置的质量，故 ψ_d 又不能选得太小。因此，在设计时，可把软齿面齿轮的 ψ_d 值选得比硬齿面齿轮的 ψ_d 值大一些。

一般齿轮制造、安装精度高，轴的刚度大，齿轮对称于轴承布置时，齿宽 b 与 ψ_d 可以取大些；反之，b 与 ψ_d 应选小些。

3）螺旋角 β 的选择

$\beta\uparrow$，可使 $\varepsilon_\alpha\uparrow$，提高传动的平稳性与承载能力，但 β 过大，轴向力增加，轴承装置复杂；若 β 过小，斜齿轮的优点就不明显。一般取 $\beta=10°\sim25°$；对于振动噪声要求高的齿轮，可取 $\beta=25°\sim35°$，但制造精度要相应地提高；对于人字齿轮，因轴向力可相互抵消，故 β 可选大些。

4）变位系数 χ 的选择

①选用正变位（$\chi>0$）齿轮，则齿厚增加，使 $Y_{Fa}\downarrow$，并使 $\sigma_F\downarrow$，可提高齿轮的弯曲强度；②采用 $\chi_1+\chi_2>0$ 的角度变位齿轮，可增大啮合角，使 $\sigma_H\downarrow$，可提高轮齿的接触强度；③采用 $\chi_1=-\chi_2$，可使大、小齿轮在齿顶及齿根啮合时，滑动速度近似相等，从而可提高齿轮的抗胶合与抗磨损能力；④调整大小齿轮的 χ_1、χ_2 及热处理硬度值，可实现等弯曲强度。

在什么条件下，一对齿轮的弯曲强度相等呢？设计时，通过调整一对齿轮的变位系数 χ_1、χ_2 和热处理硬度值来达到大、小齿轮弯曲疲劳等强度条件式（参见例 2-11）：

$$\frac{\sigma_{FP1}}{Y_{Fa1}Y_{Sa1}}=\frac{\sigma_{FP2}}{Y_{Fa2}Y_{Sa2}} \tag{2-6}$$

5) 齿轮设计中的参数协调与圆整

（1）按齿面接触强度确定 d_1 后，计算 $m_n = \dfrac{d_1 \cos\beta}{z_1}$，取标准模数。若计算的 m_n 与标准值相差较大时，为使尺寸不增加太大，可由标准的 m_n 与 d_1 反求 z_1，再反算 d_1，使标准的 m_n 略大于计算值。

（2）求中心距 $a = m_n(z_1 + z_2)/(2\cos\beta)$，为制造、检测方便，需将 a 圆整为整数，需要时，末位数最好取"0"或"5"。

（3）圆整后，a 发生变化，故需要调整螺旋角 $\beta = \arccos\dfrac{m_n(z_1 + z_2)}{2a}$，$\beta$ 的取值要求精确至度、分、秒（××°××′××″）。

（4）d_1、d_2 要用调整后的 β 计算，$d_1 = m_n z_1/\cos\beta$，$d_2 = m_n z_2/\cos\beta$。d_1、d_2 的取值应保留小数后三位，并使 d_1、d_2 小数后两值之和为零。例如：

$$d_1 = \frac{z_1 m_n}{\cos\beta} = \frac{39 \times 4}{\cos 9°22'} \text{ mm} = 158.108 \text{ mm}$$

$$d_2 = \frac{z_2 m_n}{\cos\beta} = \frac{109 \times 4}{\cos 9°22'} \text{ mm} = 441.892 \text{ mm}$$

2.3　例题精选与解析

例 2-1　为什么轮齿的弯曲疲劳裂纹首先发生在齿根受拉伸一侧？

解题要点：

（1）齿根弯曲疲劳强度计算时，将轮齿视为悬臂梁，受载荷后齿根处产生的弯曲应力最大。

（2）齿根过渡圆角处尺寸发生急剧变化，又由于沿齿宽方向留下加工刀痕产生应力集中。

（3）在反复变应力的作用下，由于齿轮材料对拉应力敏感，故疲劳裂纹首先发生在齿根受拉伸一侧。

例 2-2　有一闭式齿轮传动，满载工作几个月后，发现硬度为 200～240 HBW 的齿轮工作表面上出现小的凹坑。试问：①这是什么现象？②如何判断该齿轮是否可以继续使用？③应采取什么措施？

解题要点：

（1）已开始产生齿面疲劳点蚀，但因"出现小的凹坑"，故属于早期点蚀。

（2）若早期点蚀不再发展成破坏性点蚀，该齿轮仍可继续使用。

（3）采用高黏度的润滑油或加极压添加剂于油中，均可提高齿轮的抗疲劳点蚀的能力。

例 2-3　一对齿轮传动，如何判断大、小齿轮中哪个齿面不易产生疲劳点蚀？哪个轮齿不易产生弯曲疲劳折断？并简述其理由。

解题要点：

（1）大、小齿轮的材料与热处理硬度及循环次数 N 不等，通常 $\sigma_{HP1} > \sigma_{HP2}$，而 $\sigma_{H1} = \sigma_{H2}$，故小齿轮齿面接触强度较高，则不易出现疲劳点蚀。

（2）比较大、小齿轮的 $\dfrac{\sigma_{FP1}}{Y_{Fa1} Y_{Sa1}}$ 与 $\dfrac{\sigma_{FP2}}{Y_{Fa2} Y_{Sa2}}$，若 $\dfrac{\sigma_{FP1}}{Y_{Fa1} Y_{Sa1}} < \dfrac{\sigma_{FP2}}{Y_{Fa2} Y_{Sa2}}$，则表明小齿轮的弯曲疲劳强度低于大齿轮，易产生弯曲疲劳折断；反之亦然。

例 2-4　例 2-4 图所示为两级斜齿圆柱齿轮减速器，已知条件如图所示。试问：

(1) 低速级斜齿轮的螺旋线方向应如何选择才能使中间轴Ⅱ上两齿轮上所受的轴向力相反？

(2) 低速级小齿轮的螺旋角 β_2 应取多大值，才能使Ⅱ轴上轴向力相互抵消？

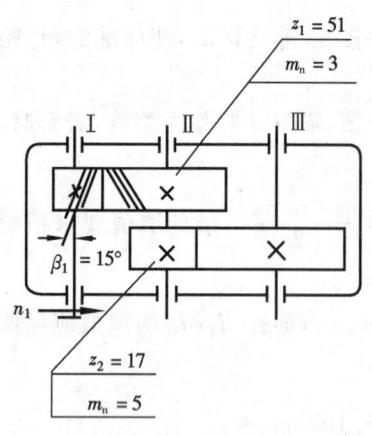

例 2-4 图

（注：齿轮轴向力可按 $F_a = F_t \tan\beta$ 计算）

解题要点：

（1）Ⅱ轴上大、小齿轮均为左旋。

（2）若要求Ⅱ轴上轮 1、2 的轴向力能互相抵消，则必须满足

$$F_{a1} = F_{a2}$$

即

$$F_{t1} \tan\beta_1 = F_{t2} \tan\beta_2, \quad \tan\beta_2 = \frac{F_{t1}}{F_{t2}} \tan\beta_1$$

由中间轴的力矩平衡，得

$$F_{t1} \frac{d_1}{2} = F_{t2} \frac{d_2}{2}$$

则

$$\tan\beta_2 = \frac{F_{t1}}{F_{t2}} \tan\beta_1 = \frac{d_2}{d_1} \tan\beta_1 = \frac{5 \times 17/\cos\beta_2}{3 \times 51/\cos\beta_1} \tan\beta_1$$

得

$$\sin\beta_2 = \frac{5 \times 17}{3 \times 51} \sin 15° = 0.1438$$

则

$$\beta_2 = 8.27° = 8°16'12''$$

例 2-5 已知：直齿圆柱齿轮的接触疲劳强度校核公式为

$$\sigma_H = Z_H Z_E Z_\epsilon \sqrt{\frac{2KT_1(u \pm 1)}{bd_1^2 u}} \leqslant \sigma_{HP}$$

设 $\psi_b = \dfrac{b}{d_1}$，求证：

(1) $\sigma_H = Z_H Z_E Z_\epsilon \sqrt{\dfrac{KF_{t1}(u \pm 1)}{bd_1 u}} \leqslant \sigma_{HP}$

(2) $a' \geqslant (u \pm 1) \sqrt[3]{\left(\dfrac{Z_H Z_E Z_\epsilon}{2\sigma_{HP}}\right)^2 \cdot \dfrac{KT_1(u \pm 1)}{\psi_d u} \cdot \dfrac{\cos\alpha}{\cos\alpha'}}$

式中：a' 为变位齿轮的中心距；α' 为啮合角。

解题要点：

（1）因为 $T_1 = F_{t1} \dfrac{d_1}{2}$，得

$$\sigma_H = Z_H Z_E Z_\epsilon \sqrt{\frac{2KF_{t1} \times \dfrac{d_1}{2}(u \pm 1)}{bd_1^2 u}} \leqslant \sigma_{HP}$$

即

$$\sigma_H = Z_H Z_E Z_\epsilon \sqrt{\frac{KF_{t1}(u \pm 1)}{bd_1 u}} \leqslant \sigma_{HP}$$

（2）因 $b = \psi_d d_1$，所以

$$\sigma_H = Z_H Z_E Z_\epsilon \sqrt{\frac{2KT_1(u \pm 1)}{\psi_d d_1^3 u}} \leqslant \sigma_{HP}$$

即

$$d_1 \geqslant \sqrt[3]{\left(\frac{Z_H Z_E Z_\epsilon}{\sigma_{HP}}\right)^2 \cdot \frac{2KT_1}{\psi_d} \cdot \frac{(u \pm 1)}{u}}$$

因为
$$d_1' = d_1 \frac{\cos\alpha}{\cos\alpha'}$$

所以
$$a' = \frac{d_2' \pm d_1'}{2} = \frac{ud_1' \pm d_1'}{2}$$

$$= \frac{u \pm 1}{2} \cdot d_1 \frac{\cos\alpha}{\cos\alpha'} \geqslant (u \pm 1) \sqrt[3]{\left(\frac{Z_H Z_E Z_\epsilon}{2\sigma_{HP}}\right)^2 \cdot \frac{KT_1}{\psi_d} \cdot \frac{u \pm 1}{u} \cdot \frac{\cos\alpha}{\cos\alpha'}}$$

例 2-6 今有两对斜齿圆柱齿轮传动,主动轴传递的功率 P_1 均为 13 kW,$n_1 = 200$ r/min,齿轮的法面模数 $m_n = 4$ mm,齿数 $z_1 = 60$,螺旋角分别为 9°与 18°。试求各对齿轮传动轴向力的大小。

(注:齿轮传动轴向力计算式:$F_a = F_t \tan\beta$)

解题要点:

(1) 因两对齿轮传递的 P_1 和 n_1 相等,故主动轴上的转矩也应相等,即

$$T_1 = 9.55 \times 10^6 P_1/n_1 = (9.55 \times 10^6 \times 13/200) \text{ N·mm} = 620750 \text{ N·mm}$$

(2) 计算 $\beta = 9°$ 的齿轮传动的轴向力:

$$F_{t1} = 2T_1/d_1 = 2 \times 620750 \times \cos\beta/(m_n z_1)$$
$$= 2 \times 620750 \times \cos9°/(4 \times 60) \text{ N} = 5109 \text{ N}$$
$$F_{a1} = F_{t1} \tan\beta = 5109 \times \tan9° \text{ N} = 809 \text{ N} = F_{a2}$$

(3) 计算 $\beta = 18°$ 的齿轮传动的轴向力:

$$F_{t1}' = \frac{2T_1}{d_1} = \frac{2T_1 \cos\beta}{m_n z_1} = \frac{2 \times 620750 \times \cos18°}{4 \times 60} \text{ N} = 4920 \text{ N}$$

$$F_{a1}' = F_{t1}' \tan\beta = 4920 \times \tan18° \text{ N} = 1599 \text{ N} = F_{a2}'$$

例 2-7 两级圆柱齿轮传动中,若有一级为斜齿另一级为直齿,试问:斜齿圆柱齿轮应置于高速级还是低速级?为什么?若为直齿锥齿轮和圆柱齿轮所组成的两级传动中,锥齿轮应置于高速级还是低速级?为什么?

解题要点:

(1) 在两级圆柱齿轮传动中,斜齿轮应置于高速级,主要因为高速级的转速高,用斜齿圆柱齿轮传动,工作平稳,在精度等级相同时,允许传动的圆周速度较高;在忽略摩擦阻力影响时,高速级小齿轮的转矩是低速级小齿轮转矩的 $1/i$(i 是高速级的传动比),其轴向力小。

(2) 由锥齿轮和圆柱齿轮组成的两级传动中,锥齿轮一般应置于高速级,主要因为当传递功率一定时,低速级的转矩大,则齿轮的尺寸和模数也大,而锥齿轮的锥距 R 和模数 m 大时,则加工困难,或者加工成本大为提高。

例 2-8 某传动装置采用一对闭式软齿面标准直齿圆柱齿轮,齿轮参数 $z_1 = 20$,$z_2 = 54$,$m = 4$ mm。加工时误将箱体孔距镗大为 $a' = 150$ mm。齿轮尚未加工,应采取何种方法进行补救?新方案的齿轮强度能满足要求吗?

解题要点:

标准直齿圆柱齿轮的中心距为

$$a = m(z_1 + z_2)/2 = 4 \times (20 + 54)/2 \text{ mm} = 148 \text{ mm} \quad (可补救)$$

(1) 将齿轮改为斜齿轮,使中心距 $a' = a$:

$$a' = m_n(z_1 + z_2)/(2\cos\beta) = 4 \times (20 + 54)/(2\cos\beta) = 150 \text{ mm}$$

$$\cos\beta = a/a' = 148/150 = 0.9867$$

$$\beta = 9.367° = 9°22'01''$$

通过调整 β 角,达到 $a' = 150$ mm,用斜齿代替直齿,新方案不仅强度有所提高,而且传动性能也有所改善。

(2) 或者采用正角度变位齿轮($\chi_1 + \chi_2 > 0$),同样可使 $a' > a, d' > d$,而仍用直齿轮,选用合适的变位系数 χ_1 与 χ_2 值,同样可达到 $a' = 150$ mm。此时,则 σ'_H 减少,接触疲劳强度可提高。

例 2-9 在闭式软齿面圆柱齿轮设计中,为什么在满足弯曲强度条件下,z_1 尽可能选多一些有利? 试简述其理由。

解题要点:(参见 2-2 节中的有关齿数 z 的选择)

例 2-10 一对标准直齿圆柱齿轮传动,当传动比 $i = 2$ 时,试问:

(1) 哪一个齿轮所受的弯曲应力大? 为什么?

(2) 若大、小齿轮的材料、热处理硬度均相同,小齿轮的应力循环次数 $N_1 = 10^6 < N_0$,则它们的许用弯曲应力是否相等? 为什么?

解题要点:

(1) 因一般 $Y_{Fa1}Y_{Sa1} > Y_{Fa2}Y_{Sa2}$,故 $\sigma_{F1} > \sigma_{F2}$,即小齿轮的齿根弯曲应力大。

(2) 两齿轮硬度相同,即试验齿轮的弯曲疲劳极限 $\sigma_{Flim1} = \sigma_{Flim2}$;但由于工作循环次数 $N_1 > N_2$ 及齿轮的寿命系数 $Y_{N1} < Y_{N2}$,且又由于应力修正系数 $Y_{ST1} < Y_{ST2}$,故小齿轮的许用弯曲应力 $\sigma_{FP1} < \sigma_{FP2}$。

例 2-11 试求一对啮合齿轮的大、小齿轮,其弯曲疲劳强度为等强度的条件式。并求大小齿轮弯曲应力间的关系式。

提示:弯曲疲劳强度计算公式为

$$\sigma_{F1} = \frac{2KT_1}{bd_1 m_n}Y_{Fa1}Y_{Sa1}Y_{\epsilon}Y_{\beta} \leqslant \sigma_{FP1} \qquad ①$$

$$\sigma_{F2} = \frac{2KT_1}{bd_1 m_n}Y_{Fa2}Y_{Sa2}Y_{\epsilon}Y_{\beta} \leqslant \sigma_{FP2} \qquad ②$$

解题要点:

(1) 解提示:由①、②两式中后面的两项,即得其大、小齿轮弯曲疲劳等强度条件式为

$$\frac{\sigma_{FP1}}{Y_{Fa1}Y_{Sa1}} = \frac{\sigma_{FP2}}{Y_{Fa2}Y_{Sa2}}$$

利用上式可判断一对齿轮中哪个齿轮的强度较弱,若 $\dfrac{\sigma_{FP1}}{Y_{Fa1}Y_{Sa1}} < \dfrac{\sigma_{FP2}}{Y_{Fa2}Y_{Sa2}}$,则表明小齿轮的弯曲强度低于大齿轮,应按小齿轮进行弯曲强度设计或校核。

(2) 解提示:由①、②两式中后面三、四项,又可获得大、小齿轮弯曲应力间的关系式为

$$\frac{\sigma_{F1}}{Y_{Fa1}Y_{Sa1}} = \frac{\sigma_{F2}}{Y_{Fa2}Y_{Sa2}}$$

利用上式,将可在已知一个齿轮的应力后,方便地求得另一齿轮的应力。

例 2-12 设有一对标准直齿圆柱齿轮,已知齿轮的模数为 $m = 5$ mm,小、大齿轮的参数分别为:应力修正系数 $Y_{Sa1} = 1.56, Y_{Sa2} = 1.76$;齿形系数 $Y_{Fa1} = 2.8, Y_{Fa2} = 2.28$;许用应力 $\sigma_{FP1} = 314$ MPa,$\sigma_{FP2} = 286$ MPa,并算得小齿轮的齿根弯曲应力 $\sigma_{F1} = 306$ MPa。试问:

(1) 哪一个齿轮的弯曲疲劳强度较大?

(2) 两齿轮的弯曲疲劳强度是否均满足要求?

解题要点：

（1）由

$$\frac{\sigma_{FP1}}{Y_{Fa1}Y_{Sa1}} = \frac{314}{2.8 \times 1.56} = 71.886$$

$$\frac{\sigma_{FP2}}{Y_{Fa2}Y_{Sa2}} = \frac{286}{2.28 \times 1.76} = 71.272$$

且因 71.886＞71.272，故小齿轮的弯曲疲劳强度大。

（2）已知 $\sigma_{F1} = 306$ MPa ＜ $\sigma_{FP1} = 314$ MPa，故小齿轮的弯曲疲劳强度满足要求。而

$$\sigma_{F2} = \sigma_{F1}\frac{Y_{Fa2}Y_{Sa2}}{Y_{Fa1}Y_{Sa1}} = 306 \times \frac{2.28 \times 1.76}{2.8 \times 1.56}\ \text{MPa} = 281.1\ \text{MPa} ＜ \sigma_{FP2} = 286\ \text{MPa}$$

结论：两齿轮的弯曲强度均满足要求。

例 2-13　一对按接触疲劳强度设计的软齿面钢制圆柱齿轮，经弯曲强度校核计算，发现其 σ_F 比 σ_{FP} 小很多。试问：设计是否合理？为什么？在材料、热处理硬度不变的条件下，可采取什么措施以提高其传动性能？

解题要点：

（1）因闭式软齿面齿轮的主要失效形式为齿面疲劳点蚀，其设计准则为 $\sigma_H \leqslant \sigma_{HP}$，必须首先满足接触强度的要求，因此，此设计是合理的。

（2）若材料、热处理硬度不变，在满足弯曲强度条件（$\sigma_F \leqslant \sigma_{FP}$）下，可选用较多齿数。①$z \uparrow$，则重合度 $\varepsilon_\alpha \uparrow$，使传动平稳，可降低齿轮的振动与噪声；②$\varepsilon_\alpha \uparrow$，则重合度系数 $Z_\varepsilon \downarrow$ 而使 $\sigma_H \downarrow$，可提高齿轮的接触强度；③$z \uparrow$，则 $m \downarrow$，可减轻齿轮的质量和减少金属的切削量，以节省工时和费用。

例 2-14　今有两对标准直齿圆柱齿轮，其材料、热处理方法、精度等级和齿宽均对应相等，并按无限寿命考虑，已知齿轮的模数和齿数分别为：第一对 $m = 4$ mm，$z_1 = 20$，$z_2 = 40$；第二对 $m' = 2$ mm，$z_1' = 40$，$z_2' = 80$。若不考虑重合度不同产生的影响，在同样工况下工作时，求这两对齿轮应力的比值 σ_H/σ_H' 和 σ_F/σ_F'。

提示： 直齿圆柱齿轮的弯曲疲劳校核式为

$$\sigma_F = \frac{2KT_1}{bd_1 m}Y_{Fa}Y_{Sa}Y_\varepsilon \leqslant \sigma_{FP}$$

$z = 20$ 时，　　　　　　　$Y_{Fa} = 2.8$，　$Y_{Sa} = 1.56$

$z = 40$ 时，　　　　　　　$Y_{Fa} = 2.42$，　$Y_{Sa} = 1.67$

$z = 80$ 时，　　　　　　　$Y_{Fa} = 2.22$，　$Y_{Sa} = 1.77$

解题要点：

（1）接触疲劳强度。由题设条件已知

$$d_1 = mz_1 = 4 \times 20\ \text{mm} = 80\ \text{mm}$$

$$d_1' = m'z_1' = 2 \times 40\ \text{mm} = 80\ \text{mm}$$

两对齿轮 $d_1 = d_1'$，其他条件均未变，则接触疲劳强度亦不变，即 $\sigma_H/\sigma_H' = 1$。

（2）弯曲疲劳强度。根据弯曲疲劳强度计算式：

$$\sigma_{F1} = \frac{2KT_1}{bd_1 m}Y_{Fa1}Y_{Sa1}Y_\varepsilon \leqslant \sigma_{FP1} \qquad\qquad ①$$

$$\sigma_{F1}' = \frac{2KT_1}{bd_1' m'}Y_{Fa}'Y_{Sa}'Y_\varepsilon' \leqslant \sigma_{FP1}' \qquad\qquad ②$$

再由题设条件及计算结果，已知 $d_1 = d_1'$，$Y_{\varepsilon1} \approx Y_{\varepsilon2}$，两对齿轮的应力比为

$$\frac{\sigma_{F1}}{\sigma'_{F1}} = \frac{Y_{Fa1}Y_{Sa1}}{m} \cdot \frac{m'}{Y'_{Fa1}Y'_{Sa1}\,p} = \frac{2.8 \times 1.56}{4} \cdot \frac{2}{2.42 \times 1.67} = 0.5404$$

$$\frac{\sigma_{F2}}{\sigma'_{F2}} = \frac{Y_{Fa2}Y_{Sa2}}{m} \cdot \frac{m'}{Y'_{Fa2}Y'_{Sa2}\,p} = \frac{2.42 \times 1.67}{4} \cdot \frac{2}{2.22 \times 1.77} = 0.5143$$

即第二对齿轮比第一对齿轮的弯曲应力大,因它们许用弯曲应力相同,则其弯曲疲劳强度低。

例 2-15 一对渐开线标准直齿圆柱齿轮,分度圆压力角为 α,模数为 m,齿数为 z_1、z_2($z_1 < z_2$);另一对渐开线标准斜齿圆柱齿轮,法向压力角为 α_n,其他参数为 m_n、z'_1、z'_2($z'_1 < z'_2$),且 $\alpha = \alpha_n = 20°$,$m = m_n$,$z_1 = z'_1$,$z_2 = z'_2$。在其他条件相同的情况下,试证明斜齿圆柱齿轮比直齿圆柱齿轮的抗疲劳点蚀能力强。

提示:
$$\sigma_H = Z_H Z_E Z_\varepsilon Z_\beta \sqrt{\frac{2KT_1(u+1)}{bd_1^2 u}} \leqslant \sigma_{HP}$$

解题要点:

(1) 由题 $m = m_n$,$z_1 = z'_1$,$z_2 = z'_2$,并设 d_1 与 d'_1 分别为直齿圆柱齿轮与斜齿圆柱齿轮的分度圆直径,有

$$d_1 = mz_1, \qquad d'_1 = \frac{m_n z_3}{\cos\beta}$$

因 $\cos\beta < 1$,故 $d'_1 > d_1$,即斜齿圆柱齿轮的抗点蚀能力强。

(2) 斜齿圆柱齿轮比直齿圆柱齿轮多一个螺旋角系数 Z_β,而 $Z_\beta = \sqrt{\cos\beta} < 1$,即斜齿圆柱齿轮的 $\sigma_H \downarrow$。

(3) 因斜齿圆柱齿轮的综合曲率半径 ρ'_Σ 大于直齿圆柱齿轮的综合曲率半径 ρ_Σ,即 $\rho'_\Sigma > \rho_\Sigma$,使节点曲率系数 $Z'_H < Z_H$,而使斜齿圆柱齿轮的 $\sigma_H \downarrow$。

(4) 因斜齿圆柱齿轮的重合度 ε_r 大于直齿圆柱齿轮,故斜齿圆柱齿轮的重合度系数 $Z'_\varepsilon < Z_\varepsilon$,而使斜齿圆柱齿轮的 $\sigma_H \downarrow$。

综合上述四点可知,斜齿圆柱齿轮比直齿圆柱齿轮的抗疲劳点蚀能力强。

例 2-16 一对齿轮传动,若按无限寿命设计,如何判断其大、小齿轮中哪个不易出现齿面点蚀?哪个不易出现齿根弯曲疲劳折断?理由如何?

解题要点:

(1) 许用接触应力 σ_{HP1}、σ_{HP2} 与齿轮的材料、热处理及齿面工作循环次数有关,一般 $HBW_1 = HBW_2 + (30\sim50)$,即试验齿轮的接触疲劳极限 $\sigma_{Hlim1} > \sigma_{Hlim2}$,故 $\sigma_{HP1} > \sigma_{HP2}$。况且 $\sigma_{H1} = \sigma_{H2}$,而按无限寿命设计时,寿命系数 $Z_N = 1$,故小齿轮不易出现齿面点蚀。

(2) 比较两齿轮的 $\dfrac{Y_{Fa1}Y_{Sa1}}{\sigma_{FP1}}$ 与 $\dfrac{Y_{Fa2}Y_{Sa2}}{\sigma_{FP2}}$,比值小的齿轮其弯曲疲劳强度大,不易出现齿根弯曲疲劳折断。

例 2-17 一对闭式直齿圆柱齿轮,已知:$z_1 = 20$,$z_2 = 60$;$m = 3$ mm;$\psi_d = 1$;小齿轮转速 $n_1 = 950$ r/min。若主、从动齿轮的 $\sigma_{HP1} = 700$ MPa,$\sigma_{HP2} = 650$ MPa;载荷系数 $K = 1.6$;节点区域系数 $Z_H = 2.5$;弹性系数 $Z_E = 189.8 \sqrt{\text{MPa}}$;重合度系数 $Z_\varepsilon = 0.9$。试按接触疲劳强度,求该齿轮传动所能传递的功率。

提示:接触疲劳强度校核公式为

$$\sigma_H = Z_H Z_E Z_\varepsilon \sqrt{\frac{2KT_1(u+1)}{bd_1^2 u}} \leqslant \sigma_{HP}$$

解题要点:

(1) 上述提示式中

$$u = z_2/z_1 = 60/20 = 3$$

$$d_1 = mz_1 = 3 \times 20 \text{ mm} = 60 \text{ mm}$$

$$b = \psi_d d_1 = 1 \times 60 \text{ mm} = 60 \text{ mm}$$

因为大齿轮的许用应力较低,应按大齿轮计算,故

$$
\begin{aligned}
T_1 &= \left(\frac{\sigma_{HP2}}{Z_H Z_E Z_\varepsilon}\right)^2 \cdot \frac{bd_1^2 u}{2K(u+1)} \\
&= \left(\frac{650}{2.5 \times 189.8 \times 0.9}\right)^2 \times \frac{60 \times 60^2 \times 3}{2 \times 1.6 \times (3+1)} \text{ N} \cdot \text{mm} \\
&= 117.3 \times 10^3 \text{ N} \cdot \text{mm}
\end{aligned}
$$

(2) 该齿轮所能传递的功率为

$$P = \frac{T_1 n_1}{9.55 \times 10^6} = \frac{117.3 \times 10^3 \times 750}{9.55 \times 10^6} \text{ kW} = 9.21 \text{ kW}$$

例 2-18 今有一对 $\Sigma = \delta_1 + \delta_2 = 90°$ 的直齿锥齿轮,已知:小齿轮的圆周力 $F_{t1} = 2580$ N, $n_1 = 360$ r/min, $z_1 = 24$, $m = 4$ mm,齿宽 $b = 30$ mm,分度圆锥角 $\delta_1 = 26°33'54''$。试求该对齿轮所能传递的功率 P。

提示: $\tan\delta_1 = 1/u, \quad d_{m1} = (1 - 0.5\psi_R)d_1$

解题要点:

由 $\tan\delta_1 = 1/u$,得

$$u = 1/\tan\delta_1 = 1/\tan 26°33'54'' = 2$$

$$z_2 = z_1 u = 24 \times 2 = 48$$

$$d_1 = mz_1 = 4 \times 24 \text{ mm} = 96 \text{ mm}$$

$$d_2 = mz_2 = 4 \times 48 \text{ mm} = 192 \text{ mm}$$

锥距 $\qquad R = \frac{1}{2}\sqrt{d_1^2 + d_2^2} = 0.5\sqrt{96^2 + 192^2} \text{ mm} = 107.33 \text{ mm}$

齿宽中点分度圆直径 $\qquad d_{m1} = (1 - 0.5\psi_R)d_1 = (1 - 0.5b/R)d_1$

$$d_{m1} = [1 - 0.5 \times (30/107.33)] \times 96 \text{ mm} = 82.58 \text{ mm}$$

$$T_1 = F_{t1}d_{m1}/2 = 2580 \times 82.58/2 \text{ N} \cdot \text{mm} = 106528 \text{ N} \cdot \text{mm}$$

该齿轮传递的功率为

$$P = \frac{T_1 n_1}{9.55 \times 10^6} = \frac{106528 \times 360}{9.55 \times 10^6} \text{ kW} = 4 \text{ kW}$$

例 2-19 一开式直齿圆柱齿轮传动中,小齿轮齿根上产生的弯曲应力 $\sigma_{F1} = 120$ MPa,已知小齿轮齿数 $z_1 = 20$,齿数比 $u = 5$,啮合角 $\alpha = 20°$。试问在大齿轮的齿根危险剖面上将产生多大的弯曲应力。

提示: 已查得 $Y_{Fa1} = 2.80$; $Y_{Fa2} = 2.18$; $Y_{Sa1} = 1.55$; $Y_{Sa2} = 1.79$。

解题要点:

按大小齿轮弯曲应力间的关系式,则大齿轮齿根危险剖面上的弯曲应力为

$$\sigma_{F2} = \sigma_{F1} \cdot \frac{Y_{Fa2}Y_{Sa2}}{Y_{Fa1}Y_{Sa1}} = \frac{120 \times 2.18 \times 1.79}{2.80 \times 1.55} \text{ MPa} = 107.9 \text{ MPa}$$

例 2-20 有一对直齿圆柱齿轮传动,传递功率 $P_1 = 22$ kW,小齿轮材料为 40Cr 钢(调

质），$\sigma_{HP1} = 500$ MPa；大齿轮材料为 45 钢（正火），$\sigma_{HP2} = 420$ MPa。如果通过热处理方法将材料的力学性能分别提高到 $\sigma'_{HP1} = 680$ MPa，$\sigma'_{HP2} = 600$ MPa。试问：此传动在不改变工作条件及其他设计参数的情况下，它的计算转矩（KT_1）能提高百分之几？

提示：接触疲劳强度校核公式为

$$\sigma_H = Z_H Z_E Z_\epsilon \sqrt{\frac{2KT_1(u+1)}{bd_1^2 u}} \leqslant \sigma_{HP}$$

解题要点：

（1）将提示公式转换成

$$KT_1 = \left(\frac{\sigma_{HP}}{Z_H Z_E Z_\epsilon}\right)^2 \cdot \frac{bd_1^2 u}{2(u+1)}$$

（2）KT_1 为该齿轮的计算转矩，在工作条件及其他设计参数不变的情况下，从式中可以看出该传动的 KT_1 仅与许用接触应力 σ_{HP} 有关。

$$\frac{KT_1'}{KT_1} = \frac{\sigma'_{HP_2}}{\sigma_{HP_2}} = \frac{(600)^2}{(420)^2} = 2.04$$

结论：计算转矩可以提高 104%。

例 2-21 已知一对直齿锥齿轮的传动比 $i = 2.5$，压力角 $\alpha = 20°$，齿宽中点分度圆的圆周力 $F_{t1} = 5600$ N，斜齿圆柱齿轮分度圆螺旋角 $\beta = 11°36'$，分度圆的圆周力 $F_{t2} = 9500$ N。试求：轴 Ⅱ 上的轴向力的大小和方向。螺旋角 β 的方向如例 2-21 图（a）所示。

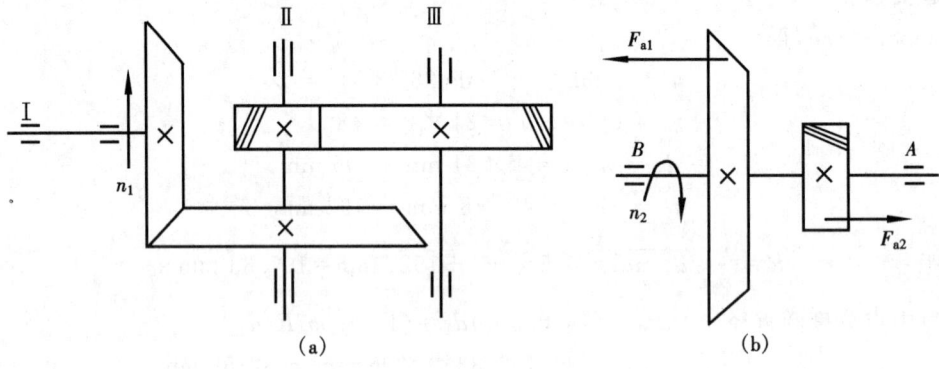

例 2-21 图

（注：直齿圆柱齿轮与斜齿圆柱齿轮轴向力计算公式分别为：$F_{a1} = F_{t1} \tan\alpha \sin\delta_1$；$F_{a2} = F_{t2} \tan\beta$。）

解题要点：

设锥齿轮的轴向力为 F_{a1}，圆柱齿轮的轴向力为 F_{a2}，则

$$F_{a1} = F_{t1} \tan\alpha \sin\delta_1$$

而 $\tan\delta_1 = 1/u = 1/2.5 = 0.4$，有 $\delta_1 = 21°48'5''$，故

$$F_{a1} = 5600 \times \tan20°\sin21°48'5'' \text{ N} = 757 \text{ N}$$

$$F_{a2} = F_{t2} \tan\beta = 9500 \times \tan11°36' \text{ N} = 1950 \text{ N}$$

则轴 Ⅱ 上的轴向力为

$$F_a = F_{a2} - F_{a1} = (1950 - 757) \text{ N} = 1193 \text{ N}$$

F_a 的方向指向点 A（见例 2-21 图（b））。

例 2-22 分析直齿锥齿轮传动中大锥齿轮受力,已知例 2-22 图(a)中,$z_1=28$,$z_2=48$,$m=4$ mm;$b=30$ mm,$\psi_R=0.3$,$\alpha=20°$,$n=960$ r/min,传递功率 $P=3$ kW。试在图上标出三个分力的方向并计算其大小(忽略摩擦力的影响)。

提示:$F_r=F_t\tan\alpha\cos\delta$,$F_a=F_t\tan\alpha\sin\delta$,$\cos\delta_1=\dfrac{u}{\sqrt{1+u^2}}$

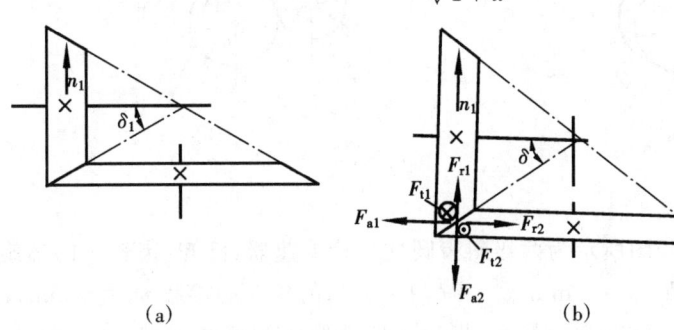

(a)　　　　　　　　(b)

例 2-22 图

解题要点:

(1) 三个分力方向如例 2-22 图(b)所示。

(2) 求出齿轮主要尺寸及所传递的转矩 T_1。

$$d_1=mz_1=4\times28 \text{ mm}=112 \text{ mm}$$

$$d_2=mz_2=4\times48 \text{ mm}=192 \text{ mm}$$

$$T_1=9.55\times10^6\frac{P}{n}=9.55\times10^6\times\frac{3}{960} \text{ N}\cdot\text{mm}=29844 \text{ N}\cdot\text{mm}$$

$$u=\frac{z_2}{z_1}=\frac{48}{28}=1.7143$$

$$\cos\delta_1=\frac{u}{\sqrt{1+u^2}}=\frac{1.7143}{\sqrt{1+(1.7143)^2}}=0.8638$$

$$\delta_1=30°15'14''$$

$$\sin\delta_1=\sin30°15'14''=0.5038$$

(3) 求 F_{t1}、F_{r1}、F_{a1} 的大小。

$$F_{t1}=\frac{2T_1}{(1-0.5\psi_R)d_1}=\frac{2\times29844}{(1-0.5\times0.3)\times112} \text{ N}=627 \text{ N}$$

$$F_{r1}=F_{t1}\tan\alpha\cos\delta_1=627\times0.364\times0.8638 \text{ N}=197 \text{ N}$$

$$F_{a1}=F_{t1}\tan\alpha\sin\delta_1=627\times0.364\times0.5038 \text{ N}=115 \text{ N}$$

例 2-23 例 2-23 图(a)所示为一对标准斜齿圆柱齿轮-蜗杆组成的二级传动,小齿轮为主动轮。已知:①蜗轮的节圆直径 d_4,螺旋角 β,端面压力角 α;②蜗轮传递的转矩 T_4(N·m)。试求:

(1) 齿轮 1、2 及蜗杆的螺旋线方向,轴 I、II 的旋转方向(用箭头在图中标出);

(2) 在图中标出蜗杆传动各分力 F_{t3}、F_{r3}、F_{a3};F_{t4}、F_{r4}、F_{a4} 的方向。

解题要点:

(1) 蜗杆、齿轮 1、2 的螺旋线方向,轴 I、II 的旋转方向均已标于例 2-23 图(b)中。

(2) F_{t3}、F_{r3}、F_{a3} 及 F_{t4}、F_{r4}、F_{a4} 的方向已标于例 2-23 图(b)中。

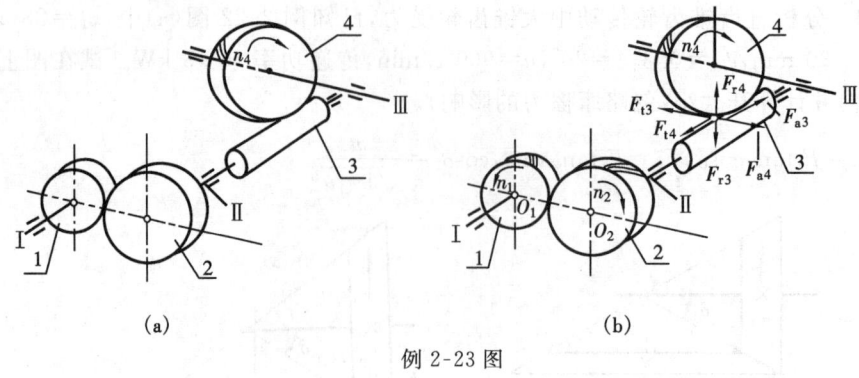

(a)   (b)

例 2-23 图

例 2-24 例 2-24 图所示为两级斜齿圆柱齿轮减速器,已知:齿轮 1 的螺旋线方向和轴Ⅲ的转向,齿轮 2 的参数 $m_n=3$ mm,$z_2=57$,$\beta_2=14°$;齿轮 3 的参数 $m_n=5$ mm,$z_3=21$。试求:

(1) 为使轴Ⅱ所受的轴向力最小,齿轮 3 应选取的螺旋线方向,并在图(b)上标出齿轮 2 和齿轮 3 的螺旋线方向;

(2) 在图(b)上标出齿轮 2 和齿轮 3 所受各分力的方向;

(3) 如果使轴Ⅱ的轴承不受轴向力,则齿轮 3 的螺旋角 β_3 应取多大值(忽略摩擦损失)?提示:轴Ⅱ用深沟球轴承。

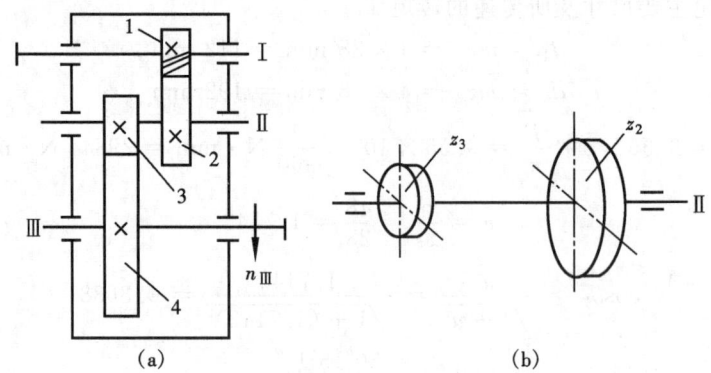

(a)   (b)

例 2-24 图

解题要点:

(1) 根据轴Ⅲ转向 $n_{\text{Ⅲ}}$,可在例 2-24 图解(a)上标出 $n_{\text{Ⅰ}}$ 和 $n_{\text{Ⅱ}}$ 的转向。而齿轮 2 应为右旋,已标于例 2-24 图解(b)上。

(2) 根据主动轮左、右手定则判断出 F_{a2}、F_{a3};根据齿轮 2 是从动轮,齿轮 3 是主动轮判断出 F_{t2}、F_{t3};根据径向力指向各自轴心的原则,判断径向力 F_{r2}、F_{r3} 的方向。F_{a2}、F_{a3}、F_{t2}、F_{t3}、F_{r2}、F_{r3} 已在啮合点画出(例 2-24 图解(b))。

(3) 若使轴Ⅱ轴承不受轴向力,则

$$|F_{a2}|=|F_{a3}|$$

而

$$F_{a2}=F_{t2}\tan\beta_2, \quad F_{a3}=F_{t3}\tan\beta_3$$

所以

$$F_{t2}\tan\beta_2=F_{t3}\tan\beta_3$$

略去摩擦损失,由转矩平衡条件得

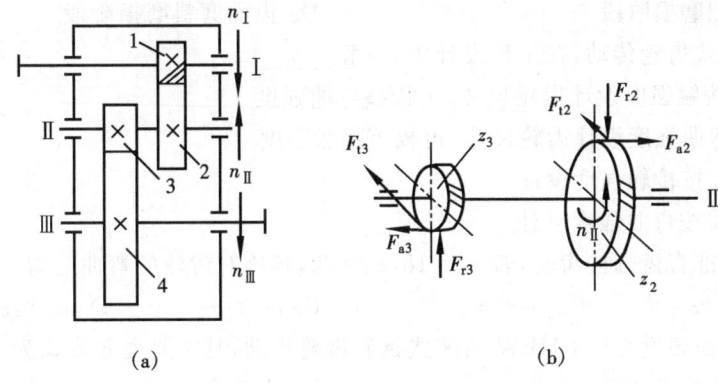

(a)   (b)

例 2-24 图解

$$F_{t2} \frac{d_2}{2} = F_{t3} \frac{d_3}{2}$$

所以 $\qquad \tan\beta_3 = \frac{F_{t2}}{F_{t3}}\tan\beta_2 = \frac{d_3}{d_2}\tan\beta_2 = \frac{m_{n3} z_3 / \cos\beta_3}{m_{n2} z_2 / \cos\beta_2}\tan\beta_2$

得 $\qquad \sin\beta_3 = \frac{m_{n3} z_3}{m_{n2} z_2}\sin\beta_2 = \frac{5 \times 21}{3 \times 57} \times \sin 14° = 0.14855$

$$\beta_3 = 8°32'34''$$

即为使轴 Ⅱ 的轴承不受轴向力,则齿轮 3 的螺旋角 β_3 应取为 $8°32'34''$。

2.4 考试复习与练习题

一、单项选择题(从给出的 A、B、C、D 中选一个答案)

2-1 一般开式齿轮传动的主要失效形式是_____。

  A. 齿面胶合   B. 齿面疲劳点蚀

  C. 齿面磨损或轮齿疲劳折断   D. 轮齿塑性变形

2-2 高速重载齿轮传动,当润滑不良时,最可能出现的失效形式是_____。

  A. 齿面胶合   B. 齿面疲劳点蚀

  C. 齿面磨损   D. 轮齿疲劳折断

2-3 45 钢齿轮,经调质处理后其硬度值为_____。

  A. 45～50 HRC   B. 220～270 HBW

  C. 160～180 HBW   D. 320～350 HBW

2-4 齿面硬度为 56～62 HRC 的合金钢齿轮的加工工艺过程为_____。

  A. 齿坯加工→淬火→磨齿→滚齿   B. 齿坯加工→淬火→滚齿→磨齿

  C. 齿坯加工→滚齿→渗碳淬火→磨齿   D. 齿坯加工→滚齿→磨齿→淬火

2-5 齿轮采用渗碳淬火的热处理方法,则齿轮材料只可能是_____。

  A. 45 钢   B. 铸钢 ZG340-640

  C. 40Cr 钢   D. 20CrMnTi 钢

2-6 齿轮传动中齿面的非扩展性点蚀一般出现在_____。

  A. 跑合阶段   B. 稳定性磨损阶段

C. 剧烈磨损阶段　　　　　　　　　　D. 齿面磨料磨损阶段

2-7　对于开式齿轮传动,在工程设计中,一般_____。

　　A. 按接触强度设计齿轮尺寸,再校核弯曲强度

　　B. 按弯曲强度设计齿轮尺寸,再校核接触强度

　　C. 只需按接触强度设计

　　D. 只需按弯曲强度设计

2-8　一对标准直齿圆柱齿轮,若 $z_1=18$,$z_2=72$,则这对齿轮的弯曲应力_____。

　　A. $\sigma_{F1}>\sigma_{F2}$　　　　B. $\sigma_{F1}<\sigma_{F2}$　　　　C. $\sigma_{F1}=\sigma_{F2}$　　　　D. $\sigma_{F1}\leqslant\sigma_{F2}$

2-9　对于齿面硬度≤350 HBW 的闭式钢制齿轮传动,其主要失效形式为_____。

　　A. 轮齿疲劳折断　　　　　　　　　B. 齿面磨损

　　C. 齿面疲劳点蚀　　　　　　　　　D. 齿面胶合

2-10　一减速齿轮传动,小齿轮 1 选用 45 钢调质;大齿轮选用 45 钢正火,它们的齿面接触应力_____。

　　A. $\sigma_{H1}>\sigma_{H2}$　　　　B. $\sigma_{H1}<\sigma_{H2}$　　　　C. $\sigma_{H1}=\sigma_{H2}$　　　　D. $\sigma_{H1}\leqslant\sigma_{H2}$

2-11　对于硬度≤350 HBW 的闭式齿轮传动,设计时一般_____。

　　A. 先按接触强度计算　　　　　　　B. 先按弯曲强度计算

　　C. 先按磨损条件计算　　　　　　　D. 先按胶合条件计算

2-12　设计一对减速软齿面齿轮传动时,从等强度要求出发,大、小齿轮的硬度选择时,应使_____。

　　A. 两者硬度相等　　　　　　　　　B. 小齿轮硬度高于大齿轮硬度

　　C. 大齿轮硬度高于小齿轮硬度　　　D. 小齿轮采用硬齿面,大齿轮采用软齿面

2-13　一对标准渐开线圆柱齿轮要正确啮合,它们的_____必须相等。

　　A. 直径 d　　　　　B. 模数 m　　　　C. 齿宽 b　　　　D. 齿数 z

2-14　某齿轮箱中一对 45 钢调质齿轮,经常发生齿面点蚀,修配更换时,可用_____代替。

　　A. 40Cr 钢调质　　　　　　　　　B. 适当增大模数 m

　　C. 仍可用 45 钢,改为齿面高频淬火　D. 改用铸钢 ZG230

2-15　设计闭式软齿面直齿轮传动时,选择齿数 z_1 的原则是_____。

　　A. z_1 越多越好

　　B. z_1 越少越好

　　C. $z_1\geqslant 17$,不产生根切即可

　　D. 在保证轮齿有足够的抗弯疲劳强度的前提下,齿数选多些有利

2-16　在设计闭式硬齿面齿轮传动中,当直径一定时,应取较少的齿数,使模数增大以_____。

　　A. 提高齿面接触强度　　　　　　　B. 提高轮齿的抗弯曲疲劳强度

　　C. 减少加工切削量,提高生产率　　　D. 提高抗塑性变形能力

2-17　在直齿圆柱齿轮设计中,若中心距保持不变,而增大模数 m,则可以_____。

　　A. 提高齿面的接触强度　　　　　　B. 提高轮齿的弯曲强度

　　C. 弯曲与接触强度均可提高　　　　D. 弯曲与接触强度均不变

2-18　轮齿的弯曲强度,当_____,齿根弯曲强度就会增大。

A. 模数不变,增多齿数时   B. 模数不变,增大中心距时

C. 模数不变,增大直径时   D. 齿数不变,增大模数时

2-19 为了提高齿轮传动的接触强度,可采取_____的方法。

    A. 采用闭式传动   B. 增大传动中心距

    C. 减少齿数   D. 增大模数

2-20 圆柱齿轮传动中,当齿轮的直径一定时,减小齿轮的模数、增加齿轮的齿数,则可以_____。

    A. 提高齿轮的弯曲强度   B. 提高齿面的接触强度

    C. 改善齿轮传动的平稳性   D. 减少齿轮的塑性变形

2-21 齿轮弯曲强度计算中的齿形系数 Y_{Fa} 与_____无关。

    A. 齿数 z_1 B. 变位系数 χ

    C. 模数 m D. 斜齿轮的螺旋角 β

2-22 标准直齿圆柱齿轮传动的弯曲疲劳强度计算中,齿形系数 Y_{Fa} 只取决于_____。

    A. 模数 m B. 齿数 z

    C. 分度圆直径 d_1 D. 齿宽系数 ψ_d

2-23 一对圆柱齿轮,通常把小齿轮的齿宽做得比大齿轮宽一些,其主要原因是_____。

    A. 为使传动平稳   B. 为了提高传动效率

    C. 为了提高齿面接触强度   D. 为了便于安装,保证接触线长

2-24 一对圆柱齿轮传动,小齿轮分度圆直径 $d_1 = 50$ mm,齿宽 $b_1 = 55$ mm;大齿轮分度圆直径 $d_2 = 90$ mm,齿宽 $b_2 = 50$ mm,则齿宽系数 $\psi_d =$ _____。

    A. 1.1   B. 5/9   C. 1   D. 1.3

2-25 齿轮传动在以下几种工况中_____的齿宽系数 ψ_d 可取大些。

    A. 悬臂布置   B. 不对称布置

    C. 对称布置   D. 同轴式减速器布置

2-26 今有两个标准直齿圆柱齿轮,齿轮 1 的模数 $m_1 = 5$ mm,$z_1 = 25$;齿轮 2 的模数 $m_2 = 3$ mm,$z_2 = 40$,此时它们的齿形系数_____。

    A. $Y_{Fa1} < Y_{Fa2}$ B. $Y_{Fa1} > Y_{Fa2}$ C. $Y_{Fa1} = Y_{Fa2}$ D. $Y_{Fa1} \leqslant Y_{Fa2}$

2-27 斜齿圆柱齿轮的动载荷系数 K_v 和相同尺寸精度的直齿圆柱齿轮相比较是_____的。

    A. 相等   B. 较小   C. 较大   D. 可能大,也可能小

2-28 下列_____的措施,可以降低齿轮传动的齿面载荷分布系数 K_β。

    A. 降低齿面粗糙度   B. 提高轴系刚度

    C. 增加齿轮宽度   D. 增大端面重合度

2-29 齿轮设计中,对齿面硬度≤350 HBW 的齿轮传动,选取大小齿轮的齿面硬度时,应使_____。

    A. $HBW_1 = HBW_2$ B. $HBW_1 \leqslant HBW_2$

    C. $HBW_1 > HBW_2$ D. $HBW_1 = HBW_2 + (30 \sim 50)$

2-30 斜齿圆柱齿轮的齿数 z 与模数 m_n 不变,若增大螺旋角 β,则分度圆直径 d_1 _____。

    A. 增大   B. 减小   C. 不变   D. 不一定增大或减小

2-31 对于齿面硬度≤350 HBW 的齿轮传动,当大、小齿轮均采用 45 钢时,一般采取的

热处理方式为_____。

    A. 小齿轮淬火,大齿轮调质   B. 小齿轮淬火,大齿轮正火

    C. 小齿轮调质,大齿轮正火   D. 小齿轮正火,大齿轮调质

2-32 一对圆柱齿轮传动中,当齿面产生疲劳点蚀时,通常发生在_____。

    A. 靠近齿顶处   B. 靠近齿根处

    C. 靠近节线的齿顶部分   D. 靠近节线的齿根部分

2-33 一对圆柱齿轮传动,当其他条件不变时,仅将齿轮传动所受的载荷增为原载荷的 4 倍,其齿面接触应力_____。

    A. 不变   B. 增为原应力的 2 倍

    C. 增为原应力的 4 倍   D. 增为原应力的 16 倍

2-34 两个齿轮的材料的热处理方式、齿宽、齿数均相同,但模数不同,$m_1 = 2$ mm,$m_2 = 4$ mm,它们的弯曲承载能力为_____。

    A. 相同   B. m_2 的齿轮比 m_1 的齿轮大

    C. 与模数无关   D. m_1 的齿轮比 m_2 的齿轮大

2-35 以下_____的做法不能提高齿轮传动的齿面接触承载能力。

    A. d 不变而增大模数   B. 改善材料

    C. 增大齿宽   D. 增大齿数以增大 d

2-36 齿轮设计时,当因齿数选择过多而使直径增大时,若其他条件相同,则它的弯曲承载能力_____。

    A. 成线性地增加   B. 不成线性但有所增加

    C. 成线性地减小   D. 不成线性但有所减小

2-37 直齿锥齿轮强度计算时,是以_____为计算依据的。

    A. 大端当量直齿锥齿轮   B. 齿宽中点处的直齿圆柱齿轮

    C. 齿宽中点处的当量直齿圆柱齿轮   D. 小端当量直齿锥齿轮

2-38 对大批量生产、尺寸较大($D > 500$ mm)、形状复杂的齿轮,设计时应选择_____。

    A. 自由锻毛坯   B. 焊接毛坯   C. 模锻毛坯   D. 铸造毛坯

2-39 今有 4 个标准直齿圆柱齿轮,已知:齿数 $z_1 = 20$,$z_2 = 40$,$z_3 = 60$,$z_4 = 80$,模数 $m_1 = 4$ mm,$m_2 = 3$ mm,$m_3 = 2$ mm,$m_4 = 2$ mm,则齿形系数最大的为_____。

    A. Y_{Fa1} B. Y_{Fa2} C. Y_{Fa3} D. Y_{Fa4}

2-40 一对减速齿轮传动中,若保持分度圆直径 d_1 不变,而减少齿数和增大模数,其齿面接触应力将_____。

    A. 增大   B. 减小   C. 保持不变   D. 略有减小

2-41 一对直齿锥齿轮两齿轮的齿宽为 b_1、b_2,设计时应取_____。

    A. $b_1 > b_2$ B. $b_1 = b_2$ C. $b_1 < b_2$ D. $b_1 = b_2 + (30 \sim 50)$ mm

2-42 设计齿轮传动时,若保持传动比 i 和齿数和 $z_{\Sigma} = z_1 + z_2$ 不变,而增大模数 m,则齿轮的_____。

    A. 弯曲强度提高,接触强度提高   B. 弯曲强度不变,接触强度提高

    C. 弯曲强度不变,接触强度不变   D. 弯曲强度提高,接触强度不变

二、填空题

2-43 一般开式齿轮传动中的主要失效形式是_____和_____。

2-44　一般闭式齿轮传动中的主要失效形式是_____和_____。

2-45　对于闭式软齿面齿轮传动,主要按_____强度进行设计,而按_____强度进行校核,这时影响齿轮强度的最主要几何参数是_____。

2-46　对于开式齿轮传动,虽然主要失效形式是_____,但目前尚无成熟可靠的_____计算方法,故按_____强度计算。这时影响齿轮强度的主要几何参数是_____。

2-47　闭式软齿面(硬度≤350 HBW)传动中,齿面疲劳点蚀通常出现在_____处;其原因是该处:_____;_____;_____。

2-48　高速重载齿轮传动,当润滑不良时最可能出现的失效形式是_____。

2-49　在齿轮传动中,齿面疲劳点蚀是由于_____的反复作用引起的,点蚀通常首先出现在_____。

2-50　45 钢制齿轮,经调质处理后其硬度约为_____ HBW。

2-51　一对齿轮啮合时,其大、小齿轮的接触应力是_____;而其许用接触应力是_____的;小齿轮的弯曲应力与大齿轮的弯曲应力一般也是_____。

2-52　斜齿圆柱齿轮设计时,计算载荷系数 K 中包含的 K_A 是_____系数,它与_____有关;K_v 是_____系数,它与_____有关;K_β 是_____系数,它与_____有关。

2-53　闭式软齿面齿轮传动的主要失效形式是_____;闭式硬齿面齿轮传动的主要失效形式是_____。

2-54　在齿轮传动中,主动轮所受的圆周力 F_{t1} 与其回转方向_____,而从动轮所受的圆周力 F_{t2} 与其回转方向_____。

2-55　在闭式软齿面齿轮传动中,通常首先出现_____破坏,故应按_____强度设计;但当齿面硬度>350 HBW 时,则易出现_____破坏,故应按_____强度进行设计。

2-56　一对标准直齿圆柱齿轮,若 $z_1=18$,$z_2=72$,则这对齿轮的弯曲应力 σ_{F1} _____ σ_{F2}。

2-57　一对 45 钢制直齿圆柱齿轮传动,已知 $z_1=20$,硬度为 $220\sim250$ HBW_1;$z_2=60$,硬度为 $190\sim220$ HBW_2,则这对齿轮的接触应力_____,许用接触应力_____;弯曲应力_____,许用弯曲应力_____;齿形系数_____。

2-58　设计闭式硬齿面齿轮传动时,当直径 d_1 一定时,应取_____的齿数 z_1,使_____增大,以提高轮齿的弯曲强度。

2-59　在设计闭式硬齿面齿轮传动中,当直径一定时,应选取较少的齿数,使模数 m 增大以_____强度。

2-60　圆柱齿轮传动中,当齿轮的直径 d_1 一定时,若减小齿轮模数与增大齿轮齿数,则可以_____。

2-61　在轮齿弯曲强度计算中的齿形系数 Y_{Fa} 与_____无关。

2-62　一对圆柱齿轮,通常把小齿轮的齿宽做得比大齿轮宽一些,其主要原因是_____。

2-63　一对圆柱齿轮传动,小齿轮分度圆直径 $d_1=50$ mm,齿宽 $b_1=55$ mm;大齿轮分度圆直径 $d_2=90$ mm,齿宽 $b_2=50$ mm,则齿宽系数 $\psi_d=$ _____。

2-64 圆柱齿轮传动中,当轮齿为_____布置时,其齿宽系数 ψ_d 可以选得大一些。

2-65 今有两个标准齿圆柱齿轮,齿轮 1 的模数 $m_1 = 5$ mm,$z_1 = 25$;齿轮 2 的模数 $m_2 = 3$ mm,$z_2 = 40$。此时它们的齿形系数 Y_{Fa1}_____Y_{Fa2}。

2-66 斜齿圆柱齿轮的动载荷系数 K_v 和相同尺寸精度的直齿圆柱齿轮相比较是_____的。

2-67 斜齿圆柱齿轮的齿数 z 与模数 m_n 不变,若增大螺旋角 β,则分度圆直径 d_____。

2-68 对于齿面硬度 $\leqslant 350$ HBW 的齿轮传动,当两齿轮均采用 45 钢,一般应采取的热处理方式为_____。

2-69 一对圆柱齿轮传动,当其他条件不变时,仅将齿轮传动所受的载荷增大为原载荷的 4 倍,其齿面接触应力将增大为原应力的_____倍。

2-70 直齿锥齿轮强度计算时,应以_____为计算的依据。

2-71 设计齿轮传动时,若保持传动比 i 与齿数和 $z_\Sigma = z_1 + z_2$ 不变,而增大模数 m,则齿轮的弯曲强度_____,接触强度_____。

2-72 钢制齿轮,由于渗碳淬火后热处理变形大,一般需经过_____加工,否则不能保证齿轮精度。

2-73 对于高速齿轮或齿面经硬化处理的齿轮,进行齿顶修缘,可以_____。

2-74 对直齿锥齿轮进行接触强度计算时,可近似地按_____处的当量直齿圆柱齿轮来进行计算,而其当量齿数为 $z_v =$_____。

2-75 减小齿轮动载荷的主要措施有:①_____;②_____。

2-76 斜齿圆柱齿轮的齿形系数 Y_{Fa} 与齿轮参数:_____、_____、_____有关,而与_____无关。

2-77 在齿轮传动设计中,影响齿面接触应力的主要几何参数是_____和_____;而影响极限接触应力 σ_{Hlim} 的主要因素是_____和_____。

2-78 当一对齿轮的材料、热处理、传动比及齿宽系数 ψ_d 一定时,由齿轮强度所决定的承载能力,仅与齿轮的_____或与_____有关。

2-79 齿轮传动中接触强度计算的基本假定是_____。

2-80 在齿轮传动的弯曲强度计算中的基本假定是将轮齿视为_____。

2-81 对大批量生产、尺寸较大($D > 50$ mm)、形状复杂的齿轮,设计时应选择_____毛坯。

2-82 一对减速齿轮传动,若保持两轮分度圆的直径不变,而减少齿数和增大模数时,其齿面接触应力将_____。

2-83 在齿轮传动时,大、小齿轮所受的接触应力是_____的,而弯曲应力是_____的。

2-84 圆柱齿轮设计时,齿宽系数 $\psi_d = b/d_1$,b 愈宽,承载能力也愈_____,但使_____现象严重。选择 ψ_d 的原则是:两齿轮均为硬齿面时,ψ_d 值取偏_____值;精度高时,ψ_d 取偏_____值;对称布置比悬臂布置取偏_____值。

2-85 一对齿轮传动,若两齿轮材料、热处理及许用应力均相同,而齿数不同,则齿数多的齿轮弯曲强度_____;两齿轮的接触应力_____。

2-86 当其他条件不变,作用于齿轮上的载荷增加 1 倍时,其弯曲应力增加_____

倍;接触应力增加_____倍。

2-87 正角度变位对一个齿轮接触强度的影响是使接触应力_____,接触强度_____;对该齿轮弯曲强度的影响是轮齿变厚,使弯曲应力_____,弯曲强度_____。

2-88 在直齿圆柱齿轮强度计算中,当齿面接触强度已足够,而齿根弯曲强度不足时,可采用下列措施:①_____;②_____;③_____来提高弯曲强度。

2-89 两对直齿圆柱齿轮,当材料、热处理完全相同,工作条件也相同($N > N_0$,其中 N 为应力循环次数;N_0 为应力循环基数)。在下述两方案中:①$z_1 = 20$,$z_2 = 40$,$m = 6$ mm,$a = 180$ mm,$b = 60$ mm,$\alpha = 20°$;②$z_1 = 40$,$z_2 = 80$,$m = 3$ mm,$a = 180$ mm,$b = 60$ mm,$\alpha = 20°$。方案_____的轮齿弯曲疲劳强度大;方案①与②的接触疲劳强度_____。

2-90 直齿锥齿轮的当量齿数 $z_v =$ _____;标准模数和压力角按_____端选取;受力分析和强度计算以_____直径为准。

2-91 已知直齿锥齿轮主动小齿轮所受各分力分别为:$F_{t1} = 1628$ N,$F_{a1} = 246$ N,$F_{r1} = 539$ N,若忽略摩擦力,则 $F_{t2} =$ _____,$F_{a2} =$ _____,$F_{r2} =$ _____。

2-92 齿轮设计中在选择齿轮的齿数 z 时,对闭式软齿面齿轮传动,一般 z_1 选得_____些;对开式齿轮传动,一般 z_1 选得_____些。

2-93 设齿轮的齿数为 z,螺旋角为 β,分度圆锥角为 δ,在选取齿形系数 Y_{Fa} 时,标准直齿圆柱齿轮按_____查取;标准斜齿圆柱齿轮按_____查取;直齿锥齿轮按_____查取(写出具体符号或表达式)。

2-94 材料、热处理及几何参数均相同的三种齿轮(即直齿圆柱齿轮、斜齿圆柱齿轮和直齿锥齿轮)传动中,承载能力最高的是_____传动;承载能力最低的是_____传动。

2-95 在闭式软齿面齿轮传动中,通常首先发生_____破坏,故应按_____强度进行设计。但当齿面硬度>350 HBW 时,则易出现_____破坏,应按_____强度进行设计。

2-96 在斜齿圆柱齿轮设计中,应取_____模数为标准值;而直齿锥齿轮设计中,应取_____模数为标准值。

2-97 设计圆柱齿轮传动时,应取小齿轮的齿面硬度_____=HBW$_1$;应取小齿轮的齿宽 $b_1 =$ _____。

2-98 在一般情况下,齿轮强度计算中,大、小齿轮的弯曲应力 σ_{F1} 与 σ_{F2} 是_____的;许用弯曲应力 σ_{FP1} 与 σ_{FP2} 是_____的。其原因是:_____。

2-99 对齿轮材料的基本要求是:齿面_____;齿芯_____,以抵抗各种齿面失效和齿根折断。

三、问答题

2-100 齿面接触疲劳强度计算是针对哪种失效形式?其基本理论依据是什么?

2-101 齿轮传动的主要失效形式有哪些?开式、闭式齿轮传动的失效形式有什么不同?设计准则通常是按哪些失效形式制定的?

2-102 齿根弯曲疲劳裂纹先发生在危险截面的哪一边?为什么?为提高轮齿抗弯曲疲劳折断的能力,可采取哪些措施?

2-103 齿轮为什么会产生齿面点蚀与剥落?点蚀首先发生在什么部位?为什么?防止

点蚀有哪些措施？

2-104　齿轮在什么情况下发生胶合？采取哪些措施可以提高齿面抗胶合能力？

2-105　为什么开式齿轮齿面严重磨损，而一般不会出现齿面点蚀？对开式齿轮传动，如何减轻齿面磨损？

2-106　为什么一对软齿面齿轮的材料与热处理硬度不应完全相同？这时大、小齿轮的硬度差值多少才合适？硬齿面是否也要求硬度差？

2-107　齿轮材料的选用原则是什么？常用材料和热处理方法有哪些？

2-108　进行齿轮承载能力计算时，为什么不直接用名义工作载荷，而要用计算载荷？

2-109　载荷系数 K 由哪几部分组成？各考虑什么因素的影响？

2-110　齿轮设计中，为何引入动载系数 K_v？试述减小动载荷的方法。

2-111　影响齿轮啮合时载荷分布不均匀的因素有哪些？采取什么措施可使载荷分布均匀？

2-112　简述直齿圆柱齿轮传动中，轮齿产生疲劳折断的部位、成因及发展过程，并绘出简图表示。设计时采取哪些措施可以防止轮齿过早发生疲劳折断？

2-113　直齿圆柱齿轮进行弯曲疲劳强度计算时，其危险截面是如何确定的？

2-114　齿形系数 Y_{Fa} 与模数有关吗？有哪些因素影响 Y_{Fa} 的大小？

2-115　试述齿宽系数 ψ_d 的定义。选择 ψ_d 时应考虑哪些因素？

2-116　试说明齿形系数 Y_{Fa} 的物理意义。如果两个齿轮的齿数和变位系数相同，而模数不同，试问齿形系数 Y_{Fa} 是否有变化。

2-117　一对钢制标准直齿圆柱齿轮，$z_1=19,z_2=88$。试问：哪个齿轮所受的接触应力大？哪个齿轮所受的弯曲应力大？

2-118　一对钢制（45 钢调质，硬度为 280 HBW）标准齿轮和一对铸铁齿轮（HT300 淬火，硬度为 230 HBW），两对齿轮的尺寸、参数及传递载荷相同。试问：哪对齿轮所受的接触应力大，哪对齿轮的接触疲劳强度高？为什么？

2-119　为什么设计齿轮时，所选齿宽系数 ψ_d 既不能太大，又不能太小？

2-120　一对标准直齿圆柱齿轮，分度圆压力角 α，模数 m，齿数为 z_1、$z_2(z_1 < z_2)$。另有一对标准斜齿圆柱齿轮，法向压力角 α_n，模数 m_n，齿数为 z_3、$z_4(z_3 < z_4)$；且 $\alpha=\alpha_n,m=m_n,z_1=z_3,z_2=z_4$。在其他条件相同的情况下，试证明斜齿轮比直齿轮的抗疲劳点蚀能力强。

2-121　在某设备中有一对渐开线直齿圆柱齿轮，已知 $z_1=26,i_{12}=5,m=3$ mm，$\alpha=20°$。在技术改造中，为了改善其传动的平稳性，要求在不降低强度，不改变中心距和传动比的条件下，将直齿轮改为斜齿轮，若希望分度圆螺旋角在 $\beta \leqslant 25°$ 之内。试确定 z_1、z_2、m_n 及 β。

2-122　在设计闭式软齿面标准直齿圆柱齿轮传动时，若 σ_{HP} 与 ψ_d 不变，主要应增大齿轮的什么几何参数，才能提高齿轮的接触强度？并简述其理由。

2-123　一对渐开线圆柱直齿轮，若中心距、传动比和其他条件不变，仅改变齿轮的齿数。试问：对接触强度和弯曲强度各有何影响？

2-124　一对齿轮传动，如何判断其大、小齿轮中哪个齿面不易出现疲劳点蚀？哪个轮齿不易出现弯曲疲劳折断？理由如何？

2-125　试说明齿轮传动中，基节误差引起内部附加动载荷的机理。如何减小内部附加动载荷？

2-126　一对圆柱齿轮的实际齿宽为什么做成不相等？哪个齿轮的齿宽大？在强度计算

公式中的齿宽 b 应以哪个齿轮的齿宽代入？为什么？锥齿轮的齿宽是否也是这样？

2-127　符合什么条件才将齿轮与轴做成一体？这时在选择材料与热处理时应注意什么问题？

2-128　在选择齿轮传动比时，为什么锥齿轮的传动比常比圆柱齿轮选得小些？为什么斜齿圆柱齿轮的传动比又可比直齿圆柱齿轮的选得大些？

2-129　什么叫齿廓修形？正确的齿廓修形对载荷系数中哪个系数有较明显的影响？

2-130　一对直齿圆柱齿轮传动中，大、小齿轮抗弯曲疲劳强度相等的条件是什么？

2-131　一对直齿圆柱齿轮传动中，大、小齿轮抗接触疲劳强度相等的条件是什么？

2-132　有两对齿轮，模数 m 及中心距 a 不同，其余参数都相同。试问：它们的接触疲劳强度是否相同？如果模数不同，而对应的节圆直径相同，又将怎样？

2-133　一对齿轮传动中，大、小齿轮的接触应力是否相等？如大、小齿轮的材料及热处理情况相同，它们的许用接触应力是否相等？如许用应力相等，则大、小齿轮的接触疲劳强度是否相等？

2-134　在两级圆柱齿轮传动中，如其中一级为斜齿圆柱齿轮传动，另一级为直齿锥齿轮传动。试问：斜齿圆柱齿轮传动应布置在高速级还是低速级？为什么？

2-135　在圆柱-锥齿轮减速器中，一般应将锥齿轮布置在高速级还是低速级？为什么？

2-136　要设计一个由直齿圆柱齿轮、斜齿圆柱齿轮和直齿锥齿轮组成的多级传动，它们之间的顺序应如何安排才合理？为什么？

2-137　为什么在传动的轮齿之间要保持一定的侧隙？侧隙选得过大或过小时，对齿轮传动有何影响？

2-138　在什么情况下要将齿轮与轴做成一体？为什么齿轮与轴往往分开制造？

2-139　要求设计传动比 $i=3$ 的标准直齿圆柱齿轮，若选择齿数 $z_1=12$，$z_2=36$，行不行？为什么？

2-140　现设计出一标准直齿圆柱齿轮（正常齿），其参数为 $m=3.8$ mm，$z_1=12$，$\alpha=23°$。试问：

（1）是否合理，为什么？

（2）若不合理，请提出改正意见。

2-141　设计一对闭式齿轮传动，先按接触强度进行设计，校核时发现弯曲疲劳强度不够，请至少提出两条改进意见，并简述其理由。

2-142　在齿轮设计中，选择齿数时应考虑哪些因素？

2-143　为什么锥齿轮的轴向力 F_a 的方向恒指向该轮的大端？

2-144　在闭式软齿面圆柱齿轮传动中，在保证弯曲强度的前提下，齿数 z_1 选多些有利，试简述其理由。

四、分析计算题

2-145　有两对材料、热处理方法、加工精度等级和齿宽均对应相等的直齿圆柱齿轮，已知：第一对齿轮 $m=4$ mm，$z_1=20$，$z_2=40$；第二对齿轮 $m'=3$ mm，$z_1'=40$，$z_2'=80$。若不考虑重合度的影响，试计算其相同条件下工作时，此两对齿轮接触应力的比值 σ_H/σ_H' 和弯曲应力的比值 σ_F/σ_F'。

附参考公式：
$$\sigma_H = Z_H Z_E Z_\varepsilon \sqrt{\frac{2KT_1}{bd_1^2} \cdot \frac{u+1}{u}} \leqslant \sigma_{HP}$$

$$\sigma_F = \frac{2KT_1}{bd_1 m} Y_{Fa} Y_{Sa} Y_\varepsilon \leqslant \sigma_{FP}$$

并已查得 $Y_{Fa1} = 2.81, Y_{Sa1} = 1.55, Y_{Fa2} = 2.44, Y_{Sa2} = 1.67; Y'_{Fa1} = 2.44, Y'_{Sa1} = 1.67, Y'_{Fa2} = 2.25, Y'_{Sa2} = 1.77$。

2-146　一对材料及热处理条件相同的齿轮，一般说来大、小齿轮的齿根最大弯曲应力是否相等？许用弯曲应力是否相等？为什么？试以标准直齿圆柱齿轮为例来说明。

提示：许用弯曲应力公式为

$$\sigma_{FP} = \frac{\sigma_{Flim}}{S_{Fmin}} Y_{ST} Y_N Y_X$$

式中：σ_{Flim} 为试验齿轮的弯曲疲劳极限；S_{Fmin} 为最小安全系数；Y_{ST} 为试验齿轮的应力修正系数；Y_N 为寿命系数；Y_X 为尺寸系数。

2-147　如题 2-147 图所示的二级斜齿圆柱齿轮减速器，已知：电动机功率 $P=3$ kW，转速 $n=970$ r/min；高速级：$m_{n1}=2$ mm，$z_1=25, z_2=53, \beta_1=12°50'19''$；低速级：$m_{n2}=3$ mm，$z_3=22, z_4=50; a_2=110$ mm。试求（计算时不考虑摩擦损失）：

(1) 为使轴Ⅱ上的轴承所承受的轴向力较小，确定齿轮 3、4 的螺旋线方向（绘于图上）；

(2) 绘出齿轮 3、4 在啮合点处所受各力的方向；

(3) β_2 取多大值，才能使轴Ⅱ上所受轴向力相互抵消？

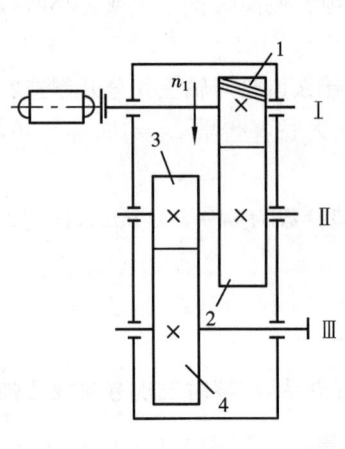
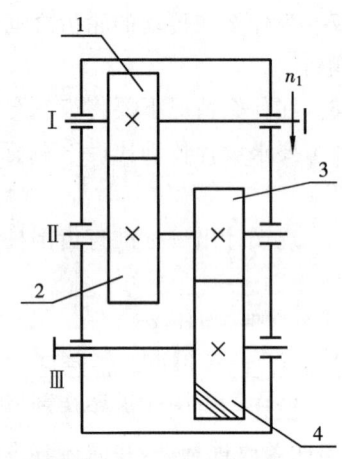

题 2-147 图　　　　　　　　　题 2-148 图

2-148　题 2-148 图所示为两级斜齿圆柱齿轮减速器。已知：高速级齿轮参数为 $m_n=2$ mm，$\beta=13°, z_1=20, z_2=60$；低速级齿轮参数为 $m'_n=3$ mm，$\beta'=12°, z_3=20, z_4=68$；齿轮 4 为右旋；轴Ⅰ的转向如图示，$n_1=960$ r/min，传递功率 $P_1=5$ kW，忽略摩擦损失。试求：

(1) 轴Ⅱ、Ⅲ的转向（标于图上）；

(2) 为使轴Ⅱ的轴承所受的轴向力最小，确定各齿轮的螺旋线方向（标于图上）；

(3) 齿轮 2、3 所受各分力的方向（标于图上）；

(4) 计算齿轮 4 所受各分力的大小。

2-149　题 2-149 图所示为直齿锥齿轮-斜齿圆柱齿轮减速器，齿轮 1 主动，转向如图所示。锥齿轮的参数为：$m=2$ mm，$z_1=20, z_2=40, \psi_R=0.3$；斜齿圆柱齿轮的参数为：$m_n=3$ mm，

$z_3 = 20$，$z_4 = 60$。试求：

(1) 画出各轴的转向；

(2) 为使轴Ⅱ所受轴向力最小，画出齿轮 3、4 的螺旋线方向；

(3) 画出轴Ⅱ上齿轮 2、3 所受各力的方向；

(4) 若要求使轴Ⅱ上的轴承几乎不承受轴向力，则齿轮 3 的螺旋角应取多大（忽略摩擦损失）？

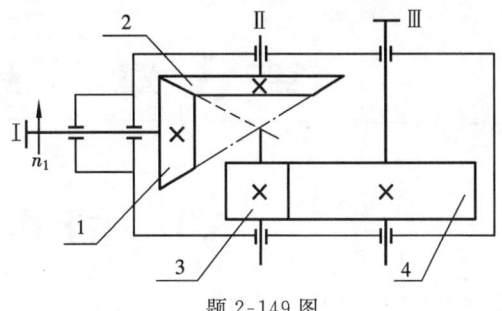

题 2-149 图

2-150 设有一对标准直齿圆柱齿轮，已知齿轮的模数 $m = 5$ mm，大、小齿轮的参数分别为 $z_2 = 60$，$z_1 = 25$；从线图查得齿形系数 $Y_{Fa2} = 2.32$，$Y_{Fa1} = 2.72$；应力修正系数 $Y_{Sa2} = 1.76$，$Y_{Sa1} = 1.58$；许用弯曲应力 $\sigma_{FP2} = 300$ MPa，$\sigma_{FP1} = 320$ MPa；并且算得大齿轮的齿根弯曲应力 $\sigma_{F2} = 280$ MPa。试问：

(1) 哪一个齿轮的弯曲疲劳强度高？

(2) 两个齿轮的弯曲疲劳强度是否足够？

2-151 有两对标准直齿圆柱齿轮传动，已知：齿轮对 1 的 $z_1 = 20$，$z_2 = 40$，$m_1 = 4$ mm，齿宽 $b_1 = 75$ mm；齿轮对 2 的 $z_1' = 40$，$z_2' = 100$，$m_2 = 2$ mm，齿宽 $b_2 = 70$ mm。已知两对齿轮的材料、热处理硬度相同，齿轮的加工精度、齿面粗糙度均相同，工况也一样，按无限寿命计算并忽略 $Y_{Fa} Y_{Sa}$ 的乘积及重合度的影响。试求：

(1) 按接触疲劳强度求该两对齿轮传递的转矩的比值 T_1 / T_1'；

(2) 按弯曲疲劳强度求该两对齿轮传递的转矩的比值 T_1 / T_1'。

提示：强度计算公式为

$$\sigma_H = Z_H Z_E Z_\varepsilon \sqrt{\frac{2K T_1 (u+1)}{b d_1^2 u}} \leqslant \sigma_{HP}$$

$$\sigma_F = \frac{2K T_1}{b d_1 m} Y_{Fa} Y_{Sa} Y_\varepsilon \leqslant \sigma_{FP}$$

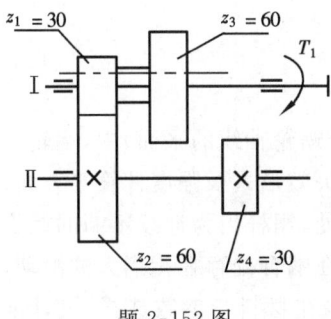

题 2-152 图

2-152 如题 2-152 图所示，某齿轮变速箱中有两对直齿圆柱齿轮传动，双联主动齿轮 1、3 分别可与从动齿轮 2、4 相啮合，齿数如图所示，各齿轮的材料、热处理硬度、模数 m 均相同，主动轮输入转矩 T_1 不变。试问：

(1) 当两对齿轮接触齿宽相同时，哪一对齿轮的接触应力和弯曲应力大？为什么？

(2) 当齿轮对 1、2 的接触齿宽 $b_{12} = 30$ mm，而两对齿轮要求弯曲强度相等时，齿轮对 3、4 的接触齿宽 b_{34} 应为多少？

提示：强度计算公式同上题（题 2-151），并忽略 $Y_{Fa} Y_{Sa} Y_\varepsilon$ 及 Z_ε 的影响，但需用公式说明。

2-153 一对开式直齿圆柱齿轮传动中，小齿轮齿根上产生的弯曲应力 $\sigma_{F1} = 120$ MPa，已知小齿轮 $z_1 = 20$，齿数比 $u = 5$，$\alpha = 20°$。试问：$\sigma_{F2} = ?$

提示：已查得 $Y_{Fa1} = 2.80$，$Y_{Fa2} = 2.18$；$Y_{Sa1} = 1.55$，$Y_{Sa2} = 1.79$。

2-154 一单级圆柱齿轮减速器由电动机驱动，电动机输入功率 $P_1 = 7.5$ kW，转速 $n_1 = 1450$ r/min，齿轮齿数 $z_1 = 20$，$z_2 = 50$；减速器的效率 $\eta = 0.95$。

试求：减速器输出轴的功率 P_e 和转矩 T_2。

第3章 蜗杆传动

3.1 主要内容与基本要求

3.1.1 主要内容

(1) 蜗杆传动的特点及应用,蜗杆传动的主要参数及其选择原则。

(2) 蜗杆传动的受力分析,特别是蜗轮转向的判别。

(3) 蜗杆传动的失效形式、材料选择,蜗杆传动的强度计算。

(4) 蜗杆传动的效率及热平衡计算。

3.1.2 基本要求

(1) 了解蜗杆传动的特点及应用。

(2) 掌握阿基米德蜗杆传动的几何参数的计算及选择方法,并着重了解标准蜗杆分度圆直径 d_1 的含义及限制 d_1 的数量的重要性。

(3) 掌握蜗杆传动的受力分析及失效形式,从而合理选择蜗杆及蜗轮的材料,并进行强度计算。

(4) 掌握蜗杆传动设计时,有关参数的选择原则及其影响。

(5) 能对蜗杆传动进行效率计算及热平衡计算,并能合理地解决散热问题。

3.2 重点与难点分析

本章重点与难点内容择其要点分析如下。

1. 蜗杆传动的特点及应用

蜗杆传动是啮合传动,它在中间平面(通过蜗杆轴线且垂直于蜗轮轴线的平面)中,蜗轮与蜗杆的啮合,相当于斜齿轮与直齿条相啮合。因此,在受力分析、失效形式及强度计算等方面,它与齿轮传动有许多相似之处。就蜗杆而言,又与螺杆有相似之处,蜗杆齿为连续不断的螺旋齿轮,故传动平稳、噪声低,并可在一定条件下实现自锁。但由于在啮合处存在相当大的滑动,因而其失效形式主要是胶合、磨损与点蚀,且传动效率较低。所以在材料与参数选择、设计准则及热平衡计算等方面又独具特色。由于效率较低,故不适合于大功率传动和长期连续工作的场合。

2. 蜗杆传动的正确啮合条件

对普通圆柱蜗杆传动,蜗杆与蜗轮啮合时,在中间平面上,蜗杆的轴向模数 m_{a1} 和轴向压力角 α_{a1} 分别与蜗轮的端面模数 m_{t2} 和端面压力角 α_{t2} 相等,并将此平面内的模数和压力角规定为标准值;蜗杆分度圆导程角 γ_1 等于蜗轮的螺旋角 β_2,且螺旋线方向相同(与螺旋传动一样,同为右旋或同为左旋)。

即正确啮合条件为

$$\left.\begin{aligned} m_{a1} &= m_{t2} = m \\ \alpha_{a1} &= \alpha_{t2} = \alpha \\ \gamma_1 &= \beta_2 (\text{等值同向}) \end{aligned}\right\} \tag{3-1}$$

3. 蜗杆的分度圆直径 d_1 与直径系数 q

(1) 求蜗杆的分度圆直径 d_1。

加工蜗轮时用的是蜗轮滚刀,其齿形参数和直径尺寸等要求与该配对啮合的蜗杆的参数完全一致。因此,只要有一种尺寸的蜗杆,就需要有一把对应的蜗轮滚刀。

将蜗杆螺旋沿分度圆柱展开(见图 3-1),即为一直角三角形的斜边,若分度圆导程角为 γ,头数为 z_1,则有

$$\tan\gamma = \frac{z_1 p_x}{\pi d_1} = \frac{z_1 \pi m}{\pi d_1} = \frac{z_1}{d_1} m \tag{3-2}$$

所以

$$d_1 = \frac{z_1}{\tan\gamma} m \tag{3-3}$$

由式(3-3)可见,在同一模数 m 时,由于 z_1 及 γ 的变化,将有很多直径不同的蜗杆可供选择,这就要配备很多蜗轮滚刀。为了减少加工蜗轮滚刀的数目及便于刀具的标准化,将 d_1 定为标准值,即对应每一个 m 规定了一定数量的 d_1。d_1 与 m 的比值称为直径系数 q,即

$$q = \frac{d_1}{m} = \frac{z_1}{\tan\gamma},$$

则

$$d_1 = mq \tag{3-4}$$

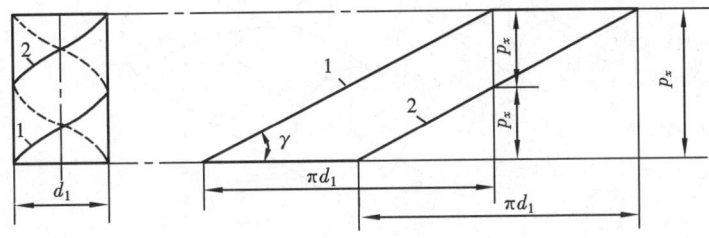

图 3-1　导程角与导程的关系

(2) q 对传动性能的影响。

若 q 增大,则 d_1 增大,即蜗杆刚度提高。又当 z_1 一定时,若增大 q,则 γ 减少而使效率 η 降低,但自锁性好,反之,γ 增大,则 η 捏高。因此,对于小模数的蜗杆,宜选用较大的 q 值,以保证足够的刚度与强度,适用于小功率传动及需要自锁的场合;对于大模数的蜗杆,宜选用较小的 q 值,以保证一定的效率,适用于较大功率的传动。

4. 蜗杆传动变位的特点

蜗杆传动变位方法与齿轮传动相似,也是在切制时利用刀具相对于蜗轮毛坯的径向位移来实现变位。但是,在蜗杆传动中,由于蜗杆的齿廓形状和尺寸要与加工蜗轮的滚刀形状和尺寸相同,所以为了保持刀具的尺寸不变,故只能对蜗轮进行变位。

变位目的如下。

(1) 凑中心距。设变位前、后的中心距分别为 a 与 a',χ 为变位系数,则有

$$a = \frac{1}{2}(d_1 + d_2) = \frac{m}{2}(q + z_2) \tag{3-5}$$

$$a' = \frac{m}{2}(q + z_2 + 2\chi) \tag{3-6}$$

$$\chi = \frac{a'}{m} - \frac{1}{2}(q + z_2) = \frac{a' - a}{m} \tag{3-7}$$

（2）凑传动比。变位前后中心距不变，即 $a = a'$，而通过改变齿数 z_2' 来改变传动比。因

$$a' = \frac{m}{2}(q + z_2' + 2\chi) = \frac{m}{2}(q + z_2) = a$$

故

$$z_2' = z_2 - 2\chi$$

则

$$\chi = \frac{z_2 - z_2'}{2} \tag{3-8}$$

5. 蜗杆传动的受力分析

蜗杆传动的受力分析与斜齿圆柱齿轮传动相似。为简化起见，通常不考虑摩擦力的影响。受力分析如图 3-2 所示。

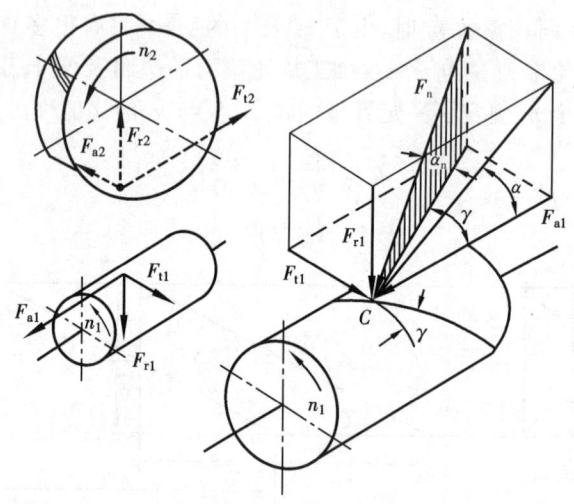

图 3-2　蜗杆传动的受力分析

（1）力的大小。

$$F_{t1} = \frac{2T_1}{d_1} = -F_{a2} \tag{3-9}$$

$$F_{a1} = -F_{t2} = \frac{2T_2}{d_2} \tag{3-10}$$

$$F_{r1} = -F_{r2} = F_{t2}\tan\alpha \tag{3-11}$$

$$F_n = \frac{F_{a1}}{\cos\alpha_n \cos\gamma} = \frac{F_{t2}}{\cos\alpha_n \cos\gamma} = \frac{2T_2}{d_2 \cos\alpha_n \cos\gamma} \tag{3-12}$$

（2）力的方向。

圆周力 F_t 的方向——"主反从同"；

径向力 F_r 的方向——"指向各自轮心"；

轴向力 F_a 的方向——对于主动蜗杆，利用左、右手定则判断（左旋左手、右旋右手，手握蜗杆，四指转向 n_1，拇指方向即为 F_a 方向）。

蜗轮的转向与 F_{t2} 的方向相同。

实质上,蜗杆传动的受力分析与斜齿圆柱齿轮相似,只是蜗杆传动是空间机构,所以主、从轮各分力之间关系不同。

6. 蜗杆传动的失效形式、材料选用及强度计算特点

(1) 由于采用材料和蜗杆、蜗轮结构不同的原因,蜗杆螺旋部分的强度总是高于蜗轮轮齿的强度,所以失效常发生在蜗轮轮齿上。又因啮合处的相对滑动速度大,所以其主要失效为表面失效,除点蚀外易产生胶合与磨损。因此,对于蜗杆传动中材料的组合,首先要求具有良好的减摩性和抗胶合能力,同时应具有一定的强度。通常蜗杆采用碳钢或合金钢;而蜗轮材料则视其传动中相对滑动速度 v_s 的高低而定。v_s 较高时,选用抗胶合能力强的锡青铜,但这种材料的强度差($\sigma_b < 300$ MPa),主要失效为点蚀,其承载能力取决于蜗轮的接触疲劳强度;当 v_s 较低时,选用无锡青铜或铸铁,这两类材料的强度($\sigma_b > 300$ MPa)较前者高,但抗胶合能力差,故主要失效为胶合,其承载能力取决于抗胶合能力。

(2) 由于蜗杆传动的失效形式与齿轮传动的失效形式相似,目前尚缺乏对胶合和磨损的计算方法,通常仿效齿轮传动的方法进行条件性计算。又由于蜗杆传动的失效多发生在蜗轮上,所以只需进行蜗轮轮齿的强度计算。而对蜗杆必要时应进行刚度校核。

实践证明:一般情况下,蜗轮轮齿很少发生弯曲疲劳折断,只有当 $z_2 > 80 \sim 100$ 或开式传动时,才对蜗轮进行弯曲疲劳强度计算。因此,对闭式蜗杆传动,仅按蜗轮齿面接触强度进行设计,而无需校核蜗轮轮齿的弯曲强度。

7. 传动效率及热平衡计算

闭式蜗杆传动的总效率 $\eta = \eta_1 \eta_2 \eta_3$,其中:$\eta_1$ 为考虑啮合摩擦损耗的效率(起主要作用);η_2 为考虑轴承摩擦损耗功率的效率;η_3 为考虑浸入油池中的零件搅油损耗功率的效率。一般 $\eta_2 \eta_3 = 0.95 \sim 0.96$。

蜗杆主动时,η_1 可近似按螺旋副的效率公式计算,即

$$\eta_1 = \frac{\tan\gamma}{\tan(\gamma + \rho_v)} \tag{3-13}$$

故总效率为

$$\eta = (0.95 \sim 0.96) \frac{\tan\gamma}{\tan(\gamma + \rho_v)} \tag{3-14}$$

为提高效率,应提高导程角 γ 或采用多头蜗杆。

蜗杆传动时由于滑动速度($v_s = v_1/\cos\gamma$)大,发热量大,效率低,为防止胶合,对连续工作的闭式蜗杆传动应进行热平衡计算。

由摩擦损耗功率 $P_f = P_1(1-\eta)$,在单位时间内的发热量 $Q_1 = 1000P_1(1-\eta)$ 与单位时间内的散热量 $Q_2 = \alpha_s A(t-t_0)$ 相平衡条件($Q_1 = Q_2$),可求得达到热平衡时的油温为

$$t_1 = \frac{1000P_1(1-\eta)}{\alpha_s A} + t_0 \quad (℃) \tag{3-15}$$

式中:α_s 为箱体的散热系数;A 为散热面积,m^2;t_0 为环境温度,在常温下可取 $t_0 = 20$ ℃。

一般可限制 $t_1 = 60 \sim 70$ ℃,最高不超过 80 ℃。若 t_1 超过允许值,必须采取散热措施。

3.3　例题精选与解析

考虑到本书第 10 章机械设计综合中将包括蜗杆传动与其他传动的组合,故 3.3 节及 3.4 节一般仅讨论蜗杆传动的内容。

例 3-1 已知一带式运输机用阿基米德蜗杆传动,传递功率 $P_1 = 8.8$ kW,$n_1 = 960$ r/min,传动比 $i = 18$,蜗杆头数 $z_1 = 2$,直径系数 $q = 8$,蜗杆导程角 $\gamma = 14°2'10''$,蜗轮端面模数 $m = 10$ mm,当蜗杆主动时的传动效率 $\eta = 0.88$,蜗杆为右螺旋,转动方向如例 3-1 图(a)所示。

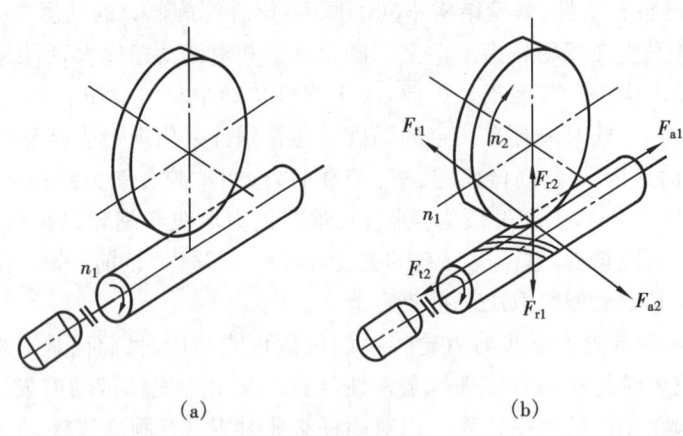

例 3-1 图

(1) 试在图上标出蜗轮的转向,及各力的指向。

(2) 列式计算蜗杆与蜗轮各自所受到的圆周力 F_t、轴向力 F_a、径向力 F_r(单位为 N)。

解题要点:

(1) 蜗轮旋转方向及各力指向如例 3-1 图(b)所示。

(2) 各分力大小的计算如下。

① 计算蜗杆与蜗轮所传递的转矩 T_1、T_2。

$$T_1 = 9.55 \times 10^6 \frac{P_1}{n_1} = 9.55 \times 10^6 \times \frac{8.8}{960} \text{ N} \cdot \text{mm} = 87542 \text{ N} \cdot \text{mm}$$

$$T_2 = 9.55 \times 10^6 \frac{P_1}{n_1/i} \eta$$

$$= 9.55 \times 10^6 \times \frac{8.8}{960/18} \times 0.88 \text{ N} \cdot \text{mm} = 1386660 \text{ N} \cdot \text{mm}$$

② 计算蜗杆、蜗轮分度圆直径 d_1、d_2。

$$d_1 = mq = 10 \times 8 \text{ mm} = 80 \text{ mm}$$

$$d_2 = mz_2 = mz_1 i = 10 \times 2 \times 18 \text{ mm} = 360 \text{ mm}$$

③ 计算 F_t、F_a、F_r。

$$F_{t1} = F_{a2} = \frac{2T_1}{d_1} = \frac{2 \times 87542}{80} \text{ N} = 2189 \text{ N}$$

$$F_{a1} = F_{t2} = \frac{2T_2}{d_2} = \frac{2 \times 1386660}{360} \text{ N} = 7704 \text{ N}$$

$$F_{r1} = F_{r2} \approx F_{t2} \tan\alpha = 7704 \times \tan 20° \text{ N} = 2804 \text{ N}$$

例 3-2 一单头蜗杆传动,已知蜗轮的齿数 $z_2 = 40$,蜗杆的直径系数 $q = 10$,蜗轮分度圆直径 $d_2 = 200$ mm。试求:

(1) 模数 m、轴向周节 p_{a1},蜗杆分度圆直径 d_1,中心距 a 及传动比 i_{12};

(2) 若当量摩擦系数 $f_v = 0.08$,求蜗杆、蜗轮分别为主动件时的效率 η 及 η';

(3) 若改用双头蜗杆,其 η、η' 又为多少?

(4) 从效率 η 与 η' 的计算中可得出什么结论?

解题要点:

(1) 模数 $m = d_2/z_2 = 200/40 \text{ mm} = 5 \text{ mm}$

(2) 周节 $p_{a1} = \pi m = \pi \times 5 \text{ mm} = 15.708 \text{ mm}$

(3) 蜗杆直径 $d_1 = mq = 5 \times 10 \text{ mm} = 50 \text{ mm}$

(4) 传动比 $i_{12} = z_2/z_1 = 40/1 = 40$

(5) 中心距 $a = 0.5m(q+z_2) = 0.5 \times 5 \times (10+40) \text{ mm} = 125 \text{ mm}$

(6) 计算效率如下。

① 单头蜗杆传动

$$\tan\gamma = \frac{z_1}{q} = \frac{1}{10} = 0.1$$

$$\gamma = \arctan 0.1 = 5°42'38''$$

$$\rho_v = \arctan f_v = \arctan 0.08 = 4°34'26''$$

蜗杆为主动时

$$\eta = 0.955 \frac{\tan\gamma}{\tan(\gamma+\rho_v)} = 0.955 \times \frac{\tan 5°42'38''}{\tan(5°42'38'' + 4°34'26'')} = 0.526$$

蜗轮为主动时

$$\eta' = 0.955 \frac{\tan(\gamma-\rho_v)}{\tan\gamma} = 0.955 \times \frac{\tan(5°42'38'' - 4°34'26'')}{\tan 5°42'38''} = 0.1898$$

② 对双头蜗杆传动

$$\tan\gamma = \frac{z_1}{q} = \frac{2}{10} = 0.2$$

$$\gamma = \arctan 0.2 = 11°18'35''$$

蜗杆为主动时

$$\eta = 0.955 \frac{\tan\gamma}{\tan(\gamma+\rho_v)} = 0.955 \times \frac{\tan 11°18'35''}{\tan(11°18'35'' + 4°34'26'')} = 0.67$$

蜗轮为主动时

$$\eta' = 0.955 \frac{\tan\gamma - \rho_v}{\tan\gamma} = 0.955 \times \frac{\tan(11°18'35'' - 4°34'26'')}{\tan 11°18'35''} = 0.564$$

(7) 通过对不同头数的蜗杆主动或是蜗轮主动时的效率计算,可知:

① 双头蜗杆的效率比单头蜗杆高;

② 相同条件下,蜗杆主动的效率比蜗轮主动时的效率高。

例 3-3 例 3-3 图所示为双级蜗杆传动。已知蜗杆 1、3 均为右旋,轴 Ⅰ 为输入轴,其回转方向如图示。试在图上画出:

(1) 各蜗杆和蜗轮的螺旋线方向;

(2) 轴Ⅱ和轴Ⅲ的回转方向;

(3) 蜗轮 2 和蜗杆 3 所受的各力。

解题要点:

(1) 因蜗杆和蜗轮的螺旋线方向相同,故蜗杆 1、3 的导程角 γ 及蜗轮 2、4 的螺旋角 β 相同,且蜗杆与蜗轮的螺旋线均为右旋。

(2) 轴Ⅱ的回转方向即为蜗轮 2 的回转方向 n_2;同理轴Ⅲ的回转方向为 n_3(例 3-3 图解)。

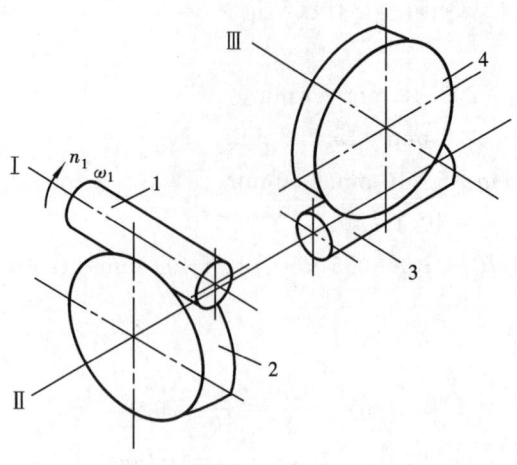

例 3-3 图

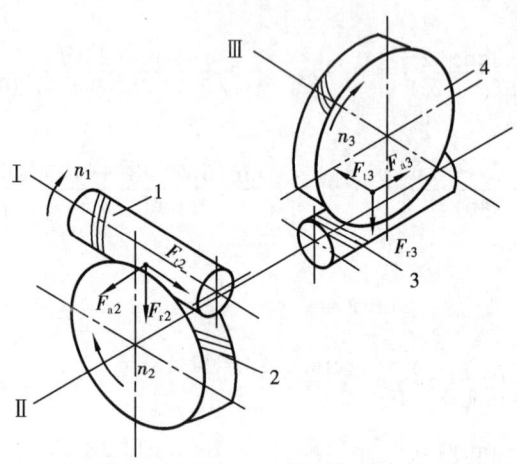

例 3-3 图解

（3）蜗轮 2 和蜗杆 3 所受各力示于例 3-3 图解中。

例 3-4　蜗杆传动具有哪些特点？它为什么要进行热平衡计算？若热平衡计算不合要求时怎么办？

解题要点：

蜗杆传动具有传动比大、结构紧凑、传动平稳、噪声低和在一定条件下能自锁等优点而获得广泛的应用。但蜗杆传动在啮合平面间将产生很大的相对滑动,具有摩擦发热大、效率低等缺点。

正是由于存在上述的缺点,故需要进行热平衡计算。当热平衡计算不合要求时,可采取如下措施：

（1）在箱体外壁增加散热片,以增大散热面积；

（2）在蜗杆轴端设置风扇,以增大散热系数；

（3）若上述办法还不能满足散热要求,可在箱体油池中装设蛇形冷却管,或采用压力喷油循环润滑。

例 3-5　已知一单级普通圆柱蜗杆传动,蜗杆的转速 $n_1 = 1460$ r/min,传动比 $i = 26$, $z_1 =$

2，$m=10$ mm，$q=8$，蜗杆材料为 45 钢，表面淬火，硬度为 56 HRC；蜗轮材料为 ZCuSn10Pb1，砂型铸造，并查得 $N=10^7$ 时蜗轮材料的基本许用接触应力 $\sigma'_{HP}=200$ MPa。若工作条件为单向运转，载荷平稳，载荷系数 $K_A=1.05$。每天工作 8 h，工作寿命为 10 y。试求蜗杆轴输入的最大功率 P_1。

提示：接触疲劳强度计算式为

$$\sigma_H = Z_E \sqrt{\frac{9K_A T_2}{m^2 d_1 z_2^2}} \leqslant \sigma_{HP} \quad (\text{MPa})$$

并已知：弹性系数 $Z_E=160 \sqrt{\text{MPa}}$；导程角 $\gamma=11°18'36''$；当量摩擦角 $\rho_v=1°10'13''$。

解题要点：

(1) 由接触疲劳强度式求 T_2。

$$T_2 \leqslant \frac{m^2 d_1 z_2^2}{9K_A}\left(\frac{\sigma_{HP}}{Z_E}\right)^2$$

(2) 确定上式中各计算参数。

$$n_2 = n_1/i = (1460/26) \text{ r/min} = 56.15 \text{ r/min}$$

$$d_1 = mq = 10 \times 8 \text{ mm} = 80 \text{ mm}$$

$$z_2 = iz_1 = 26 \times 2 = 52$$

应力循环次数为 N，并考虑单向传动：

$$N = 60n_2 l_h = 60 \times 56.15 \times (8 \times 300 \times 10) = 8.086 \times 10^7$$

则寿命系数

$$Z_N = \sqrt[6]{\frac{10^7}{N}} = \sqrt[6]{\frac{10^7}{8.086 \times 10^7}} = 0.70586$$

蜗轮的许用接触应力

$$\sigma_{HP} = Z_N \sigma'_{HP} = 0.70586 \times 200 \text{ MPa} = 141.17 \text{ MPa}$$

(3) 确定蜗杆轴输入的最大功率。

$$T_2 = \frac{m^2 d_1 z_2^2}{9K_A}\left(\frac{\sigma_{HP}}{Z_E}\right)^2 = \frac{10^2 \times 80 \times 52^2}{9 \times 1.05} \times \left(\frac{141.17}{160}\right)^2 \text{ N} \cdot \text{mm} = 1782000 \text{ N} \cdot \text{mm}$$

蜗杆传动的总效率

$$\eta = (0.95 \sim 0.96)\frac{\tan\gamma}{\tan(\gamma + \rho_v)}$$

$$-(0.95 \sim 0.96) \times \frac{\tan 11°18'36''}{\tan(11°18'36'' + 1°10'13'')} = 0.8584 \sim 0.8676$$

取中间值 $\eta=0.863$

蜗杆轴输入的最大转矩

$$T_1 = \frac{T_2}{i\eta} = \frac{1782000}{26 \times 0.863} \text{ N} \cdot \text{mm} = 79419 \text{ N} \cdot \text{mm}$$

蜗杆轴输入的最大功率

$$P_1 = \frac{T_1 n_1}{9.55 \times 10^6} = \frac{79419 \times 1460}{9.55 \times 10^6} \text{ kW} = 12.14 \text{ kW}$$

例 3-6 有一变位蜗杆传动，已知模数 $m=6$ mm，传动比 $i=20$，直径系数 $q=9$，蜗杆头数 $z_1=2$，中心距（变位后）$a'=150$ mm。

试求其变位系数 χ 及该传动的几何尺寸，并分析哪些尺寸不同于未变位蜗杆传动。

解题要点：

（1）求变位系数 χ。

$$z_2 = iz_1 = 20 \times 2 = 40$$

$$a = 0.5m(q + z_2) = 0.5 \times 6 \times (9 + 40) \text{ mm} = 147 \text{ mm}$$

$$\chi = \frac{a' - a}{m} = \frac{150 - 147}{6} = 0.5$$

（2）求变位后的几何尺寸。

变位后蜗杆的几何尺寸保持不变。但在啮合中，蜗杆节圆不再与分度圆重合。该变位蜗杆传动的蜗杆节圆直径为

$$d_1' = d_1 + 2\chi m = mq + 2\chi m = (6 \times 9 + 2 \times 0.5 \times 6) \text{ mm} = 60 \text{ mm}$$

变位后，蜗轮顶圆直径 d_{a2}，齿根圆直径 d_{f2} 分别为

$$d_{a2} = (z_2 + 2h_a^* + 2\chi)m = (40 + 2 \times 1 + 2 \times 0.5) \times 6 \text{ mm} = 258 \text{ mm}$$

$$d_{f2} = (z_2 - 2h_a^* + 2\chi - 2c_1^*)m = (40 - 2 + 2 \times 0.5 - 2 \times 0.2) \times 6 \text{ mm} = 231.6 \text{ mm}$$

变位后，蜗轮分度圆直径 d_2、节圆直径 d_2' 及宽度 b_2 仍保持不变。

例 3-7 例 3-7 图所示蜗杆传动均以蜗杆为主动件。试在图上标出蜗杆（或蜗轮）的转向，蜗轮齿的螺旋线方向，蜗杆、蜗轮所受各分力的方向。

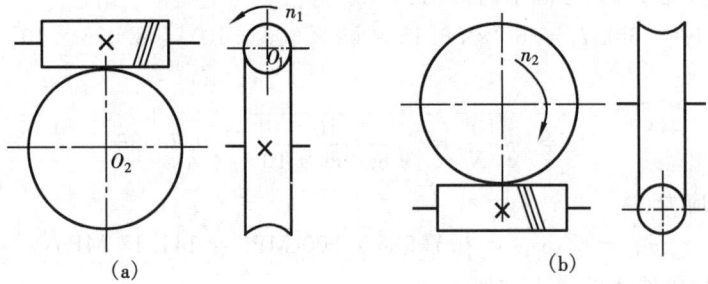

例 3-7 图

解题要点：

蜗杆（或蜗轮）的转向、蜗轮齿的螺旋线方向，蜗杆、蜗轮所受各力的方向均标于例 3-7 图解中。

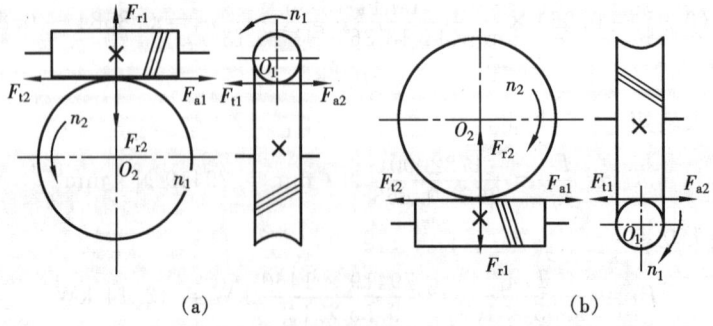

例 3-7 图解

例 3-8 例 3-8 图所示手动绞车采用蜗杆传动。已知：$m = 8 \text{ mm}$，$q = 8 \text{ mm}$，$z_1 = 1$，$z_2 = 40$，卷筒直径 $D = 200 \text{ mm}$。

(1) 欲使重物 W 上升 1 m,手柄应转多少圈? 并在图上标出重物上升时手柄的转向;

(2) 若当量摩擦系数 $f_v=0.2$,该机构能否自锁?

(3) 设 $W=1000$ kg,人手最大推力为 150 N 时,求手柄长度 L 的最小值?

(注:忽略轴承效率)

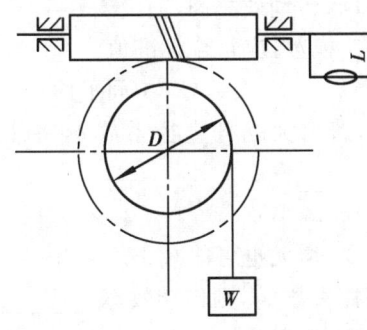
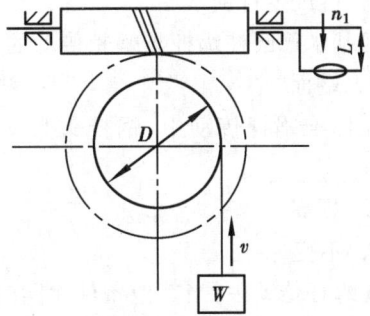

例 3-8 图　　　　　　　例 3-8 图解

解题要点:

(1) W 上升 1000 mm,即

$$h = \pi D n_2 = 1000 \text{ mm}$$

$$n_2 = h/\pi D$$

$$i = \frac{n_1}{n_2} = \frac{z_2}{z_1} = 40$$

所以

$$n_1 = 40 n_2 = 40 \times \frac{1000}{\pi \times 200} = 63.7 \text{ 圈}$$

蜗杆转向箭头向下(从手柄端看为逆时针方向)。

(2) $\tan\gamma = \frac{z_1}{q} = \frac{1}{8} = 0.125 < f_v = 0.2 = \tan\rho_v$

因 $\gamma < \rho_v$,故该机构能自锁。

(3) $T_1 = P_1 L$

$$T_2 = T_1 i \eta = T_1 \frac{z_2}{z_1} \cdot \frac{\tan\gamma}{\tan(\gamma+\rho_v)}$$

$$= P_1 L 40 \times \frac{\tan\gamma}{\tan(\gamma+\rho_v)} = 40 P_1 L \times \frac{0.125}{\tan(7.125°+11.31°)}$$

$$\leqslant 40 \times 150 L \times \frac{0.125}{\tan(7.125°+11.31°)} = 2251 L$$

又因

$$T_2 = W\frac{D}{2} \leqslant 2250 L$$

故

$$L \geqslant \frac{WD}{2 \times 2250} = \frac{1000 \times 9.8 \times 200}{2 \times 2250} \text{ mm} = 435.6 \text{ mm}$$

3.4　考试复习与练习题

一、单项选择题(从给出的 A、B、C、D 中选一个答案)

3-1　动力传动蜗杆传动的传动比的范围通常为_____。

A. $i_{12} < 1$ B. $i_{12} = 1 \sim 8$

C. $i_{12} = 8 \sim 80$ D. $i_{12} > 80 \sim 120$

3-2 与齿轮传动相比较，_____ 不能作为蜗杆传动的优点。

A. 传动平稳,噪声小   B. 传动比可以较大

C. 可产生自锁   D. 传动效率高

3-3 阿基米德圆柱蜗杆与蜗轮传动的_____模数,应符合标准值。

A. 端面   B. 法面   C. 中间平面

3-4 在标准蜗杆传动中,蜗杆头数 z_1 一定时,若增大蜗杆直径系数 q,将使传动效率_____。

A. 提高   B. 减小

C. 不变   D. 增大也可能减小

3-5 在蜗杆传动中,当其他条件相同时,增加蜗杆头数 z_1,则传动效率_____。

A. 降低   B. 提高

C. 不变   D. 或提高也可能降低

3-6 蜗杆直径系数 $q = $_____。

A. $q = d_1 / m$ B. $q = d_1 m$ C. $q = a/d$ D. $q = a/m$

3-7 起吊重物用的手动蜗杆传动,宜采用_____的蜗杆。

A. 单头、小导程角   B. 单头、大导程角

C. 多头、小导程角   D. 多头、大导程角

3-8 在其他条件相同时,若增加蜗杆头数,则滑动速度_____。

A. 增加   B. 不变

C. 减小   D. 可能增加也可能减小

3-9 在蜗杆传动设计中,蜗杆头数 z_1 选多一些,则_____。

A. 有利于蜗杆加工   B. 有利于提高蜗杆刚度

C. 有利于提高传动的承载能力   D. 有利于提高传动效率

3-10 蜗杆直径 d_1 的标准化,是为了_____。

A. 保证蜗杆有足够的刚度   B. 有利于蜗轮滚刀的标准化

C. 提高蜗杆传动的效率   D. 有利于蜗杆加工

3-11 蜗杆常用材料的牌号是_____。

A. HT150   B. ZCuSn10Pb1   C. 45 钢   D. GCr15

3-12 采用变位蜗杆传动时_____。

A. 仅对蜗杆进行变位   B. 仅对蜗轮进行变位

C. 必须同时对蜗杆与蜗轮进行变位

3-13 提高蜗杆传动效率的主要措施是_____。

A. 增大模数 m B. 增加蜗轮齿数 z_2

C. 增加蜗杆头数 z_1 D. 增大蜗杆的直径系数 q

3-14 蜗杆传动中,齿面在节点处的相对滑动速度 $v_s = $_____。

A. $v_1 / \sin\gamma$ B. $v_1 / \cos\gamma$ C. $v_1 / \tan\gamma$

3-15 对蜗杆传动进行热平衡计算,其主要目的是为了防止温升过高导致_____。

A. 材料的力学性能下降   B. 润滑油变质

C. 蜗杆热变形过大   D. 润滑条件恶化而产生胶合失效

3-16 蜗杆传动的当量摩擦系数 f_v 随齿面相对滑动速度的增大而_____。

  A. 增大   B. 不变

  C. 减小   D. 可能增大也可能减小

3-17 下列公式中,用_____确定蜗杆传动比的公式是错误的。

  A. $i=\omega_1/\omega_2$ B. $i=z_2/z_1$ C. $i=d_2/d_1$ D. $i=n_1/n_2$

3-18 在闭式蜗杆传动设计计算中,除进行强度计算外,还必须进行_____。

  A. 刚度计算   B. 磨损计算   C. 稳定性计算   D. 热平衡计算

3-19 提高蜗杆传动效率的最有效方法是_____。

  A. 增加蜗杆头数 z_1 B. 增大直径系数 q

  C. 增大模数 m D. 减小直径系数 q

3-20 蜗杆传动的齿面接触强度计算公式为 $m^2 d_1 \geqslant 9K_A T_2 \left[\dfrac{Z_E}{z_2 \sigma_{HP}} \right]^2$ mm³,式中 σ_{HP} 为许

  用接触应力,设计时应代入_____。

  A. 蜗杆材料的 σ_{HP1} B. 蜗轮材料的 σ_{HP2}

  C. σ_{HP1} 与 σ_{HP2} 的平均值   D. σ_{HP1} 和 σ_{HP2} 中的大值

3-21 闭式蜗杆传动的主要失效形式是_____。

  A. 蜗杆断裂   B. 蜗轮轮齿折断

  C. 胶合、疲劳点蚀   D. 磨粒磨损

3-22 在蜗杆传动中,作用在蜗杆上的三个啮合力,通常以_____为最大。

  A. 圆周力 F_{t1} B. 径向力 F_{r1} C. 轴向力 F_{a1}

3-23 在标准蜗杆传动中,当模数 m 一定时,若增大蜗杆的直径系数 q,将使蜗杆的刚度

  _____。

  A. 增大   B. 减小

  C. 不变   D. 可能增大或减小

3-24 蜗杆传动设计计算中,欲提高其传动效率,在选择以下参数时,其中_____是

  无用的。

  A. 增加蜗杆头数 z_1 B. 减小蜗杆直径系数 q C. 增大模数

3-25 对于蜗杆传动的受力分析,下面_____公式有错。

  A. $F_{t1}=F_{t2}$ B. $F_{r1}=F_{r2}$ C. $F_{t2}=-F_{a1}$ D. $F_{t1}=-F_{a2}$

3-26 蜗杆传动中,η 为传动效率,则蜗杆轴上所受力矩 T_1 与蜗轮轴上所受力矩 T_2 之间

  的关系为_____。

  A. $T_2 = T_1 \cdot \dfrac{d_2}{d_1} \cdot \eta$ B. $\eta T_2 = T_1 \cdot \dfrac{d_2}{d_1}$

  C. $T_2 = T_1 \cdot \dfrac{z_2}{z_1} \cdot \eta$ D. $\eta T_2 = T_1 \cdot \dfrac{z_2}{z_1}$

3-27 蜗杆传动较为理想的材料组合是_____。

  A. 钢和铸铁   B. 钢和青铜   C. 钢和铝合金   D. 钢和钢

二、填空题

3-28 在蜗杆传动中,蜗杆头数越少,则传动效率越_____,自锁性越_____。

一般蜗杆头数常取 $z_1 =$ _____。

3-29 在蜗杆传动中,已知作用在蜗杆上的轴向力 $F_{a1} = 1800$ N,圆周力 $F_{t1} = 880$ N,若不考虑摩擦影响,则作用在蜗轮上的轴向力 $F_{a2} =$ _____,圆周力 $F_{t2} =$ _____。

3-30 蜗杆传动的滑动速度越大,所选润滑油的黏度值应越_____。

3-31 在蜗杆传动中,产生自锁的条件是_____。

3-32 蜗轮轮齿的失效形式有_____、_____、_____、_____。但因蜗杆传动在齿面间有较大的_____,所以更容易产生_____和_____失效。

3-33 变位蜗杆传动仅改变_____的尺寸,而_____的尺寸不变。

3-34 闭式蜗杆传动的功率损耗,一般包括_____、_____和_____三部分。

3-35 阿基米德蜗杆和蜗轮在主平面(又称中间平面)相当于_____与_____相啮合。因此蜗杆的_____模数应与蜗轮的_____模数相等。

3-36 在标准蜗杆传动中,当蜗杆为主动时,若蜗杆头数 z_1 和模数 m 一定,而增大直径系数 q,则蜗杆刚度_____;若增大导程角 γ,则传动效率_____。

3-37 为了提高蜗杆传动的效率,应选用_____头蜗杆;为了满足自锁要求,应选 $z_1 =$ _____。

3-38 蜗杆传动发热计算的目的是防止_____,以防止齿面_____失效。发热计算的出发点是_____等于_____。

3-39 为了使蜗杆传动能自锁,应选用_____头蜗杆;为了提高蜗杆的刚度,应采用_____的直径系数 q。

3-40 蜗杆传动时蜗杆的螺旋线方向应与蜗轮螺旋线方向_____;蜗杆的_____角应等于蜗轮的螺旋角。

3-41 蜗杆的标准模数是_____模数,其分度圆直径 $d_1 =$ _____;蜗轮的标准模数是_____模数,其分度圆直径 $d_2 =$ _____。

3-42 有一普通圆柱蜗杆传动,已知蜗杆头数 $z_1 = 2$,蜗杆直径系数 $q = 8$,蜗轮齿数 $z_2 = 37$,模数 $m = 8$ mm,则蜗杆分度圆直径 $d_1 =$ _____ mm;蜗轮分度圆直径 $d_2 =$ _____ mm;传动中心距 $a =$ _____ mm;传动比 $i =$ _____;蜗轮分度圆上螺旋角 $\beta_2 =$ _____。

3-43 阿基米德蜗杆传动变位的主要目的是为了_____和_____。

3-44 在进行蜗杆传动设计时,通常蜗轮齿数 $z_2 > 26$ 是为了_____;$z_2 < 80(100)$ 是为了_____。

3-45 蜗杆传动中,已知蜗杆分度圆直径 d_1,蜗杆螺旋线方向为右旋,头数为 z_1 蜗杆的直径系数为 q,蜗轮齿数为 z_2,模数为 m,压力角为 α。则传动比 $i =$ _____,蜗轮分度圆直径 $d_2 =$ _____,蜗杆导程角 $\gamma =$ _____,蜗轮螺旋角 $\beta =$ _____,蜗轮螺旋线方向为_____。

3-46 阿基米德圆柱蜗杆传动的中间平面是指_____的平面。

3-47 由于蜗杆传动的两齿面间产生较大的_____速度,因此在选择蜗杆和蜗轮材料时,应使相匹配的材料具有良好的_____和_____性能。通常蜗杆材料选用_____或_____,蜗轮材料选用_____或_____,因而失效通常多发生在_____上。

3-48 蜗杆导程角的旋向和蜗轮螺旋线的方向应_____。

3-49 蜗杆头数 z_1 愈少,传动效率愈_____,自锁性愈_____。一般取 $z_1 =$ _____ ~ _____。

3-50 蜗杆传动中,一般情况下_____的材料强度较弱,所以主要进行_____轮齿的强度计算。

三、问答题

3-51 蜗杆传动具有哪些特点?它为什么要进行热平衡计算?当热平衡计算不合要求时,怎么办?

3-52 如何恰当地选择蜗杆传动的传动比 i_{12}、蜗杆头数 z_1 和蜗轮齿数 z_2?并简述其理由。

3-53 试阐述将蜗杆传动的直径 d_1 定为标准值的实际意义。

3-54 采用什么措施可以节约蜗轮所用的铜材?

3-55 蜗杆传动中,蜗杆所受的圆周力 F_{t1} 与蜗轮的圆周力 F_{t2} 是否相等?

3-56 蜗杆传动中,蜗杆所受的轴向力 F_{a1} 与蜗轮的轴向力 F_{a2} 是否相等?

3-57 蜗杆传动与齿轮传动相比有何特点?常用于什么场合?

3-58 采用变位蜗杆传动的目的是什么?变位蜗杆传动中哪些尺寸发生了变化?

3-59 影响蜗杆传动效率的主要因素有哪些?为什么传递大功率时很少用普通圆柱蜗杆传动?

3-60 蜗杆传动中为何常用蜗杆为主动件?蜗轮能否作主动件?为什么?

3-61 为什么要引入蜗杆直径系数 q?如何选用?它对蜗杆传动的强度、刚度及尺寸有何影响?

3-62 影响蜗杆传动效率的主要因素有哪些?导程角 γ 的大小对效率有何影响?

3-63 蜗杆传动的正确啮合条件是什么?自锁条件是什么?

3-64 蜗杆减速器在什么条件下蜗杆应下置?在什么条件下蜗杆应上置?

3-65 选择蜗杆的头数 z_1 和蜗轮的齿数 z_2 应考虑哪些因素?

3-66 蜗杆的强度计算与齿轮传动的强度计算有何异同?

3-67 为了提高蜗杆减速器输出轴的转速,而采用双头蜗杆代替原来的单头蜗杆,问:原来的蜗轮是否可以继续使用?为什么?

3-68 蜗杆在进行承载能力计算时,为什么只考虑蜗轮?而蜗杆的强度如何考虑?在什么情况下,需要进行蜗杆的刚度计算?

3-69 在设计蜗杆传动减速器的过程中,发现已设计的蜗杆刚度不足,为了满足刚度的要求,决定将直径系数 q 从 8 增大至 10,这时对蜗杆传动的效率有何影响?

3-70 在蜗杆传动设计时,蜗杆头数和蜗轮齿数应如何选择?试分析说明之。

四、分析计算题

3-71 在题 3-71 图中,标出未注明的蜗杆(或蜗轮)的螺旋线旋向及蜗杆或蜗轮的转向,并绘出蜗杆或蜗轮啮合点作用力的方向(用三个分力表示)。

3-72 题 3-72 图所示为两级蜗杆减速器,蜗轮 4 为右旋,逆时针方向转动(n_4),要求作用在轴 II 上的蜗杆 3 与蜗轮 2 的轴向力方向相反。试求:

(1)蜗杆 1 的螺旋线方向与转向;

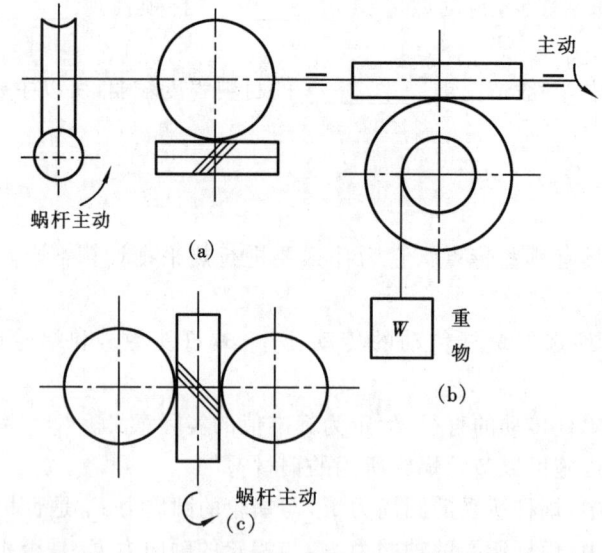

题 3-71 图

（2）画出蜗轮 2 与蜗杆 3 所受三个分力的方向。

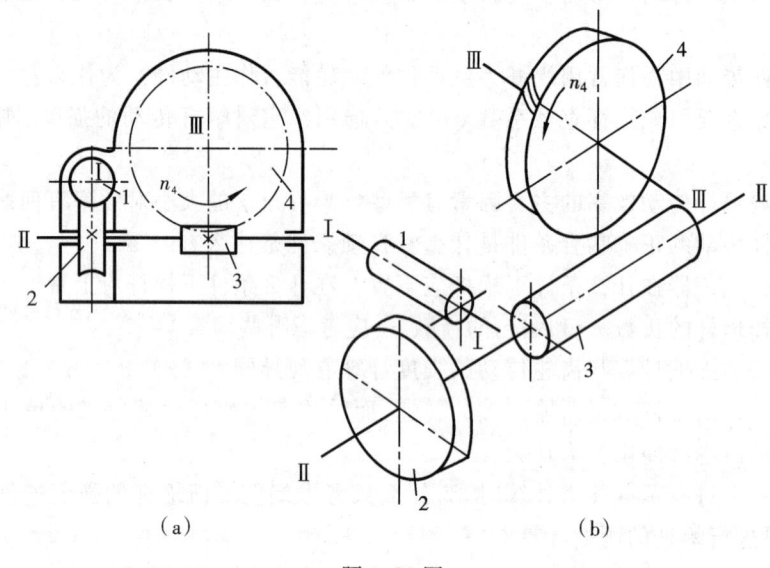

（a）   （b）

题 3-72 图

3-73　一单级普通圆柱蜗杆减速器，传递功率 $P=7.5$ kW，传动效率为 $\eta=0.82$，散热面积 $A=1.2$ m^2，散热系数 $\alpha_s=8.15$ W/m^2·℃，环境温度 $t_0=20$ ℃。该减速器能否连续工作？

3-74　已知一单级普通圆柱蜗杆传动，蜗杆的转速 $n_1=1440$ r/min，传动比 $i=24$，$z_1=2$，$m=10$ mm，$q=8$，蜗杆材料为 45 钢，表面淬火，硬度为 50 HRC，蜗轮材料为铸铜 ZCuSn10Pb1，砂模铸造，并查得 $N=10^7$ 时蜗轮材料的基本许用接触应力 $\sigma'_{HP}=200$ MPa。若工作条件为单向运转，载荷平稳，载荷系数 $K_A=1.05$，每天工作 8 h，每年工作 300 d，工作寿命为 10 y。试求蜗杆轴输入的最大功率。

提示：接触疲劳强度计算式为

$$\sigma_{\mathrm{H}} = Z_{\mathrm{E}} \sqrt{\frac{9K_A T_2}{m^2 d_1 z_2^2}} \leqslant \sigma_{\mathrm{HP}} \quad \text{（MPa）}$$

并已知：$Z_{\mathrm{E}} = 160 \sqrt{\mathrm{MPa}}$；导程角 $\gamma = 14°02'10''$；当量摩擦角 $\rho_v = 1°10'18''$。

3-75　题 3-75 图所示为一标准蜗杆传动，蜗杆主动，转矩 $T_1 = 25000$ N·mm，模数 $m = 4$ mm，压力角 $\alpha = 20°$，头数 $z_1 = 2$，直径系数 $q = 10$，蜗轮齿数 $z_2 = 54$，传动的啮合效率 $\eta = 0.75$。试确定：

（1）蜗轮的转向；

（2）作用在蜗杆、蜗轮上的各力的大小及方向。

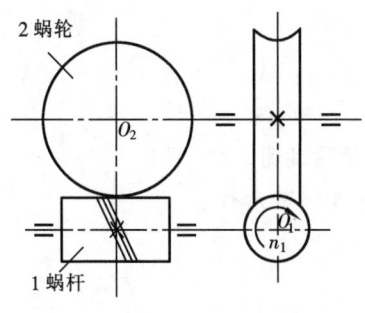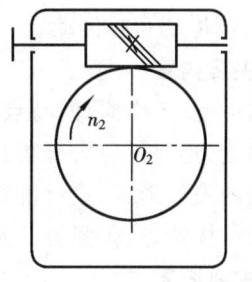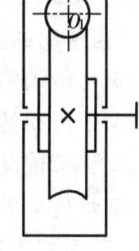

| 题 3-75 图 | 题 3-76 图 |

3-76　题 3-76 图所示为由电动机驱动的普通蜗杆传动。已知：模数 $m = 8$ mm，$d_1 = 80$ mm，$z_1 = 1$，$z_2 = 40$，蜗轮输出转矩 $T_2' = 1.61 \times 10^6$ N·mm，$n_1 = 960$ r/min，蜗杆材料为 45 钢，表面淬火，硬度为 50 HRC，蜗轮材料为铸铜 ZCuSn10Pb1，金属模铸造，传动润滑良好，每日双班制工作，一对轴承的效率 $\eta_3 = 0.99$，搅油损耗的效率 $\eta_2 = 0.99$。试求：

（1）在图上标出蜗杆的转向、蜗轮轮齿的旋向及作用于蜗杆、蜗轮上诸力的方向；

（2）计算诸力的大小；

（3）计算该传动的啮合效率及总效率；

（4）该传动装置 5 年功率损耗的费用（工业用电每度暂按 0.5 元计算）。

提示：当量摩擦角 $\rho_v = 1°30'$。

3-77　一普通闭式蜗杆传动，蜗杆主动，输入转矩 $T_1 = 113000$ N·mm，蜗杆转速 $n_1 = 1460$ r/min，$m = 5$ mm，$q = 10$，$z_1 = 3$，$z_2 = 60$。蜗杆材料为 45 钢，表面淬火，硬度 >45 HRC，蜗轮材料为铸铜 ZCuSn10Pb1，离心铸造。并已知 $\gamma = 18°26'6''$，$\rho_v = 1°20'$。试求：

（1）啮合效率和传动效率；

（2）啮合中各力的大小；

（3）功率损耗。

3-78　题 3-78 图所示为某手动简易起重设备，按图示方向转动蜗杆，提升重物 W。试求：

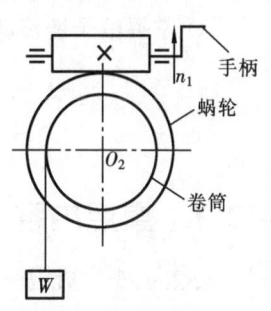

题 3-78 图

（1）蜗杆与蜗轮螺旋线方向；

（2）在图上标出啮合点所受诸力的方向；

（3）若蜗杆自锁，反转手柄使重物下降，求蜗轮上作用力方向的变化。

第4章　挠性传动

4.1　主要内容与基本要求

4.1.1　主要内容

挠性传动包括带传动和链传动。

1. 带传动的主要内容

(1) 带传动的类型、工作原理、特点及其应用。

(2) 带传动的受力分析、应力分析、弹性滑动、打滑及滑动率。

(3) V带传动的失效形式、设计准则、设计计算及主要参数选择。

(4) 带传动的结构特点、张紧方法及张紧装置。

2. 链传动的主要内容

(1) 链传动的类型、结构、工作原理、特点及其应用。

(2) 链传动的运动特性和受力分析。

(3) 链传动的主要失效形式、设计准则、设计计算及主要参数的选择。

(4) 链传动的合理布置、润滑和张紧方法。

4.1.2　基本要求

1. 带传动的基本要求

(1) 了解带传动的类型、工作原理、特点及应用。

(2) 熟悉V带和带轮的结构和标准,带传动的张紧方法和张紧装置。

(3) 掌握带传动的受力分析、应力分布图、弹性滑动和打滑的基本理论。

(4) 掌握带传动的失效形式、设计准则、V带的设计计算方法和参数选择原则。

2. 链传动的基本要求

(1) 了解链传动的类型、构造、特点和应用。

(2) 深入理解链传动的运动不均匀性及动载荷的运动特性。

(3) 掌握滚子链传动的失效形式、额定功率曲线,设计计算方法及主要参数选择原则。

4.2　重点与难点分析

4.2.1　重点内容

4.2.1.1　带传动的重点内容

1. 带传动的工作原理、优缺点和应用范围

带传动是一种摩擦传动,它靠带与带轮接触面之间的摩擦力来传递运动和动力。带传动的主要优点是:结构简单,传动平稳,能缓冲吸振,具有过载保护能力以及能传递较大中心距的运动等。带传动的主要缺点是：工作中有弹性滑动，使得传动比不准确，传动效率低；承载能力小，带的寿命较短；由于需要张紧，使轴和轴承受力较大等。由于带传动具有上述特点，因此带传动的应用范围是：工作速度一般为 5～25 m/s，使用高速环形胶带时可达 60 m/s，使用锦纶片复合平带时可高达 80 m/s；胶帆布平带传递的功率小于 500 kW，普通 V 带传递的功率小于 700 kW。

2. 带传动的工作情况分析

带传动的工作情况分析主要包括受力分析与应力分析，这是本章的理论基础。

1）带传动的受力分析

带传动工作时，带所受到的作用力有：带在带轮上张紧时受到的预紧力 F_0；带绕过带轮时由离心力引起的离心拉力 F_c 及有效拉力 F_e。

带传动中，当带有打滑趋势时，摩擦力达到极限值。这时带传动的有效拉力亦达到极限值。根据分析，带传动的极限有效拉力为

$$F_{\text{elim}} = 2(F_0 - qv^2)\left(1 - \frac{2}{e^{f_v \alpha_1} + 1}\right) \tag{4-1}$$

上式表明，有效拉力的极限值主要与预紧力 F_0、带速 v、小轮包角 α_1 及带与轮间的当量摩擦系数 f_v 有关。当 F_0 大、v 小、α_1 大、f_v 大时，极限摩擦力也大，能传递的有效拉应力就大。

2）带的应力分析

带传动工作时，带中有如下几种应力：拉应力，它包括紧边拉应力 $\sigma_1 = F_1/A$、松边拉应力 $\sigma_2 = F_2/A$ 及离心拉应力 $\sigma_c = F_c/A$（σ_c 作用于带的全长，并包括在 σ_1、σ_2 之中）；弯曲应力 $\sigma_b \approx E\frac{h}{d}$（$E$ 为带的弹性模量，h 为带的高度，d 为带轮的计算直径）。

带的应力分布情况如图 4-1 所示（图中小带轮为主动轮）。由图可知，带传动工作时，带任一截面的应力在带的运转过程中是变化的，最大应力发生在紧边进入小带轮处（图中 b 点），其值为

$$\sigma_{\text{max}} = \sigma_1 + \sigma_{b1} + \sigma_c \tag{4-2}$$

带工作时受变应力的作用，这是它可能出现疲劳破坏的根本原因。带不发生疲劳破坏的条件是变应力的最大值不超过许用值，即

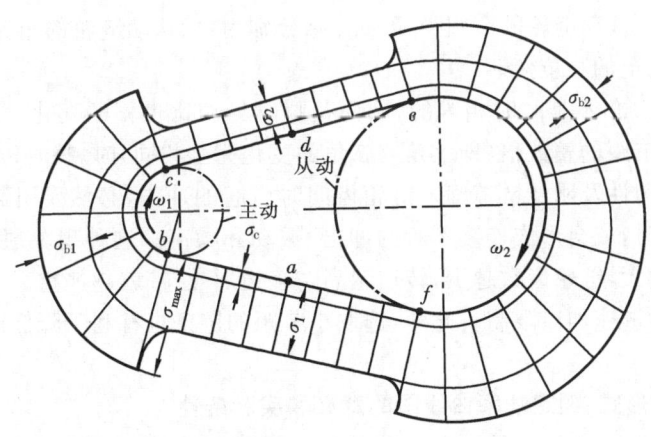

图 4-1　带的应力分析

$$\sigma_{\max} = \sigma_1 + \sigma_{b1} + \sigma_c \leqslant [\sigma] \tag{4-3a}$$

或

$$\sigma_1 \leqslant [\sigma] - \sigma_{b1} - \sigma_c \tag{4-3b}$$

在一般情况下，$\sigma_{\max}$ 中起主要作用的是弯曲应力 σ_{b1}。而 σ_{b1} 又主要与带轮计算直径有关（当型号一定时，即 h 与 E 一定）。因此，带的疲劳强度在很大程度上取决于带轮计算直径选择是否合理。这就是设计带传动时，不同型号的带，其带轮直径不能小于规定的最小直径 $d_{\min}$ 的原因。

3. 带传动的主要失效形式、设计准则

带传动的主要失效形式为打滑和疲劳破坏。带传动的设计准则是在保证带传动不打滑的前提下，使带具有一定的疲劳强度和寿命。

4.2.1.2　链传动的重点内容

1. 链传动的工作原理、优缺点和应用范围

链传动是利用链条作为中间挠性件的一种啮合传动。和带传动相比较，链传动的主要优点是：能在恶劣环境（温度高、湿度大的环境）下工作；承载能力高，工况相同时，传动尺寸比较紧凑；没有滑动，平均传动比等于常数；效率较高；无需大的张紧力，因而作用在轴和轴承上的载荷较小。其主要缺点是：瞬时传动比不等于常数，传动不平稳，工作时冲击、振动噪声大；只能用于两平行轴之间的传动；制造成本比带传动高；不宜用在载荷变化大或急促反向的场合。由于链传动具有上述特点，因而链传动的应用范围是：传动速度一般小于 15 m/s，传动功率一般小于 100 kW，传动比一般小于 8。最大传动速度可达 40 m/s，最大传动功率可达 5000 kW，最大中心距可达8 m。

2. 链传动的运动特性

应重点了解链传动的"多边形效应"，也就是说，了解链传动的运动不均匀性及动载荷是怎样产生的，哪些参数是影响它们的主要因素。

链传动的瞬时传动比在传动过程中是不断变化的。由于刚性链节在链轮上呈多边形分布，在链条每转过一个链节时，链条前进的瞬时速度周期性地由小变到大，再由大变到小。链条沿垂直于运动方向的分速度也在作周期性变化，从而导致运动的不均匀性。可以证明链传动的瞬时传动比为

$$i_{瞬} = \frac{\omega_1}{\omega_2} = \frac{R_2 \cos\gamma}{R_1 \cos\beta} \tag{4-4}$$

式中：R_1、R_2 分别为主、从动链轮的节圆半径；ω_1、ω_2 分别为主、从动链轮的角速度；β、γ 分别为链节铰链在主、从动轮上的相位角。

在传动中，γ 角与 β 角不是时时相等的，因而其瞬时传动比也不断变化。只有在 $z_1 = z_2$，链条中心距正好是其节距的整数倍（即 γ 角与 β 角的变化完全相同）时，瞬时传动比方为常数。

链传动运动不均匀性及刚性链节啮入链轮齿间时引起的冲击，必然要引起动载荷。当链节不断啮入链轮齿间时，就会形成连续不断的冲击、振动和噪声。这种现象通常称为"多边形效应"。链条的节距越大，链轮齿数越少，转速越高，"多边形效应"就越严重。

在设计时，必须对链速加以限制。此外，选取小节距的链条也有利于降低链传动的运动不均性与动载荷。

3. 链传动的失效形式、额定功率曲线图的意义和实验条件

链传动的失效形式有：铰链元件在变应力作用下，由于疲劳强度不足而发生的疲劳破坏；因铰链销轴磨损导致链节距过度伸长，造成脱链现象；润滑不当或转速过高时，销轴与套筒之间发生胶合；套筒或滚子由于过载造成冲击破断；低速重载的链传动，铰链元件发生静力拉断；

链轮轮齿发生过度磨损。链传动的设计准则即是防止上述失效形式的发生。在一定的实验条件和使用寿命下,上述各种失效形式都可得出相应的极限功率表达式,或绘成极限功率曲线(即工作点落在极限功率曲线范围以内时,失效就可避免)。为避免出现上述各种失效形式,链传动实际使用功率应在各极限功率曲线范围以内,这样获得的曲线即是链条的额定功率曲线。套筒滚子链的额定功率曲线,是在特定试验条件下得出的。这些试验条件为:$i=3$;单排链;两链轮共面且两轴在同一水平面内;小链轮齿数 $z_1=19$;链长 $L_p=100$ 节;载荷平稳;按推荐方式润滑;工作寿命为 15000 h;链条因磨损引起的相对伸长量不超过 3%。

4. 链传动的设计准则、设计计算方法和参数选择原则

链传动的设计准则是避免各种失效形式的发生。设计计算方法详见下面的例题解答。参数选择原则详见下面的难点内容讲解。

4.2.2 难点

4.2.2.1 带传动的难点内容

1. 带的弹性滑动与打滑的区别

带传动是一种摩擦传动。带传递功率时,带的紧边与松边之间必存在拉力差。带是弹性体,当带从紧边转到松边时,其拉力减小,带要产生弹性收缩,使得带与带轮之间发生相对滑动。反之,当带从松边转到紧边时,其拉力增大,带要产生弹性伸长,也使得带与带轮之间发生相对滑动。这种由带的弹性变形引起的局部带在带轮上的局部接触弧面上产生的微量相对滑动称为弹性滑动。弹性滑动是带传动中不可避免的物理现象。但带的弹性滑动并不是发生在相对于全部包角的接触弧上,而总是发生在位于滑动角内的那一部分接触弧上。滑动角随着带传递圆周力的增大而增大,当带所传递的圆周力超过了带与带轮之间的最大摩擦力(即最大有效拉力)时,滑动角扩大到全部包角,此时打滑发生,即打滑是整个带在带轮的全部接触弧面上发生显著的相对滑动。它是一种失效,但它是可以避免的,而且必须避免。

带从弹性滑动到打滑的过程,实质上是从量变到质变的过程。

2. 保证带传动不打滑的条件和影响因素

保证带传动不打滑的条件是,带所传递的圆周力(即带的实际有效拉力)小于带与带轮之间的最大摩擦力(即最大有效拉力)。带的实际有效拉力的数值与传动中的包角大小和摩擦系数无关,它是带传递的功率和带的线速度的函数。带与带轮之间的最大摩擦力(即最大有效拉力)主要取决于摩擦系数、小轮包角和带的初拉力(即张紧力)。

3. 保证带具有一定疲劳寿命的条件和影响因素

保证带具有一定疲劳寿命的条件是,带的最大应力应小于或等于根据带疲劳寿命决定的带的许用拉应力。影响带疲劳寿命的因素很多,其中最主要的因素包括:小带轮直径($d_1 \geqslant d_{\min}$),带的速度(5 m/s$\leqslant v \leqslant$25 m/s),带的长度,传动比,包角,带的型号,带的材质和带传递的功率等。

4.2.2.2 链传动的难点内容

1. 链传动的"多边形效应"(参见前述)

2. 合理选择链传动的主要参数

(1)传动比的选择:链传动的传动比一般应小于或等于6,推荐 $i=2\sim3.5$,$i_{\max}=10$。传动比越大,则链包在小链轮上的包角就越小,同时啮合的齿数就越少,轮齿的磨损就越大,越容易出现跳齿现象,破坏正常啮合。通常小链轮上的包角不应小于 120°。

（2）链轮齿数的选择：小链轮齿数 z_1 应大于或等于 z_{min}，小链轮齿数选得多一些，多边形效应将减小，动载减轻，有利于传动。大链轮齿数应小于或等于 120。大链轮齿数选得越多，链条的使用寿命将越短。另外，小链轮齿数最好与链条节数互为质数，这样才能轮流更换链轮齿与链节的啮合，从而得到较为均匀的磨损。

（3）链节距和列数的选择：链节距越大，链列数越多，则承载能力就越大。但链节距越大，其运动不均匀性也越大，附加动载荷也就越大。因此，在满足承载能力的条件下，应尽量选择小节距的多列链。在转速高、载荷大，且要求传动平稳的场合，应尽量选用小节距的多列链。在低速重载、中心距要求大、传动比较小的场合，则宜采用大节距的单列链。

（4）中心距的选择：中心距对链传动性能有重要影响。中心距过小，小轮上的包角减小，承载能力减小，同时轮齿受力增大，在一定转速下，单位时间内链条绕过链轮的次数增多，从而加剧链条的磨损与疲劳。中心距过大，链条松边下垂量大，链条容易发生上下颤动。因此，初设计时通常选取中心距 $a_0 = (30 \sim 50)p$，最大可取 $a_{max} = 80p$（p 为链节距）。

4.3　例题精选与解析

例 4-1　单根 V 带传动的初拉力 $F_0 = 354$ N，主动带轮的基准直径 $d_1 = 160$ mm，主动轮转速 $n_1 = 1500$ r/min，主动带轮上的包角 $\alpha = 150°$，带与带轮之间的摩擦系数为 $f_v = 0.485$。试求：

（1）V 带紧边、松边的拉力 F_1 和 F_2；

（2）V 带传动能传递的最大有效圆周力 F_e 及最大功率 P。

解题要点：

（1）带速
$$v = \frac{\pi d_{d1} n_1}{60 \times 1000} = \frac{\pi \times 160 \times 1500}{60 \times 1000} \text{ m/s} = 12.566 \text{ m/s}$$

（2）拉力
$$F_1 + F_2 = 2F_0 = 2 \times 354 \text{ N} = 708 \text{ N}$$

联解
$$F_1 / F_2 = e^{f_v \alpha}$$

其中
$$\alpha = \frac{150°}{180°} \times \pi = 2.618$$

$$e^{f_v \alpha} = (2.718)^{0.485 \times 2.618} = (2.718)^{1.2697} = 3.559$$

即
$$\begin{cases} F_1 + F_2 = 708 \\ F_1 / F_2 = 3.559 \end{cases}$$

解得
$$F_2 = 155.286 \text{ N}, \quad F_1 = 552.713 \text{ N}$$

（3）V 带传动能传递的最大有效圆周力 F_e。

$$F_e = 2F_0 \frac{e^{f_v \alpha} - 1}{e^{f_v \alpha} + 1} = 2 \times 354 \times \frac{3.559 - 1}{3.559 + 1} \text{ N} = 397.406 \text{ N}$$

（4）V 带传动能传递的最大功率 P。

$$P = \frac{F_e v}{1000} = \frac{397.406 \times 12.566}{1000} \text{ kW} \approx 5 \text{ kW}$$

例 4-2　有一 A 型 V 带传动，主动轴转速 $n_1 = 1480$ r/min，从动轴转速 $n_2 = 600$ r/min，传递的最大功率 $P = 1.5$ kW，带速 $v = 7.75$ m/s，中心距 $a = 800$ mm，当量摩擦系数 $f_v = 0.5$，试求大、小带轮的基准直径 d_1、d_2 和初拉力 F_0。

解题要点：

（1）带传动的有效圆周力 F_e。

$$F_e = \frac{1000P}{v} = \frac{1000 \times 1.5}{7.75} \text{ N} = 193.548 \text{ N}$$

（2）大、小带轮基准直径 d_1、d_2。

$$\text{联解} \qquad \left. \begin{array}{l} v = \dfrac{\pi d_1 n_1}{60 \times 1000} \\[2mm] i = \dfrac{n_1}{n_2} = \dfrac{d_2}{d_1} \end{array} \right\}$$

得
$$d_1 = \frac{60 \times 1000v}{\pi n_1} = \frac{60 \times 1000 \times 7.75}{\pi \times 1480} \text{ mm} = 100 \text{ mm}$$

$$d_2 = \frac{n_1}{n_2} d_1 = \frac{1480}{600} \times 100 \text{ mm} \approx 246 \text{ mm}$$

（3）小带轮的包角 α。

$$\alpha = 180° - \frac{d_1 - d_2}{a} \times 57.3° = 180° - \frac{246 - 100}{800} \times 57.3° = 169.54°$$

（4）初拉力 F_0。

α_1 化为弧度
$$\alpha_1 = \frac{169.54}{180} \times \pi = 2.959$$

$$e^{f_v \alpha} = (2.718)^{0.5 \times 2.959} = 4.39$$

$$F_0 = \frac{F_e}{2} \cdot \frac{e^{f_v \alpha} + 1}{e^{f_v \alpha} - 1} = \frac{193.548}{2} \times \frac{4.39 + 1}{4.39 - 1} \text{ N} = 153.868 \text{ N}$$

例 4-3 单根 V 带传递的最大功率 $P = 4.82$ kW，小带轮的基准直径 $d_1 = 180$ mm，大带轮的基准直径 $d_2 = 400$ mm，小带轮转速 $n_1 = 1450$ r/min，小带轮的包角 $\alpha_1 = 152°$，带和带轮的当量摩擦系数 $f_v = 0.25$，试确定带传动的有效圆周力 F_e、紧边拉力 F_1 和张紧力 F_0。

附：$e = 2.718$。

解题要点：

（1）带的速度
$$v = \frac{\pi d_1 n_1}{60 \times 1000} = \frac{\pi \times 180 \times 1450}{60 \times 1000} \text{ m/s} = 13.67 \text{ m/s}$$

（2）带的有效圆周力 $F_e = \dfrac{1000P}{v} = \dfrac{1000 \times 4.82}{13.67} \text{ N} = 352.597 \text{ N}$

（3）带的紧边拉力 F_1。

$$\text{联解} \qquad \left\{ \begin{array}{l} F_1 - F_2 = F_e \\[1mm] F_1 / F_2 = e^{f_v \alpha} \end{array} \right.$$

其中
$$\alpha = \frac{\pi \times 152°}{180°} = 2.653 \text{（弧度）}$$

则
$$\left. \begin{array}{l} F_1 - F_2 = 352.597 \\[1mm] F_1 / F_2 = e^{f_v \alpha} = (2.718)^{0.25 \times 2.653} = 1.9409 \end{array} \right\}$$

解得
$$F_1 = 727.333 \text{ N}, \quad F_2 = 374.736 \text{ N}$$

（4）张紧力 F_0。

$$F_0 = \frac{1}{2}(F_1 + F_2) = \frac{1}{2} \times (727.333 + 374.736) \text{ N} = 551.035 \text{ N}$$

例 4-4 B 型 V 带传动中，已知：主、从动带轮基准直径 $d_1 = d_2 = 180$ mm，两轮的中心距 $a = 630$ mm，主动带轮转速 $n_1 = 1450$ r/min，能传递的最大功率 $P = 10$ kW。试求：V 带中各应力，并画出各应力 σ_1、σ_2、σ_{b1}、σ_{b2} 及 σ_c 的分布图。

附：V 带的弹性模量 $E=130\sim200$ MPa；V 带的质量 $q=0.18$ kg/m；带与带轮间的当量摩擦系数 $f_v=0.51$；B 型带的截面积 $A=138$ mm^2；B 型带的高度 $h=10.5$ mm。

解题要点：

(1) V 带传动在传递最大功率时，紧边拉力 F_1 和松边拉力 F_2 的关系符合欧拉公式，即 $F_1/F_2=e^{f_v\alpha}=e^{0.51\times\pi}\approx5$。

$$F_e=F_1-F_2=F_1-\frac{F_1}{5}=\frac{4}{5}F_1$$

带速
$$v=\frac{\pi d_1 n_1}{60\times1000}=\frac{\pi\times180\times1450}{60\times1000}\ \text{m/s}=13.67\ \text{m/s}$$

有效圆周力
$$F_e=\frac{1000P}{v}=\frac{1000\times10}{13.67}\ \text{N}=732\ \text{N}$$

$$F_1=\frac{5}{4}F_e=\frac{5}{4}\times732\ \text{N}=915\ \text{N}$$

(2) V 带中各应力。

紧边拉应力
$$\sigma_1=\frac{F_1}{A}=\frac{915}{138}\ \text{MPa}=6.63\ \text{MPa}$$

离心力
$$F_c=qv^2=0.18\times13.67^2\ \text{N}=33.6\ \text{N}$$

离心拉应力
$$\sigma_c=\frac{F_c}{A}=\frac{33.6}{138}\ \text{MPa}=0.24\ \text{MPa}$$

弯曲应力
$$\sigma_{b1}=E\frac{h}{d_1}=170\times\frac{10.5}{180}\ \text{MPa}=9.92\ \text{MPa}$$

最大应力 $\quad\sigma_{max}=\sigma_1+\sigma_c+\sigma_{b1}=(6.63+0.24+9.92)\ \text{MPa}=16.79\ \text{MPa}$

各应力分布如例 4-4 图所示。

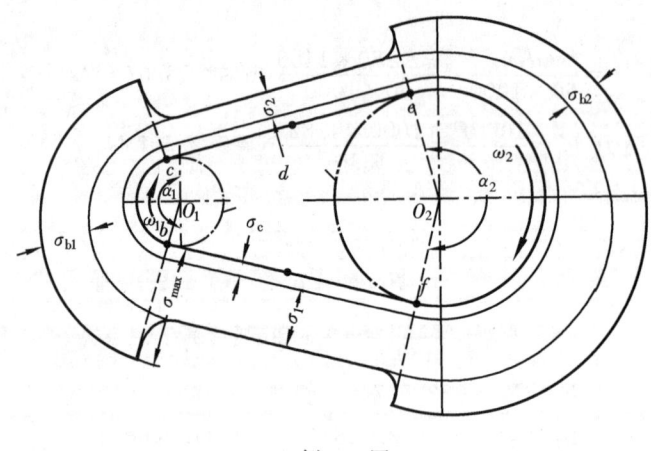

例 4-4 图

例 4-5 带传动为什么要限制其最小中心距和最大传动比？

解题要点：

(1) 中心距越小，带长越短。在一定速度下，单位时间内带的应力变化次数越多，会加速带的疲劳破坏；如在传动比一定的条件下，中心距越小，小带轮包角也越小，传动能力下降，所以要限制最小中心距。

(2) 传动比较大时，中心距小时将导致小带轮包角过小，传动能力下降，故要限制最大传动比。

例 4-6 在带传动中影响能传递的最大有效圆周力的因素有哪几个? 其关系如何(要求答出四种因素)?

解题要点:

在带传动中影响最大有效圆周力的因素及其关系如下。

(1) 初拉力 F_0　最大有效圆周力与初拉力 F_0 成正比。

(2) 包角 α　最大有效圆周力随包角增大而增大。

(3) 当量摩擦系数 f_v　最大有效圆周力随当量摩擦系数增大而增大。

(4) 带的型号　型号:Y、Z、A、B、C、D、E,从左向右各种型号的单根带能传递的最大有效圆周力逐次增大。

(5) 带的材质与结构　圆带小,平带大,V 带更大;棉帘布与棉线绳结构的胶带能传递的最大有效圆周力小于同型号化学纤维绳结构能传递的最大有效圆周力。

(6) 带的根数　根数愈多,能传递的最大有效圆周力愈大。

例 4-7 带传动的弹性滑动与打滑的主要区别是什么?

解题要点:

带传动的弹性滑动与打滑的主要区别如下。

(1) 弹性滑动是由于带传动在工作时,两边拉力不同,而两边的伸长变形不同,这样将导致带与带轮不能同步转动,而带与带轮轮缘之间发生相对滑动;而打滑则是由于工作载荷过大,使带传动传递的有效圆周力超过了最大(临界)值而引起的。

(2) 弹性滑动只发生在带由主、从动轮上离开以前那一部分接触弧上,而打滑发生在相对于全部包角的接触弧上,即前者静弧≠0,后者静弧=0。

(3) 弹性滑动是带传动正常工作时固有的特性,它使传动比不稳定,它是不可避免的,但带仍可正常工作;而打滑则使传动失效,应该避免。

例 4-8 在例 4-8 图中,图(a)所示为减速带传动,图(b)所示为增速带传动。这两传动装置中,带轮的基准直径 $d_1=d_4$,$d_2=d_3$ 且传动中各带轮材料相同,传动的中心距 a,带的材料、尺寸及预紧力(或张紧力)均相同,两传动装置分别以带轮 1 和带轮 3 为主动轮,其转速均为 n(r/min)。

试问:哪个装置能传递的最大有效拉力大? 为什么?

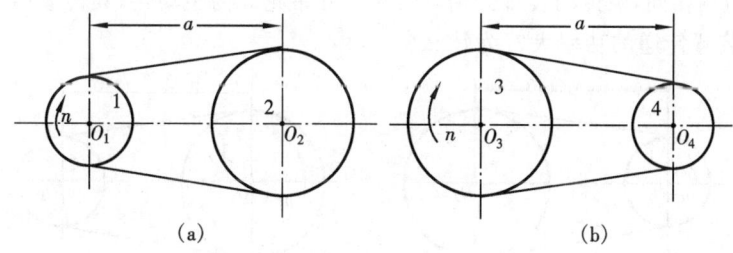

例 4-8 图

解题要点:

若略去离心力的影响,两种传动装置能传递的最大有效拉力一样大。

当带在带轮上有打滑趋势时,摩擦力总和达到极限值,此时能传递的有效拉力(式(4-1))为

$$F_{elim}=2(F_0-qv^2)\left(1-\frac{2}{e^{f_v\alpha}+1}\right)$$

依题意，$d_1=d_4$，$d_2=d_3$，传动中心距 a 相等，因而两传动装置的最小包角 α_{min} 相等；已知带轮材料，带的材料、尺寸及张紧力均相同，故这两传动装置的单位带长的质量 q、当量摩擦系数 f_v 及初拉力 F_0 均相同，因此它们所能传递的最大有效拉力相同。

例 4-9 在例 4-9 图中，已知小带轮为主动轮，试证明带传动中紧边带速 v_1 大于松边带速 v_2。

解题要点：

证明：$v_1>v_2$。在例 4-9 图中，a 点为参考点，是带与小带轮紧边的切点（即带绕进小带轮的点）。在 Δt 时间内，小带轮上的 a 点转到 b 点，小带轮的圆周速度 $v_{带轮}=\widehat{ab}/\Delta t$。

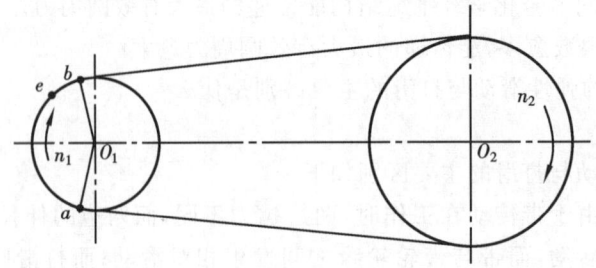

例 4-9 图

带传动工作时，带受到拉力后要产生弹性变形，由于紧边和松边的拉力不同，因此相应的弹性变形也不同，带在带轮上产生弹性滑动，故带在同一 Δt 时间内只由 a 点转到 e 点，而

带的圆周速度 $\qquad\qquad v_{带}=\widehat{ae}/\Delta t<v_{带轮}$

带进入小带轮一边为紧边 $\qquad v_{带轮}=v_1$

带离开小带轮一边为松边 $\qquad v_{带}=v_2$

所以 $\qquad\qquad\qquad\qquad v_1>v_2$

例 4-10 在例 4-10 图中，图（a）所示为减速带传动，图（b）所示为增速带传动。这两传动装置中，带轮的基准直径 $d_1=d_4$，$d_2=d_3$，且传动中各带轮材料相同，传动的中心距 a，带的材料、尺寸及张紧力均相同，两传动装置分别以带轮 1 和带轮 3 为主动轮，其转速均为 $n(r/min)$。

试问：哪个装置传递的功率大？为什么？

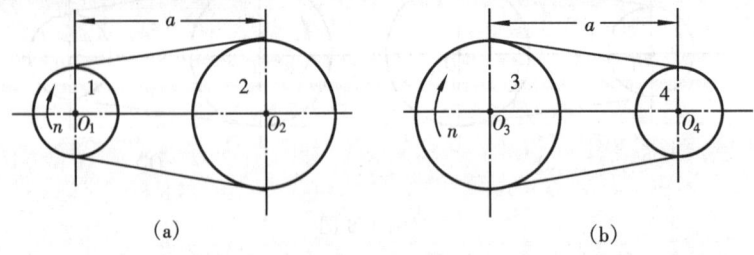

例 4-10 图

解题要点：

带传动能传递的功率 $P=Fv$。依题意，$d_1=d_4$，$d_2=d_3$，传动中心距 a 相等，因而两传动装置的最小包角 α_{min} 相等。已知带轮材料，带的材料、尺寸及张紧力均相同，故这两传动装置

的当量摩擦系数 f_v 及初拉力 F_0 均相同,因此它们所能传递的最大有效拉力相同。又因两传动装置的主动轮的转速 n 相等,而图(b)中主动带轮的基准直径 d_3 大于图(a)中主动带轮基准直径 d_1,即图(b)的带速 $\left(v_b = \dfrac{\pi d_3 n}{60 \times 1000}\right)$ 大于图(a)的带速 $\left(v_a = \dfrac{\pi d_1 n}{60 \times 1000}\right)$,所以图(b)的传动装置所传递的功率大。

例 4-11 例 4-11 图所示为自动张紧的 V 带传动,主动轮转向如图所示。

(1) V 带能传递的最大功率 $P_{\max}$,此时的紧边拉力 F_1 等于多少? 松边拉力 F_2 等于多少?

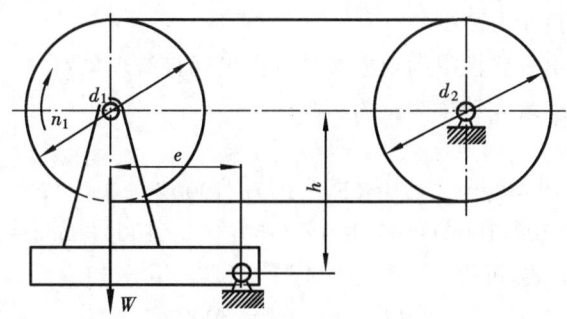

例 4-11 图

(2) 如果要求 V 带实际传递功率 $P = 0.6$ kW,则此时的紧边拉力 F_1 等于多少? 松边拉力 F_2 等于多少?

(3) 设主动轮的转向与图示相反,求此时 V 带能传递的最大功率 $P_{\max}$。

(已知:$W = 30$ kg,$h = 150$ mm,$e = 120$ mm,$d_1 = d_2 = 100$ mm,$v = 8$ m/s,$e^{f_v \alpha} = e^{0.3\pi}$,忽略带的离心拉力)

解题要点:

(1) 当主动轮 1 按图示的方向旋转时,则带的紧边在下,松边在上。根据力矩平衡条件可得

$$F_2(h + 0.5d_1) + F_1(h - 0.5d_1) = We \qquad ①$$

当 V 带传递最大功率时,紧边拉力 F_1 和松边拉力 F_2 之间的关系应符合欧拉公式,即

$$F_1/F_2 = e^{f_v \alpha} = e^{0.3\pi} \qquad ②$$

联立求解式①和式②,可得

$$F_1 = 198.4 \text{ N}, \quad F_2 = 77.3 \text{ N}$$

所以
$$P_{\max} = (F_1 - F_2)v/1000 = (198.4 - 77.3) \times 8/1000 \text{ kW} = 0.97 \text{ kW}$$

(2) 同理,根据力矩平衡条件可得

$$F_2(h + 0.5d_1) + F_1(h - 0.5d_1) = We \qquad ③$$

因为 V 带实际传递功率 $P = 0.6$ kW,根据功率的计算公式,可得

$$(F_1 - F_2)v/1000 = 0.6 \qquad ④$$

联立求解式③和式④,可得

$$F_1 = 167.6 \text{ N}, \quad F_2 = 92.6 \text{ N}$$

(3) 当主动轮 1 按图示的反方向旋转时,则带的紧边在上,松边在下。根据力矩平衡条件可得

$$F_1(h + 0.5d_1) + F_2(h - 0.5d_1) = We \qquad ⑤$$

当 V 带传递最大功率时,紧边拉力 F_1 和松边拉力 F_2 之间的关系应符合欧拉公式,即

$$F_1/F_2 = e^{f_v\alpha} = e^{0.3\pi} \qquad \textcircled{6}$$

联立求解式⑤和式⑥,可得

$$F_1 = 147.6 \text{ N}, \quad F_2 = 57.5 \text{ N}$$

因此
$$P_{max} = (F_1 - F_2)v/1000 = 0.72 \text{ kW}$$

例 4-12　V 带传动的功率 $P = 3$ kW,小带轮的转速 $n_1 = 1450$ r/min,小带轮的直径 $d_1 = 100$ mm,带与带轮间的当量摩擦系数 $f_v = 0.50$,小带轮上的包角 $\alpha_1 = 180°$,预紧力 $F_0 = 450$ N。忽略离心力的影响。试问:

(1) 该传动的滑动角 α 为多少?

(2) 该传动是否会出现弹性滑动现象?是否会出现打滑现象?

(3) 该传动能传递的最大功率 P_{max} 为多少?

解题要点:

(1) 因为
$$P = (F_1 - F_2)v/1000$$
$$v = \pi d_1 n_1/(60 \times 1000) = \pi \times 100 \times 1450/(60 \times 1000) \text{ m/s} = 7.59 \text{ m/s}$$

将 $P = 3$ kW 代入上式,可得

$$(F_1 - F_2)v = 3000 \qquad \textcircled{1}$$

又因为
$$F_1 + F_2 = 2F_0 = 900 \qquad \textcircled{2}$$

联立求解式①和式②,可得

$$F_1 = 647.7 \text{ N}, \quad F_2 = 252.3 \text{ N}$$

根据欧拉公式

$$F_1/F_2 = e^{f_v\alpha} = e^{0.5\alpha}$$

解得,滑动角 $\alpha = 108°$。

(2) 带的弹性滑动是不可避免的,该传动会出现弹性滑动现象。但由于该传动的滑动角小于小带轮上的包角,因此该传动不会出现打滑现象。

(3) 因为
$$F_1 + F_2 = 2F_0 = 900 \qquad \textcircled{3}$$

当 V 带传递最大功率时,紧边拉力 F_1 和松边拉力 F_2 之间的关系应符合欧拉公式,即

$$F_1/F_2 = e^{f_v\alpha} = e^{0.5\pi} = 4.81 \qquad \textcircled{4}$$

联立求解式③和式④,可得

$$F_1 = 745.1 \text{ N}, \quad F_2 = 154.9 \text{ N}$$

所以
$$P_{max} = (F_1 - F_2)v/1000 = (745.1 - 154.9) \times 7.59/1000 \text{ kW} = 4.48 \text{ kW}$$

例 4-13　V 带传动传递的功率 $P = 7.5$ kW,带速 $v = 10$ m/s,紧边拉力是松边拉力的两倍,即 $F_1 = 2F_2$。试求紧边拉力 F_1,有效拉力 F_e 和预紧力 F_0(忽略离心力的影响)。

解题要点:

因为
$$P = (F_1 - F_2)v/1000$$

将 $P = 7.5$ kW 代入上式,得

$$(F_1 - F_2)v = 7500 \qquad \textcircled{1}$$

又因为
$$F_1 = 2F_2 \qquad \textcircled{2}$$

联立求解式①和式②,可得

$$F_1 = 1500 \text{ N}, \quad F_2 = 750 \text{ N}$$

有效拉力
$$F_e = (F_1 - F_2) = 750 \text{ N}$$

预紧力
$$F_0 = (F_1 + F_2)/2 = 1125 \text{ N}$$

例 4-14 已知一 V 带传动的主动轮直径 $d_1 = 100$ mm，从动轮直径 $d_2 = 400$ mm，中心距 $a_0 = 485$ mm，主动轮装在转速 $n_1 = 1450$ r/min 的电动机上，三班制工作，载荷平稳，采用两根基准长度 $L_d = 1800$ mm 的 A 型普通 V 带，试求该传动所能传递的功率。

解题要点：

(1) 根据题意可知

传动比 $\qquad\qquad\qquad\qquad i = d_2/d_1 = 400/100 = 4$

带长 $\qquad L_d = 2a_0 + 0.5\pi(d_2 + d_1) + 0.25(d_2 - d_1)^2/a_0$

$\qquad\qquad\qquad = [2 \times 485 + 0.5\pi(400 + 100) + 0.25(400 - 100)/485]$ mm $= 1801$ mm

实际选用标准长度 $\qquad\qquad L_d = 1800$ mm

小带轮包角 $\qquad \alpha_1 = 180° - (d_2 - d_1) \times 180°/(\pi a)$

$\qquad\qquad\qquad = 180° - (400 - 100) \times 180°/(3.14 \times 485) = 144.56°$

根据带传动工作条件，查表 8-7[①]，可得工作情况系数 $K_A = 1.2$；

查表 8-6a，可得单根普通 A 型 V 带的基本额定功率 $P_0 = 1.30$ kW；

查表 8-6b，可得单根普通 A 型 V 带的额定功率增量 $\Delta P_0 = 0.17$ kW；

查表 8-9，可得包角系数 $K_a = 0.91$；

查表 8-10，可得长度系数 $K_L = 1.01$。

(2) 根据 $z = K_A P/[(P_0 + \Delta P_0)K_a K_L]$，可得该带传动所能传递的功率为

$$P = z(P_0 + \Delta P_0)K_a K_L/K_A$$

$$= 2(1.30 + 0.17) \times 0.91 \times 1.01/1.2 \text{ kW} = 2.25 \text{ kW}$$

例 4-15 设计一电动机至螺旋输送机用的滚子链传动。已知电动机转速 $n_1 = 960$ r/min，功率 $P = 7$ kW，螺旋输送机转速 $n_2 = 240$ r/min，载荷平稳，单班制工作。同时，设计链轮分度圆直径、齿顶圆直径、齿根圆直径和轮齿宽度。

解题要点：

(1) 选择链轮齿数 z_1、z_2。

假定链速 $v = 3 \sim 8$ m/s，由表 9-8 选取小链轮齿数 $z_1 = 21$；大链轮齿数 $z_2 = iz_1 = \dfrac{960}{240} \times 21 = 84$，根据链轮齿数最好为奇数的要求，取 $z_2 = 85$。

(2) 设计功率 P_{ca}。

由表 9-9 查得工作情况系数 $K_A = 1.0$，所以

$$P_{ea} = K_A P = 1 \times 7 \text{ kW} = 7 \text{ kW}$$

(3) 确定链条链节数 L_p。

题目对中心距无特殊要求，初定中心距 $a_0 = 40p$，则链节数为

$$L_p = 2\frac{a_0}{p} + \frac{z_1 + z_2}{2} + \left(\frac{z_2 - z_1}{2\pi}\right)^2 \frac{p}{a_0} = 135.6 \text{ 节}$$

故取 $L_p = 136$ 节。

(4) 确定链条的节距 p。

由图 9-13 按小链轮转速估计，本传动的主要失效形式为链板疲劳破坏，链条工作在功率曲线的左侧，由表 9-10 查得小链轮齿数系数：

[①] 本章所引用资料均系濮良贵、纪名刚主编的《机械设计》(第六版，北京：高等教育出版社，1996)。

$$K_z = (z_1/19)^{1.08} = (21/19)^{1.08} = 1.114$$

$$K_L = (L_p/100)^{0.26} = (136/100)^{0.26} = 1.083$$

选取单排链,由表 9-11 查得多排链系数 $K_P = 1.0$,故得所需传递的功率为

$$P_0 = P_{ca}/(K_z K_L K_P) = 7/(1.114 \times 1.083 \times 1.0) \text{ kW} = 5.80 \text{ kW}$$

根据小链轮转速 $n_1 = 960$ r/min 和功率 $P_0 = 5.8$ kW,由图 9-13 选取链号为 10A 的单排链,同时也说明原估计链条工作在额定功率曲线左侧是正确的。再由表 9-1 查得链节距 $p = 15.875$ mm。

(5) 确定链长 L 及中心距 a。

$$L = L_p/1000 = 136 \times 15.875/1000 \text{ m} = 2.159 \text{ m}$$

$$a = a_0 + (L_p - L_{p0})p/2$$

$$= [40 \times 15.875 + (136 - 135.6) \times 15.875/2] \text{ mm}$$

$$= 638.2 \text{ mm}$$

中心距减小量

$$\Delta a = (0.002 \sim 0.004)a = (0.002 \sim 0.004) \times 638.2 \text{ mm} = 1.3 \sim 2.6 \text{ mm}$$

实际中心距

$$a = a - \Delta a = [638.2 - (1.3 \sim 2.6)] \text{ mm} = 636.9 \sim 635.6 \text{ mm}$$

故取 $a = 636$ mm。

(6) 验算链速。

$$v = n_1 z_1 p/(60 \times 1000)$$

$$= 960 \times 21 \times 15.875/(60 \times 1000) \text{ m/s} = 5.33 \text{ m/s}$$

与原假定相符。

(7) 作用在轴上的压轴力。

$$Q = K_Q F_e$$

有效圆周力

$$F_e = 1000 P_{ca}/v = 1000 \times 7/5.33 \text{ N} = 1313.3 \text{ N}$$

按水平布置取压轴力系数 $K_Q = 1.15$,则

$$Q = 1.15 \times 1313.3 \text{ N} = 1510 \text{ N}$$

(8) 定润滑方式。

由链速 v 和链节距 p 查图 9-14,确定润滑方式为油浴或飞溅润滑。

(9) 确定链轮直径。

链轮分度圆直径

$$d_1 = p/\sin(180°/z_1) = 106.51 \text{ mm}$$

$$d_2 = p/\sin(180°/z_2) = 429.62 \text{ mm}$$

链轮齿顶圆直径

$$d_{a1} = p[0.54 - \cot(180°/z_1)] = 113.90 \text{ mm}$$

$$d_{a2} = p[0.54 - \cot(180°/z_2)] = 437.90 \text{ mm}$$

链轮齿根圆直径

$$d_f = d - d_1,$$

因为 $\quad\quad\quad\quad d_1 = 10.16$ mm(滚子外径)

所以 $\quad\quad\quad\quad d_{f1} = 96.35$ mm, $\quad d_{f2} = 419.46$ mm

链轮齿宽 $\qquad\qquad b_{f1} = 0.95b_1$

因为 $\qquad\qquad b_1 = 9.4\ \text{mm（内链节内宽）}$

所以 $\qquad\qquad b_{f1} = 8.93\ \text{mm}$

4.4 考试复习与练习题

一、单项选择题（从给出的 A、B、C、D 中选一个答案）

4-1 带传动是依靠_____来传递运动和功率的。

A. 带与带轮接触面之间的正压力 　　　B. 带与带轮接触面之间的摩擦力

C. 带的紧边拉力 　　　D. 带的松边拉力

4-2 带张紧的目的是_____。

A. 减轻带的弹性滑动 　　　B. 提高带的寿命

C. 改变带的运动方向 　　　D. 使带具有一定的初拉力

4-3 与链传动相比较，带传动的优点是_____。

A. 工作平稳，基本无噪声 　　　B. 承载能力大

C. 传动效率高 　　　D. 使用寿命长

4-4 与平带传动相比较，V 带传动的优点是_____。

A. 传动效率高 　　　B. 带的寿命长

C. 带的价格便宜 　　　D. 承载能力大

4-5 在其他条件相同的情况下，V 带传动比平带传动能传递更大的功率，这是因为

_____。

A. 带与带轮的材料组合具有较高的摩擦系数

B. 带的质量轻，离心力小

C. 带与带轮槽之间的摩擦是楔面摩擦

D. 带无接头

4-6 选取 V 带型号，主要取决于_____。

A. 带传递的功率和小带轮转速 　　　B. 带的线速度

C. 带的紧边拉力 　　　D. 带的松边拉力

4-7 V 带传动中，小带轮直径的选取取决于_____。

A. 传动比 　　　B. 带的线速度

C. 带的型号 　　　D. 带传递的功率

4-8 中心距一定的带传动，小带轮上包角的大小主要由_____决定。

A. 小带轮直径 　　　B. 大带轮直径

C. 两带轮直径之和 　　　D. 两带轮直径之差

4-9 两带轮直径一定时，减小中心距将引起_____。

A. 带的弹性滑动加剧 　　　B. 带传动效率降低

C. 带工作噪声增大 　　　D. 小带轮上的包角减小

4-10 带传动的中心距过大时，会导致_____。

A. 带的寿命缩短 　　　B. 带的弹性滑动加剧

C. 带的工作噪声增大 　　　D. 带在工作时出现颤动

4-11 设计 V 带传动时,为防止_____,应限制小带轮的最小直径。

A. 带内的弯曲应力过大   B. 小带轮上的包角过小

C. 带的离心力过大   D. 带的长度过长

4-12 一定型号 V 带内弯曲应力的大小,与_____成反比关系。

A. 带的线速度   B. 带轮的直径

C. 带轮上的包角   D. 传动比

4-13 一定型号 V 带中的离心拉应力,与带线速度_____。

A. 的二次方成正比   B. 的二次方成反比

C. 成正比   D. 成反比

4-14 带传动在工作时,假定小带轮为主动轮,则带所受应力的最大值发生在带_____。

A. 进入大带轮处   B. 紧边进入小带轮处

C. 离开大带轮处   D. 离开小带轮处

4-15 带传动在工作中产生弹性滑动的原因是_____。

A. 带与带轮之间的摩擦系数较小   B. 带绕过带轮产生了离心力

C. 带的弹性与紧边和松边存在拉力差   D. 带传递的中心距大

4-16 带传动不能保证准确的传动比,其原因是_____。

A. 带容易变形和磨损   B. 带在带轮上出现打滑

C. 带传动工作时发生弹性滑动   D. 带的弹性变形不符合胡克定律

4-17 同步带传动是靠带齿与轮齿间的_____来传递运动和动力的。

A. 摩擦力   B. 压紧力

C. 啮合力   D. 楔紧力

4-18 与 V 带传动相比较,同步带传动的突出优点是_____。

A. 传递功率大   B. 传动比准确

C. 传动效率高   D. 带的制造成本低

4-19 带轮是采用轮辐式、腹板式或实心式,主要取决于_____。

A. 带的横截面尺寸   B. 传递的功率

C. 带轮的线速度   D. 带轮的直径

4-20 当摩擦系数与初拉力一定时,则带传动在打滑前所能传递的最大有效拉力随_____的增大而增大。

A. 带轮的宽度   B. 小带轮上的包角

C. 大带轮上的包角   D. 带的线速度

4-21 与带传动相比较,链传动的优点是_____。

A. 工作平稳,无噪声   B. 寿命长

C. 制造费用低   D. 能保持准确的瞬时传动比

4-22 链条在小链轮上的包角,一般应大于_____。

A. 90°   B. 120°   C. 150°   D. 180°

4-23 链传动作用在轴和轴承上的载荷比带传动要小,这主要是因为_____。

A. 链传动只用来传递较小功率

B. 链速较高,在传递相同功率时,圆周力小

C. 链传动是啮合传动,无须大的张紧力

D. 链的质量大,离心力大

4-24 与齿轮传动相比较,链传动的优点是_____。

    A. 传动效率高   B. 工作平稳,无噪声

    C. 承载能力大   D. 能传递的中心距大

4-25 套筒滚子链中,滚子的作用是_____。

    A. 缓冲吸振   B. 减轻套筒与轮齿间的摩擦与磨损

    C. 提高链的承载能力   D. 保证链条与轮齿间的良好啮合

4-26 在一定转速下,要减轻链传动的运动不均匀和动载荷,应_____。

    A. 增大链节距和链轮齿数   B. 减小链节距和链轮齿数

    C. 增大链节距,减小链轮齿数   D. 减小链节距,增大链轮齿数

4-27 为了限制链传动的动载荷,在链节距和小链轮齿数一定时,应限制_____。

    A. 小链轮的转速   B. 传递的功率

    C. 传动比   D. 传递的圆周力

4-28 链轮毛坯是采用铸铁还是采用钢来制造,主要取决于_____。

    A. 传递的功率   B. 传递的圆周力

    C. 链轮的转速   D. 链条的线速度

4-29 链传动在工作中,链板受到的应力属于_____。

    A. 静应力   B. 对称循环变应力

    C. 脉冲循环变应力   D. 非对称循环变应力

4-30 大链轮的齿数不能取得过大的原因是_____。

    A. 齿数越大,链条的磨损就越大

    B. 齿数越大,链传动的动载荷与冲击就越大

    C. 齿数越大,链传动的噪声就越大

    D. 齿数越大,链条磨损后,越容易发生"脱链现象"

4-31 链传动中心距过小的缺点是_____。

    A. 链条工作时易颤动,运动不平稳   B. 链条运动不均匀性和冲击作用增强

    C. 小链轮上的包角小,链条磨损快   D. 容易发生"脱链现象"

4-32 两轮轴线不在同一水平面的链传动,链条的紧边应布置在上面,松边应布置在下面,这样可以使_____。

    A. 链条平稳工作,降低运行噪声   B. 松边下垂量增大后不致与链轮卡死

    C. 链条的磨损减小   D. 链传动达到自动张紧的目的

4-33 链条由于静强度不够而被拉断的现象,多发生在_____情况下。

    A. 低速重载   B. 高速重载   C. 高速轻载   D. 低速轻载

4-34 链条在小链轮上包角过小的缺点是_____。

    A. 链条易从链轮上滑落

    B. 链条易被拉断,承载能力低

    C. 同时啮合的齿数少,链条和轮齿的磨损快

    D. 传动的不均匀性增大

4-35 链条的节数宜采用_____。

A. 奇数   B. 偶数   C. 5 的倍数   D. 10 的倍数

4-36 链传动张紧的目的是_____。

    A. 使链条产生初拉力,以使链传动能传递运动和功率

    B. 使链条与轮齿之间产生摩擦力,以使链传动能传递运动和功率

    C. 避免链条垂度过大时产生啮合不良

    D. 避免打滑

二、填空题

4-37 V 带在规定的张紧力下,位于带轮基准直径上的周线长度称为带的_____长度。V 带的公称长度指的是 V 带的_____长度。

4-38 与普通 V 带相比,当高度相同时,窄 V 带的宽度要_____,承载能力要_____。

4-39 当带有打滑趋势时,带传动的有效拉力达到_____,而带传动的最大有效拉力取决于_____、_____、_____和_____四个因素。

4-40 带传动的最大有效拉力随预紧力的增大而_____,随包角的增大而_____,随摩擦系数的增大而_____,随带速的增加而_____。

4-41 带内产生的瞬时最大应力由_____、_____和_____三种应力组成。

4-42 带的离心应力取决于_____、_____和_____三个因素。

4-43 在正常情况下,弹性滑动只发生在带_____主、从动轮时的那一部分接触弧上。

4-44 在设计 V 带传动时,为了提高 V 带的寿命,宜选取_____的小带轮直径。

4-45 当带轮的转速较高时,带轮的制造材料宜选用_____。

4-46 常见的带传动的张紧装置有_____、_____和_____等几种。

4-47 在带传动中,弹性滑动是_____避免的,打滑是_____避免的。

4-48 带传动工作时,带内应力是_____性质的变应力。

4-49 带传动工作时,若主动轮的圆周速度为 v_1,从动轮的圆周速度为 v_2,带的线速度为 v,则它们的关系为 v_1_____v,v_2_____v。

4-50 V 带传动是靠带与带轮接触面间的_____力工作的。V 带的工作面是_____面。

4-51 在设计 V 带传动时,V 带的型号是根据_____和_____选取的。

4-52 当中心距不能调节时,可采用张紧轮将带张紧,张紧轮一般应放在_____的内侧,这样可以使带只受_____弯曲。为避免过分影响_____带轮上的包角,张紧轮应尽量靠近_____带轮。

4-53 V 带传动由于存在_____的影响,其传动比不恒定。

4-54 带传动的主要失效形式为_____和_____。

4-55 V 带传动限制带速 $v < 25 \sim 30$ m/s 的目的是为了_____;限制带在小带轮上的包角 $\alpha_1 > 120°$ 的目的是_____。

4-56 为了使 V 带与带轮轮槽更好地接触,轮槽楔角应_____于带截面的楔角 φ,随着带轮直径减小,角度的差值越_____。

4-57 在传动比不变的条件下,V 带传动的中心距增大,则小轮的包角_____,因而

承载能力_____。

4-58　带传动限制小带轮直径不能太小,是为了_____。若小带轮直径太大,则_____。

4-59　在 V 带传动设计计算中,限制带的根数 $z \leqslant 10$ 是为了_____。

4-60　链传动中,即使主动轮的角速度等于常数,也只有当_____时,从动轮的角速度和传动比才能得到恒定值。

4-61　对于高速重载的滚子链传动,应选用节距_____的_____排链;对于低速重载的滚子链传动,应选用节距_____的链传动。

4-62　与带传动相比较,链传动的承载能力_____,传动效率_____,作用在轴上的径向压力_____。

4-63　滚子链的结构由_____、_____、_____、_____和_____等组成。

4-64　在滚子链的结构中,内链板与套筒之间、外链板与销轴之间采用_____配合,滚子与套筒之间、套筒与销轴之间采用_____配合。

4-65　单排滚子链与链轮啮合的基本参数是_____、_____和_____,其中_____是滚子链的主要参数。

4-66　链轮的节距_____,链轮的齿数_____,链传动的运动不均匀性就越小。

4-67　在一般情况下,链传动的_____传动比为常数,_____传动比不为常数。

4-68　链轮的转速_____,节距_____,齿数_____,则链传动的动载荷就越大。

4-69　若不计链传动中的动载荷,则链的紧边受到的拉力由_____、_____和_____三部分组成。

4-70　链传动算出的实际中心距,在安装时还需要缩短 $2 \sim 5$ mm,这是为了_____。

4-71　链传动一般应布置在_____平面内,尽可能避免布置在_____平面或_____平面内。

4-72　在链传动中,当两链轮的轴线在同一平面时,应将_____边布置在上面,_____边布置在下面。

4-73　在链传动中,当两链轮的轴线不在同一平面时,应将_____边布置在上面,_____边布置在下面。

三、问答题

4-74　带传动的工作原理是什么? 它有哪些优缺点?

4-75　当与其他传动一起使用时,带传动一般应放在高速级还是低速级? 为什么?

4-76　与平带传动相比,V 带传动有何优缺点?

4-77　在相同的条件下,为什么 V 带比平带的传动能力大?

4-78　普通 V 带有哪几种型号? 窄 V 带有哪几种型号?

4-79　普通 V 带截面角为 $40°$,为什么将其带轮的槽形角制成 $34°$、$36°$ 和 $38°$ 三种类型? 在什么情况下用较小的槽形角?

4-80　带的紧边拉力和松边拉力之间有什么关系? 其大小取决于哪些因素?

4-81　什么是带的弹性滑动和打滑? 引起带弹性滑动和打滑的原因是什么? 带的弹性滑

动和打滑对带传动性能有什么影响？带的弹性滑动和打滑的本质有何不同？

4-82 计入弹性滑动的影响时,如何计算带传动的传动比？

4-83 什么是带传动的滑动率？滑动率如何计算？

4-84 带传动在什么情况下才发生打滑？打滑一般发生在大轮上还是小轮上？为什么？刚开始打滑前,紧边拉力与松边拉力之间的关系是什么？

4-85 影响带传动工作能力的因素有哪些？

4-86 带传动工作时,带内应力如何变化？最大应力发生在什么位置？由哪些应力组成？研究带内应力变化的目的是什么？

4-87 带传动的主要失效形式有哪些？单根 V 带所能传递的功率是根据什么准则确定的？

4-88 V 带传动的设计计算方法和步骤如何？通常已知哪些数据？需求出哪些结果？

4-89 在设计带传动时,为什么要限制带的速度 v_{min} 和 v_{max} 以及带轮的最小基准直径 d_{min}？

4-90 在设计带传动时,为什么要限制两轴中心距的最大值 a_{max} 和最小值 a_{min}？

4-91 在设计带传动时,为什么要限制小带轮上的包角 α_1？

4-92 水平或接近水平布置的开口带传动,为什么应将其紧边设计在下边？

4-93 带传动的松边拉力 F_2 能否减小为零？为什么？

4-94 带轮常用哪些材料制造？选择材料时应考虑哪些因素？在制造带轮时有哪些要求？

4-95 带传动为什么要张紧？常用的张紧方法有哪几种？在什么情况下使用张紧轮？张紧轮应装在什么地方？

4-96 带的弹性滑动率与哪些因素有关？

4-97 带传动中,若其他参数不变,只是小带轮的转速有两种,且两种转速相差 3 倍,问:两种转速下,单根带传递的功率是否也相差 3 倍？为什么？当传递功率不变时,为安全起见,应按哪一种转速设计该带的传动？为什么？

4-98 与带传动相比较,链传动有哪些优缺点？

4-99 链传动的主要失效形式是什么？设计准则是什么？

4-100 为什么小链轮的齿数不能选择得过少,而大链轮的齿数又不能选择得过多？

4-101 在一般的情况下,链传动的瞬时传动比为什么不等于常数？在什么情况下它才等于常数？

4-102 引起链传动速度不均匀的原因是什么？其主要影响因素有哪些？

4-103 链传动为什么会发生脱链现象？

4-104 低速链传动($v < 0.6$ m/s)的主要失效形式是什么？设计准则是什么？

4-105 链速一定时,链轮齿数的大小与链节距的大小对链传动动载荷的大小有什么影响？

4-106 为避免采用过渡链节,链节数常取奇数还是偶数？相应的链轮齿数宜取奇数还是偶数？为什么？

4-107 在设计链传动时,为什么要限制两轴中心距的最大值 a_{max} 和最小值 a_{min}？

4-108 与滚子链相比,齿形链有哪些优缺点？在什么情况下,宜选用齿形链？

4-109 链传动为什么要张紧？常用的张紧方法有哪些？

4-110 链传动额定功率曲线的实验条件是什么？如实际使用条件与实验条件不符,应作哪些项目的修正？

4-111 水平或接近水平布置的链传动,为什么其紧边应设计在上边?

4-112 为什么自行车通常采用链传动而不采用其他形式的传动?

4-113 链轮常用哪些材料制造?

4-114 安装布置链传动时,应综合考虑哪些问题?

4-115 链传动有哪些润滑方式?为什么链传动应按推荐方式进行润滑?

4-116 链条节距的选用原则是什么?在什么情况下宜选用小节距的多列链?在什么情况下宜选用大节距的单列链?

4-117 在设计链传动时,为什么要限制传动比?传动比过大有什么缺点?

4-118 为了提高带传动和链传动的传动性能,你有哪些创意构思?

四、分析计算题

4-119 已知单根普通 V 带能传递的最大功率 $P=6$ kW,主动带轮直径 $d_1=100$ mm,转速为 $n_1=1460$ r/min,主动带轮上的包角 $\alpha_1=150°$,带与带轮之间的当量摩擦系数 $f_v=0.51$。试求带的紧边拉力 F_1,松边拉力 F_2,预紧力 F_0 及最大有效圆周力 F_e(不考虑离心力)。

4-120 已知一 B 型普通 V 带传动,其主动带轮的直径 $d_1=160$ mm,转速 $n_1=1460$ r/min,从动带轮的直径 $d_2=500$ mm,传动中心距 $a=800$ mm,带与带轮之间的当量摩擦系数 $f=0.51$,单根 B 型 V 带的预紧力 $F_0=200$ N,单根 B 型 V 带的基本额定功率 $P_0=3.64$ kW,B 型 V 带的弹性模量 $E=200$ MPa,截面面积 $A=138$ mm^2,高度 $h=10.5$ mm,带的质量 $q=0.17$ kg/m。当此 V 带传递最大功率时,试求:

(1) V 带中各类应力的大小;

(2) V 带中的最大应力及各应力所占的百分比。

4-121 已知 V 带传递的实际功率 $P=7$ kW,带速 $v=10$ m/s,紧边拉力是松边拉力的 2 倍。试求有效圆周力 F_e 和紧边拉力 F_1 的值。

4-122 V 带传动所传递的功率 $P=7.5$ kW,带速 $v=10$ m/s。现测得张紧力 $F_0=1125$ N,试求紧边拉力 F_1 和松边拉力 F_2。

4-123 一开口平带减速传动,已知两带轮直径为 $d_1=150$ mm 和 $d_2=400$ mm,中心距 $a=1000$ mm,小轮转速 $n_1=1460$ r/min。试求:

(1) 小轮包角;

(2) 不考虑带传动的弹性滑动时大轮的转速;

(3) 滑动率 $\varepsilon=0.015$ 时大轮的实际转速。

4-124 单根带传递最大功率 $P=4.7$ kW,小带轮的 $d_1=200$ mm,$n_1=1800$ r/min,$\alpha_1=135°$,$f_v=0.25$。求紧边拉力 F_1 和有效拉力 F_e(带与轮间的摩擦力已达到最大摩擦力)。

4-125 由双速电动机与 V 带传动组成传动装置。靠改变电动机转速输出轴可以得到两种转速 300 r/min 和 600 r/min。若输出轴功率不变,带传动应按哪种转速设计?为什么?

4-126 设计一套筒滚子链传动,已知功率 $P_1=7$ kW,小链轮转速 $n_1=200$ r/min,大链轮转速 $n_2=102$ r/min,载荷有中等冲击,三班制工作(已知小链轮齿数 $z_1=21$,大链轮齿数 $z_2=41$,工作情况系数 $K_A=1.3$,小链轮齿数系数 $K_z=1.114$;链长系数 $K_L=1.03$)。

4-127 一双排滚子链传动,已知链节距 $p=25.4$ mm,单排链传递的额定功率 $P_0=16$ kW,小链轮齿数 $z_1=19$,大链轮齿数 $z_2=65$,中心距约为 800 mm,小链轮转速 $n_1=400$ r/min,载荷平稳。小链轮齿数系数 $K_z=1.11$,链长 $K_L=1.02$,双排链系数 $K_P=1.7$,工作情况系数 K_A

=1.0。试计算：

（1）该链传动能传递的最大功率；

（2）链条的长度。

五、结构题(图解题)

4-128　如题4-128图所示，采用张紧轮将带张紧，小带轮为主动轮。在图(a)、(b)、(c)、(d)、(e)、(f)、(g)和(h)所示的八种张紧轮的布置方式中，指出哪些是合理的，哪些是不合理的，为什么？（注：最小轮为张紧轮）

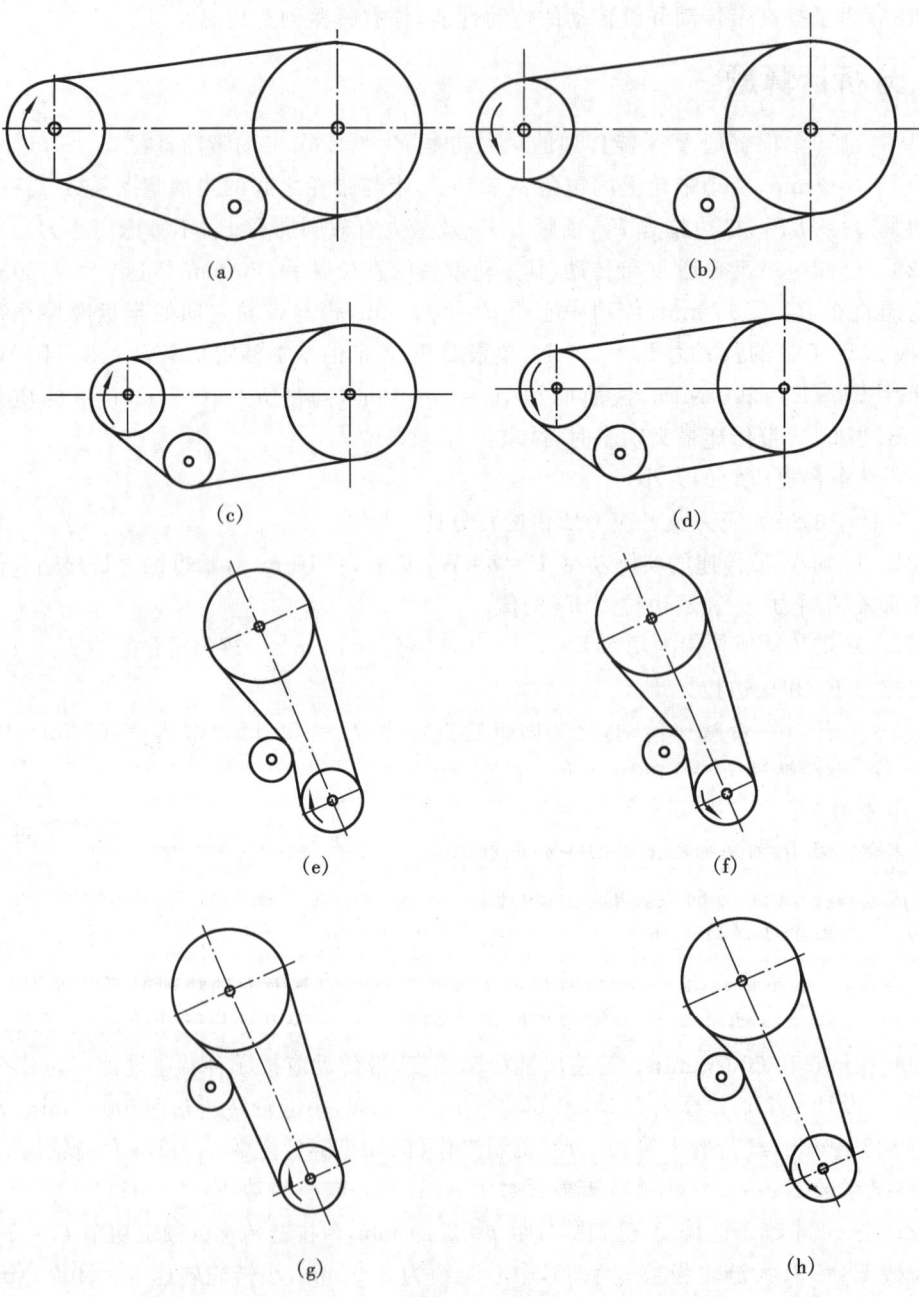

题 4-128 图

4-129　题 4-129 图所示为 V 带在轮槽中的三种位置,试指出哪一种位置是正确的。

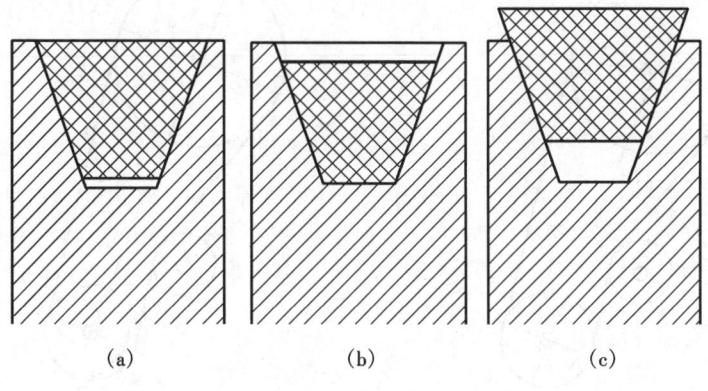

(a)　　　　　　　(b)　　　　　　　(c)

题 4-129 图

4-130　如题 4-130 图所示链传动的布置形式,小链轮为主动轮。在图(a)、(b)、(c)、(d)、(e)、(f)、(g)与(h)所示的布置方式中,指出哪些是合理的,哪些是不合理的,为什么?（注:最小轮为张紧轮）

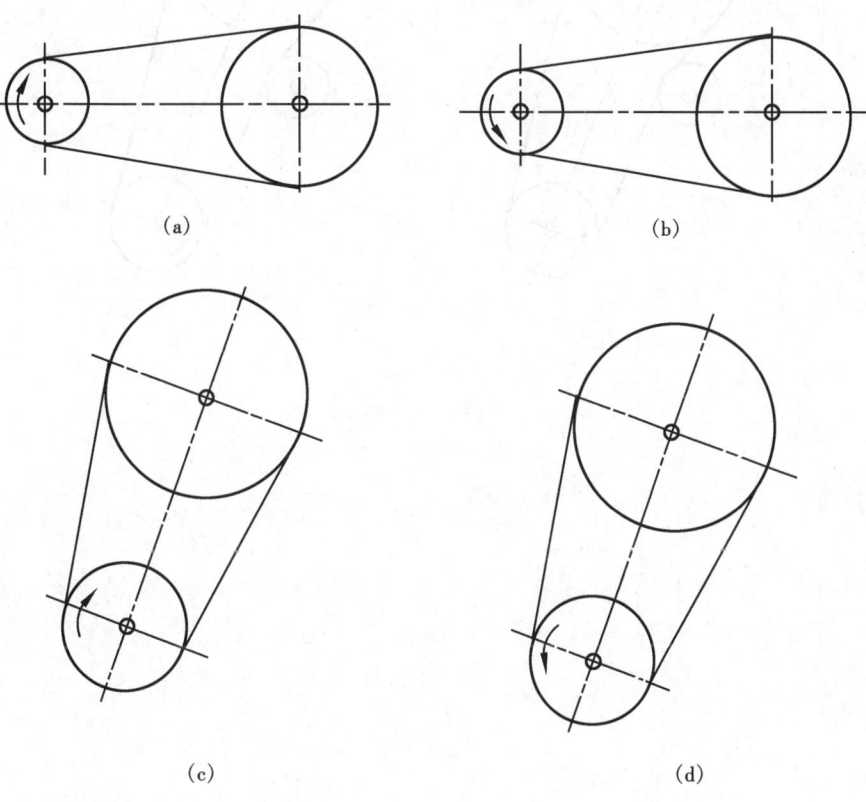

(a)　　　　　　　　　　　　　(b)

(c)　　　　　　　　　　　　　(d)

题 4-130 图

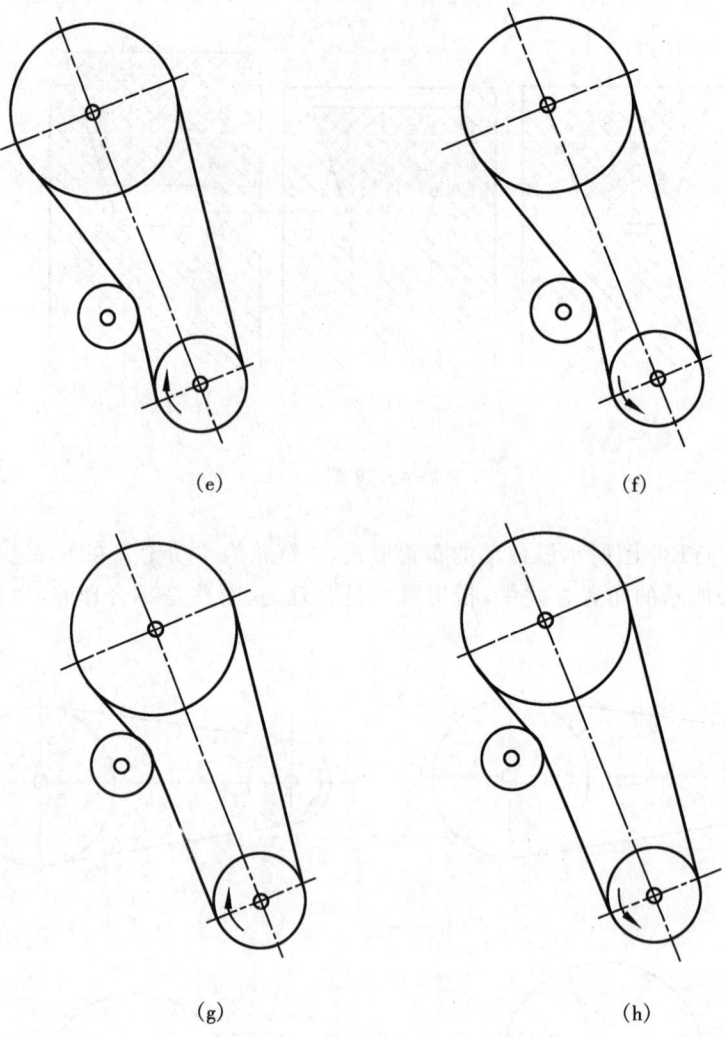

(e) (f)

(g) (h)

续题 4-130 图

第5章 滚动轴承

5.1 主要内容与基本要求

5.1.1 主要内容

本章的主要内容可归纳为如下三个部分。

1. 滚动轴承的类型、特点、选择原则和方法

这部分主要介绍常见的十种基本类型轴承的特点及其应用,在此基础上,进一步阐述选择滚动轴承的基本原则和方法。

轴承类型的选择,对于没有实践经验的学生来说有一定的难度,因为要正确选用轴承的类型,除了要掌握各类轴承的特点外,还要考虑设计的具体要求、轴承的来源及经济性等,并要积累一定的经验。只有把各种因素和轴承的性能、特点结合起来,进行仔细的分析、比较,才能选出合理的轴承。

由于轴承的类型、型号很多,为了便于应用,各国都对每一具体的轴承规定了代号。因此,学习这部分时,对常用轴承的代号也应熟记。

2. 滚动轴承承载能力的校核计算

为了进行轴承承载能力的计算,必须了解轴承在不同工况下的主要失效形式,确定计算准则,并以计算准则为依据,建立相应的承载能力计算公式。因此,这部分的内容主要包括如下三个方面。

(1) 轴承的主要失效形式。

在一般情况下工作的轴承,只要类型选择合适,安装、维护正确,绝大多数均因轴承元件表面的疲劳点蚀而报废。因此,对于在这种情况下工作的轴承,应按疲劳寿命核算其承载能力。

对于工作处于静止状态、缓慢摆动或极低速运转(转速 $n < 10$ r/min)的轴承,其主要失效形式是在载荷作用下轴承元件产生过大的塑性变形。因此,在这种情况下工作的轴承,应按静强度的要求,以轴承元件不发生过大的塑性变形为依据,进行轴承承载能力的校核计算。

综上所述,滚动轴承承载能力的计算,包括轴承的疲劳寿命计算和轴承的静强度计算两个方面。

(2) 滚动轴承的疲劳寿命计算。

其核心是建立疲劳寿命的计算公式,即

$$L_{10} = \left(\frac{C}{P} \right)^{\varepsilon} \tag{5-1}$$

以及如何利用上式核算滚动轴承的疲劳寿命。

为了正确理解与应用这一计算公式,要分清基本额定寿命 L_{10}、基本额定动负荷 C(径向基本额定动负荷以 C_r 表示,轴向基本额定动负荷以 C_a 表示)、当量动负荷 P(径向当量动负荷以 P_r 表示,轴向当量动负荷以 P_a 表示)的概念及当量动负荷的计算方法。在此基础上,掌握滚动轴承疲劳寿命的计算方法。

（3）滚动轴承的静强度计算。

其计算公式简单表述为

$$C_0 \geqslant S_0 P_0 \tag{5-2}$$

要分清基本额定静负荷 C_0（径向基本额定静负荷以 C_{0r} 表示，轴向基本额定静负荷以 C_{0a} 表示）、静强度安全系数 S_0 和当量静负荷 P_0（径向当量静负荷以 P_{0r} 表示，轴向当量静负荷以 P_{0a} 表示）的概念，关键是掌握当量静负荷的计算方法。

3. 滚动轴承部件的组合设计

滚动轴承部件主要由轴、轴承、轴承支座以及其他有关零件组成。所谓组合设计，就是将这些零件组合成合理的轴承部件结构，使之能满足工作中提出的种种要求，如正确解决轴承的装拆、配合、紧固、调节、润滑、密封等问题。

（1）轴承的装拆。

轴承在轴上的安装有正装和反装两种方式。这两种不同的安装方式，在结构上也有所不同，应从轴系刚度、轴承寿命及轴系结构等方面分析比较它们的优缺点，择优选用。

轴系组合结构的设计要满足轴承安装与拆卸方便的要求。

（2）轴承的配合。

轴承和轴、机座之间应有合理的配合，才能保证轴承正常工作。必须注意，滚动轴承的配合，与一般圆柱体的配合相比，有其一定的特点。

（3）轴承的轴向固定。

其目的是控制轴、轴承相对于机座的轴向移动，同时又能保证发生热变形时有伸缩的可能。为保证滚动轴承轴系能正常传递轴向力而不发生窜动，在轴向零件定位固定的基础上，必须合理地设计轴系支点轴向固定结构。轴承部件轴向固定的基本形式有两端单向固定（简称全固式）、一端双向固定一端游动（简称固游式）和两端游动（简称全游式）等三种。要重点掌握这三种基本形式，在结构上实现其轴向固定和游动的方法及特点。

（4）轴承部件组合的调整。

在进行轴系零件安装时，往往需要调整传动零件（如齿轮、蜗杆或蜗轮等）的啮合位置和轴承的间隙，使之具有最佳状态。例如锥齿轮的轴向位置的调整靠套杯与机体之间的调整垫片组来实现；在整体式蜗杆减速器中，蜗轮的轴向位置靠大端盖与机体间的调整垫片组来实现；轴承的间隙通常通过改变垫片组的厚度或采用带螺纹的零件来调整。

（5）轴承的润滑与密封。

它包括如何正确地选用润滑油的种类和润滑方式，以及在什么情况下选用何种密封装置等。

为了掌握这部分内容，必须充分了解轴承组合设计的基本要求，并对一些基本典型结构进行认真分析、比较，理解其要领，还要对轴承组合的错误结构进行改正的练习。

5.1.2　基本要求

滚动轴承是一个多种元件的组合体（部件），它是由专门工厂大量生产的标准件，其类型、尺寸以及精度等，已有国家标准。因此，无须对轴承本身进行设计，只需按照不同机器的要求，选用合适的轴承，掌握轴承承载能力的校核计算方法，并能合理进行轴承部件的组合设计。因此，学习本章的基本要求概括起来有如下三点。

（1）能正确地选择轴承的类型。

（2）掌握轴承承载能力校核计算方法，包括轴承疲劳寿命计算与静强度计算。

（3）能合理进行滚动轴承部件的组合设计，要求既能识别其错误结构，又能按实际工作情况，构思出轴承组合结构图。

5.2 重点与难点分析

5.2.1 重点内容分析

1. 滚动轴承类型的选择

要了解各类轴承的特点，并掌握选择轴承的原则，才能正确选择轴承的类型。选择轴承时，要考虑的主要因素是轴承所受的负荷（包括大小和方向）和转速的大小以及特殊的工作条件。同尺寸的滚子轴承与球轴承相比，承载能力较强，但极限转速较低。

2. 滚动轴承疲劳寿命的计算

要正确理解与灵活应用下面两个轴承疲劳寿命的计算公式：

$$L_h = \frac{10^6}{60n}\left(\frac{C_r f_t}{P_r}\right)^\varepsilon \quad (h) \tag{5-3a}$$

$$C_r' = \frac{P_r}{f_t}\sqrt[\varepsilon]{\frac{60nL_h'}{10^6}} \quad (N) \tag{5-3b}$$

若已知轴承的转速 n，并初选轴承型号，能从轴承手册中查出径向基本额定动负荷 C_r，同时能根据轴承受力分析求出当量动负荷 P_r，则可按式（5-3 a）求出轴承的寿命 L_h(h)。

若当量动负荷 P_r 和转速 n 均为已知，预期计算寿命 L_h' 也已取定，则可按式（5-3 b）计算所得的 C_r'，从轴承手册中选择轴承，使所选轴承的 $C_r \geqslant C_r'$。

3. 滚动轴承部件的组合设计

滚动轴承部件的组合设计，除了正确选择轴承的类型和尺寸外，还要合理解决轴承的装拆、配合、固紧、调节、润滑、密封等问题。为了较好地掌握这部分内容，要侧重理解如下两种典型的轴承部件的组合设计。

1）全固式

（1）斜齿轮轴或蜗轮轴，两端用角接触球轴承或圆锥滚子轴承进行轴承部件的组合设计。如图 5-1 所示，对于这类轴承的组合结构正确与否，主要应从以下几方面考虑：①轴上零件的位置是否固定可靠；②轴向力能否正确传递给机座；③轴承间隙能否便于调整等。此外，轴承

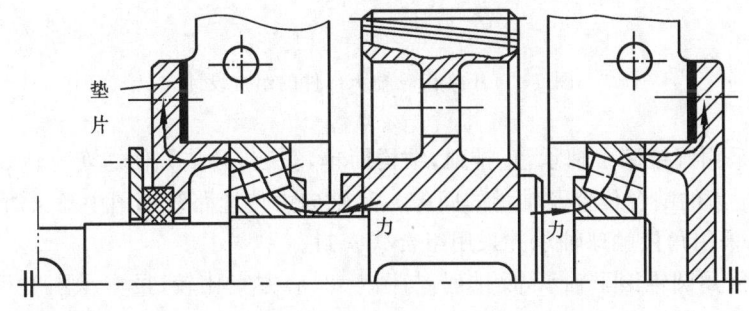

图 5-1 斜齿轮轴承部件的组合设计

的装拆、润滑、密封等也应注意与工作要求相适应。

这类结构定位较简单，齿轮靠凸肩或套筒定位，轴承内圈靠套筒或凸肩定位，外圈靠轴承盖顶住。其轴向力传递路线如图中箭头所示。轴承间隙用轴承盖与机座间的垫片来调节。斜齿轮直径较大时，两轴承内侧可不用挡油盘。采用 J 形无骨架橡胶油封密封，适用于中速、中载，轴承跨度小于 300 mm 的场合。

(2) 小锥齿轮轴承部件的组合设计。如图 5-2 所示，对于这类轴承的组合结构正确与否，应从以下几方面考虑：①轴上零件位置是否固定可靠；②轴向力能否正确传递给机座；③轴承间隙和轴系的轴向位置能否便于调整等。

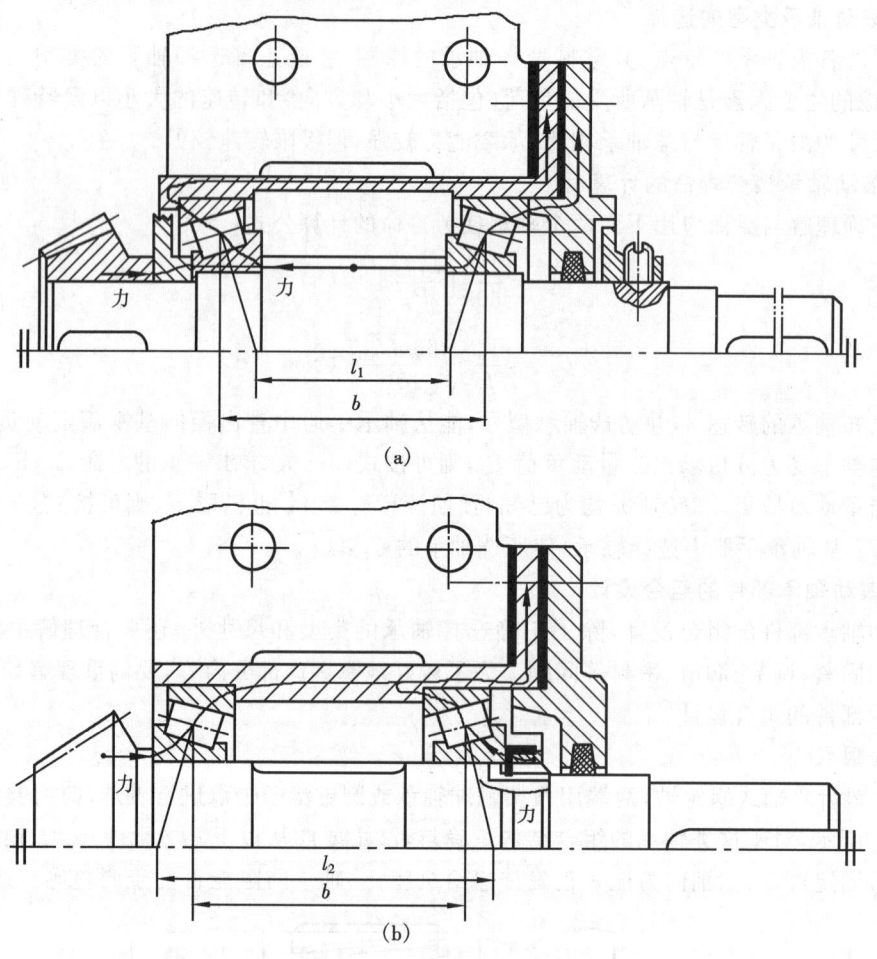

图 5-2　小锥齿轮轴承部件的组合设计

图 5-2(a) 采用圆锥滚子轴承，正排列，结构简单，安装、调整方便。套杯内、外两组垫片可分别用来调整轮齿的啮合位置及轴承的间隙。其轴向力传递路线如图中箭头所示。若用于转速较高场合，则采用角接触球轴承并采用组合式密封。

图 5-2(b) 采用圆锥滚子轴承，反排列，与图 5-2(a) 方案比较，虽支承刚度稍大，但结构较复杂，安装和调整也不方便，故应用不广。它靠套杯与机座间的垫片调整锥齿轮的轴向位置，而靠轴上的圆螺母来调整轴承的间隙。其轴向力传递路线如图中箭头所示。当用于转速较高和载荷不大的场合时，也可采用角接触球轴承，并采用毡圈密封。

2）固游式

这类轴承组合结构的正确与否,主要也是从轴上零件位置是否固定可靠,轴向力能否传给机座,轴承间隙及轴系轴向位置的调整是否方便等方面来考虑。较典型的是蜗杆轴的两种轴承部件组合设计。

图 5-3(a)所示为常见的下置式蜗杆传动轴承部件的组合设计。右端采用一对角接触球轴承,承受双方向的轴向力(传力路线如图中箭头所示),也能承受径向力,左端采用深沟球轴承,为游动支承。轴承的间隙靠圆螺母调节,蜗杆的轴向位置靠套杯与机座间的垫片来调整。两轴承内侧加挡油盘,防止蜗杆转动时油过多地进入轴承。采用组合式密封。可用于转速较高、功率不大和轴承跨距较大的场合。

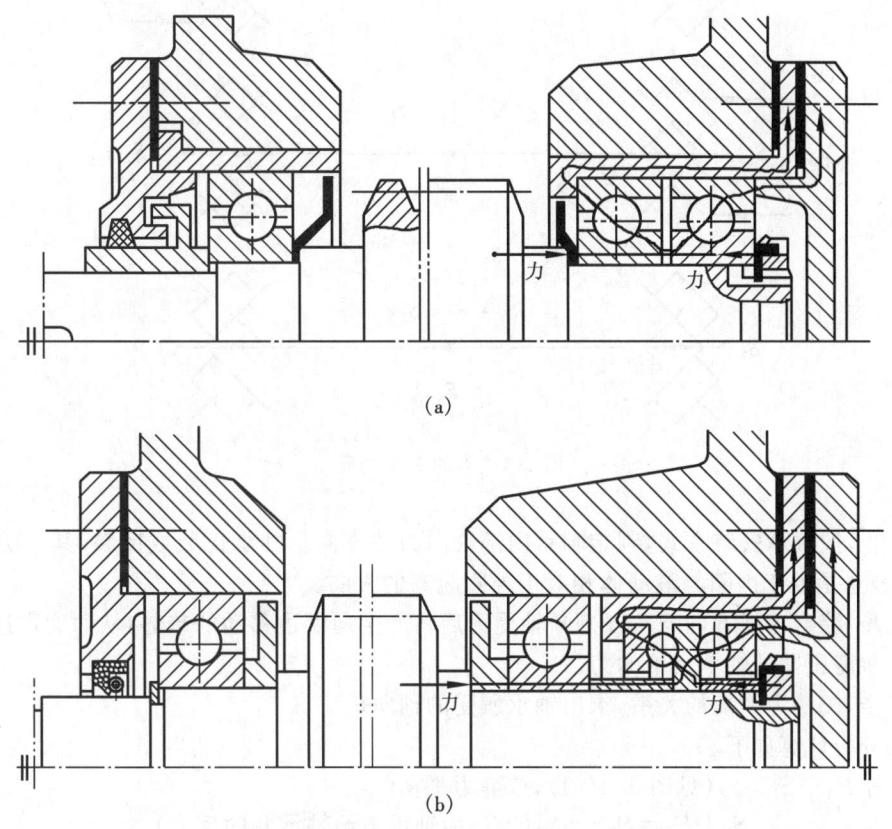

(a)

(b)

图 5-3　蜗杆轴承部件的组合设计

图 5-3(b)所示为又一种典型的蜗杆轴承部件的组合设计。在轴的两端分别装一个深沟球轴承来承受径向力。右端再装一个双向推力球轴承来承受双向轴向力(传力路线如图中箭头所示)。轴承间隙靠轴承盖与套杯间的垫片来调节,而蜗杆的轴向位置靠套杯与机座间的垫片来调整。左端为游动端,可允许较大的游动量。与图(a)一样,两轴承内侧加挡油盘。采用J形骨架式橡胶油封密封。它用于转速不高的场合。

5.2.2　难点内容分析

1. 角接触球轴承和圆锥滚子轴承轴向负荷的计算

由于轴承安装情况与受载情况的复杂性,角接触球轴承与圆锥滚子轴承轴向负荷的计算具有较大的难度，弄不好往往容易出错。故要学会与掌握正确的分析方法，才能使这一问题顺利得到解决。

这两类轴承因存在公称接触角 α，当轴上仅作用径向负荷 F_R 时，在两支承上将产生径向支反力 R_1、R_2 及内部轴向力 S_1、S_2；当轴上同时作用径向负荷 F_R 与轴向负荷 F_A 时，则要综合考虑 S 和 F_A 的作用。具体按力的平衡关系来计算（见图 5-4）。

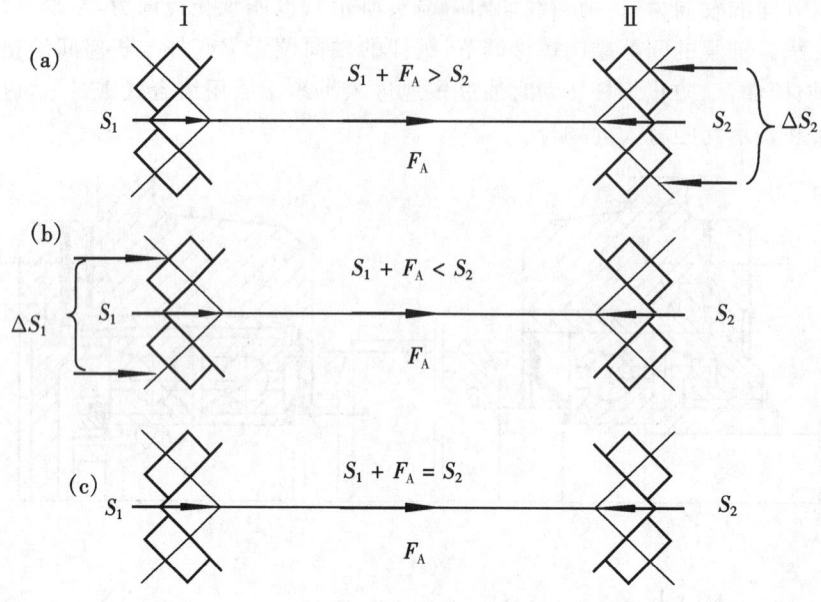

图 5-4　力的平衡关系

第一步，按轴承安装方式，判定轴承内部轴向力的方向。轴承正装或反装，其 S 方向有所不同，但 S 总是处于内圈与滚动体相对于外圈脱离的方向。

第二步，综合考虑 S 与 F_A，以判断轴受力后将产生向哪边移动的趋势，从而确定达到力系静力平衡所需压紧某轴承所给的力。

第三步，按静力平衡的关系，求出轴承所受的轴向负荷 A。

详细分析计算如下。

(1) 若 $F_A + S_1 > S_2$（见图 5-4(a)），按静力平衡

$$S_1 + F_A = S_2 + \Delta S_2 \quad (\Delta S_2 \text{ 为轴承盖给轴承 II 的反力})$$

则轴承所受的轴向负荷为

$$\left. \begin{aligned} A_1 &= S_1 \\ A_2 &= S_1 + F_A \end{aligned} \right\} \tag{5-4}$$

(2) 若 $S_1 + F_A < S_2$（见图 5-4(b)），按静力平衡

$$S_2 = S_1 + F_A + \Delta S_1 \quad (\Delta S_1 \text{ 为轴承盖给轴承 I 的反力})$$

则轴承所受的轴向负荷为

$$\left. \begin{aligned} A_1 &= S_2 - F_A \\ A_2 &= S_2 \end{aligned} \right\} \tag{5-5}$$

(3) 若 $S_1 + F_A = S_2$，分离体处于平衡状态，则轴承所受的轴向负荷为

$$\left. \begin{aligned} A_1 &= S_2 - F_A = S_1 \\ A_2 &= S_1 + F_A = S_2 \end{aligned} \right\} \tag{5-6}$$

以上是 F_A 与 S_1 同向的情况。若 F_A 与 S_2 反向,也将得到类似的结果。

常用的归纳方法有以下三种。

(1)"压紧端"判别法。

首先,判明轴上全部轴向力合力的指向,确定"压紧端"和"放松端"轴承;其次,"压紧端"轴承的轴向负荷等于除其本身的内部轴向力外其他所有轴向力的代数和;最后,"放松端"轴承的轴向负荷等于它本身的内部轴向力。

此法必须作力的分析,但仍较简便。

(2)将轴承视为平衡体法。

把轴承Ⅰ、Ⅱ视为力的平衡体,计算其内力与外力,两者比较大者为轴承实际所受的轴向负荷 A。符号规定:与轴承内力方向相反者为正,反之为负。此法无须作力的分析,计算简单,不会出错。

(3)公式计算法。

按分析,归纳出两个计算轴承轴向负荷的公式:

$$A_1 = \left. \begin{cases} S_1 \\ S_2 \pm F_A (F_A \text{ 与 } S_2 \text{ 同向取正,反向取负}) \end{cases} \right\} \text{取二者中较大值} \qquad (5\text{-}7)$$

$$A_2 = \left. \begin{cases} S_2 \\ S_1 \pm F_A (F_A \text{ 与 } S_1 \text{ 同向取正,反向取负}) \end{cases} \right\} \text{取二者中较大值} \qquad (5\text{-}8)$$

此法无须作力的分析,计算亦简便。

无论读者用何种方法计算,其结果都是一样的,大家可按具体情况选择使用。

下面举例说明之。

例1 如图 5-5 所示,已知 $R_1 = 300$ N,$R_2 = 400$ N,$F_A = 100$ N,求 A_1、A_2。

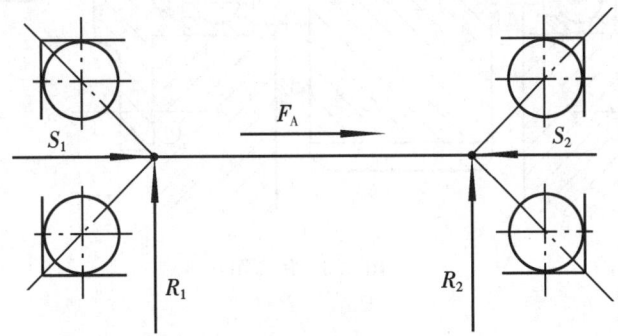

图 5-5 例 1 图

解题要点:

(1)求 S。

按 7210C 型号的角接触球轴承,$S = 0.4R$,则

$$S_1 = 0.4R_1 = 0.4 \times 300 \text{ N} = 120 \text{ N}$$
$$S_2 = 0.4R_2 = 0.4 \times 400 \text{ N} = 160 \text{ N}$$

(2)求 A_1、A_2。

$$\left. \begin{aligned} A_1 &= S_1 = 120 \text{ N(内力)} \\ A_1 &= S_2 - F_A = (160 - 100) \text{ N} = 60 \text{ N(外力)} \end{aligned} \right\}$$

则 $A_1 = 120$ N(放松端)。

$$A_2 = S_2 = 160 \text{ N(内力)}$$
$$A_2 = S_1 + F_A = (120 + 100) \text{ N} = 220 \text{ N(外力)}$$

则 $A_2 = 220$ N(压紧端)。

2. 滚动轴承部件的组合设计

这类问题十分重要,对初学者来说,也比较难于掌握,特别是对缺乏感性知识的学生来说,往往对轴承部件的组合设计图都看不大懂或不易理解,这就要求大家在明确轴承组合设计的基本原则后,对照实物,重点理解全固式与固游式两类的典型结构,最好还要多看一些图册上的实际结构。为了加深对这类问题的认识,下面举例对几类典型错误结构进行较详细的分析。

例2 试分析齿轮、轴、轴承部件组合设计的错误结构(见图 5-6),并改正之。齿轮用油润滑,轴承用脂润滑。

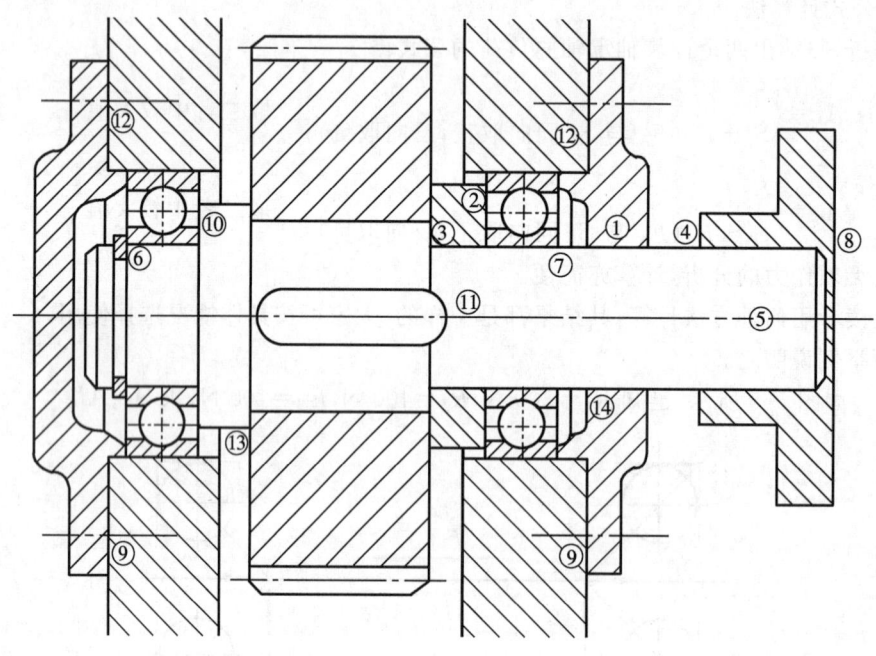

图 5-6 例 2 图

解题要点:

此轴承组合设计有以下四个方面的错误。

(1) 转动件与静止件接触。

　　① 轴与端盖;

　　② 套筒与轴承外圈。

(2) 轴上零件未定位、未固定。

　　③ 套筒顶不住齿轮(过定位);

　　④ 联轴器未定位;

　　⑤ 联轴器周向及轴向皆未固定;

　　⑥ 卡圈不需要。

(3) 工艺不合理。

加工：⑦ 精加工面过长且装拆轴承不便；

⑧ 联轴器孔未打通；

⑨ 箱体端面加工面与非加工面没有分开。

安装：⑩ 轴肩过高，无法拆卸轴承；

⑪ 键过长，套筒无法装入。

调整：⑫ 无垫片，无法调整轴承游隙。

（4）润滑和密封问题。

⑬ 齿轮用油润滑，轴承用脂润滑而无挡油盘；

⑭ 缺密封件。

改正后的正确结构见图 5-7。

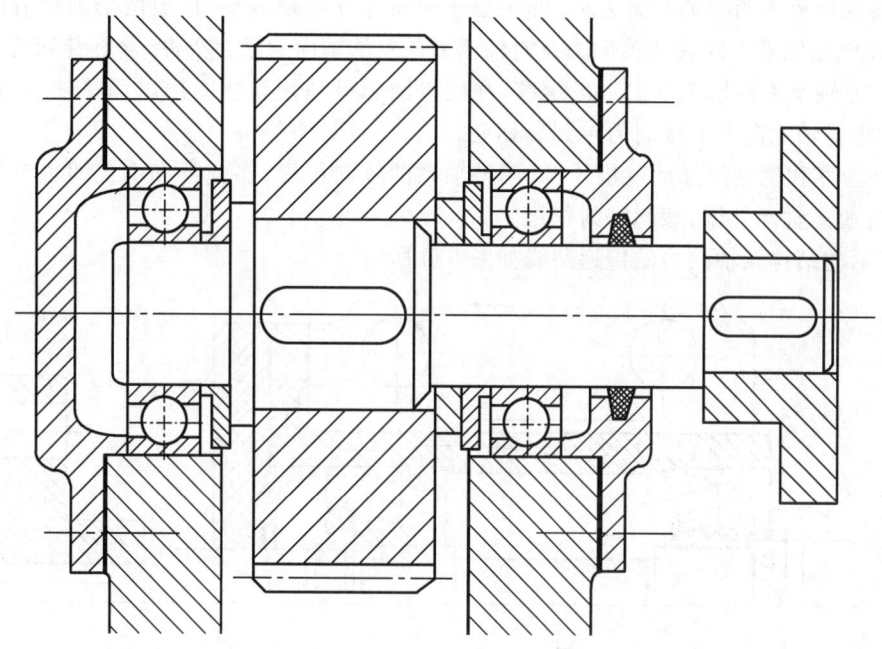

图 5-7　例 2 的正确结构图

例 3　图 5-8 所示为采用一对反装圆锥滚子轴承的小锥齿轮轴承组合结构。指出结构中的错误，加以改正并画出轴向力的传递路线。

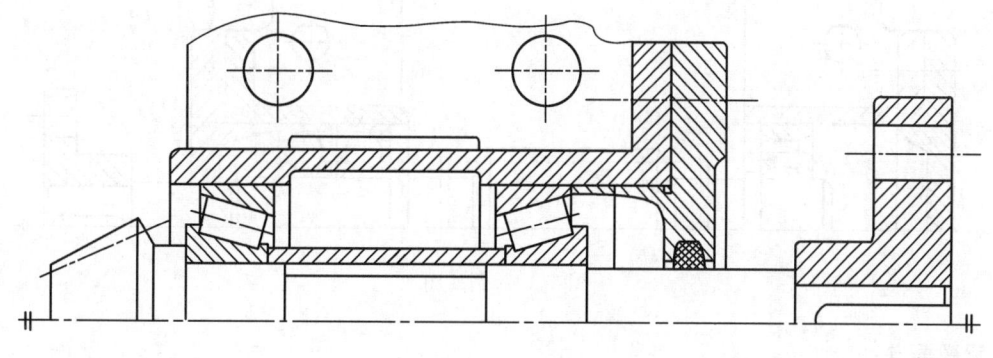

图 5-8　例 3 图

解题要点：

该例支点的轴向固定结构形式为两端固定结构,即两支点各承担一个方向的轴向力。

（1）存在的问题。

① 两轴承外圈均未固定,轴运转时,外圈极易松动脱落。

② 轴向力无法传到机座上。向左推动轴外伸端时,整个轴连同轴承均将从套杯中滑出;齿轮工作时将受到向右的轴向力,此时轴将带着左轴承和右轴承的内圈向右移动,致使右轴承分离脱落。

③ 轴承间隙无法调整。

④ 轴系的轴向位置无法调整。

（2）改正方法。

① 将两轴承内圈间的套筒去掉,再将套杯中间部分内径减小,形成两个内挡肩固定轴承外圈,从而使左轴承上向右的轴向力及右轴承上向左的轴向力通过外圈、套杯传到机座上。

② 在右轴承右侧轴上制出一段螺纹,并配以圆螺母和止动垫圈用以调整轴承间隙,同时借助圆螺母将轴上向左的轴向力传到套杯上。

③ 在套杯和机座间加调整垫片,以调整轴系的轴向位置;在套杯和端盖间也应加调整垫片,使端盖脱离轴承外圈,兼起密封作用。

改正后的结构及轴向力的传递路线如图 5-9 所示。

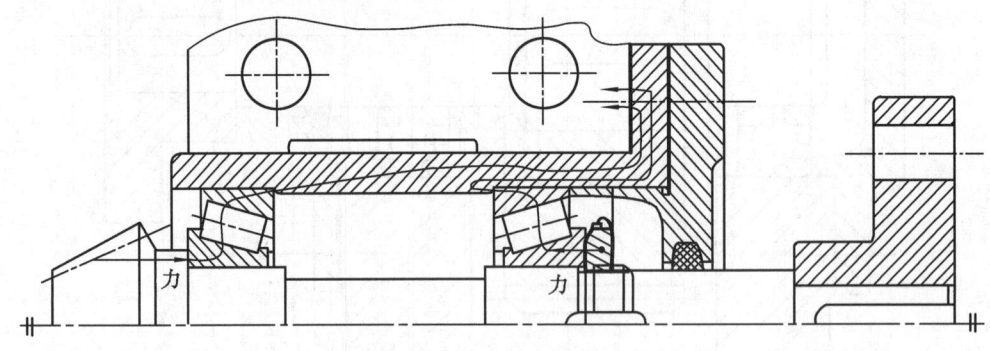

图 5-9　例 3 的正确结构图

例 4　如图 5-10 所示的蜗杆轴轴承组合结构,一端采用一对正装的角接触球轴承,另一端为圆柱滚子轴承。试指出图中错误加以改正,并画出轴向力的传递路线。

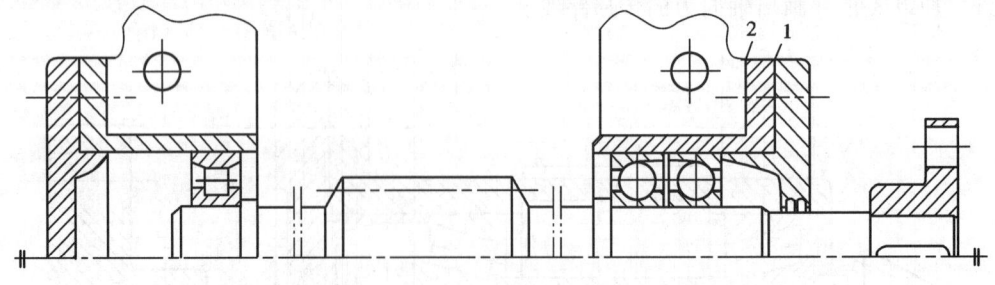

图 5-10　例 4 图

解题要点：

该例的支点轴向固定结构应为一端固定、一端游动的形式,即轴承组一侧为固定端、圆柱滚子轴承一侧为滚动端。

(1) 存在问题。

① 固定端两轴承的内、外圈均未作双向固定。当轴受向左的轴向力时,该支点上两轴承将随着轴从套杯中脱出,或轴颈与轴承内圈配合松动,故无法将向左的轴向力传到机座上。

② 固定端两轴承的间隙无法调整。

③ 游动端支承采用的是普通型圆柱滚子轴承,即外圈两侧均不带挡边,因此是可分离型的轴承,为保证"游而不散",其内、外圈均应作双向固定,否则内圈与轴颈的配合易松动,外圈与滚动体极易分离、脱落。

④ 轴系的轴向位置无法调整。

(2) 改正方法。

① 固定端套杯的左端应加内挡肩;轴右端制出螺纹,配以圆螺母、止动垫圈固定轴承内圈。这样可将向左的轴向力通过轴承组和套杯传到机座上。

② 在右端盖和套杯间加调整垫片1,以调整轴承间隙。

③ 左支承处套杯右侧加内挡肩,轴承外圈左侧加孔用弹性挡圈,以实现对外圈的双向固定,防止其轴向移动;轴承内圈左侧加轴用弹性挡圈,以实现内圈的双向固定;游动将在滚动体和外圈滚道之间实现。

④ 套杯与机座间应加调整垫片2,以实现轴系轴向位置的调整。

改正后的结构及轴向力传递路线如图 5-11 所示。

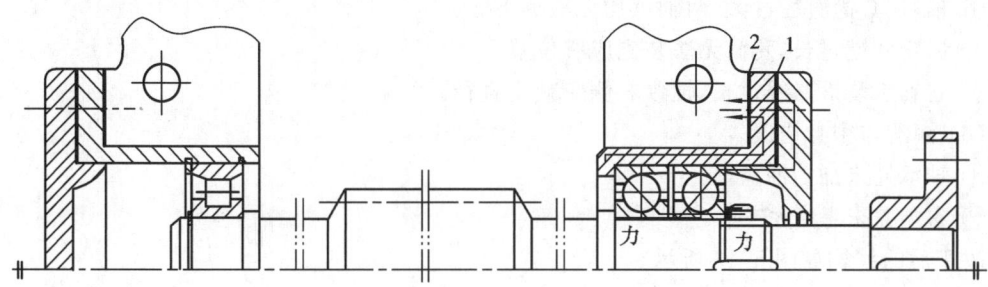

图 5-11　例 4 的正确结构图

例 5　试分析图 5-12 所示轴系结构的错误,并加以改正。齿轮用油润滑、轴承用脂润滑。

解题要点:

(1) 支点轴向固定结构错误。

① 该例为两端固定结构,但应将两轴承由图示的反安装形式改为正安装,否则轴向力无法传到机座上。

② 左轴端的轴用弹性挡圈多余,应去掉。

③ 无法调整轴承间隙,端盖与机座间应加调整垫片。

(2) 转动件与静止件接触错误。

① 左轴端不应顶住端盖。

② 联轴器不应与端盖接触。

③ 右端盖不应与轴接触,孔径应大于轴径。

(3) 轴上零件固定错误。

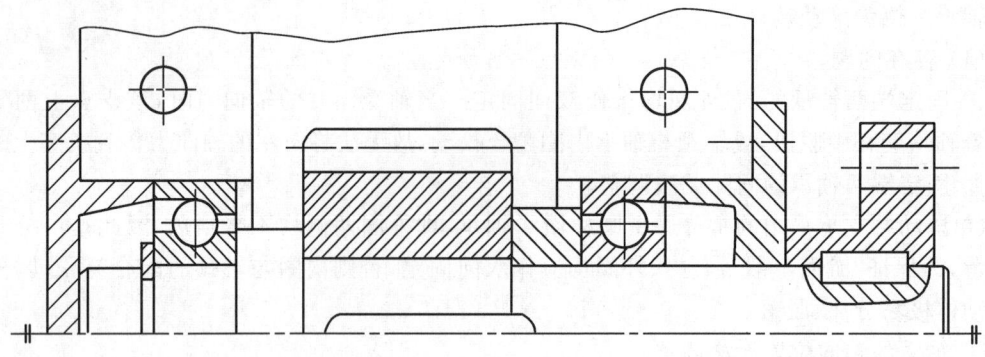

图 5-12 例 5 图

① 套筒作用不确定,且轴上有键,无法顶住齿轮;套筒不能同时顶住轴承的内、外圈;齿轮的轴向固定不可靠(过定位)。

② 联轴器轴向位置不确定。

(4) 加工工艺不合理。

① 轴上两处键槽不在同一母线上。

② 联轴器键槽未开通,深度不符合标准。

③ 箱体外端面的加工面与非加工面未分开。

(5) 装配工艺错误。

① 轴肩、套筒直径过大,两轴承均无法拆下。

② 齿轮处键过长,套筒无法装到应有位置。

③ 右轴承装拆路线过长,轴颈右侧应减小直径。

(6) 润滑与密封错误。

① 轴承处未加挡油盘。

② 右端盖未考虑密封。

改正后的结构如图 5-13 所示。

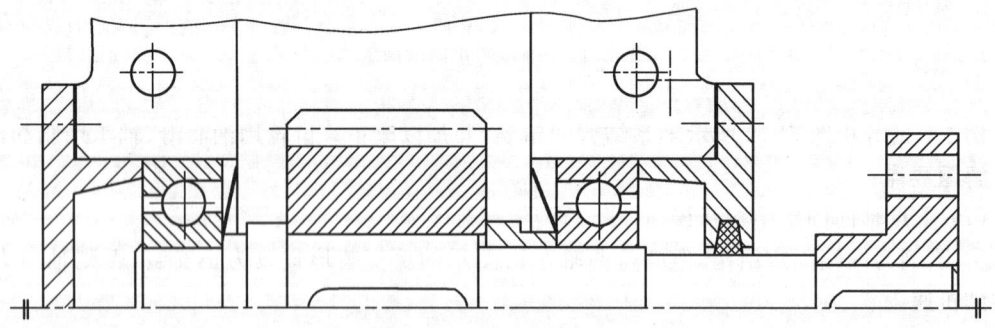

图 5-13　例 5 的正确结构图

5.3　例题精选与解析

例 5-1　选择例 5-1 图所示轴承类型,并确定轴承与机座的固定方式。

(1) 锥齿轮-圆柱齿轮减速器(见例 5-1 图(a))。锥齿轮 $z_1 = 16$, $z_2 = 64$, $m = 4$ mm;斜齿

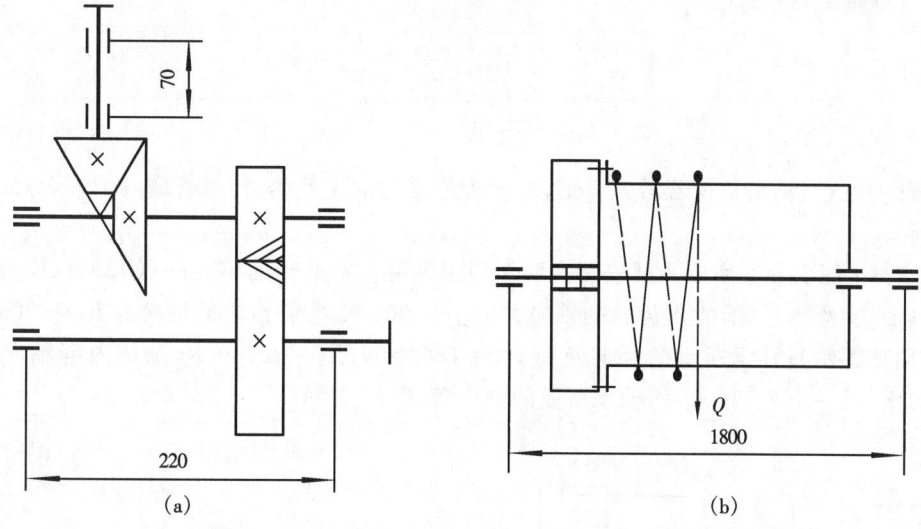

例 5-1 图

轮 $z_3 = 14$，$z_4 = 70$，$m = 5$ mm，$\beta = 17°20'29''$；支承跨距 $a = 220$ mm；输入轴功率 $P = 5.5$ kW，输入轴转速 $n_1 = 960$ r/min。

(2) 20t 起重机卷筒轴(见例 5-1 图(b))，起重量 $Q = 2 \times 10^5$ N，$n = 26.5$ r/min，动力由直齿圆柱齿轮输入。

解题要点：

(1) 此减速器锥齿轮和斜齿轮都承受轴向力和径向力，转速不太高，考虑便于轴承安装与调整间隙，各轴都选用一对圆锥滚子轴承。减速器属于一般工作温度，短跨距轴，工作时热膨胀量不大，则轴承采用全固式结构，每个轴承限制一个方向的轴向移动。

(2) 卷筒轴主要受径向力的影响，转速很低，轴承支点距离大，由两轴承分别支承，轴有一定变形，不易保证同轴度。为保证轴承有较好的调心性能，选用一对调心球轴承。此轴跨距大 ($l \gg 400 \sim 500$ mm)，热膨胀量大，轴向安装位置误差也不易控制，则轴承对机座采取一端双向固定、一端游动的固定方式。

例 5-2 某球轴承的预期寿命为 L_h，当量动负荷为 P，基本额定动负荷为 C。若转速不变，而当量动负荷由 P 增大到 $2P$，其寿命有何变化？若当量动负荷不变，而转速由 n 增大到 $2n$，(不超过极限转速)，寿命又有何变化？

解题要点：

必须注意，判断当量动负荷 P 和寿命 L_h、转速 n 和寿命 L_h 是否为线性关系，不能简单地认为 P 增大到 $2P$ 或 n 增大到 $2n$，寿命 L'_h 也就降低到 $L_h/2$，而应该根据 P、n、L_h 的关系式，即

$$L_h = \frac{10^6}{60n} \left(\frac{C}{P} \right)^\varepsilon$$

来求解。

按题意，则

$$L'_{h1} = \frac{10^6}{60n} \left(\frac{C}{2P} \right)^\varepsilon$$

$$L'_{h2} = \frac{10^6}{60 \times 2n} \left(\frac{C}{P} \right)^\varepsilon$$

对于球轴承，$\varepsilon = 3$，故

$$L'_{h1} = \left(\frac{1}{2}\right)^3 L_{h1} = \frac{1}{8} L_h$$

$$L'_{h2} = \frac{1}{2} L_{h2}$$

由此可见，当量动负荷若增大 1 倍，寿命为原寿命的 1/8 倍；转速若增大 1 倍，寿命为原来的 1/2 倍。

例 5-3 例 5-3 图所示为某安装有两个斜齿圆柱齿轮的转轴，它由一对 30312E 型号的圆锥滚子轴承支承。已知：大斜齿轮的轴向力 $F_{A1} = 3000$ N，小斜齿轮的轴向力 $F_{A2} = 8000$ N（它们的指向如图示）；轴承所受的径向负荷 $R_1 = 13600$ N，$R_2 = 22100$ N；轴承内部轴向力公式 $S = R/(2Y)$，$Y = 1.7$。试求：两轴承所受的轴向负荷 A_1 与 A_2。

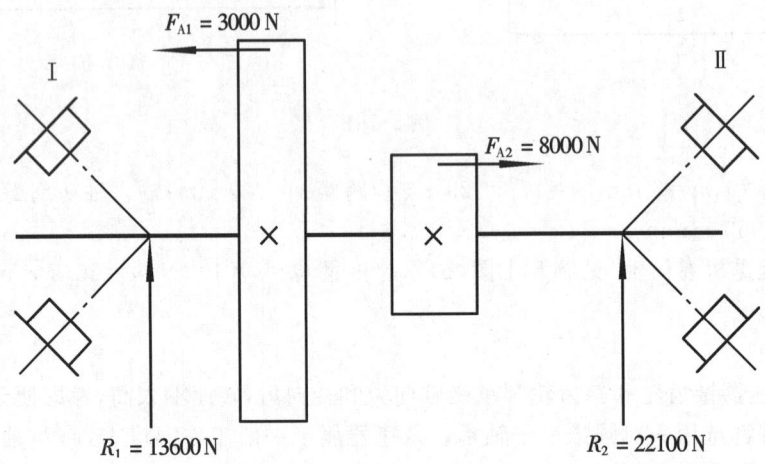

例 5-3 图

解题要点：

（1）求轴承的内部轴向力 S。

$$S_1 = \frac{R_1}{2Y} = \frac{13600}{2 \times 1.7} \text{ N} = 4000 \text{ N}$$

方向由左→右，即 $\xrightarrow{S_1}$；

$$S_2 = \frac{R_2}{2Y} = \frac{22100}{2 \times 1.7} \text{ N} = 6500 \text{ N}$$

方向由右→左，即 $\xleftarrow{S_2}$。

（2）求轴承所受的轴向力 A。

① 用"压紧端"判别法：

因 $S_1 - F_{A1} + F_{A2} = (4000 - 3000 + 8000)$ N $= 9000$ N $> S_2 = 6500$ N，故轴有向右移动的趋势，这时轴承 2 是"压紧"，由此得轴承所受的轴向负荷为

$$A_1 = S_1 = 4000 \text{ N}$$

$$A_2 = S_1 - F_{A1} + F_{A2} = (4000 - 3000 + 8000) \text{ N} = 9000 \text{ N}$$

② 将轴承视为平衡体判别法：

因 $\begin{cases} A_1 = S_1 = 4000 \text{ N} \\ A_1 = S_2 + F_{A1} - F_{A2} = (6500 + 3000 - 8000) \text{ N} = 1500 \text{ N} \end{cases}$

则 $A_1 = 4000 \text{ N}$

因 $\begin{cases} A_2 = S_2 = 6500 \text{ N} \\ A_2 = S_1 + F_{A2} - F_{A1} = (4000 + 8000 - 3000) \text{ N} = 9000 \text{ N} \end{cases}$

则 $A_2 = 9000 \text{ N}$

因此,用两种方法得的轴承所受的轴向负荷是一样的。

例 5-4 某通风机用的斜齿圆柱齿轮减速器中,有一轴颈直径 $d = 60$ mm,转速 $n = 1280$ r/min,已知两支承上的径向载荷 $R_1 = 6000$ N,$R_2 = 5000$ N,轴向载荷 $A = 1700$ N,并指向轴承 1,如例 5-4 图所示。负荷有轻微振动,要求轴承寿命 $L_h' = 6000$ h,试选择轴承的类型和型号。

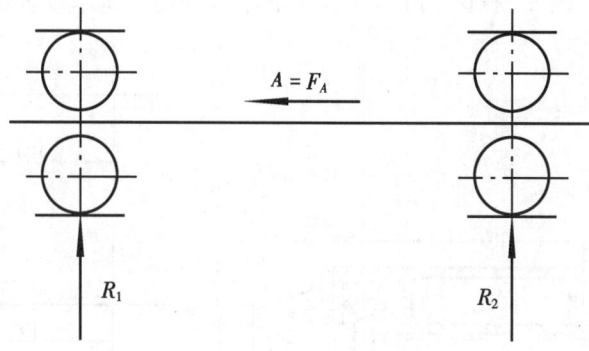

例 5-4 图

解题要点:

(1) 选择轴承类型。

因转速较高,虽有轴向载荷,但相对于径向载荷较小,故选用结构简单、价格较低的深沟球轴承(见例 5-4 图)。

(2) 求当量动负荷 P_r。

由于轴承型号未定,C_r、C_{0r}、A/R、e、X、Y 等值都无法确定,必须试算。通常先试选轴承型号。

按 $d = 60$ mm,试选深沟球轴承 6212 型,查设计手册得:$C_r = 36800$ N,$C_{0r} = 27800$ N。

由于轴承 1 的径向负荷比轴承 2 的大,且又受轴向力,故只计算轴承 1 即可。

因 $A/C_{0r} = 1700/27800 = 0.061$,由设计手册查得 $e \approx 0.26$,又因 $A/R_1 = 1700/6000 = 0.283 > e$,查设计手册得 $X = 0.56$,$Y = 1.71$。

按题设负荷有轻微振动,$f_p = 1.2$,则轴承的当量动负荷为

$$P_r = f_p(XR_1 + YA) = 1.2 \times (0.56 \times 6000 + 1.71 \times 1700) \text{ N} = 7520 \text{ N}$$

(3) 求轴承应具有的径向额定动负荷。

按式(5-3b)计算:

$$C_r' = \frac{P_r}{f_t} \sqrt[\varepsilon]{\frac{60nL_h'}{10^6}} \quad \text{(N)}$$

通风机工作温度 $t < 100 \text{ }℃$,则 $f_t = 1$。已知球轴承的 $\varepsilon = 3$,并将已知的 n、L_h' 代入上式得

$$C'_r = \frac{7520}{1}\sqrt[3]{\frac{60 \times 1280 \times 6000}{10^6}}\ \text{N} = 58084\ \text{N}$$

由于 C'_r 大于所选轴承的径向额定动负荷($C_r = 36800\ \text{N}$)，不能满足要求，必须改选轴承型号，重复上面的计算。

选 6312 型轴承，$C_r = 62800\ \text{N}$，$C_{0r} = 48500\ \text{N}$，$A/C_{0r} = 1700/48500 \approx 0.035$，$e = 0.23 < A/R_1 = 1700/6000 = 0.283$，$X = 0.56$，$Y = 1.92$。计算 P_r 与 C'_r：

$$P_r = 1.2(0.56 \times 6000 + 1.92 \times 1700)\ \text{N} = 7949\ \text{N}$$

$$C'_r = \frac{7949}{1}\sqrt[3]{\frac{60 \times 1280 \times 6000}{10^6}}\ \text{N} = 61397\ \text{N}$$

计算所得的 C'_r 比 6212 型轴承的 C_r 值略小，但较为接近，故选用 6312 型轴承合适。

例 5-5 锥齿轮减速器主动轴由一对 30206E 型圆锥滚子轴承支承，如例 5-5 图所示。已知锥齿轮平均分度圆直径 $d_m = 56.25\ \text{mm}$，所受圆周力 $F_t = 1240\ \text{N}$，径向力 $F_r = 400\ \text{N}$，轴向力 $F_a = 240\ \text{N}$，轴的转速 $n = 960\ \text{r/min}$，工作中有中等冲击。试求该轴承的寿命。

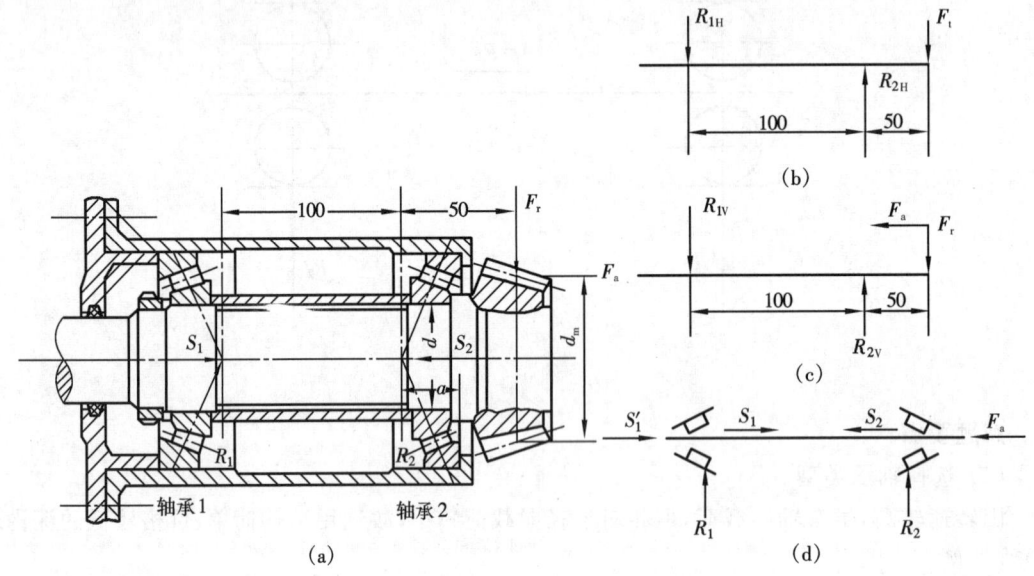

例 5-5 图

解题要点：

(1) 计算轴承支反力 R。

水平支反力：

$$R_{1H} = \frac{F_t \times 50}{100} = \frac{1240 \times 50}{100}\ \text{N} = 620\ \text{N}$$

$$R_{2H} = \frac{F_t \times 150}{100} = \frac{1240 \times 150}{100}\ \text{N} = 1860\ \text{N}$$

垂直支反力：

$$R_{1V} = \frac{F_r \times 50 - F_a \times d_m/2}{100} = \frac{400 \times 50 - 240 \times 56.25/2}{100}\ \text{N} = 133\ \text{N}$$

$$R_{2V} = \frac{F_r \times 150 - F_a \times d_m/2}{100} = \frac{400 \times 150 - 240 \times 56.25/2}{100}\ \text{N} = 533\ \text{N}$$

合成支反力：

$$R_1 = \sqrt{R_{1H}^2 + R_{1V}^2} = \sqrt{620^2 + 133^2}\ \text{N} = 634\ \text{N}$$

$$R_2 = \sqrt{R_{2H}^2 + R_{2V}^2} = \sqrt{1860^2 + 533^2}\ \text{N} = 1935\ \text{N}$$

（2）计算轴承的轴向负荷 A。

由设计手册查得 30206E 型轴承的 $C_r = 41200\ \text{N}$，$C_{0r} = 29500\ \text{N}$，$e = 0.37$，$Y = 1.6$，则轴承内部轴向力：

$$S_1 = \frac{R_1}{2Y} = \frac{634}{2 \times 1.6}\ \text{N} = 198\ \text{N}$$

$$S_2 = \frac{R_2}{2Y} = \frac{1935}{2 \times 1.6}\ \text{N} = 605\ \text{N}$$

按例 5-5 图(d)，且有 $F_A = F_a$，则有

$$\begin{cases} A_1 = S_1 = 198\ \text{N} \\ A_1 = S_2 + F_A = (605 + 240)\ \text{N} = 845\ \text{N} \end{cases}$$

所以 $A_1 = 845\ \text{N}$

$$\begin{cases} A_2 = S_2 = 605\ \text{N} \\ A_2 = S_1 - F_A = (198 - 240)\ \text{N} = -42\ \text{N} \end{cases}$$

所以 $A_2 = 605\ \text{N}$

（3）计算轴承的当量动负荷 P_r。

$$A_1/R_1 = 845/634 = 1.33 > e = 0.37$$

查设计手册，$X = 0.4$，$Y = 1.6$，$f_p = 1.5$，则

$$P_{r1} = f_p(XR_1 + YA_1) = 1.5(0.4 \times 634 + 1.6 \times 845)\ \text{N} = 2408\ \text{N}$$

$$A_2/R_2 = 605/1935 = 0.313 < e = 0.37$$

查设计手册，$X = 1$，$Y = 0$，则

$$P_{r2} = f_p R_2 = 1.5 \times 1935\ \text{N} = 2903\ \text{N}$$

因 $P_{r2} > P_{r1}$，应按 P_{r2} 计算。

（4）计算轴承的寿命。

常温下工作，查设计手册 $f_t = 1$；滚子轴承 $\varepsilon = 10/3$，按式(5-3a)计算：

$$L_h = \frac{10^6}{60n}\left(\frac{C_r f_t}{P_{r2}}\right)^{10/3} = \frac{10^6}{60 \times 960}\left(\frac{41200 \times 1}{2903}\right)^{10/3}\ \text{h} = 120156\ \text{h}$$

该轴承寿命为 120156 h。

例 5-6 例 5-6 图所示为蜗杆轴的轴承部件装置的示意图。其左支承为游动端，采用 6308 型深沟球轴承，右支承为固定端，采用面对面安装的两个 7308AC 型角接触球轴承，(近似认为反力作用在两轴承中间)，已知蜗杆轴转速 $n = 960\ \text{r/min}$，左轴承所受的径向负荷 $R_1 = 800\ \text{N}$，右轴承所受的径向负荷 $R_2 = 1500\ \text{N}$，轴向负荷 $F_A = 5000\ \text{N}$(方向指向右端)，工作情况平稳。试计算轴承 2 的寿命。

解题要点：

(1)轴承 2 按一个双列轴承处理。

查设计手册，$e = 0.68$；$A_2 = F_A = 5000\ \text{N}$，$A_2/R_2 = 5000/1500 = 3.3 > e$，$X = 0.67$，$Y = 1.41$。

(2)求当量动负荷 P_2。

因负荷平稳，$f_p = 1$，则

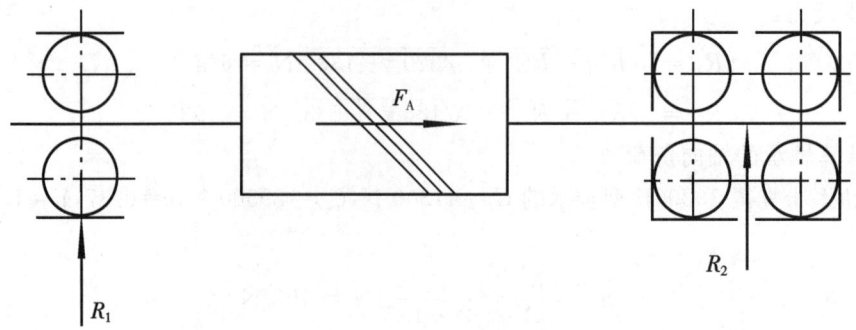

例 5-6 图

$$P_2 = f_p(XR_2 + YA_2) = 1 \times (0.67 \times 1500 + 1.41 \times 5000) \text{ N} = 8055 \text{ N}$$

（3）求轴承寿命 L_h。

按式（5-3a）计算，并以 C_Σ 代入 C_r，得

$$L_h = \frac{10^6}{60n}\left(\frac{C_\Sigma f_t}{P_2}\right)^\varepsilon$$

球轴承的 $\varepsilon = 3$，常温下工作 $t < 100$ ℃，$f_t = 1$；角接触球轴承的 $C_\Sigma = 1.625C_r$，查设计手册 7308AC 型的 $C_r = 38500$ N，故 $C_\Sigma = 1.625 \times 38500$ N $= 62563$ N，则

$$L_h = \frac{10^6}{60 \times 960}\left(\frac{62563 \times 1}{8055}\right)^3 \text{ h} = 8135 \text{ h}$$

例 5-7 一轴上装有一对 6313 型深沟球轴承，轴承所受的负荷 $R_1 = 5500$ N、$A_1 = 3000$ N、$R_2 = 6500$ N、$A_2 = 0$，其转速 $n = 1250$ r/min，运转时有轻微冲击，预期寿命 $L_h \geqslant 5000$ h。试分析该轴承是否合用。

解题要点：

查设计手册 6313 型轴承的 $C_r = 72200$ N，$C_{0r} = 56500$ N；轻微冲击，取 $f_p = 1.2$；常温下工作，$f_t = 1$。

首先，计算轴承的当量动负荷 P：

$A_1/C_{0r} = 3000/56500 = 0.0531$，查表 $e \approx 0.26$；

$A_1/R_1 = 3000/5500 = 0.545 > e$，查表 $X = 0.56$，$Y = 1.71$。

因轻微冲击，$f_p = 1.2$，则

$$P_1 = f_p(XR_1 + YA_1) = 1.2(0.56 \times 5500 + 1.71 \times 3000) \text{ N} = 9852 \text{ N}$$
$$P_2 = f_p R_2 = 1.2 \times 6500 \text{ N} = 7800 \text{ N}$$

因 $P_1 > P_2$，则按轴承 1 计算其寿命。

其次，计算轴承寿命，判断其是否满足预期寿命的要求（球轴承 $\varepsilon = 3$）：

$$L_{h1} = \frac{10^6}{60n}\left(\frac{C_r f_t}{P_1}\right)^\varepsilon = \frac{10^6}{60 \times 1250}\left(\frac{72200 \times 1}{9852}\right)^3 \text{ h} = 5251 \text{ h} > 5000\text{h}$$
$$L_{h2} > L_{h1}$$

则两轴承寿命满足要求。

例 5-8 某轴仅作用平稳的轴向力，由一对代号为 6308 的深沟球轴承支承。若轴的转速 $n = 3000$ r/min，工作温度不超过 100 ℃，预期寿命为 10000 h，试由寿命要求计算轴承能承受的最大轴向力。

解题要点：

已知轴承型号、转速和寿命要求，则可由寿命公式求出当量动载荷，再利用当量动载荷公式可求得轴向力 F_a，但因系数 Y 与 F_a/C_0 有关，而 F_a 待求，故需进行试算。

由设计手册知，6308 轴承 $C=40800$ N，$C_0=24000$ N。轴承只受轴向力，径向力 F_r 可忽略不计，故，$F_a/F_r>e$。

由寿命公式

$$L_h = \frac{10^6}{60n}\left(\frac{C}{P}\right)^\varepsilon$$

令 $L_h=L_h'=10000$ h，则可求解

$$P = C\sqrt[\varepsilon]{\frac{10^6}{60nL_h}} = 40800 \times \sqrt[3]{\frac{10^6}{60 \times 3\,000 \times 10000}} = 3354 \text{ N}$$

(1) 设 $F_a/C_0=0.07$，由系数表查得，$X=0.56$，$Y=1.63$。取 $f_p=1.0$，则据当量动载荷公式

$$P = f_p(XF_r + YF_a) = YF_a$$

故轴向力 F_a 可求得为

$$F_a = \frac{P}{Y} = \frac{3354}{1.63} \text{ N} = 2058 \text{ N}$$

此时，$F_a/C_0=2058/24000=0.085$，显然与所设不符。

(2) 设 $F_a/C_0=0.085$，查表得 $Y=1.546$，则

$$F_a = \frac{P}{Y} = \frac{3354}{1.546} \text{ N} = 2169 \text{ N}$$

$F_a/C_0=2169/24000=0.09$，仍与所设不符。

(3) 设 $F_a/C_0=0.09$，查得 $Y=1.526$，同法求得 $F_a=2198$ N，$F_a/C_0=0.091$，与假设基本相符。

结论：6308 轴承能承受的最大轴向力为 2198 N。

例5-9 某设备主轴上的一对 30308 轴承，经计算轴承Ⅰ、Ⅱ的基本额定寿命分别为 $L_{h1}=31000$ h，$L_{h2}=15000$ h。若这对轴承的预期工作寿命为 20000 h，试求满足工作寿命时的可靠度。若只要求可靠为 80%，轴承的工作寿命是多少？

解题要点：

(1) 计算得到的基本额定寿命是可靠度为 90% 时的寿命，其失效概率为 10%。预期工作寿命若与基本额定寿命不相等，则失效概率也不同，即预期工作寿命是失效概率为 n 时的修正额定寿命。此时，可靠度 R 可由以下公式求出：

$$R = e^{-0.10536\left(\frac{L_n}{L_{10}}\right)^\beta}$$

式中：L_n 是失效概率为 n 时的修正额定寿命；L_{10} 为基本额定寿命；β 为表示试验轴承离散程度的离散指数，对于球轴承 $\beta=10/9$，对于滚子轴承 $\beta=9/8$。

故轴承Ⅰ预期寿命下的可靠度为

$$R_1 = e^{-0.10536\left(\frac{20000}{31000}\right)^{\frac{9}{8}}} = 93.7\%$$

轴承Ⅱ预期寿命下的可靠度为

$$R_2 = e^{-0.10536\left(\frac{20000}{15000}\right)^{\frac{9}{8}}} = 86.4\%$$

(2) 若要求可靠度为 80%，则失效概率为 20%，此时轴承寿命可由下式求出：

$$L_{20} = a_1 L_{10}$$

式中：a_1 为可靠性寿命修正系数，对于滚子轴承，$R=80\%$ 时，$a_1=1.95$。故对于轴承 I

$$L_{20} = 1.95 \times 31000 \text{ h} = 60450 \text{ h}$$

对于轴承 II

$$L_{20} = 1.95 \times 15000 \text{ h} = 29250 \text{ h}$$

5.4 考试复习与练习题

一、单项选择题（从给出的 A、B、C、D 中选一个答案）

5-1 ＿＿＿＿＿不宜用来同时承受径向负荷与轴向负荷。

    A. 圆锥滚子轴承   B. 角接触球轴承

    C. 深沟球轴承   D. 圆柱滚子轴承

5-2 ＿＿＿＿＿是只能承受径向负荷的轴承。

    A. 深沟球轴承   B. 调心球轴承

    C. 调心滚子轴承   D. 圆柱滚子轴承

5-3 ＿＿＿＿＿是只能承受轴向负荷的轴承。

    A. 圆锥滚子轴承   B. 推力球轴承

    C. 滚针轴承   D. 调心球轴承

5-4 下列四种轴承中＿＿＿＿＿必须成对使用。

    A. 深沟球轴承   B. 圆锥滚子轴承

    C. 推力球轴承   D. 圆柱滚子轴承

5-5 跨距较大并承受较大径向负荷的起重机卷筒轴轴承应选用＿＿＿＿＿。

    A. 深沟球轴承   B. 圆柱滚子轴承

    C. 调心滚子轴承   D. 圆锥滚子轴承

5-6 ＿＿＿＿＿不是滚动轴承预紧的目的。

    A. 增大支承刚度   B. 提高旋转精度

    C. 减小振动与噪声   D. 降低摩擦阻力

5-7 滚动轴承的接触式密封是＿＿＿＿＿。

    A. 毡圈密封   B. 油沟式密封   C. 迷宫式密封   D. 甩油密封

5-8 滚动轴承的额定寿命是指同一批轴承中＿＿＿＿＿的轴承所能达到的寿命。

    A. 99%   B. 90%   C. 95%   D. 50%

5-9 ＿＿＿＿＿适用于多支点轴、弯曲刚度小的轴以及难于精确对中的支承。

    A. 深沟球轴承   B. 调心球轴承   C. 角接触球轴承   D. 圆锥滚子轴承

5-10 角接触球轴承承受轴向负荷的能力，随接触角 α 的增大而＿＿＿＿＿。

    A. 增大   B. 减少

    C. 不变   D. 增大或减少随轴承型号而定

5-11 ＿＿＿＿＿具有良好的调心作用。

    A. 深沟球轴承   B. 调心滚子轴承

    C. 推力球轴承   D. 圆柱滚子轴承

5-12 按额定动负荷通过计算选用的滚动轴承,在预定使用期限内,其工作可靠度为_____。

    A. 50%   B. 90%   C. 95%   D. 99%

二、填空题

5-13 滚动轴承的主要失效形式是_____和_____。

5-14 深沟球轴承主要承受_____负荷,也能承受一定的_____负荷。当转速很高时,它可以代替_____。

5-15 滚动轴承的额定寿命,是指一批轴承在相同运转条件下_____轴承不发生_____时运转的总转数。

5-16 滚动轴承的基本额定动负荷 C,是指在该负荷作用下_____寿命恰好为_____转。

5-17 按额定动负荷通过计算选用的滚动轴承,在预定使用期限内,其破损率最大为_____。

5-18 对于回转的滚动轴承,一般常发生疲劳点蚀破坏,则主要应进行_____计算。

5-19 对于不转动或摆动的轴承,常发生塑性变形破坏,则主要应进行_____计算。

5-20 举出两种滚动轴承内圈轴向固定的方法:(1)_____;(2)_____。

5-21 举出两种滚动轴承非接触式密封的方法:(1)_____;(2)_____。

5-22 滚动轴承的基本额定静负荷是指_____。

5-23 滚动轴承轴系支点固定的典型结构形式有三类:(1)_____;(2)_____;(3)_____。

5-24 在轴承部件设计中,两端固定的方法常用于温度_____的_____轴。为允许轴工作时有少量热膨胀,轴承安装时应留有 0.25~0.4 mm 的轴向间隙,间隙量常用_____调节。

5-25 举出四种常用的轴上零件固定的方法:(1)_____;(2)_____;(3)_____;(4)_____。

5-26 滚动轴承部件的组合设计包括_____等内容。

5-27 相同系列和尺寸的球轴承与滚子轴承相比较,_____轴承的承载能力高,_____轴承的极限转速高。

5-28 其他条件不变,若将作用在球轴承上的当量动负荷增加 1 倍,则该轴承的基本额定寿命将降至原来的_____。

5-29 其他条件不变,若球轴承的基本额定动负荷增加 1 倍,则该轴承的基本额定寿命增至原来的_____。

5-30 其他条件不变,若转速增加 1 倍(但不超过极限转速),则该轴承的基本额定寿命降至原来的_____。

5-31 滚动轴承预紧的目的是为了提高轴承的_____和_____。

5-32 滚动轴承外圈与轴承座的配合应为_____制,滚动轴承内圈与轴的配合应为_____制。

5-33 滚动轴承固定的结构形式中,全固式(两端固定)适用于_____场合,而固游式(一端固定,一端游动)则适用于_____。

5-34 滚动轴承是按_____%的轴承发生点蚀破坏,而_____%轴承不发生点蚀破坏前的转数或一定转速下的工作小时数作为轴承的_____寿命。

5-35 滚动轴承基本额定寿命与基本额定动负荷之间具有如下关系:$L=(C/P)^\varepsilon$,其中 ε 称为寿命指数,对于球轴承,$\varepsilon=$_____,对于滚子轴承,$\varepsilon=$_____。

5-36 圆锥滚子轴承承受轴向载荷的能力取决于_____。

三、问答题

5-37 在哪些场合,滚动轴承是难于替代滑动轴承的?

5-38 角接触球轴承和圆锥滚子轴承为什么要成对使用、反向安装?

5-39 为什么调心球或滚子轴承要成对使用,并装在两个支点上?

5-40 滚动轴承的主要失效形式是什么?简述之。

5-41 推力轴承为什么不宜用于高速?

5-42 滚动轴承为什么要进行寿命计算?计算条件是什么?

5-43 滚动轴承为什么要进行静强度计算?计算条件是什么?

5-44 滚动轴承的寿命计算公式 $L=10^6(C/P)^\varepsilon$ 中各符号名称与单位是什么?若转速为 $n(\text{r/min})$,寿命 $L_r(r)$ 与 $L_h(h)$ 之间的关系是什么?

5-45 按基本额定动负荷进行轴承的寿命计算,其可靠度是多少?为什么?

5-46 题 5-46 图所示为简支梁(图 a)与悬臂梁(图 b),用圆锥滚子轴承支承,试分析正装与反装对轴系刚度的影响?

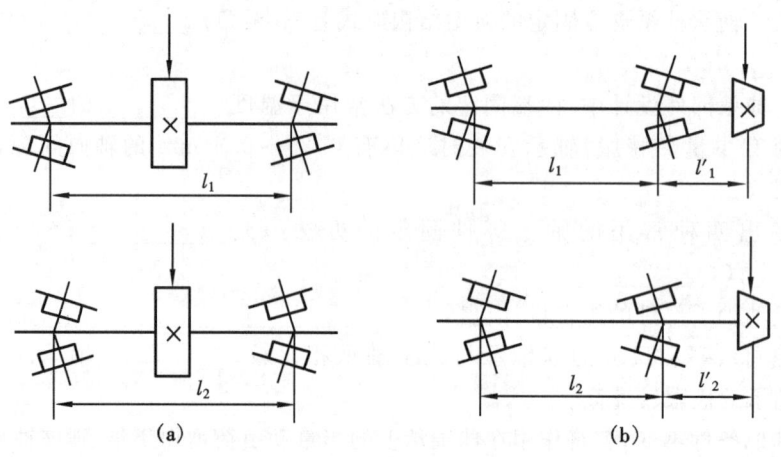

题 5-46 图

四、分析计算题

5-47 试求题 5-47 图所示轴系中圆锥滚子轴承 Ⅰ、Ⅱ 的轴向载荷 A_1 与 A_2 的大小。

5-48 题 5-48 图所示为某转轴由一对 30307 型轴承支承,轴承所受的径向负荷 $R_1=7000\text{ N}$,$R_2=4000\text{ N}$,轴上作用的轴向负荷 $F_A=1000\text{ N}$。试求各轴承的内部轴向力 S 及轴向负荷 A。($S=R/(2Y)$,$Y=1.9$)

5-49 一根轴用两个角接触球轴承支承,如题 5-49 图所示,$L_1=50\text{ mm}$,$L_2=150\text{ mm}$,轴端作用轴向力 $F_A=800\text{ N}$,径向力 $F_R=1500\text{ N}$。试分别求出两轴承所受的径向负荷 R_1 与 R_2

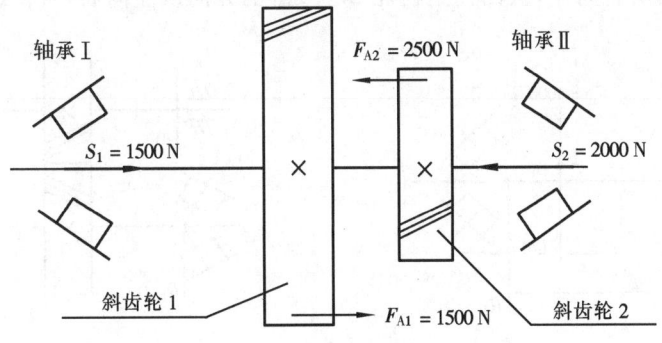

题 5-47 图

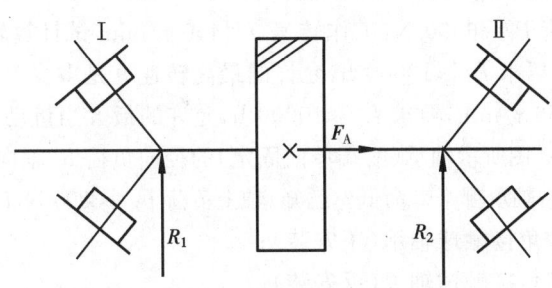

题 5-48 图

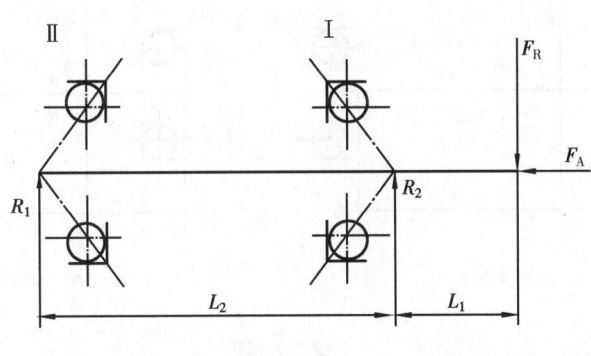

题 5-49 图

和轴向负荷 A_1 与 A_2。(轴承的内部轴向力 $S=0.7R$)

5-50　如题 5-50 图所示,试计算 30205 型圆锥滚子轴承Ⅰ与Ⅱ所受的当量动负荷。已知:30205 型轴承的 $e=0.37$;$S=R/(2Y)$,$Y=1.6$;工作平稳,$f_p=1$;以及

$$A/R \leqslant e, \quad X=1, \quad Y=0$$
$$A/R > e, \quad X=0.4, \quad Y=1.6$$

5-51　题 5-51 图所示为一对斜齿圆柱齿轮传动。已知:主动小齿轮 1 受的轴向力 $F_{A1}=1000\,\text{N}$,小齿轮 1 的转向如图示;从动大齿轮 2 用两个圆锥滚子轴承支承,轴承上受的径向负荷为 $R_1=7000\,\text{N}$,$R_2=12000\,\text{N}$。试求两轴承所受的轴向负荷 A_1 与 A_2。($S=R/(2Y)$,$Y=1.8$)

(提示:首先要判断齿轮 2 的轴向力方向,已知齿轮 1 转向及螺旋线右旋方向,按右手定

则,可知其 F_{A1} 方向从右向左,从而判定齿轮 2 上 F_{A2} 的方向从左向右,且 $F_{A1}=F_{A2}$)

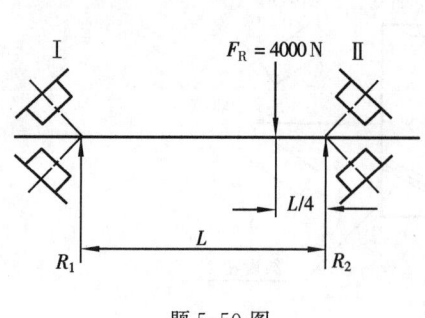

题 5-50 图

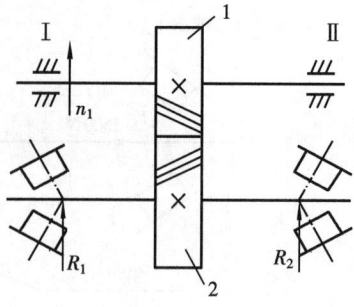

题 5-51 图

5-52 7208C 型角接触球轴承的基本额定负荷 $C_r=26800$ N。

(1) 已知当量动负荷 $P_r=6500$ N,工作转速 $n=450$ r/min,试计算轴承寿命 L_h;

(2) $P_r=6500$ N,若要求 $L_h \geqslant 10000$ h,允许的最高转速 n 是多少?

(3) 工作转速 $n=450$ r/min,要求 $L_h \geqslant 10000$ h,允许的最大当量动负荷 P_r 是多少?

5-53 试计算题 5-53 图所示轴承(两端单向固定)的径向负荷 R、轴向负荷 A 及当量动负荷 P。图示两种情况下,左、右轴承哪个寿命低? 已知:轴上负荷 $F_R=3200$ N,$F_A=600$ N,$f_p=1.2$。

(1) 一对 7205AC 型角接触球轴承(正安装);

(2) 一对 7205AC 型角接触球轴承(反安装)。

(注:7205AC 型轴承有关参数:$e=0.68$,$X=0.41$,$Y=0.87$,$S=0.7R$)

(提示:注意判别正装与反装时 S 的方向)

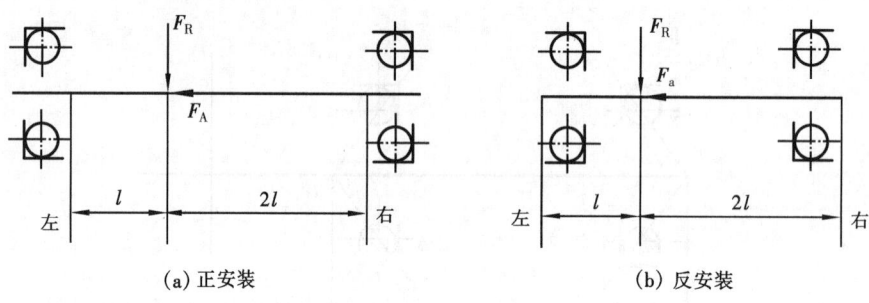

(a) 正安装　　　　　　　　　(b) 反安装

题 5-53 图

5-54 某一轴选用两个 6205 型号的深沟球轴承。已知轴承受的径向负荷 $R_1=3000$ N,$R_2=4000$ N,轴上零件的轴向载荷 $F_A=1500$ N,轴的转速 $n=100$ r/min,由手册查得此轴承的 $C_r=10800$ N,$C_{0r}=6950$ N,负荷系数 $f_p=1.2$,温度系数 $f_t=1$,且

A/C_{0r}:	0.056	0.084	0.11	0.17	0.28	
e:	0.26	0.28	0.3	0.34	0.38	$X=0.56$
Y:	1.71	1.55	1.45	1.31	1.15	

试求:

(1) 采用题 5-54 图(a)所示一端双向固定、一端游动的固定方式时,轴承的寿命为多少?

(2) 采用题 5-54 图(b)所示两端单向固定的固定方式时,轴承的寿命又为多少?

(提示:固游式,F_A 由固定端承受;全固式,F_A 指向哪端,则由哪个轴承承受)

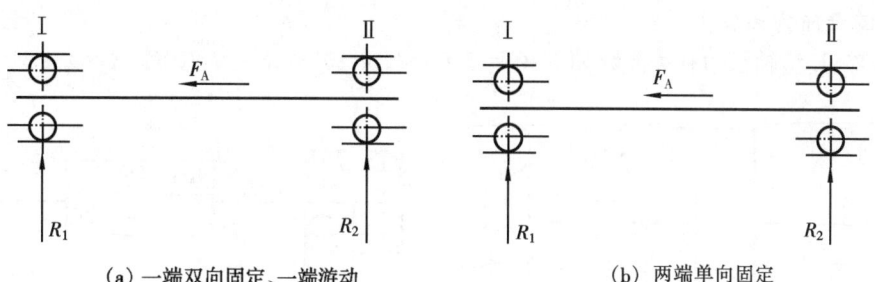

(a) 一端双向固定、一端游动　　　　　(b) 两端单向固定

题 5-54 图

5-55 题 5-55 图所示主轴由一对 30210E 型轴承支承,轴承受径向负荷 $R_1=5000$ N,$R_2=3000$ N,轴与轴上零件自重 $G=400$ N,轴转速 $n=740$ r/min。试分析轴承是否合用。(不进行极限转速验算)

附:30210 型轴承有关参数:$C_r=72200$ N,$C_{0r}=55200$ N,$e=0.42$,$Y=1.4$,$X=0.4$,$S=R/(2Y)$,$X_0=0.5$,$Y_0=0.8$,$f_p=1.5$(轻度冲击),静负荷安全系数 $S_0=1.1$。要求轴承寿命大于 10000 h;常温下工作,$f_t=1$。

(提示:轴承是否合用,主要要求轴承满足疲劳强度与静强度要求)

5-56 题 5-56 图所示锥齿轮轴由一对 30208E 型圆锥滚子轴承支承。已知轴承所受的径向负荷 $R_1=6000$ N,$R_2=2000$ N,锥齿轮的轴向负荷 $F_A=500$ N,轴的转速 $n=960$ r/min。试求两轴承的寿命。

30208E 型轴承有关参数:$S=R/(2Y)$($Y=1.6$);$e=0.37$;$A/R \leqslant e,X=1,Y=0$;$A/R > e,X=0.4,Y=1.6$;$C_r=59800$ N,中等冲击,$f_p=1.5$;常温下工作,$f_t=1$。

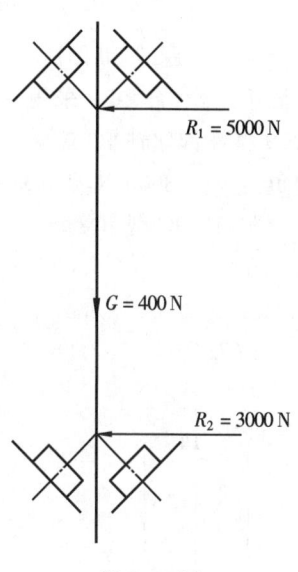

题 5-55 图

5-57 某设备中的一转轴,两端用 30207E 型轴承(如题 5-57 图所示)。轴工作转速 $n=1450$ r/min,在常温下工作 $f_t=1$,轴所受轴向载荷 $F_A=3000$ N,轴承所受的径向负荷 $R_1=3000$ N,$R_2=6000$ N,设计寿命 $L_h=1500$ h,负荷系数 $f_p=1.5$。试校核该轴承是否满足寿命要求?

附:30207E 型轴承有关参数如下:$C_r=51500$ N,$e=0.37$,$S=R/(2Y)$,当 $A/R \leqslant e$ 时,$X=1,Y=0$;当 $A/R > e$ 时,$X=0.4,Y=1.6$。$\left(\text{寿命计算式:}L_h=\dfrac{10^6}{60n}\left(\dfrac{C_r f_t}{P_r}\right)^\varepsilon\right)$

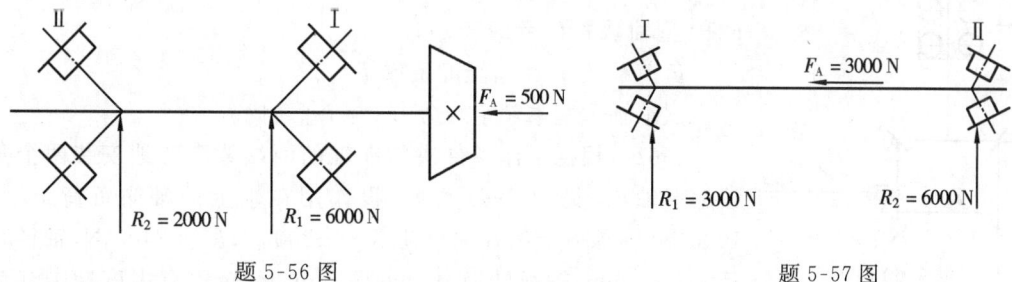

题 5-56 图　　　　　　　　　　题 5-57 图

5-58 某轴选用一对 30208E 型圆锥滚子轴承,如题 5-58 图所示。已知两轴承上的径向负荷 $R_1=5000$ N,$R_2=2500$ N,斜齿轮与锥齿轮作用在轴上的轴向负荷分别为 $F_{A1}=500$ N,$F_{A2}=350$ N,指向如图示。轴的转速 $n=1000$ r/min,负荷系数 $f_p=1.2$,温度系数 $f_t=1$。试

计算轴承的寿命为多少小时？

附：30208E 型轴承的有关参数如下：$C_r = 59800$ N，$e = 0.37$，$S = R/(2Y)$，$X = 0.4$，$Y = 1.6$。

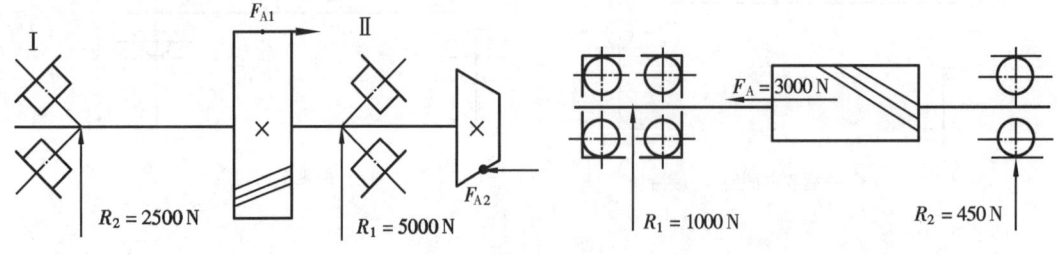

题 5-58 图   题 5-59 图

5-59 题 5-59 图所示为蜗杆轴，其转速 $n = 1440$ r/min；间歇工作，有轻微振动，$f_p = 1.2$，常温下工作，$f_t = 1$。采用一端固定（一对 7209C 型角接触球轴承正安装），一端游动（由一个 6209 型深沟球轴承）支承。轴承所受的径向负荷 $R_1 = 1000$ N，$R_2 = 450$ N，蜗杆作用在轴的轴向负荷 $F_A = 3000$ N，要求蜗杆轴承寿命 $L'_h \geqslant 2500$ h。试校核固定端的轴承是否满足寿命要求。

附：7209C 型角接触球轴承有关参数：$C_r = 29800$ N，双列轴承 $C_{\Sigma r} = 1.625 C_r$，$C_{0r} = 23800$ N，且

A/C_{0r}：	0.029	0.058	0.087	0.12	0.17	
e：	0.4	0.43	0.46	0.47	0.5	$X = 0.72$
Y（双列）：	2.28	2.11	2.0	1.93	1.82	（双列）

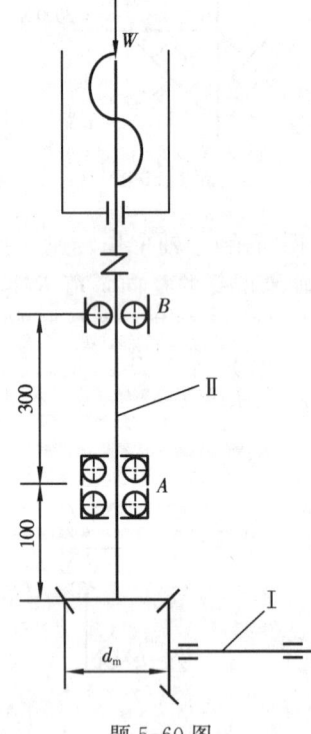

题 5-60 图

5-60 题 5-60 图所示为一螺旋输送机，动力由一对锥齿轮传入，螺旋输送机的轴向阻力为 W，轴 II 上的锥齿轮的平均直径 $d_m = 120$ mm，平均直径上的圆周力 $F_t = 1000$ N，径向力 $F_r = 280$ N，轴向力 $F_a = 280$ N。

轴 II A 端面对面安装一对角接触球轴承 7210AC 型，轴 II B 端安装一个 6210 型深沟球轴承，安装方式和尺寸如图所示。

7210AC 型轴承的 X、Y 值如下：

单列轴承：当 $A/R \leqslant 0.68$ 时，$X = 1.0$，$Y = 0$；

               当 $A/R > 0.68$ 时，$X = 0.41$，$Y = 0.87$。

双列轴承：当 $A/R \leqslant 0.68$ 时，$X = 1.0$，$Y = 0.92$；

               当 $A/R > 0.68$ 时，$X = 0.67$，$Y = 1.41$。

7210AC 型轴承的 $C_r = 31500$ N；双列轴承 $C_{\Sigma r} = 1.625 C_r$；6210 型轴承的 $C_r = 27000$ N。

负荷系数 $f_p = 1$，温度系数 $f_t = 1$。

试求轴承基本额定寿命 L_{hA} 与 L_{hB} 之比。

5-61 根据工作条件决定在轴的两端背靠背地安装两个角接触球轴承（见题 5-61 图）。设作用在轴上的轴向负荷 $F_A = 1000$ N，轴承所受的径向负荷 $R_1 = 1200$ N，$R_2 = 2400$ N，轴径直径 $d = 35$ mm，轴承转速 $n = 960$ r/min，运转中有中度冲击载荷 $f_p = 1.5$，常温下工作 $f_t = 1$，预期计算寿命 $L'_h = 1500$ h。试选择其轴承型号。

（提示：由于外加轴向负荷已接近 R_1，故暂选接触角较大的 AC 型（$\alpha = 25°$）轴承。$S = 0.7R$；$e = 0.68$；$A/R \leqslant e$，$X = 1$，$Y = 0$；$A/R > e$，$X = 0.41$，$Y = 0.87$）

附：7207AC 型轴承的 $C_r = 22500$ N。

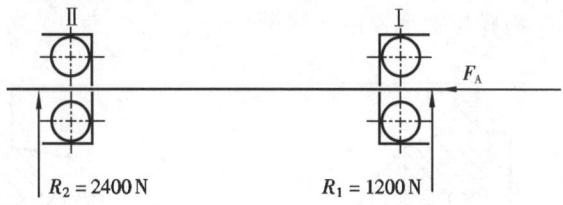

题 5-61 图

五、结构设计题

5-62 试指出题 5-62 图所示蜗轮、轴、轴承组合结构的错误,说明其错误原因,并画出正确结构。(蜗轮用油润滑,轴承用脂润滑)

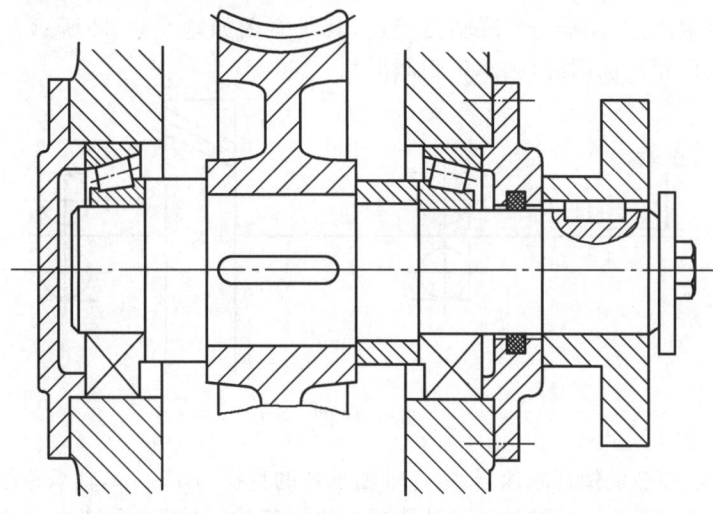

题 5-62 图

5-63 题 5-63 图所示为锥齿轮、轴、轴承组合结构图,试指出其中的错误,说明错误原因,并画出正确结构。(齿轮用油润滑,轴承用脂润滑)

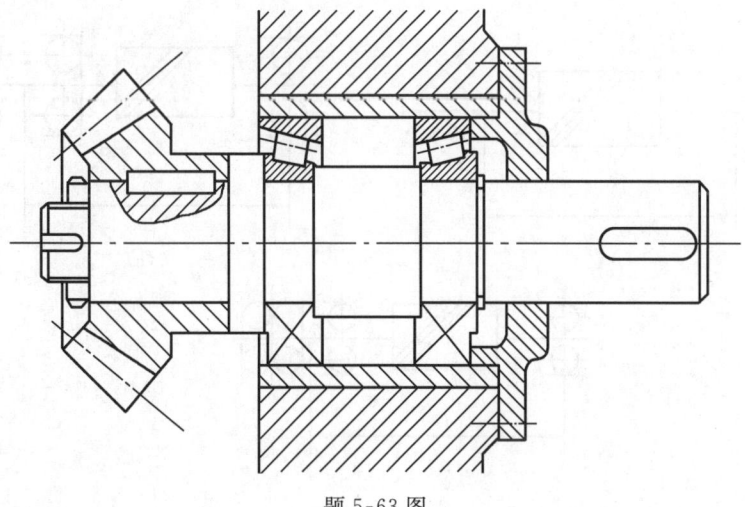

题 5-63 图

5-64 题 5-64 图所示为蜗杆轴、轴承组合结构图,试指出其错误结构和不合理处,说明其原因,并画出正确结构。(蜗杆与轴承皆用油润滑)

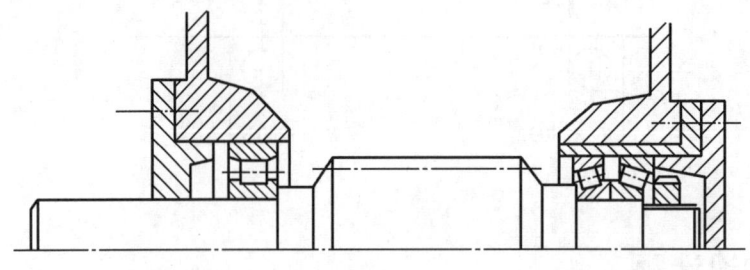

题 5-64 图

5-65 已知减速器的大斜齿轮用键与过盈配合装在轴上,轴用一对 7207C 型角接触球轴承(正装)支承,两端固定,左端与半联轴器相连,其示意图如题 5-65 图所示。试绘出其轴、轴承组合结构图。(齿轮用油润滑,轴承用脂润滑)

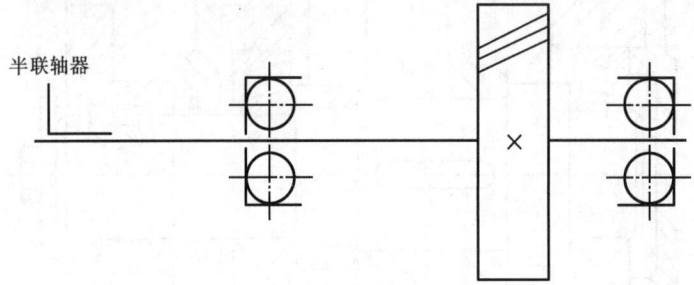

半联轴器

题 5-65 图

5-66 一中速、中载的蜗杆减速器,蜗杆轴轴承处的直径为 45 mm,轴承跨距 $l \approx 350$ mm,结构示意图如题 5-66 图所示。试按如下三种情况画出蜗杆轴、轴承组合结构。(蜗杆与轴承皆用油润滑)

(1) 一对 32209E 型轴承,两端固定(见图(a))。

(2) 固定端为一对 7209C 型轴承(正安装),游动端为一个 6209 型轴承(见图(b))。

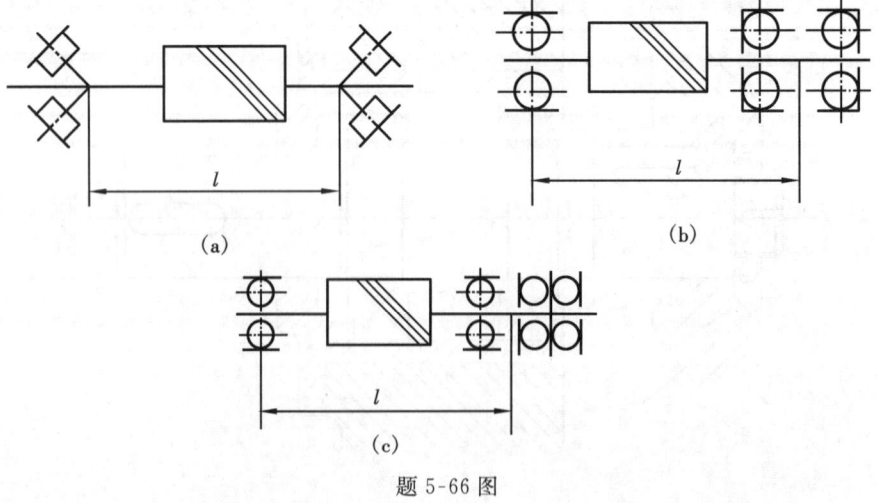

(a)

(b)

(c)

题 5-66 图

（3）固定端为一个6209型及一个52209型轴承，游动端为一个6209型轴承（见图(c)）。

5-67 已知锥齿轮减速器小锥齿轮轴用一对30208型轴承（正安装）支承，两端固定，输入端与半联轴器相连，小锥齿轮套装在轴上，其示意图如题5-67图所示。试绘出其轴、轴承组合设计结构图。（锥齿轮用油润滑，轴承用脂润滑）

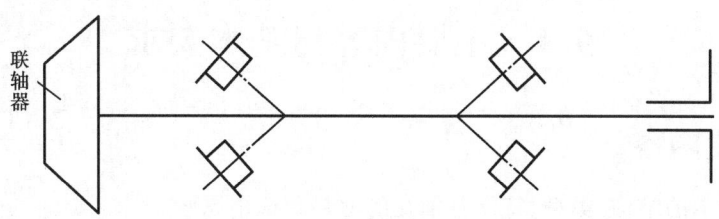

题5-67图

5-68 题5-68图所示的两级分流式圆柱齿轮减速器中，高速级齿轮为直齿圆柱齿轮，两对低速级齿轮为斜齿圆柱齿轮，旋向如图所示。

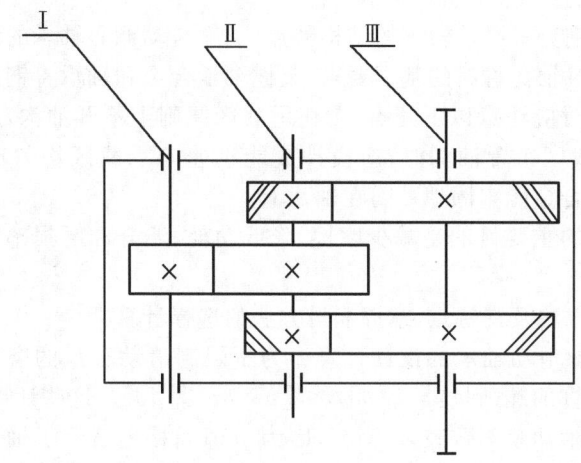

题5-68图

已知轴Ⅰ与轴Ⅲ两端轴承均为角接触球轴承，面对面安装。

（1）试分析轴Ⅱ两端轴承应选哪一类的轴承？

（2）画出轴Ⅱ的轴承组合结构图。（轴Ⅱ上的二个齿轮均用键与过盈配合装在轴上）

5-69 已知锥齿轮减速器小锥齿轮轴用一对7209C型轴承（反安装）支承，两端固定，输入端与带轮相连，其示意图如题5-69图所示。试绘出其轴、轴承组合设计结构图。（锥齿轮用油润滑，轴承用脂润滑，锥齿轮与轴连在一起，而带轮与轴用键过盈配合）

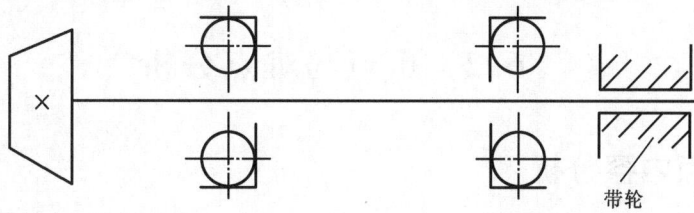

带轮

题5-69图

第6章 滑动轴承

6.1 主要内容与基本要求

6.1.1 主要内容

(1) 滑动轴承的结构、类型、特点及轴瓦的材料和选用原则。

(2) 非液体摩擦和液体摩擦径向滑动轴承的设计准则和设计方法。

(3) 液体摩擦动压润滑单油楔径向滑动轴承的参数对轴承承载能力的影响。

6.1.2 基本要求

(1) 了解滑动轴承的类型、特点和应用场合。

(2) 掌握整体式和剖分式滑动轴承的结构特点,了解自动调心轴承的结构特点。

(3) 了解滑动轴承对轴瓦材料的基本要求,掌握轴承合金和轴承青铜的特点和性能。

(4) 设计轴瓦结构时应注意以下几点:①在承载区原则上不开油沟,以免降低油膜压力,减小承载能力;②在承载区布置油沟时,应设计成能迅速向承载区均匀输入润滑油的形式;③轴瓦的结构应使轴承合金能牢固地贴附在轴瓦上。

(5) 滑动轴承润滑的主要目的是减少摩擦、降低功耗、温升和磨损率,要求掌握润滑油的选择原则。

(6) 了解各种润滑方法及其特点,掌握润滑方法的选择计算。

(7) 掌握非液体摩擦滑动轴承的设计计算。为了限制滑动轴承的磨损率和发热,非液体摩擦滑动轴承条件性计算的准则是:$p \leqslant [p]$,$v \leqslant [v]$,$pv \leqslant [pv]$。这些计算准则的物理意义在于保证摩擦表面间的吸附油膜不致破裂。这是因为 p 值间接地表示了轴瓦中的压缩应力,所以从强度和疲劳观点出发,需要限制 p,另外从宏观角度看,为了控制两摩擦表面的局部接触压力,以减少磨损,也需要限制 p 的值;pv 值从理论上讲表征了轴承单位承压面积上单位时间内产生的摩擦热量,以及能否保证形成吸附油膜等,因而是衡量非液体摩擦滑动轴承承载能力的一个重要指标;验算 v 值的原因,在教材中已作了详细论述,这里不再赘述。

(8) 掌握液体动力润滑的基本概念及其基本方程。油楔承载机理是动压轴承的计算基础,也应该掌握。

(9) 掌握液体摩擦动压径向滑动轴承的设计(包括几何计算、承载能力计算、流量计算、摩擦计算和热平衡计算等)。

6.2 重点与难点分析

6.2.1 重点内容分析

1. 轴瓦材料及其应用

由于轴瓦的材料和结构对滑动轴承的设计十分重要,因而对轴瓦材料的要求以及常用材料的类别应给予一定的重视,必须掌握这些常用轴瓦材料的性能、特点及选用原则。在三大类材料中,重点是第一类,应掌握轴承合金和轴承青铜的特点及性能。

2. 轴承的设计准则及设计方法

掌握非液体摩擦滑动轴承的设计准则及设计方法。

3. 液体动力润滑的基本方程式

这是 1886 年力学家、物理学家 O·雷诺首先导出的方程式,故通称雷诺方程。该式不仅适用于流体润滑轴承,也适用于其他在流体润滑下工作的零件。因此,应该记住如下的一维雷诺方程:

$$\frac{\partial p}{\partial x} = \frac{6\eta v}{h^3}(h - h_0) \tag{6-1}$$

上式是计算流体动力润滑滑动轴承(简称流体动压轴承)的基本方程。由雷诺方程可知,油膜压力 p 的变化与润滑油的动力黏度 η、表面滑动速度 v 和油膜厚度 h 及其变化 $(h-h_0)$ 有关。利用这一方程式,经积分后可求出油膜的承载能力。

由上述可知,形成流体动力润滑(即形成动压油膜)的必要条件是:

(1) 相对运动的两表面间必须形成收敛的楔形间隙;

(2) 被油膜分开的两表面必须有一定的相对滑动速度,其运动方向必须使润滑油由大口流进、从小口流出;

(3) 润滑油必须有一定的黏度,且供油要充分。

4. 液体摩擦动压径向滑动轴承的设计

液体摩擦动压径向滑动轴承的设计计算准则是:

$$h_{min} \geqslant [h] \tag{6-2}$$

式中:$[h]$ 为许用油膜厚度,$[h] = S(Rz_1 + Rz_2)$。其中:S 为安全系数;Rz_1、Rz_2 分别为轴颈和轴瓦的表面粗糙度(或称微观不平度)的十点平均高度。

h_{min} 为最小油膜厚度,根据几何关系,不难导出其计算式为

$$h_{min} = r\psi(1 - x) \tag{6-3}$$

当轴承参数确定后,轴承半径 r 和相对间隙 ψ 为定值,只有偏心率 x 随外载荷等的变化而改变。因此,必须求出油膜总压力与外载荷平稳时的 x,它是求 h_{min} 的关键问题。

一般求 x 非常困难,因而采用数值积分的方法进行计算,并做成相应的线图或表格供设计应用。

对于在外载荷作用下给定参数的轴承,可用下式求承载量系数 C_p:

$$C_p = F\psi^2 / (2\eta vl) \tag{6-4}$$

式中:F 为轴承的径向载荷,N;ψ 为相对间隙;η 为润滑油在轴承平均温度下的动力黏度,N·s/m²;B 为轴承宽度,m;v 为轴颈圆周速度,m/s。

根据 $C_p = f(\alpha, x, l/d)$,在轴承设计中,当轴承的包角($\alpha = 120°, 180°$ 或 $360°$)给定时,经过大量分析计算作出了不同 l/d 时的 C_p-x 关系曲线或表格,可求得在此情况下的偏心率 x。x 求得后,即可按式(6-3)计算出相应的最小油膜厚度 h_{min}。

6.2.2 难点内容分析

本章难点仍是液体摩擦动压径向滑动轴承的设计。

其基本理论与计算公式如上所述,下面仅对两个问题作一说明。

1. 关于在滑动轴承计算中采用的无量纲问题

一个是承载量系数 C_p。因为由相似分析可知,有量纲问题,在用相对单位度量时,就可转化为相同的无量纲问题。为了数据的推广和应用,在分析轴承的性能数据时,常整理成无量纲之间的函数依赖关系。这样,就可把针对某特定结构、参数的轴承计算所得的性能数据推广到与此轴承结构、参数相似的一系列轴承上去。因此,对轴承的承载能力也引入了无量纲的承载量系数 C_p。

另一个是轴承的耗油量系数 $C_Q \approx Q/(\psi v l d)$。由于计算单位时间内的耗油量很复杂,故精确计算的耗油量应包含三个部分,即承载区的泄流量、非承载区的泄流量及油沟处的泄流量。因此,在轴承设计中采用大量分析计算作出了不同宽径比 l/d 时的 x-$Q/(\psi v l d)$(或 C_Q)曲线或表格。若已知 l/d 与 x,便可很快查出 $Q/(\psi v l d)$,最后用 $Q/(\psi v l d)$ 乘上 $\psi v l d$ 即可间接求出耗油量 Q。

2. 轴承主要参数的选择

轴承的主要参数有宽径比 l/d、相对间隙 ψ 及动力黏度 η。

(1) 宽径比 l/d:一般轴承的宽径比 $l/d = 0.3 \sim 1.5$。宽径比选得小时,可增大 p,提高轴承运转的平稳性,同时使端泄流量大,功耗小,油的温升降低,但轴承的承载能力也会降低。

对高速重载轴承,因其工作时温升高,故 l/d 宜取小值;对低速重载轴承,为提高轴承的整体刚性,l/d 宜取大值;对高速轻载轴承,如对轴承刚性无过高要求,则 l/d 可取小值;而对轴有较大支承刚性的机床轴承,l/d 宜取较大值。

(2) 相对间隙 ψ:ψ 是一个重要参数,它影响轴承的承载能力、摩擦功耗和温升等。ψ 取值小,轴承的承载能力和旋转精度高;ψ 取值大,润滑油的流量增加,油的温升降低。因此,ψ 值必须选择得恰当。设计时可按下式初定 ψ 值:

$$\psi = 0.8 \times 10^{-3} v^{1/4} \tag{6-5}$$

也可以参考一般机器的常用值取定。一般机器中常用的 ψ 值为:汽轮机、电动机、齿轮减速器 $\psi = 0.001 \sim 0.002$;轧钢机、铁路车辆 $\psi = 0.0002 \sim 0.0015$;机床、内燃机 $\psi = 0.0002 \sim 0.001$;鼓风机、离心泵 $\psi = 0.001 \sim 0.003$。

(3) 动力黏度 η:在条件相同的情况下,提高 η 可显著提高轴承的承载能力,但也增大了摩擦阻力和轴承温升,由于温升而使油的黏度下降,则承载能力反而下降。选择动力黏度 η 的原则是:载荷大、速度低时,选用黏度较大的润滑油;载荷小、转速高,则选用黏度较低的润滑油。

(4) 平均压强 p:为了减少轴承尺寸,并使运转平稳,p 可取大些。但压强过高,会使油膜厚度过小,致使轴承工作表面易损坏。常用的平均压强为:机床、发电机、汽轮机 $p = 0.6 \sim 1.8$ MPa;齿轮减速器 $p = 0.5 \sim 3.5$ MPa;铁路车辆 $p = 5 \sim 15$ MPa;轧钢机 $p = 10 \sim 20$ MPa。

6.3　例题精选与解析

例 6-1　今有一离心泵的径向滑动轴承。已知:轴颈直径 $d = 60$ mm,轴的转速 $n = 1500$ r/min,轴承径向载荷 $F = 2600$ N,轴承材料为 ZCuSn6Zn6Pb6。试根据非液体摩擦轴承计算方法校核该轴承是否可用? 如不可用,应如何改进?(按轴的强度计算,轴颈直径不得小于 48 mm)

解题要点:

(1) 轴承给定的材料为 ZCuSn6Zn6Pb6,可查得:$[p] = 8$ MPa,$[v] = 3$ m/s,$[pv] =$

12 MPa·m/s。

（2）按已知数据，选定宽径比 $l/d=1$，得

$$v=\frac{\pi dn}{60\times1000}=\frac{3.14\times60\times1500}{60\times1000}\text{ m/s}=4.71\text{ m/s}$$

$$p=\frac{F}{dl}=\frac{2600}{60\times60}\text{ MPa}=0.722\text{ MPa}$$

$$pv=0.722\times4.71\text{ MPa·m/s}=3.40\text{ MPa·m/s}$$

可见 v 不满足要求，而 p、pv 均满足。故考虑从以下两个方案进行改进。

① 不改变材料，仅减小轴颈直径以减小速度 v。取 d 为允许的最小直径 48 mm，则

$$v=\frac{\pi dn}{60\times1000}=\frac{3.14\times48\times1500}{60\times1000}\text{ m/s}=3.77\text{ m/s}$$

仍不能满足要求，此方案不可用，所以必须改变材料。

② 改选材料，在铜合金轴瓦上浇注轴承合金 ZCuPbSn15-15-3，查得 $[p]=5$ MPa，$[v]=8$ m/s，$[pv]=5$ MPa·m/s。经试算，取 $d=50$ mm，$l=42$ mm，则

$$v=\frac{\pi dn}{60\times1000}=\frac{3.14\times50\times1500}{60\times1000}\text{ m/s}=3.93\text{ m/s}<[v]$$

$$p=\frac{F}{dl}=\frac{2600}{50\times42}\text{ MPa}=1.24\text{ MPa}<[p]$$

$$pv=1.24\times3.93\text{ MPa·m/s}=4.87\text{ MPa·m/s}<[pv]$$

结论：可在铜合金轴瓦浇铸 ZCuPbSn15-15-3 轴承合金，轴颈直径 $d=50$ mm，轴承宽度 $l=42$ mm。

例 6-2 例 6-2 图所示为两个尺寸相同的液体摩擦滑动轴承，其工作条件和结构参数（相对间隙 ψ、动力黏度 η、速度 v、轴颈直径 d、轴承宽度 l）完全相同。试问哪个轴承的相对偏心率 x 较大？哪个轴承承受径向载荷 F 较大？哪个轴承的耗油量 Q 较大？哪个轴承发热量较大？

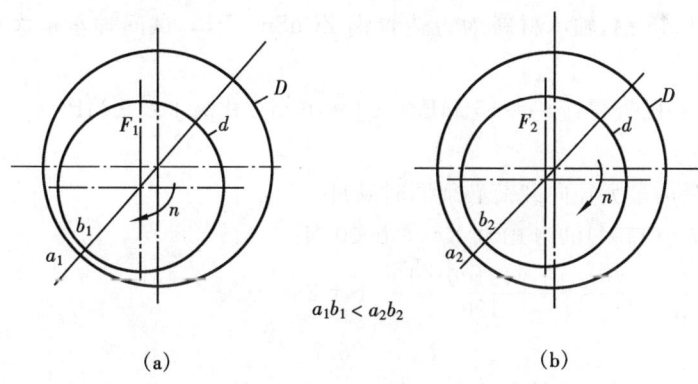

$$a_1b_1<a_2b_2$$

（a）   （b）

例 6-2 图

提示： 承载量系数 $C_p=\dfrac{F\psi^2}{2\eta vl}$，耗油量系数 $C_Q=Q/(\psi vld)$

解题要点：

由图可知，图（a）、图（b）的最小油膜厚度不同，且 $h_{a\min}<h_{b\min}$，而 $h_{\min}$ 与偏心率（相对偏心）$x=e/\delta=e/(R-r)$ 及相对间隙 $\psi=\delta/r$（e 为偏心距，δ 为半径间隙，$\delta=R-r$）之间的关系为

$$h_{\min} = r\psi(1-x) \qquad ①$$

对于液体动压轴承能承受的径向载荷为

$$F = \frac{2\eta v l}{\psi^2} C_p \qquad ②$$

式中：C_p 为承载量系数；η 为润滑油的动力黏度。对于 $l/d \leqslant 1.0$，$x \leqslant 0.75$ 的动压轴承，可得出如下结论：

(1) $h_{\min}$ 越小，则 x 越大，可得 $x_a > x_b$，即图(a)的相对偏心大；

(2) $h_{\min}$ 越小，x 越大时，则 C_p 越大，F 越大，可得 $F_a > F_b$，即图(a)承受的径向载荷大；

(3) 由耗油量 $Q = C_Q \psi v l d$，x 越大，则耗油量系数 C_Q 大，可得 $Q_a > Q_b$，即图(a)的耗油量大；

(4) 因 x 越大，Q 大，则图(a)的发热量小于图(b)的发热量。

例 6-3 一减速器中的非液体摩擦径向滑动轴承，轴的材料为 45 钢，轴瓦材料为铸造青铜 ZCuSn6。承受径向载荷 $F = 35$ kN；轴颈直径 $d = 190$ mm；工作长度 $l = 250$ mm；转速 $n = 150$ r/min。试验算该轴承是否适合用？

提示：根据轴瓦材料，已查得：$[p] = 8$ MPa，$[v] = 3$ m/s，$[pv] = 15$ MPa·m/s。

解题要点：

进行工作能力验算：

$$p = \frac{F}{dl} = \frac{35000}{190 \times 250} \text{ MPa} = 0.737 \text{ MPa} < [p]$$

$$v = \frac{\pi dn}{60 \times 1000} = \frac{\pi \times 190 \times 150}{60 \times 1000} \text{ m/s} = 1.49 \text{ m/s} < [v]$$

$$pv = \frac{Fn}{19100l} = \frac{35000 \times 150}{19100 \times 250} \text{ MPa·m/s} = 1.1 \text{ MPa·m/s} < [pv]$$

故该轴承适合用。

例 6-4 有一非液体摩擦径向滑动轴承，直径 $d = 100$ mm，长径比 $l/d = 1$，转速 $n = 1200$ r/min，轴的材料为 45 钢，轴承材料为铸造青铜 ZCuSn10P1。试问轴承最大可以承受多大的径向载荷？

提示：根据材料已查得：$[p] = 15$ MPa；$[v] = 10$ m/s；$[pv] = 15$ MPa·m/s。

解题要点：

轴承所能承受的最大径向载荷必须同时满足：

① $F \leqslant [p]dl = (15 \times 100 \times 100)$ N $= 150000$ N；

② $F \leqslant \dfrac{[pv] \times 19100l}{n} \leqslant \dfrac{15 \times 19100 \times 100}{1200}$ N $= 23875$ N

故
$$F_{\max} = 23875 \text{ N}$$

例 6-5 试设计一液体摩擦径向滑动轴承。已知：径向载荷 $F = 25000$ N，轴颈直径 $d = 115$ mm，轴颈转速 $n = 1000$ r/min。

解题要点：

(1)确定轴承结构形式。

采用整体式结构，轴承包角 $\alpha = 360°$。

(2)确定轴承结构参数。

取 $l/d = 1$，则轴承工作宽度 l 为

$$l = 1 \times 115 \text{ mm} = 115 \text{ mm}$$

(3)选择轴瓦材料。

计算轴承的 p、v 和 pv 值。

$$p = \frac{F}{dl} = \frac{25000}{115 \times 115} \text{ MPa} = 1.89 \text{ MPa}$$

$$v = \frac{\pi dn}{60 \times 1000} = \frac{3.1416 \times 115 \times 1000}{60000} \text{ m/s} = 6.02 \text{ m/s}$$

$$[pv] = 1.89 \times 6.02 = 11.38 \text{ MPa} \cdot \text{m/s}$$

选择轴瓦材料：

根据 p、v 和 pv 值，选用 11-6 锡锑轴承合金（ZSnSb11Cu6），其 $[p] = 25$ MPa，$[v] = 80$ m/s，$[pv] = 20$ MPa $\cdot$ m/s。轴颈系钢制，淬火精磨。

(4)选定轴承相对间隙 ψ 和轴承配合公差。

$$\psi = 0.8 \times 10^{-3} v^{0.25} = 0.8 \times 10^{-3} \times 6.02^{0.25} = 1.25 \times 10^{-3}，取 \psi = 1.3 \times 10^{-3}$$

确定轴承直径间隙为

$$\Delta = \psi d = 0.0013 \times 115 \text{ mm} = 0.1495 \text{ mm}$$

选定轴承配合公差时，应使所选配合的最小和最大配合间隙接近轴承的理论间隙 Δ。现选定配合为 $\phi 115 \dfrac{\text{H7}}{\text{d7}}$，则轴瓦孔径 $D = 115^{+0.035}_{0}$，轴颈直径 $d = 115^{-0.120}_{-0.155}$，最大间隙 $\Delta_{max} = 0.035$ mm $+$ 0.155 mm $= 0.190$ mm，最小间隙 $\Delta_{min} = 0.120$ mm。

(5)选定润滑油。

根据轴承的 $[p]$、$[v]$ 值，选用 L-AN32 机械油，取运动黏度 $v_{40} = 32$cSt（32×10^{-6} m²/s），密度 $\rho = 900$ kg/m³，比热容 $c = 1800$ J/(kg $\cdot$ ℃)。

计算平均温度 t_m 下润滑油的动力黏度：

取 $t_m = 50$ ℃，查得 50 ℃，L-AN32 的运动黏度 $v_{50} = 19 \sim 22.6$ cSt，取 $v_{50} = 19$ cSt（19×10^{-6} m²/s），得其动力黏度为

$$\eta_{50} = \rho v_{50} = 900 \times 19 \times 10^{-6} \text{ N} \cdot \text{S/m}^2 = 0.0171 \text{ N} \cdot \text{S/m}^2$$

(6)计算轴承工作能力。

计算轴承承载量系数：

$$C_p = \frac{F\psi^2}{2\eta vl} = \frac{25000 \times 0.0013^2}{2 \times 0.0171 \times 6.02 \times 0.115} = 1.784$$

确定偏心率 χ：根据 C_p 和 l/d 值，即

$$\chi = 0.652$$

计算最小油膜厚度 h_{min}：

$$h_{min} = \frac{d}{2}\psi(1-\chi) = \frac{115}{2} \times 0.0013 \times (1-0.652) \text{ mm} = 0.026 \text{ mm}$$

选定轴瓦和轴颈表面粗糙度 $Rz_1 = 1.6$ μm，$Rz_2 = 3.2$ μm，则

$$h_{min} = 0.026 > 2(Rz_1 + Rz_2) = 2 \times (0.0016 + 0.0032) \text{ mm} = 0.0096 \text{ mm}$$

(7)验算轴承温升和工作可靠性。

计算液体摩擦系数 μ：

轴颈角速度为

$$\omega = \frac{2\pi n}{60} = \frac{2 \times 3.1416 \times 1000}{60} \text{ rad/s} = 104.72 \text{ rad/s}$$

因 $l/d=1$，故 $\xi=1$，则摩擦系数为

$$\mu=\frac{\pi\eta\omega}{\psi p}+0.55\psi\xi=\frac{\pi\times0.0171\times104.72}{0.0013\times1.89\times10^6}+0.55\times0.0013\times1=2.36\times10^{-3}$$

供油量：根据轴承偏心率 χ 和宽径比 l/d，查表并插值计算，得 $C_Q=0.142$，故供油量为

$$Q=C_Q\psi vld=0.142\times0.0013\times6.02\times0.115\times0.115\ \mathrm{m^3/s}=14.7\times10^{-6}\ \mathrm{m^3/s}$$
$$=882\ \mathrm{cm^3/min}$$

计算轴承温升 Δt：取导热系数 $a_s=80\ \mathrm{J/(m^2\cdot s\cdot ℃)}$ 时，则

$$\Delta t=\frac{\dfrac{\mu}{\psi}p}{c\rho C_Q+\dfrac{\pi\alpha_s}{\psi v}}=\frac{\left(\dfrac{2.36\times10^{-3}}{0.0013}\right)\times1.89\times10^6}{1800\times900\times0.142+\dfrac{3.1416\times80}{0.0013\times6.03}}\ ℃=13.09\ ℃$$

进口油温度　$t_1=t_m-\dfrac{\Delta t}{2}=\left(50-\dfrac{13.09}{2}\right)℃=43.46\ ℃（在35～45\ ℃之间）$

出口油温度　$t_2=t_m+\dfrac{\Delta t}{2}=\left(50+\dfrac{13.09}{2}\right)℃=56.55\ ℃<80\ ℃$

进、出口油温合适。

计算结果说明，具有上述参数的滑动轴承可以获得液体动力润滑。

液体动力润滑径向滑动轴承的设计计算的首要问题在于验算最小油膜厚度是否大于两倍轴颈与轴瓦表面不平度的高度之和，设计计算的关键在于合理选择参数。至于具体计算步骤，可以视具体情况，灵活应用。

液体动力润滑滑动轴承应用了部分液体动力学理论和高等数学概念来说明动压油楔中各参数间的关系，只要抓住主要问题，设计计算是不难掌握的。但是，轴承的设计计算只是一个方面，轴承结构是否合理，制造、装配是否正确，润滑是否得当等，都对轴承的正常工作有很大影响，必须予以注意。

6.4　考试复习与练习题

一、单项选择题（从给出的 A、B、C、D 中选一个答案）

6-1　验算滑动轴承最小油膜厚度 h_{min} 的目的是＿＿＿。

　A. 确定轴承是否能获得液体摩擦

　B. 控制轴承的发热量

　C. 计算轴承内部的摩擦阻力

　D. 控制轴承的压强 p

6-2　在题 6-2 图所示的几种情况中，可能形成流体动压润滑的有＿＿＿。

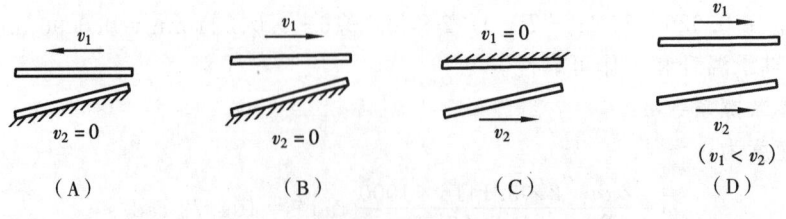

题 6-2 图

6-3 巴氏合金是用来制造_____。

    A. 单层金属轴瓦   B. 双层或多层金属轴瓦

    C. 含油轴承轴瓦   D. 非金属轴瓦

6-4 在滑动轴承材料中,_____通常只用作双金属轴瓦的表层材料。

    A. 铸铁   B. 巴氏合金

    C. 铸造锡磷青铜   D. 铸造黄铜

6-5 液体摩擦动压径向轴承的偏心距 e 随_____而减小。

    A. 轴颈转速 n 的增加或载荷 F 的增大

    B. 轴颈转速 n 的增加或载荷 F 的减小

    C. 轴颈转速 n 的减小或载荷 F 的减小

    D. 轴颈转速 n 的减小或载荷 F 的增大

6-6 对于非液体摩擦滑动轴承,验算 $pv \leqslant [pv]$ 是为了防止轴承_____。

    A. 过度磨损   B. 过热产生胶合

    C. 产生塑性变形   D. 发生疲劳点蚀

6-7 设计液体动压径向滑动轴承时,若发现最小油膜厚度 h_{min} 不够大,在下列改进设计的措施中,最有效的是_____。

    A. 减小轴承的宽径比 l/d B. 增加供油量

    C. 减小相对间隙 ψ D. 增大偏心率 x

6-8 在_____情况下,滑动轴承润滑油的黏度不应选得较高。

    A. 重载   B. 高速

    C. 工作温度高   D. 承受变载荷或振动冲击载荷

6-9 温度升高时,润滑油的黏度_____。

    A. 随之升高   B. 保持不变

    C. 随之降低   D. 可能升高也可能降低

6-10 动压滑动轴承能建立油压的条件中,不必要的条件是_____。

    A. 轴颈和轴承间构成楔形间隙

    B. 充分供应润滑油

    C. 轴颈和轴承表面之间有相对滑动

    D. 润滑油温度不超过 50 ℃

6-11 运动黏度是动力黏度与同温度下润滑油_____的比值。

    A. 质量   B. 密度

    C. 比重   D. 流速

6-12 润滑油的_____,又称绝对黏度。

    A. 运动黏度   B. 动力黏度

    C. 恩格尔黏度   D. 基本黏度

6-13 下列各种机械设备中,_____只宜采用滑动轴承。

    A. 中、小型减速器齿轮轴   B. 电动机转子

    C. 铁道机车车辆轴   D. 大型水轮机主轴

6-14 两相对滑动的接触表面,依靠吸附油膜进行润滑的摩擦状态称为_____。

    A. 液体摩擦   B. 半液体摩擦

C. 混合摩擦   D. 边界摩擦

6-15 液体摩擦动压径向滑动轴承最小油膜厚度的计算公式是_____。

A. $h_{min} = \psi d(1-x)$ B. $h_{min} = \psi d(1+x)$

C. $h_{min} = \psi d(1-x)/2$ D. $h_{min} = \psi d(1+x)/2$

6-16 在滑动轴承中,相对间隙 ψ 是一个重要的参数,它是_____与公称直径之比。

A. 半径间隙 $\delta = R - r$ B. 直径间隙 $\Delta = D - d$

C. 最小油膜厚度 h_{min} D. 偏心距 e

6-17 在径向滑动轴承中,采用可倾瓦的目的在于_____。

A. 便于装配   B. 使轴承具有自动调位能力

C. 提高轴承的稳定性   D. 增加润滑油流量,降低温升

6-18 采用三油楔或多油楔滑动轴承的目的在于_____。

A. 提高承载能力   B. 增加润滑油量

C. 提高轴承的稳定性   D. 减少摩擦发热

6-19 在非液体摩擦滑动轴承中,限制 pv 值的主要目的是防止轴承_____。

A. 过度发热而发生胶合   B. 过度磨损

C. 产生塑性变形   D. 产生咬死

6-20 下述材料中,_____是轴承合金(巴氏合金)。

A. 20CrMnTi   B. 38CrMnMo

C. ZSnSb11Cu6   D. ZCuSn10P1

6-21 与滚动轴承相比较,下述各点中,_____不能作为滑动轴承的优点。

A. 径向尺寸小   B. 间隙小,旋转精度高

C. 运转平稳,噪声低   D. 可用于高速情况下

6-22 径向滑动轴承的直径增大 1 倍,长径比不变,载荷不变,则轴承的压强 p 变为原来的_____倍。

A. 2   B. 1/2   C. 1/4   D. 4

6-23 径向滑动轴承的直径增大 1 倍,长径比不变,载荷及转速不变,则轴承的 pv 值为原来的_____倍。

A. 2   B. 1/2   C. 4   D. 1/4

二、填空题

6-24 非液体摩擦滑动轴承验算比压 p 是为了避免_____;验算 pv 值是为了防止_____。

6-25 在设计液体摩擦动压滑动轴承时,若减小相对间隙 ψ,则轴承的承载能力将_____;旋转精度将_____;发热量将_____。

6-26 流体的黏度,即流体抵抗变形的能力,它表征流体内部_____的大小。

6-27 润滑油的油性是指润滑油在金属表面的_____能力。

6-28 影响润滑油黏度 η 的主要因素有_____和_____。

6-29 两摩擦表面间的典型摩擦状态是_____、_____和_____。

6-30 在液体动压润滑的滑动轴承中,润滑油的动力黏度与运动黏度的关系式为_____。
(需注明式中各符号的意义)

6-31 螺旋传动中的螺母、滑动轴承的轴瓦、蜗杆传动中的蜗轮,多采用青铜材料,这主要是为了提高_____能力。

6-32 非液体摩擦滑动轴承的主要失效形式是_____,在设计时应验算项目的公式为_____、_____、_____。

6-33 滑动轴承的润滑作用是减少_____,提高_____,轴瓦的油槽应该开在_____载荷的部位。

6-34 形成液体摩擦动压润滑的必要条件是_____、_____、_____,而充分条件是_____。

6-35 宽径比较大的滑动轴承($l/d > 1.5$),为避免因轴的挠曲而引起轴承"边缘接触",造成轴承早期磨损,可采用_____轴承。

6-36 滑动轴承的承载量系数 C_p 将随着偏心率 x 的增加而_____,相应的最小油膜厚度 h_{min} 也随着 x 的增加而_____。

6-37 在一维雷诺润滑方程 $\dfrac{\partial p}{\partial x} = 6\eta v \dfrac{h - h_0}{h^3}$ 中,其黏度 η 是指润滑油的_____黏度。

6-38 选择滑动轴承所用的润滑油时,对液体摩擦轴承主要考虑润滑油的_____,对非液体摩擦轴承主要考虑润滑油的_____。

三、问答题

6-39 设计液体动压润滑滑动轴承时,为保证轴承正常工作,应满足哪些条件?

6-40 试述径向滑动动压油膜的形成过程。

6-41 就液体动压润滑的一维雷诺方程 $\dfrac{\partial p}{\partial x} = 6\eta v \dfrac{h - h_0}{h^3}$,说明形成液体动压润滑的必要条件。

6-42 液体摩擦动压滑动轴承的相对间隙 ψ 的大小,对滑动轴承的承载能力、温升和运转精度有何影响?

6-43 有一液体动压单油楔滑动轴承,在两种外载荷下工作时,其偏心率分别为 $x_1 = 0.6$、$x_2 = 0.8$,试分析哪种情况下轴承承受的外载荷大。为提高该轴承的承载能力,有哪些措施可供考虑?(假定轴颈直径和转速不允许改变)

6-44 非液体摩擦滑动轴承需进行哪些计算?各有何含义?

6-45 为了保证滑动轴承获得较高的承载能力,油沟应设置在什么位置?

6-46 何谓轴承承载量系数 C_p? C_p 值大是否说明轴承所能承受的载荷也越大?

6-47 滑动轴承的摩擦状态有哪几种?它们的主要区别如何?

6-48 滑动轴承的主要失效形式有哪些?

6-49 相对间隙 ψ 对轴承承载能力有何影响?在设计时,若算出的 h_{min} 过小或温升过高时,应如何调整 ψ 值?

6-50 在设计液体动压径向滑动轴承时,在其最小油膜厚度 h_{min} 不够可靠的情况下,如何调整参数来进行设计?

四、分析计算题

6-51 某一径向滑动轴承,轴承宽径比 $l/d = 1.0$,轴颈和轴瓦的公称直径 $d = 80$ mm,轴承相对间隙 $\psi = 0.0015$,轴颈和轴瓦表面微观不平度的十点平均高度分别为 $Rz_1 = 1.6$ μm,

$Rz_2 = 3.2 \ \mu\text{m}$，在径向工作载荷 F、轴颈速度 v 的工作条件下，偏心率 $x = 0.8$，能形成液体动压润滑。若其他条件不变，试求：

(1) 当轴颈速度提高到 $v' = 1.7v$ 时，轴承的最小油膜厚度为多少？

(2) 当轴颈速度降低为 $v' = 0.7v$ 时，该轴承能否达到液体动压润滑状态？

(注：①承载量系数 C_p 的计算公式为 $C_p = \dfrac{F\psi^2}{2\eta v l}$；②承载量系数 C_p 见题 6-51 表 $(l/d = 1)$)

题 6-51 表　承载量系数 C_p

x	0.4	0.5	0.6	0.65	0.7	0.75	0.8	0.85	0.9	0.95
C_p	0.589	0.853	1.253	1.528	1.929	2.469	3.372	4.808	7.772	17.18

6-52　某转子的径向滑动轴承，轴承的径向载荷 $F = 5 \times 10^4$ N，轴承宽径比 $l/d = 1.0$，轴颈转速 $n = 1000$ r/min，载荷方向一定，工作情况稳定，轴承相对间隙 $\psi = 0.8 \sqrt[4]{v} \times 10^{-3}$（$v$ 为轴颈圆周速度，m/s），轴颈和轴瓦表面微观不平度的十点平均高度分别为 $Rz_1 = 3.2 \ \mu\text{m}$，$Rz_2 = 6.3 \ \mu\text{m}$，轴瓦材料的 $[p] = 20$ MPa，$[v] = 15$ m/s，$[pv] = 15$ MPa · m/s，油的黏度 $\eta = 0.028$ Pa · s。

(1) 求按混合润滑（非液体润滑）状态设计时，轴颈直径 $d = ?$

(2) 将由(1)求出的轴颈直径进行圆整（尾数为 0 或 5），试问在题中给定条件下此轴承能否达到液体润滑状态？

6-53　有一滑动轴承，轴颈直径 $d = 100$ mm，宽径比 $l/d = 1$，测得直径间隙 $\Delta = 0.12$ mm，转速 $n = 2000$ r/min，径向载荷 $F = 8000$ N，润滑油的动力黏度 $\eta = 0.009$ Pa · s，轴颈及轴瓦表面微观不平度的十点平均高度分别为 $Rz_1 = 1.6 \ \mu\text{m}$，$Rz_2 = 3.2 \ \mu\text{m}$。试问此轴承是否能达到液体动力润滑状态？若达不到，在保持轴承尺寸不变的条件下，要达到液体动力润滑状态可改变哪些参数？并对其中一种参数进行计算。

(注：$C_p = \dfrac{F\psi^2}{2\eta v l}$，$\psi = 0.8 \sqrt[4]{v} \times 10^{-3}$)

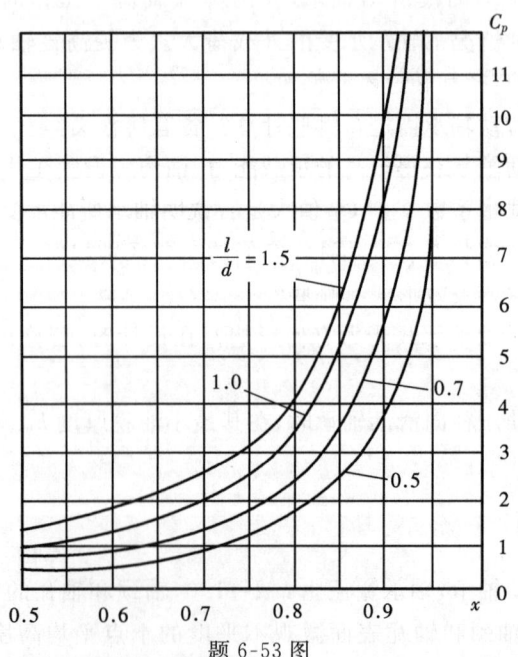

题 6-53 图

6-54　有一滑动轴承,已知轴颈及轴瓦的公称直径为 $d=80$ mm,直径间隙 $\Delta=0.1$ mm,轴承宽度 $l=120$ mm,径向载荷 $F=50000$ N,轴的转速 $n=1000$ r/min,轴颈及轴承孔表面微观不平度的十点平均高度分别为 $Rz_1=1.6$ μm, $Rz_2=3.2$ μm。试求:

(1) 该轴承达到液体动力润滑状态时,润滑油的动力黏度应为多少?

(2) 若将径向载荷及直径间隙都提高20%,其他条件不变,问此轴承能否达到液体动力润滑状态?

(注:①参考公式 $F=\dfrac{2\eta vl}{\psi^2}C_p$;②承载量系数 C_p 见题 6-54 表 $(l/B=1)$)

题 6-54 表　承载量系数 C_p

x	0.3	0.4	0.5	0.6	0.7	0.8	0.9
C_p	0.391	0.589	0.853	1.253	1.929	3.372	7.772

6-55　如题 6-55 图所示,已知两平板相对运动速度 $v_1>v_2>v_3>v_4$;载荷 $F_4>F_3>F_2>F_1$,平板间油的黏度 $\eta_1=\eta_2=\eta_3=\eta_4$。试分析:

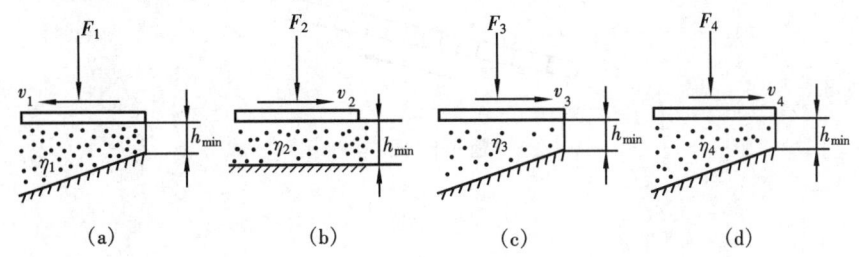

题 6-55 图

(1) 哪些情况可以形成压力油膜? 并说明建立液体动压润滑油膜的充分必要条件。

(2) 哪种情况的油膜厚度最大? 哪种情况的油膜压力最大?

(3) 在图(c)中若降低 v_3,其他条件不变,则油膜压力和油膜厚度将发生什么变化?

(4) 在图(c)中若减小 F_3,其他条件不变,则油膜压力和油膜厚度将发生什么变化?

6-56　试在题 6-56 表中填出流体动压润滑滑动轴承设计时有关参量的变化趋向(可用代表符号:上升为↑;下降为↓;不定为?)。

题 6-56 表　参量的变化趋势

参　量	最小油膜厚度 h_{min}/mm	偏心率 x/mm	径向载荷 F/N
宽径比 l/d↑时			
油黏度 η↑时			
相对间隙 ψ↑时			
轴颈速度 v↑时			

6-57　试分析题 6-57 图所示四种摩擦副,在摩擦面间哪些摩擦副不能形成油膜压力,为什么?(v 为相对运动速度,油有一定的黏度)

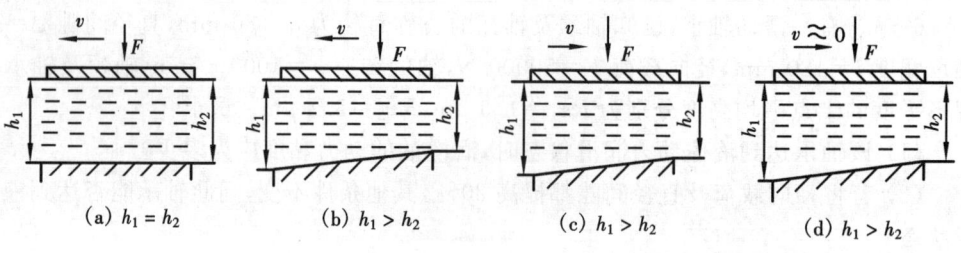

(a) $h_1 = h_2$　　　　(b) $h_1 > h_2$　　　　(c) $h_1 > h_2$　　　　(d) $h_1 > h_2$

题 6-57 图

6-58　当油的动力黏度 η 及速度 v 足够大时,试判断题 6-58 图所示的滑块建立动压油膜的可能性。

A. 可能　　　　　B. 不可能　　　　　C. 不一定

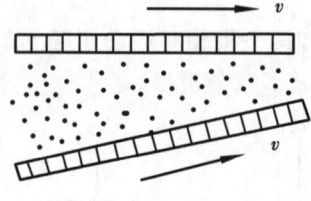

题 6-58 图

第 7 章　轴毂连接

本章包括轴、键和花键连接,以及联轴器、离合器和制动器等内容。

7.1　主要内容与基本要求

7.1.1　主要内容

1. 轴

(1) 轴的结构设计:①影响轴结构的因素;②轴的台阶化设计;③轴的设计步骤。

(2) 轴的强度与刚度计算:①轴上载荷及应力分析;②轴的强度计算、刚度计算等。

2. 键和花键连接

(1) 键和花键连接的结构形式、特点和应用。

(2) 键和花键连接的选择、失效形式和强度校核计算。

3. 联轴器、离合器和制动器

(1) 联轴器的功用与分类;几种常用联轴器的结构、工作原理、特点以及选择和计算方法。

(2) 离合器的功用与分类;几种常用离合器的结构、工作原理、特点以及选择和设计方法。

(3) 制动器的功用,几种常用制动器的工作原理。

7.1.2　基本要求

1. 轴

(1) 了解轴的功用、类型、特点及应用。

(2) 掌握轴的结构设计方法。

(3) 掌握轴的三种强度计算方法:按扭转强度计算;按弯扭合成强度计算;按疲劳强度进行安全系数校核计算。

2. 键和花键连接

(1) 掌握各类键连接的工作原理、结构形式和应用。掌握平键连接的剖面尺寸和长度确定的方法;了解平键连接的失效形式及掌握强度校核的方法。

(2) 掌握花键连接的类型、工作特点、应用场合、失效形式及强度校核方法。

3. 联轴器、离合器和制动器

(1) 掌握联轴器连接的两轴间位置补偿原理,联轴器与离合器在功能上的异同点。

(2) 掌握常用联轴器、离合器和制动器的主要类型、结构特点、工作原理、性能和选择及计算方法。

7.2 重点与难点分析

7.2.1 重点

(1) 轴的结构设计、强度计算。

(2) 各种键连接的类型、尺寸和强度校核方法。

(3) 联轴器、离合器和制动器的种类、工作原理、结构特点及选用。

7.2.2 难点

(1) 不同类型的轴毂连接的特点对比。

(2) 轴结构的正确设计。

(3) 各种联轴器、离合器的特点及选用。

7.2.3 重点与难点内容分析

1. 轴的结构设计

轴的结构设计,目的就是要确定轴的各段直径 d 和长度 l。确定直径时,应先根据转矩初算出受转矩段的最小直径,再逐渐放大推出各段直径;对各段长度 l,需要根据轴上零件的尺寸及安装要求情况来确定。

轴没有固定的标准结构,故结构设计十分灵活。但无论何种结构的轴,设计时必须保证:轴和轴上零件有准确的周向和轴向定位及可靠的固定;轴上零件应装拆和调整方便;轴应具有良好的结构工艺性;轴的结构应有利于提高其强度与刚度,尤其是减轻应力集中。

2. 转轴的设计程序问题

因为转轴既承受弯矩又承受转矩,理应按弯扭合成强度计算,求出危险截面处的直径。但是要计算弯矩,必须先知道轴承之间的跨距,跨距又取决于轴上零件的轴向尺寸,而轴上零件的轴向尺寸又是由其所处轴段的直径所决定的(如滚动轴承等)。因此,问题又回到轴的直径上来了,矛盾并未解决(见图 7-1)。

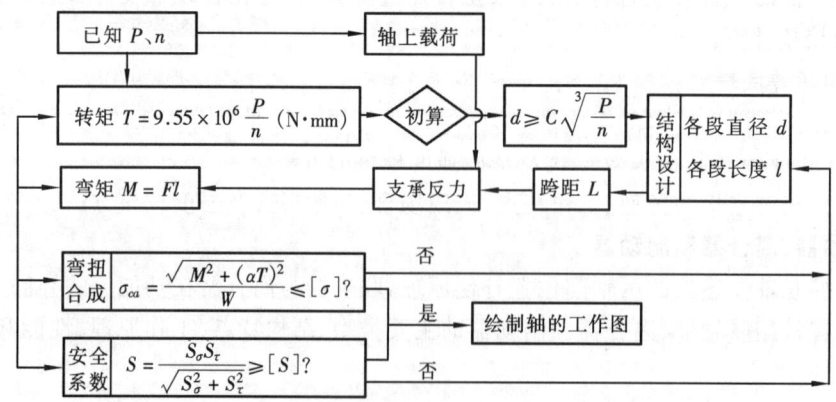

图 7-1　轴的设计步骤

解决矛盾的办法是:按照只承受转矩来初算出轴径,以此作为轴传递转矩段的最小直径,然后进行初步的结构化。当确定轴承跨距和外载荷的作用点的位置后,就可进行受力分析及按弯扭合成进行强度计算。轴的设计步骤如图7-1所示。

3. 弯扭合成强度计算中的应力校正系数 α

轴受弯矩、转矩联合作用时,根据材料力学公式,其当量弯矩为

$$M' = \sqrt{M^2 + T^2} \qquad (7\text{-}1)$$

但该式只有在弯曲应力和扭剪应力的循环特性相同时才成立。

(1) 轴在弯矩作用下(见图7-2),其横截面的上部受压,最大压应力点在 A 点;横截面的下部受拉,最大拉应力点在 B 点;中性层 C—C 面上应力为零。

轴不转动时(如固定心轴),若作用在轴上的力 F(或弯矩 M)为静载荷,则截面上的弯曲应力为静应力;若作用在轴上的力 F(或弯矩 M)为变载荷,则截面上的弯曲应力为变应力,其变化性质与载荷的变化性质相同。

轴(整圈)转动时,不管轴上载荷的大小是否变化,轴横截面上各点的应力都是变化的。轴每转动一圈,其表面上任一点的应力就完成了一个由最大压应力 σ_{max}(A 点)到零(中性层 C 点)到最大拉应力 σ_{max}(B 点)再到零(C 点)的变化。所以,对于整圈转动的轴,轴截面上产生的应力均为对称循环变化的(稳定的或不稳定的)变应力。

通常,轴是转动的,所以由弯矩所产生的弯曲应力按对称循环变应力来计算。

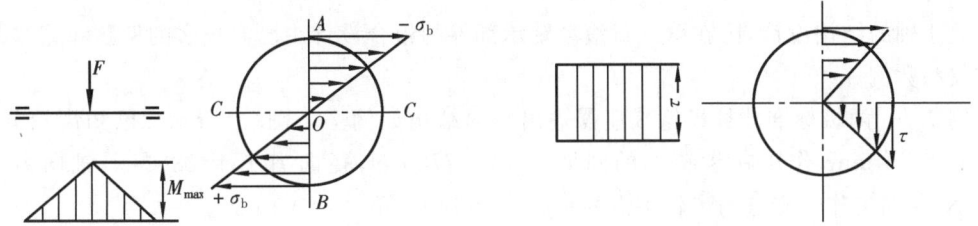

图7-2　正应力分布　　　　　　　　　图7-3　扭剪应力分布

(2) 轴传递转矩时,受扭段横截面外圆上各点的扭剪应力最大,圆心点的扭剪应力为零,应力分布情况如图7-3所示。不论轴是否转动,若作用在轴上的转矩不变,则其产生的扭剪应力也不变。实际上,对于经常启动和制动的传动装置,作用在轴上的转矩是不稳定的。为了便于计算,通常当轴受单向转矩时,其扭剪应力按脉动循环变应力来计算;轴受双向转矩时(双向转动),其扭剪应力按对称循环变应力来计算。

总之,轴的弯曲应力和扭剪应力的循环特性往往不同,因而不能用式(7-1)来计算当量弯矩,应将式(7-1)修正为

$$M_{ca} = \sqrt{M^2 + (\alpha T)^2} \qquad (7\text{-}2)$$

式中:α 是根据转矩而定的应力校正系数,其含义是将扭剪应力的循环特性转换成与弯曲应力循环特性一致。若轴只承受单向转矩,则取 $\alpha = [\sigma_{-1}]_b / [\sigma_0]_b \approx 0.6$;对于承受双向转矩的轴,取 $\alpha = 1$。对于只作摆动(摆角小于 $180°$)的轴,由于弯曲应力也为脉动循环应力,所以一般应取 $\alpha = [\sigma_0]_b / [\sigma_0]_b = 1$。

4. 平键连接的失效形式与校核计算

平键连接虽存在挤压和剪切两种失效形式,但因平键的尺寸已标准化,只要不挤坏,一般不会剪断,所以平键连接只作挤压(对静连接)或磨损(对动连接)校核。平键连接的挤压力沿

键接触长度和高度的分布不均匀,如图 7-4(c)所示。为了计算方便,通常简化假设成均布,如图 7-4(b)所示。另外,键与轴及轮毂互压的接触高度是不等的,为了便于工程计算,把两边的接触高度都近似取为键高的一半。由此引起的与零件实际工作情况的差异,是通过降低许用应力的办法来解决的。因校核所用的许用应力由实验得出,与实际情况相符,所以校核计算是可靠的。这种工程上的简化计算方法称条件性计算。

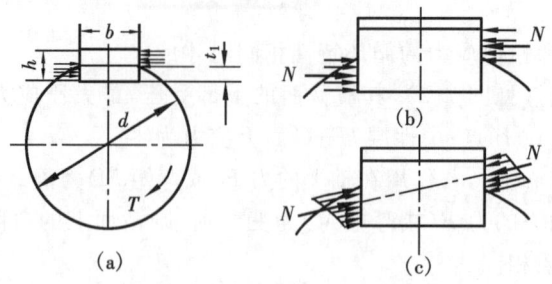

图 7-4　平键连接的挤压力

7.3　例题精选与解析

关于轴的结构设计,因在第 5 章滚动轴承部件的组合设计中已有较多的例题和练习题,故本节仅举数例。

例 7-1　两级标准圆柱齿轮减速器输出轴的结构如例 7-1 图(a)所示。已知齿轮分度圆直径 $d=332$ mm,作用在齿轮上的圆周力 $F_t=7780$ N,径向力 $F_r=2860$ N,轴向力 $F_a=1100$ N,单向工作。支点与齿轮中点的距离 $L_1=140$ mm,$L_2=80$ mm。

(1) 画出轴的受力简图;

(2) 计算支承反力;

(3) 画出轴的弯矩图、合成弯矩图及转矩图;

(4) 指出危险剖面的位置。

解题要点:

(1) 轴的受力简图如例 7-1 图(b)所示。

(2) 求支承反力。

①求垂直面支承反力。

由 $\sum M_B=0$,得

$$-R_{AY}(L_1+L_2)+F_t L_2=0$$

$$R_{AY}=\frac{F_t L_2}{L_1+L_2}=\frac{7780\times 80}{140+80}\ \text{N}=2830\ \text{N}$$

由 $\sum Y=0$,得

$$R_{BY}=F_t-R_{AY}=(7780-2830)\ \text{N}=4950\ \text{N}$$

②求水平面支承反力。

由 $\sum M_B=0$,得

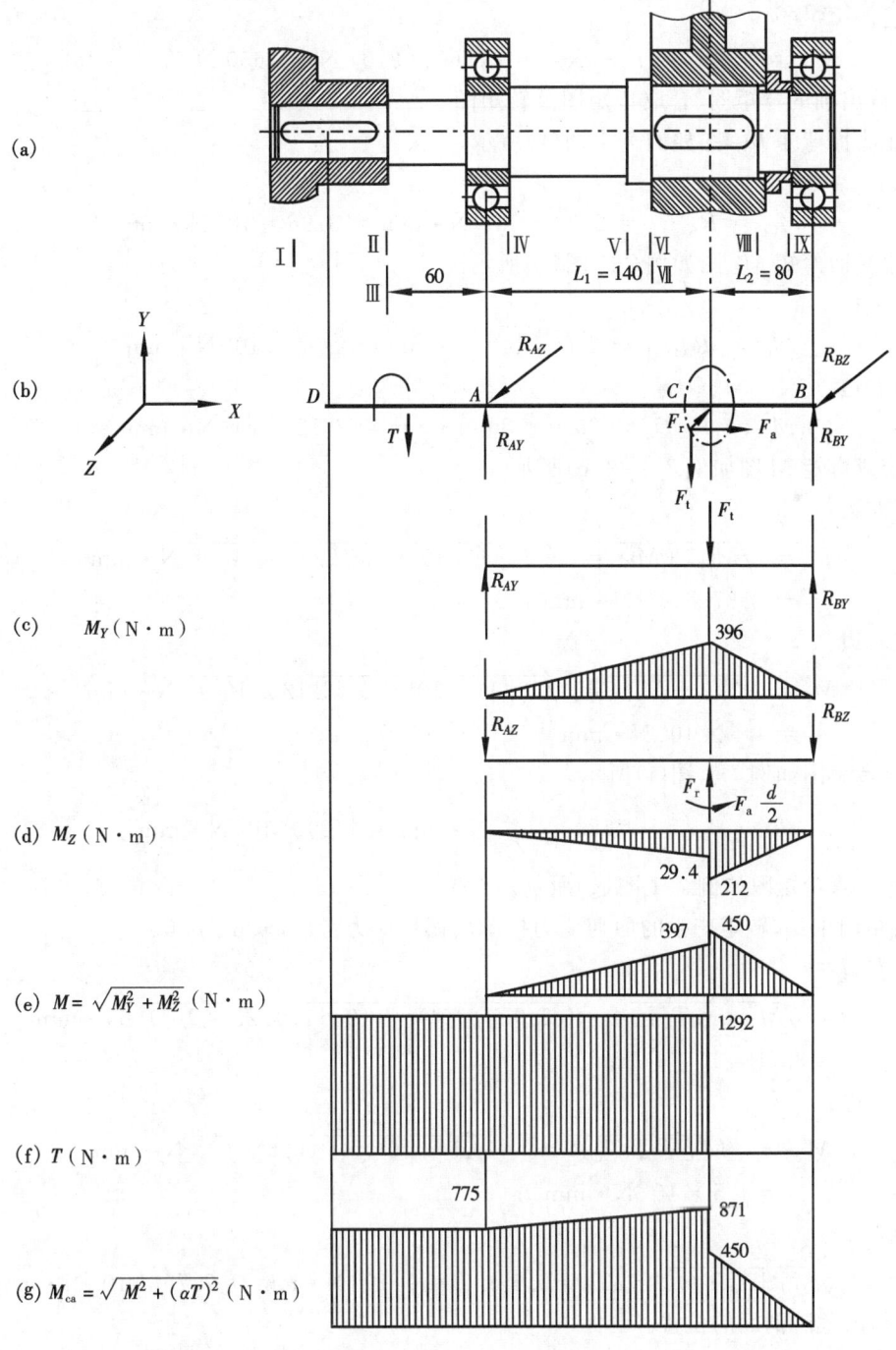

(a)

(b)

(c) M_Y (N · m)

396

(d) M_Z (N · m)

29.4

212

397   450

(e) $M = \sqrt{M_Y^2 + M_Z^2}$ (N · m)

1292

(f) T (N · m)

775   871

450

(g) $M_{ca} = \sqrt{M^2 + (\alpha T)^2}$ (N · m)

例 7-1 图

$$- R_{AZ}(L_1 + L_2) - F_a \frac{d}{2} + F_r L_2 = 0$$

$$R_{AZ} = \frac{F_r L_2 - F_a d/2}{L_1 + L_2} = \frac{2860 \times 80 - 1100 \times (332/2)}{140 + 80} \text{N} = 210 \text{ N}$$

由 $\sum Z = 0$,得

$$R_{BZ} = F_r - R_{AZ} = (2860 - 210) \text{ N} = 2650 \text{ N}$$

(3) 画出轴的弯矩图、合成弯矩图及转矩图。

① 垂直面弯矩 M_Y 图如例 7-1 图(c)所示。

C 点：

$$M_{CY} = R_{AY}L_1 = 2830 \times 140 \text{ N} \cdot \text{mm} = 3.96 \times 10^5 \text{ N} \cdot \text{mm}$$

② 水平面弯矩 M_Z 图如例 7-1 图(d)所示。

C 点左边：

$$M_{CZ} = R_{AZ}L_1 = 210 \times 140 \text{ N} \cdot \text{mm} = 2.94 \times 10^4 \text{ N} \cdot \text{mm}$$

C 点右边：

$$M'_{CZ} = R_{BZ}L_2 = 2650 \times 80 \text{ N} \cdot \text{mm} = 2.12 \times 10^5 \text{ N} \cdot \text{mm}$$

③ 合成弯矩 M 图如例 7-1 图(e)所示。

C 点左边：

$$M_C = \sqrt{M_{CY}^2 + M_{CZ}^2} = \sqrt{(3.96 \times 10^5)^2 + (2.94 \times 10^4)^2} \text{ N} \cdot \text{mm}$$
$$= 3.97 \times 10^5 \text{ N} \cdot \text{mm}$$

C 点右边：

$$M'_C = \sqrt{M_{CY}^2 + M'^2_{CZ}} = \sqrt{(3.96 \times 10^5)^2 + (2.12 \times 10^5)^2} \text{ N} \cdot \text{mm}$$
$$= 4.5 \times 10^5 \text{ N} \cdot \text{mm}$$

④ 作转矩图如例 7-1 图(f)所示。

$$T = F_t \cdot \frac{d}{2} = 7780 \times \frac{332}{2} \text{ N} \cdot \text{mm} = 1.29 \times 10^6 \text{ N} \cdot \text{mm}$$

⑤ 作计算弯矩图如例 7-1 图(g)所示。

该轴单向工作,转矩产生的剪切应力按脉动循环应力考虑,取 $\alpha = 0.6$。

C 点左边：

$$M_{caC} = \sqrt{M_C^2 + (\alpha T_C)^2} = \sqrt{(3.97 \times 10^5)^2 + (0.6 \times 1.29 \times 10^6)^2} \text{ N} \cdot \text{mm}$$
$$= 8.71 \times 10^5 \text{ N} \cdot \text{mm}$$

C 点右边：

$$M'_{caC} = \sqrt{M'^2_C + (\alpha T'_C)^2} = \sqrt{(4.5 \times 10^5)^2 + (0.6 \times 0)^2} \text{ N} \cdot \text{mm}$$
$$= 4.5 \times 10^5 \text{ N} \cdot \text{mm}$$

D 点：

$$M_{caD} = \sqrt{M_D^2 + (\alpha T_D)^2} = \alpha T = 0.6 \times 1.29 \times 10^6 \text{ N} \cdot \text{mm} = 7.75 \times 10^5 \text{ N} \cdot \text{mm}$$

(4) 指出危险剖面的位置。

例 7-1 图(a)中,Ⅰ～Ⅸ均为有应力集中的剖面,均有可能是危险剖面。其中Ⅰ～Ⅳ剖面的计算弯矩相同。Ⅱ剖面与Ⅲ剖面相比较,只是应力集中影响不同,可以取应力集中系数较大者进行验算即可。同理,Ⅵ、Ⅶ剖面承载情况也比较接近,可取应力集中系数较大者进行验算。

例 7-2 例 7-2 图所示减速器输出轴,齿轮用油润滑,轴承用脂润滑。指出其中的结构错误,并说明原因。(指出 5 处即可)

解题要点：

错误 1 键轴上两个键槽不在同一母线上;

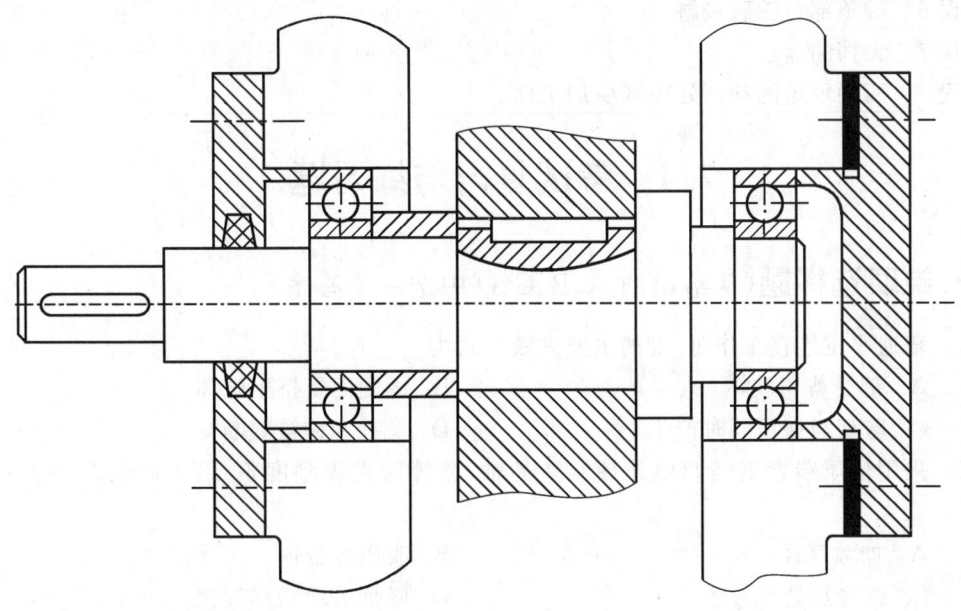

例 7-2 图

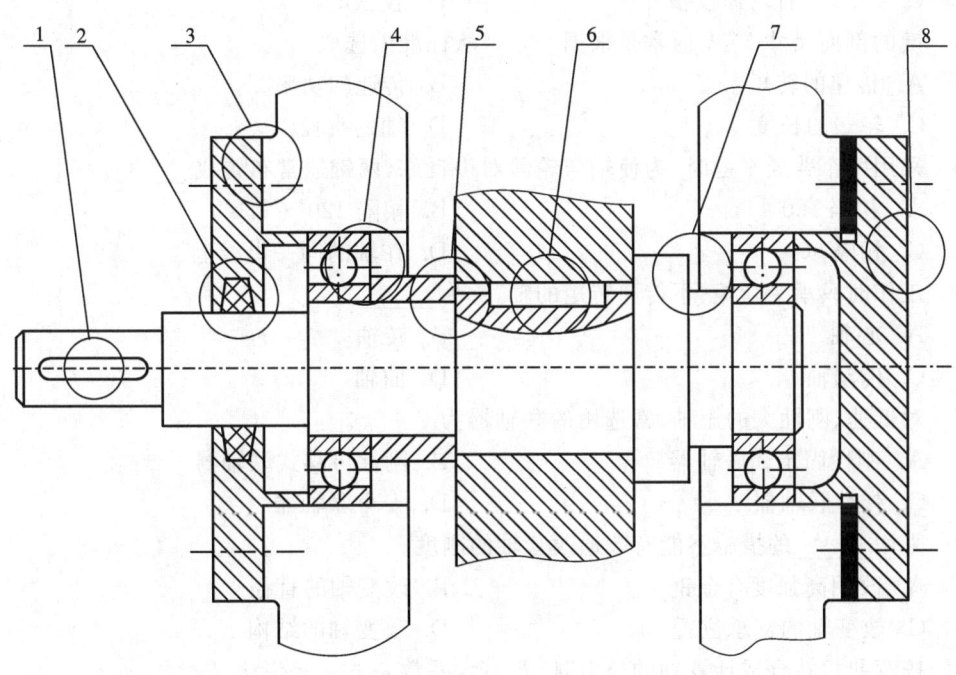

例 7-2 图解

错误 2　左轴承盖与轴直接接触；

错误 3　左轴承盖与箱体无调整密封垫片；

错误 4　轴套超过轴承内圈的定位高度；

错误 5　齿轮所处轴段长度过长,出现过定位,齿轮定位不可靠；

错误6　键顶部与轮毂接触；

错误7　无挡油盘；

错误8　两轴承盖的端面处应减少加工面。

7.4　考试复习与练习题

一、单项选择题（从给出的 A、B、C、D 中选一个答案）

7-1　普通平键连接工作时，键的主要失效形式为_____。

    A. 键受剪切破坏　　　　　　　　　　B. 键侧面受挤压破坏

    C. 剪切与挤压同时产生　　　　　　　D. 磨损和键被剪断

7-2　采用优质碳素钢经调质处理制造的轴，验算时发现刚度不足，正确的改进方法是_____。

    A. 加大直径　　　　　　　　　　　　B. 改用合金钢

    C. 改变热处理方法　　　　　　　　　D. 降低表面粗糙度值

7-3　荐用的普通平键连接，其强度校核的内容主要是_____。

    A. 校核键侧面的挤压强度　　　　　　B. 校核键的剪切强度

    C. A、B 二者均需校核　　　　　　　　D. 校核磨损

7-4　键的剖面尺寸 $b \times h$ 通常是根据_____从标准中选取。

    A. 传递的转矩　　　　　　　　　　　B. 传递的功率

    C. 轮毂的长度　　　　　　　　　　　D. 轴的直径

7-5　采用两个普通平键时，为使轴与轮毂对中良好，两键通常布置成_____。

    A. 相隔 180°　　　　　　　　　　　　B. 相隔 120°～130°

    C. 相隔 90°　　　　　　　　　　　　D. 在轴的同一母线上

7-6　工作时只承受弯矩、不传递转矩的轴，称为_____。

    A. 心轴　　　　　　　　　　　　　　B. 转轴

    C. 传动轴　　　　　　　　　　　　　D. 曲轴

7-7　对低速、刚性大的短轴，常选用的联轴器为_____。

    A. 刚性固定式联轴器　　　　　　　　B. 刚性可移式联轴器

    C. 弹性联轴器　　　　　　　　　　　D. 安全联轴器

7-8　采用_____的措施不能有效地改善轴的刚度。

    A. 改用高强度合金钢　　　　　　　　B. 改变轴的直径

    C. 改变轴的支承位置　　　　　　　　D. 改变轴的结构

7-9　按弯曲扭转合成计算轴的应力时，要引入系数 α，这 α 是考虑_____。

    A. 轴上键槽削弱轴的强度

    B. 合成正应力与切应力时的折算系数

    C. 正应力与切应力的循环特性不同的系数

    D. 正应力与切应力方向不同

7-10　在载荷具有冲击、振动，且轴的转速较高、刚度较小时，一般选用_____。

    A. 刚性固定式联轴器　　　　　　　　B. 刚性可移式联轴器

C. 弹性联轴器　　　　　　　　　　　D. 安全联轴器

7-11 联轴器与离合器的主要作用是_____。
　　A. 缓冲、减振　　　　　　　　　B. 传递运动和转矩
　　C. 防止机器发生过载　　　　　　D. 补偿两轴的不同心或热膨胀

7-12 转动的轴,受不变的载荷,其所受的弯曲应力的性质为_____。
　　A. 脉动循环　　　　　　　　　　B. 对称循环
　　C. 静应力　　　　　　　　　　　D. 非对称循环

7-13 为了不过于严重削弱轴和轮毂的强度,两个切向键最好布置成_____。
　　A. 在轴的同一母线上　　　　　　B. 180°
　　C. 120°~130°　　　　　　　　　D. 90°

7-14 对于受对称循环转矩的转轴,计算弯矩(或称当量弯矩)$M_{ca} = \sqrt{M^2 + (\alpha T)^2}$,$\alpha$ 应取_____。
　　A. $\alpha \approx 0.3$　　　　　　　　B. $\alpha \approx 0.6$
　　C. $\alpha = 1$　　　　　　　　　　D. $\alpha = 1.3$

7-15 两轴的偏角位移达 30°,这时宜采用_____联轴器。
　　A. 万向　　　　　　　　　　　　B. 齿式
　　C. 弹性套柱销　　　　　　　　　D. 凸缘

7-16 平键 B20×80 中,20×80 是表示_____。
　　A. 键宽×轴径　　　　　　　　　B. 键高×轴径
　　C. 键宽×键长　　　　　　　　　D. 键宽×键高

7-17 _____不能列入过盈配合连接的优点。
　　A. 结构简单　　　　　　　　　　B. 工作可靠
　　C. 能传递很大的转矩和轴向力　　D. 装配很方便

7-18 设计减速器中的轴,其一般设计步骤为_____。
　　A. 先进行结构设计,再按转矩、弯曲应力和安全系数校核
　　B. 按弯曲应力初估轴径,再进行结构设计,最后校核转矩和安全系数
　　C. 根据安全系数定出轴径和长度,再校核转矩和弯曲应力
　　D. 按转矩初估轴径,再进行结构设计,最后校核弯曲应力和安全系数

7-19 金属弹性元件挠性联轴器中的弹性元件都具有_____的功能。
　　A. 对中　　　　　　　　　　　　B. 减摩
　　C. 缓冲和减振　　　　　　　　　D. 缓冲

7-20 根据轴的承载情况,_____的轴称为转轴。
　　A. 既承受弯矩又承受转矩　　　　B. 只承受弯矩不承受转矩
　　C. 不承受弯矩只承受转矩　　　　D. 承受较大轴向载荷

7-21 _____离合器接合最不平稳。
　　A. 牙嵌　　　　　　　　　　　　B. 摩擦
　　C. 安全　　　　　　　　　　　　D. 离心

二、填空题

7-22 当受载较大、两轴较难对中时,应选用_____联轴器来连接;当原动机的转速较高

且发出的动力较不稳定时,其输出轴与传动轴之间应选用_____联轴器来连接。

7-23　在平键连接中,静连接应校核_____强度;动连接应校核_____强度。

7-24　传递两相交轴间的运动而又要求轴间夹角经常变化时,可以采用_____联轴器。

7-25　自行车的中轴是_____轴,而前轴是_____轴。

7-26　为了使轴上零件与轴肩紧密贴合,应保证轴的圆角半径_____轴上零件的圆角半径或倒角 C。

7-27　平键连接工作时,是靠_____和_____侧面的挤压传递转矩的。

7-28　对大直径轴的轴肩圆角处进行喷丸处理是为了降低材料对_____的敏感性。

7-29　传动轴所受的载荷是_____。

7-30　花键连接的主要失效形式,对静连接是_____,对动连接是_____。

7-31　_____键连接,既可传递转矩,又可承受单向轴向载荷,但容易破坏轴与轮毂的对中性。

7-32　平键连接中的静连接的主要失效形式为_____,动连接的主要失效形式为_____;所以通常只进行键连接的_____强度或_____计算。

7-33　在确定联轴器类型的基础上,可根据_____、_____、_____、_____来确定联轴器的型号和结构。

7-34　半圆键的_____为工作面,当需要用两个半圆键时,一般布置在轴的_____。

7-35　一般单向回转的转轴,考虑启动、停车及载荷不平稳的影响,其扭转剪应力的性质按_____处理。

7-36　按工作原理,操纵式离合器主要分为_____、_____和_____三类。

三、问答题

7-37　轴受载荷的情况可分哪三类?试分析自行车的前轴、中轴、后轴的受载情况,说明它们各属于哪类轴。

7-38　为提高轴的刚度,把轴的材料由 45 钢改为合金钢是否有效?为什么?

7-39　轴上零件的轴向及周向固定各有哪些方法?各有何特点?各应用于什么场合?

7-40　轴的计算当量弯矩公式 $M_{ca} = \sqrt{M^2 + (\alpha T)^2}$ 中,应力校正系数 α 的含义是什么?如何取值?

7-41　影响轴的疲劳强度的因素有哪些?在设计轴的过程中,当疲劳强度不够时,应采取哪些措施使其满足强度要求?

7-42　平键连接的失效形式有哪几种?静连接和动连接的强度校核有何不同?

7-43　花键有哪几种?各用在什么场合?哪种花键应用最广?矩形花键有哪三种定心方式?

7-44　过盈配合连接中有哪几种装配方法?哪种方法能获得较高的连接紧固性?为什么?

7-45　平键连接、楔键连接和切向键连接在工作原理上有什么不同?各有什么特点?各使用在什么场合?

7-46　联轴器和离合器的功用有何相同点和不同点?

7-47　在选择联轴器、离合器时,引入工作情况系数 K 的目的是什么? K 值与哪些因素有关?如何选取?

7-48　联轴器所连接两轴的偏移形式有哪些?综合位移指何种偏移形式?

7-49 固定式联轴器与可移式联轴器有何区别？各适用于什么工作条件？刚性可移式联轴器和弹性联轴器的区别是什么？各适用于什么工作条件？

7-50 制动器应满足哪些基本要求？

7-51 牙嵌离合器的主要失效形式是什么？

四、分析计算题

7-52 试分析题 7-52 图所示卷扬机中各轴所受的载荷，并由此判定各轴的类型。（轴的自重、轴承中的摩擦均不计）

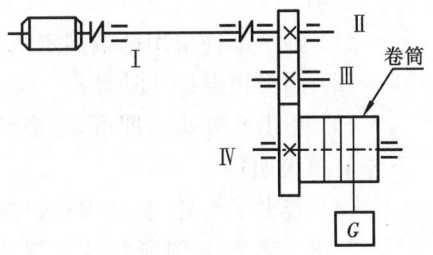

题 7-52 图

7-53 某蜗轮与轴用 A 型普通平键连接。已知轴径 $d=40$ mm，转矩 $T=522000$ N·mm，轻微冲击。初定键的尺寸为 $b=12$ mm，$h=8$ mm，$L=100$ mm。轴、键和蜗轮的材料分别为 45 钢、35 钢和灰铸铁，试校核键连接的强度。若强度不够，请提出两种改进措施。

题 7-53 表　平键连接的许用应力　　　　　　　　　　　　　　MPa

	连接方式	连接中较弱零件的材料	载荷性质		
			静载荷	轻微冲击	冲击
$[\sigma_p]$	静连接（普通平键）	钢	120～150	100～120	60～90
		铸铁	70～80	50～60	30～45

7-54 如题 7-54 图所示的锥齿轮减速器主动轴。已知锥齿轮的平均分度圆直径 $d_m=56.25$ mm，所受圆周力 $F_t=1130$ N，径向力 $F_r=380$ N，轴向力 $F_a=146$ N。

（1）画出轴的受力简图；

（2）计算支承反力；

（3）画出轴的弯矩图、合成弯矩图及转矩图。

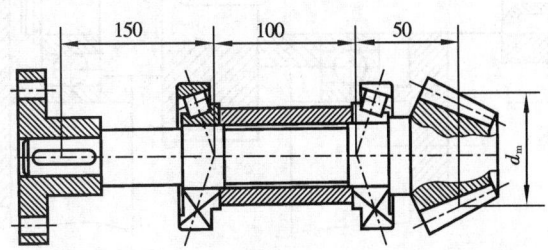

题 7-54 图

五、结构题（图解题）

7-55 如题 7-55 图所示的某圆柱齿轮装于轴上，在圆周方向采用 A 型普通平键固定；在轴向，齿轮的左端用套筒定位，右端用轴肩定位。试画出这个部分的结构图。

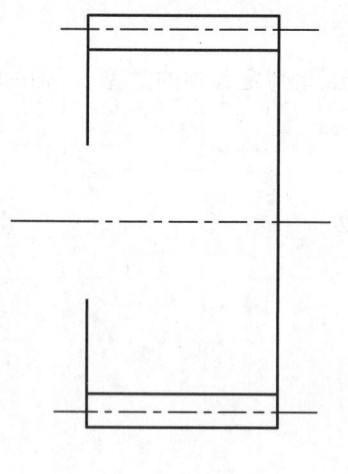

题 7-55 图

7-56 如题 7-56 图所示，试画出轴与轴承盖之间分别采用毛毡圈和有骨架唇形密封圈时的结构图。

7-57 试指出题 7-57 图所示的轴系零部件结构中的错误，并说明错误原因。

说明：

(1) 轴承部件采用两端固定式支承，轴承采用脂润滑；

(2) 同类错误按 1 处计；

(3) 指出 6 处错误即可，将错误处圈出并引出编号，并在图下作简单说明；

(4) 若多于 6 处，且其中有错误答案时，按错误计算。

7-58 题 7-58 图所示为下置式蜗杆减速器中蜗轮与轴及轴承的组合结构。蜗轮用油润滑，轴承用脂润滑。试改正该图中的错误，并画出正确的结构图。

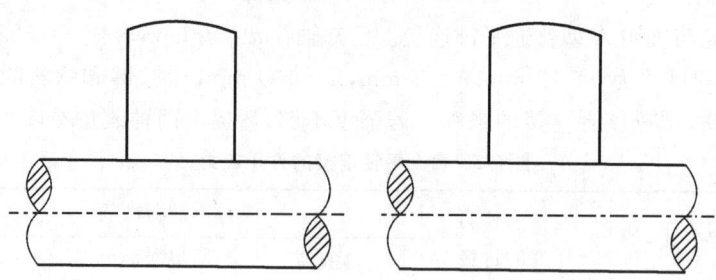

题 7-56 图

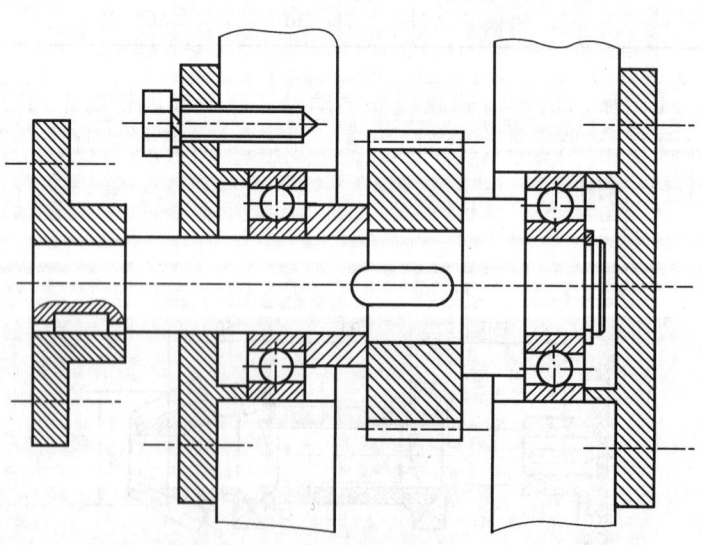

题 7-57 图

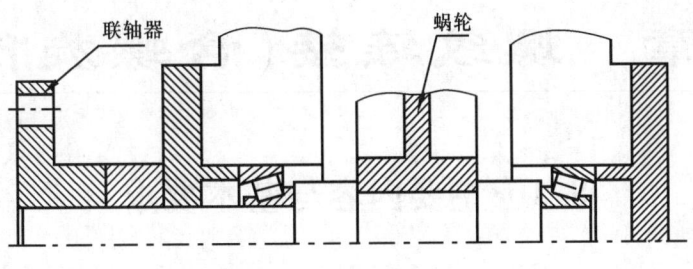

7-59　题 7-59 图所示为斜齿轮、轴、轴承组合的结构图。斜齿轮用油润滑,轴承用脂润滑。试改正该图中的错误,并画出正确的结构图。

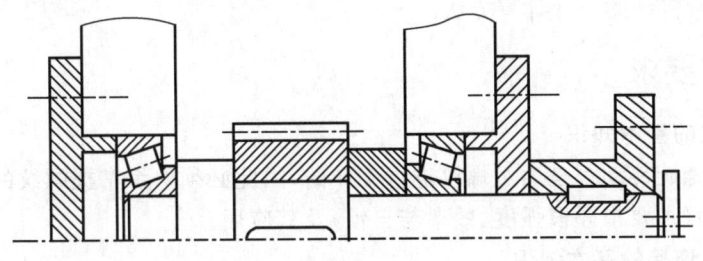

题 7-59 图

第8章 螺纹连接(含螺旋传动)

8.1 主要内容与基本要求

8.1.1 主要内容

(1)螺纹及螺纹连接的基本知识。

(2)螺栓组连接的设计,包括单个螺栓连接的预紧、强度计算、螺栓组结构设计、受力分析及提高连接强度的措施等。

(3)滑动螺旋传动的设计计算方法。

8.1.2 基本要求

1. 掌握螺纹的基本知识

螺纹连接与螺旋传动都是通过螺纹进行工作的,因此必须熟练掌握螺纹的基本参数,常用螺纹的种类、特性(主要指牙根强度、效率与自锁)及其应用。

2. 掌握螺纹连接的基本知识

(1)掌握螺纹连接的基本类型、结构特点及其应用场合,在设计时能正确地选用它们,并能熟练正确地绘制出各类螺纹连接的结构图。在螺栓连接中,要注意普通螺栓连接与铰制孔用螺栓连接在传力、失效形式及结构等方面的区别;对双头螺栓连接和螺钉连接,要注意它们的应用场合和它们拧入端的画法。

(2)螺纹连接件大都已标准化,应掌握它们的类型、结构、特点和应用场合。要特别注意螺纹连接件的名称与螺纹连接类型的名称不一定相同。例如,用六角头螺栓构成的螺纹连接类型,既可能是螺栓连接,也可能是螺钉连接,也可能是紧定螺钉连接。要了解各种螺纹连接标准件的常用材料及强度级别。

(3)对于螺纹连接的预紧,要了解预紧的目的,要理解扳手拧紧力矩和由此而产生的预紧力的关系,要掌握控制预紧力的方法。

(4)对于螺纹连接的防松,要理解防松的目的和防松的原理,要熟练掌握各种防松装置及其应用,并能正确地绘制防松装置图。

3. 掌握螺栓组连接设计的基本方法

(1)螺栓组连接的结构设计原则,包括确定接合面的形状、连接结构类型及防松方法、螺栓数目及其在接合面上的布置,提高螺栓连接强度的结构措施等。

(2)螺栓组连接的受力分析。

① 正确理解螺栓组连接受力分析的目的及其简化假设条件。

② 正确理解螺栓组连接的受力与螺栓的受力既有联系又有区别。

③ 熟练掌握螺栓组连接的四种典型受力状态(轴向力、横向力、旋转力矩和倾覆力矩)下的受力分析,能正确运用静力平衡条件和变形协调条件,确定出受力最大螺栓的受力。

④ 熟练掌握螺栓组连接在复杂受力状态下的受力分析方法。其关键是,首先能正确地把

螺栓组连接所承受的任意外载荷(力、力矩)向螺栓组连接接合面的形心简化,使简化后的螺栓组连接所承受的工作载荷是上述四种简单受力状态的组合;然后按每种简单受力状态确定出各个螺栓的受力;最后用矢量叠加的原理确定出各个螺栓所承受的同类载荷(横向载荷或轴向载荷),从而找出受力最大螺栓所受的载荷。

⑤ 掌握普通螺栓连接与铰制孔用螺栓连接在螺栓组连接受力分析中的区别。

(3)熟练掌握单个螺栓连接的强度计算理论与方法。

① 螺栓连接的主要失效形式和设计计算准则。

② 受拉螺栓连接的强度计算理论与方法。特别要记住:受预紧力和轴向工作载荷的紧螺栓连接的受力-变形图;螺栓所受总拉力的确定;紧螺栓连接强度计算公式中系数 1.3 的物理意义。

③ 受剪螺栓连接的强度计算理论与方法。

④ 螺栓连接的许用应力$[\sigma]$、$[\tau]$和$[\sigma_p]$的确定。

4. 熟练掌握提高螺纹连接强度的各种措施

包括改善螺纹牙上载荷分布不均匀现象的装置,减小螺栓受力、降低影响螺栓疲劳强度的应力幅和应力集中的措施,以及避免螺栓受附加弯曲应力作用的结构措施等。

5. 了解滑动螺旋传动的主要失效形式和设计准则;掌握滑动螺旋传动的常用设计公式和校核计算公式

8.2　重点与难点分析

8.2.1　重点内容分析

本章的重点内容,从考研辅导角度出发,根据近几年各校考题内容范围,主要包括如下方面。

(1)螺纹的基本知识　主要是螺纹的基本参数,常用螺纹的牙型、特性及其应用,螺纹副的受力分析,影响螺纹副效率和自锁性的主要参数。

(2)螺纹连接的基本知识　主要是螺纹连接的类型、特点及其应用,防松的原理及防松装置。

(3)螺栓组连接的受力分析　主要是复杂受力状态下的受力分析。

(4)单个螺栓连接的强度计算　主要是承受轴向拉伸载荷的紧螺栓连接的强度计算。

(5)螺栓组连接的综合计算　主要有三种情况:①校核螺栓组连接螺栓的强度;②设计螺栓组连接螺栓所需的直径尺寸;③确定螺栓组连接所能承受的最大载荷。

8.2.2　难点内容分析

1. 螺纹连接的结构设计与表达

这个问题成为本章的难点,绝不是因为它有高深的理论使学生难于理解,而在于很多学生不重视它,一旦考题中有这方面的内容,就显得束手无策,既不会选择连接类型,更不能正确地绘制出其连接结构图,或找不出连接结构图中的错误。因此,对于考生来说,必须把这部分内容当成重点和难点来对待,要多看实物,多看连接结构图,多问为什么,多练习绘制。

2. 复杂受力状态下的螺栓组连接受力分析

由于复杂受力状态下的螺栓组连接,其螺栓受力既可能是预紧力或轴向工作载荷,也可能是预紧力和轴向工作载荷的复合载荷,还可能是横向载荷。而这既与螺栓组连接的受力情况有关,又与螺栓连接的类型有关。许多学生遇到此类问题时,不知如何着手解题,或者考虑问题不全面,得不出正确答案。对于这类问题,首先要利用静力分析方法将复杂的受力状态简化成四种简单受力状态,即轴向载荷、横向载荷、旋转力矩和倾覆力矩;然后根据螺栓组连接的受力情况和螺栓连接的类型,确定单个螺栓连接的受力。当螺栓组连接受横向载荷,或旋转力矩,或横向载荷与旋转力矩联合作用时,对于普通螺栓连接,则需要确定螺栓所受的预紧力;对于铰制孔用螺栓连接,则需要确定螺栓所受的横向载荷。当螺栓组连接受轴向载荷,或倾覆力矩,或轴向载荷与倾覆力矩联合作用时(这时只能采用普通螺栓连接),则需要确定螺栓所受的轴向工作载荷。应该注意,当螺栓组连接既受横向载荷(或旋转力矩,或横向载荷与旋转力矩联合作用),又受轴向载荷作用时,在确定螺栓所受的预紧力时,一定要考虑轴向载荷的影响,因为此时接合面间的压紧力不再是预紧力,而是剩余预紧力(也称残余预紧力)。只要分别计算出螺栓组连接在这些简单受力状态下每个螺栓的工作载荷,然后将同类工作载荷矢量叠加,便可得到每个螺栓的总的工作载荷——预紧力或轴向工作载荷。若螺栓组连接中各个螺栓既受预紧力作用又受轴向工作载荷作用,则最后要求出受力最大螺栓所受的总拉力。

3. 受倾覆力矩作用的螺栓组连接受力分析

对这种受力状态进行受力分析时,首先要了解假设条件。如图 8-1 所示,认为机座底板是刚体,而地基与螺栓为弹性体,受倾覆力矩 M 作用机座欲倾覆时,底板不变形,接合面仍然为一平面,底板有绕对称轴 O—O 倾覆的趋势,使对称轴一侧的螺栓被拉紧,而对称轴另一侧的螺栓被放松,但其接合面间压力则增加。根据受力矩 M 作用后对称轴线两侧接合面间变形对称的条件,以底板为分离体,可以判定对称轴一侧被拉紧的螺栓对底板的作用和对称轴另一侧地基对底板的支反力作用是相等的。因此,可以把地基对底板的支反力(分布载荷)简化为数个集中力作用于螺栓所在位置,然后根据静力平衡条件和螺栓变形协调条件,求出受力最大螺栓所受的轴向工作载荷。

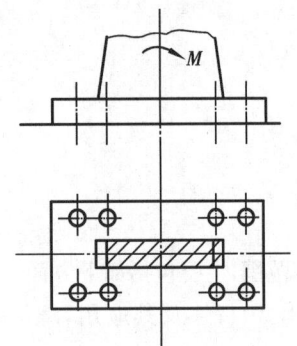

图 8-1 受倾覆力矩作用的螺栓连接

要注意,对于受倾覆力矩作用的螺栓组连接进行受力分析和强度计算时,一定要考虑受压最大处不被压溃,而受压最小处不出现缝隙或保持某个压力的要求。

4. 受预紧力和轴向工作载荷作用时,单个紧螺栓连接的螺栓总拉力的确定

这个问题的关键是解题的思维方式要转变,要由解静定问题转到解静不定问题上来。要从分析螺栓及被连接件的受力-变形关系入手,充分理解变形协调条件,深入掌握螺栓与被连接件的受力-变形关系图(见图 8-2),从而得出以下几个重要结论。

(1) 螺栓所受的总拉力 F_0 不等于螺栓的预紧力 F' 和轴向工作载荷 F 之和,即 $F_0 \neq F' + F$。

(2) 轴向工作载荷 F 的一部分 ΔF_b 用于使螺栓进一步伸长,而另一部分 ΔF_m 则用于恢复被连接件的部分压缩变形。因此有以下几种情况。

① 螺栓所受的总拉力 F_0 等于螺栓的预紧力 F' 和轴向工作载荷的一部分 ΔF_b 之和,即 $F_0 = F' + \Delta F_b$;

② 接合面间剩余预紧力 F'' 等于预紧力 F' 减去轴向工作载荷的一部分 ΔF_m,即 $F'' = F' - \Delta F_m$;为保证连接的刚度、紧密性,F'' 应大于或等于某一数值,故确定 F' 与 F 时要充分考虑连

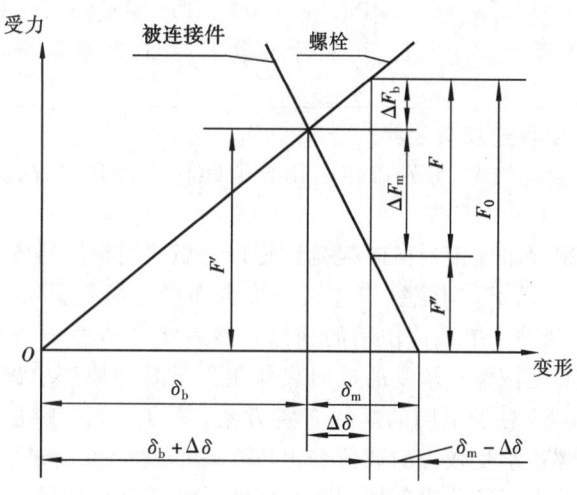

图 8-2 螺栓连接受力-变形图

接对 F'' 的要求；

③ 螺栓所受的总拉力 F_0 等于剩余预紧力 F'' 和螺栓的轴向工作载荷 F 之和，即 $F_0 = F'' + F$。

（3）使螺栓进一步伸长的 ΔF_b 大小与螺栓刚度 C_b 及被连接件刚度 C_m 有关，$\Delta F_b = FC_b/(C_b + C_m)$。显然 C_b 愈小，C_m 愈大，则 ΔF_b 愈小；反之亦然。在螺栓组连接设计中采用细长螺栓就是为了减小 C_b，在接合面间不加垫片或采用刚性大的垫片就是为了增大 C_m，从而减小 ΔF_b。$C_b/(C_b + C_m)$ 称为螺栓的相对刚度。

8.3 例题精选与解析

例 8-1 一厚度 $\delta = 12 \text{ mm}$ 的钢板用 4 个螺栓固联在厚度 $\delta_1 = 30 \text{ mm}$ 的铸铁支架上，螺栓的布置有（a）、（b）两种方案，如例 8-1 图所示。

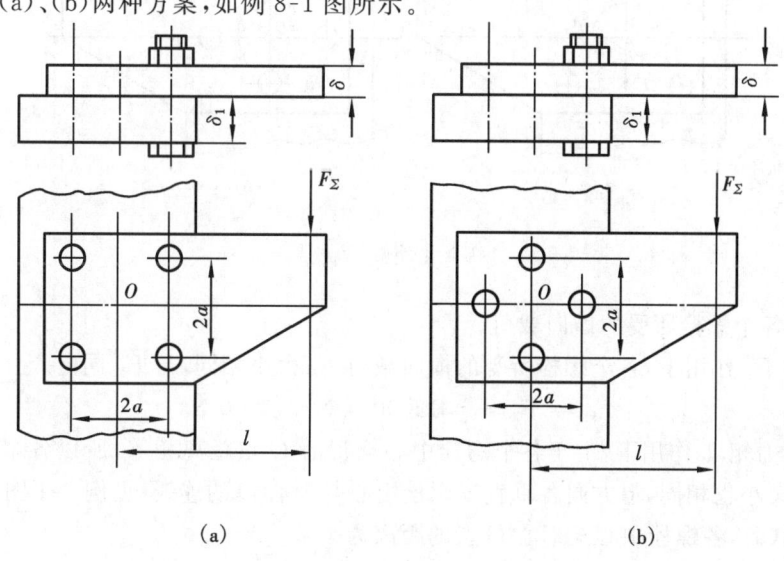

（a）   （b）

例 8-1 图

已知:螺栓材料为 Q235,$[\sigma]=95$ MPa,$[\tau]=96$ MPa,钢板 $[\sigma_p]=320$ MPa,铸铁 $[\sigma_{p1}]=180$ MPa,接合面间摩擦系数 $f=0.15$,可靠性系数 $K_f=1.2$,载荷 $F_\Sigma=12000$ N,尺寸 $l=400$ mm,$a=100$ mm。

(1) 试比较哪种螺栓布置方案合理?

(2) 按照螺栓布置合理方案,分别确定采用普通螺栓连接和铰制孔用螺栓连接时的螺栓直径。

解题分析: 本题是螺栓组连接受横向载荷和旋转力矩共同作用的典型例子。解题时,首先要将作用于钢板上的外载荷 F_Σ 向螺栓组连接的接合面形心简化,得出该螺栓组连接受横向载荷 F_Σ 和旋转力矩 T 两种简单载荷作用的结论。然后将这两种简单载荷分配给各个螺栓,找出受力最大的螺栓,并把该螺栓承受的横向载荷用矢量叠加原理求出合成载荷。在外载荷与螺栓数目一定的条件下,对于不同的螺栓布置方案,受力最大的螺栓所承受的载荷是不同的,显然使受力最大的螺栓承受较小的载荷是比较合理的螺栓布置方案。若螺栓组采用铰制孔用螺栓连接,则靠螺栓光杆部分受剪切和配合面间受挤压来传递横向载荷,其设计准则是保证螺栓的剪切强度和连接的挤压强度,可按相应的强度条件式,计算受力最大螺栓危险剖面的直径。若螺栓组采用普通螺栓连接,则靠拧紧螺母使被连接件接合面间产生足够的摩擦力来传递横向载荷。在此情况下,应先按受力最大螺栓承受的横向载荷,求出螺栓所需的预紧力;然后用只受预紧力作用的紧螺栓连接,受拉强度条件式计算螺栓危险剖面的直径 d_1;最后根据 d_1 查标准选取螺栓直径 d,并根据被连接件厚度、螺母及垫圈厚度确定螺栓的标准长度。

解题要点:

1. 螺栓组连接受力分析

(1) 将载荷简化。

将载荷 F_Σ 向螺栓组连接的接合面形心 O 点简化,得一横向载荷 $F_\Sigma=12000$ N 和一旋转力矩 $T=F_\Sigma \cdot l=12000 \times 400$ N·mm$=4.8 \times 10^6$ N·mm,如例 8-1 图解(一)所示。

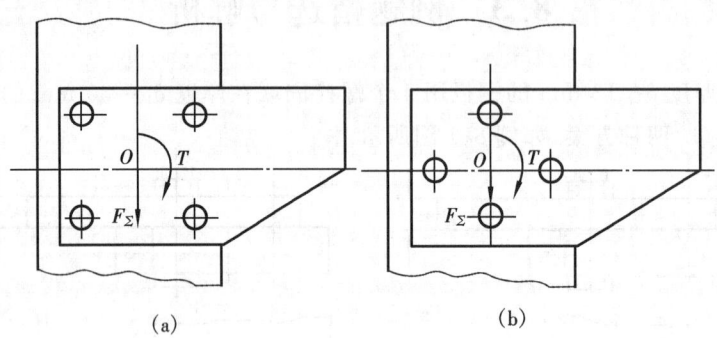

例 8-1 图解(一)

(2) 确定各个螺栓所受的横向载荷。

在横向力 F_Σ 作用下,各个螺栓所受的横向载荷 F_{s1} 大小相同,与 F_Σ 同向。

$$F_{s1} = F_\Sigma/4 = 12000/4 \text{ N} = 3000 \text{ N}$$

而在旋转力矩 T 作用下,由于各个螺栓中心至形心 O 点距离相等,所以各个螺栓所受的横向载荷 F_{s2} 大小也相同,但方向各垂直于螺栓中心与形心 O 的连线(见例 8-1 图解(二))。

对于方案(a),各螺栓中心至形心 O 点的距离为

$$r_a = \sqrt{a^2 + a^2} = \sqrt{100^2 + 100^2} \text{ mm} = 141.4 \text{ mm}$$

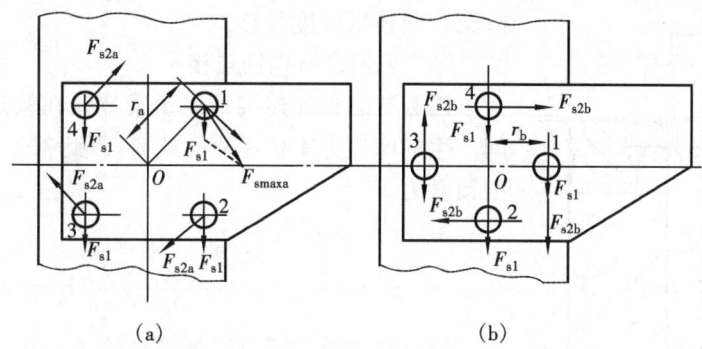

(a)   (b)

例 8-1 图解(二)

所以
$$F_{s2a} = \frac{T}{4r_a} = \frac{4.8 \times 10^6}{4 \times 141.4} \text{ N} = 8487 \text{ N}$$

由例 8-1 图解(二)(a)可知,螺栓 1 和 2 所受两力的夹角 α 最小,故螺栓 1 和 2 所受横向载荷最大,即

$$F_{smaxa} = \sqrt{F_{s1}^2 + F_{s2a}^2 + 2F_{s1} \cdot F_{s2a}\cos\alpha}$$
$$= \sqrt{3000^2 + 8487^2 + 2 \times 3000 \times 8487 \times \cos45°} \text{ N} = 10820 \text{ N}$$

对于方案(b),各螺栓中心至形心 O 点的距离为

$$r_b = a = 100 \text{ mm}$$

所以
$$F_{s2b} = \frac{T}{4r_b} = \frac{4.8 \times 10^6}{4 \times 100} \text{ N} = 12000 \text{ N}$$

由例 8-1 图解(二)(b)可知,螺栓 1 所受横向载荷最大,即

$$F_{smaxb} = F_{s1} + F_{s2b} = (3000 + 12000) \text{ N} = 15000 \text{ N}$$

(3)两种方案比较。

在螺栓布置方案(a)中,受力最大的螺栓 1 和 2 所受的总横向载荷 $F_{smaxa} = 10820$ N;而在螺栓布置方案(b)中,受力最大的螺栓 1 所受的总横向载荷 $F_{smaxb} = 15000$ N。可以看出,$F_{smaxa} < F_{smaxb}$,因此方案(a)比较合理。

2. 按螺栓布置方案(a)确定螺栓直径

(1)采用铰制孔用螺栓连接。

① 因为铰制孔用螺栓连接是靠螺栓光杆受剪切和配合面间受挤压来传递横向载荷,因此按剪切强度设计螺栓光杆部分的直径 d_s。

$$d_s \geqslant \sqrt{\frac{4F_s}{\pi[\tau]}} = \sqrt{\frac{4 \times 10820}{\pi \times 96}} \text{ mm} = 11.98 \text{ mm}$$

取 M12×60($d_s = 13$ mm>11.98 mm)。

② 校核配合面挤压强度。

按例 8-1 图解(三)所示的配合面尺寸,有

螺栓光杆与钢板孔间

$$\sigma_p = \frac{F_s}{d_s h} = \frac{10820}{13 \times 8} \text{ MPa} = 104 \text{ MPa} < [\sigma_p] = 320 \text{ MPa}$$

螺栓光杆与铸铁支架孔间

$$\sigma_{p1} = \frac{F_s}{d_s \delta_1} = \frac{10820}{13 \times 30} \text{ MPa} = 27.7 \text{ MPa} < [\sigma_{p1}] = 180 \text{ MPa}$$

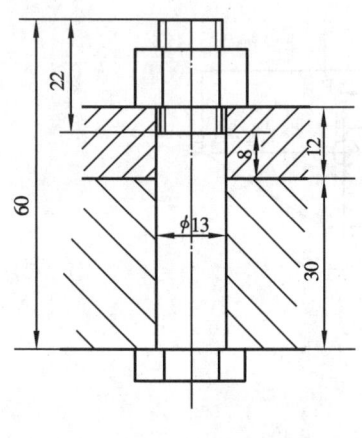

例 8-1 图解（三）

故配合面挤压强度足够。

（2）采用普通螺栓连接。

因为普通螺栓连接是靠预紧螺栓在被连接件的接合面间产生的摩擦力来传递横向载荷，因此首先要求出螺栓所需的预紧力 F'。

由 $fF' = K_f F_s$，得

$$F' = \frac{K_f F_s}{f} = \frac{1.2 \times 10820}{0.15} \text{ N} = 86560 \text{ N}$$

根据强度条件式可得螺栓小径 d_1，即

$$d_1 \geqslant \sqrt{\frac{4 \times 1.3 F'}{\pi [\sigma]}} = \sqrt{\frac{4 \times 1.3 \times 86560}{\pi \times 95}} \text{ mm} = 38.84 \text{ mm}$$

取 M45（$d_1 = 40.129 \text{ mm} > 38.84 \text{ mm}$）。

例 8-2　有一轴承托架用 4 个普通螺栓固联于钢立柱上，托架材料为 HT150，许用挤压应力 $[\sigma_p] = 60$ MPa，螺栓材料强度级别为 6.6 级，许用安全系数 $[S] = 3$，接合面间摩擦系数 $f = 0.15$，可靠性系数 $K_f = 1.2$，螺栓相对刚度 $\frac{C_b}{C_b + C_m} = 0.2$，载荷 $P = 6000$ N，尺寸如例 8-2 图所示。试设计此螺栓组连接。

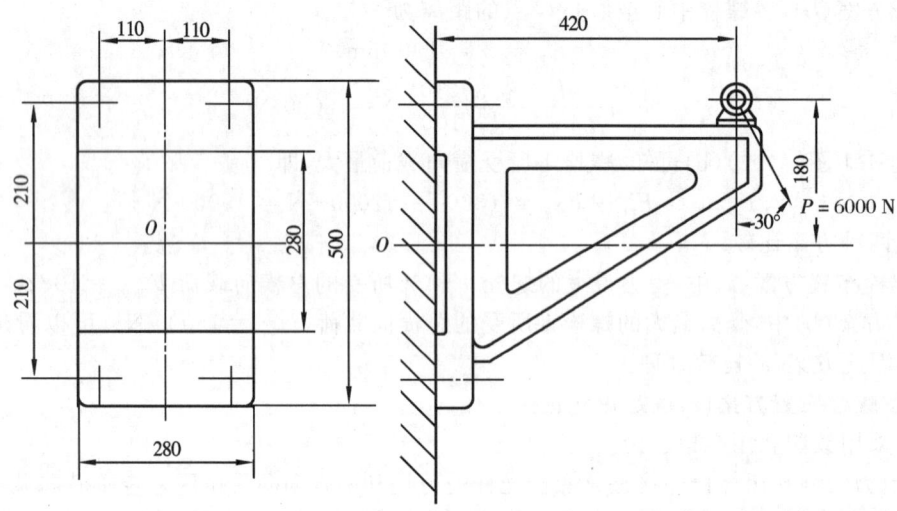

例 8-2 图

解题分析：本题是螺栓组连接受横向载荷、轴向载荷和倾覆力矩共同作用的典型例子。解题时首先要将作用于托架上的载荷 P 分解成水平方向和铅垂方向的两个分力，并向螺栓组连接的接合面形心 O 点处简化，得出该螺栓组连接受横向载荷、轴向载荷和倾覆力矩三种简单载荷作用的结论。然后分析该螺栓组连接分别在这三种简单载荷作用下可能发生的失效，即：①在横向载荷的作用下，托架产生下滑；②在轴向载荷和倾覆力矩的作用下，接合面上部发生分离；③在倾覆力矩和轴向载荷的作用下，托架下部或立柱被压溃；④受力最大的螺栓被拉断（或塑性变形）。由上述失效分析可知，为防止分离和下滑的发生，应保证有足够的预紧力；而为避免托架或立柱被压溃，又要求把预紧力控制在一定范围。因此，预紧力的确定不能仅考虑在横向载荷作用下接合面不产生相对滑移这一条件，还应考虑接合面上部不分离和托架下部

或立柱不被压溃的条件。同时,要特别注意此时在接合面间产生足够大的摩擦力来平衡横向载荷的不是预紧力 F',而是剩余预紧力 F''。螺栓所受的轴向工作载荷是由螺栓组连接所受的轴向载荷和倾覆力矩来确定的。显然,对上边两个螺栓来说,由螺栓组连接所受的轴向载荷与倾覆力矩所产生的轴向工作载荷方向相同,矢量叠加后数值最大,是受力最大的螺栓。最后就以受力最大螺栓的轴向工作载荷和预紧力确定螺栓所受的总拉力 F_0,根据螺栓的总拉力 F_0 计算螺栓的直径尺寸,以满足螺栓的强度。

解题要点:

1. 螺栓组受力分析

如例 8-2 图所示,载荷 P 可分解为

横向载荷 $\qquad P_y = P\cos30° = 6000\cos30°\text{N} = 5196\ \text{N}$(铅垂向下)

轴向载荷 $\qquad P_x = P\sin30° = 6000\sin30°\text{N} = 3000\ \text{N}$(水平向右)

把 P_x、P_y 向螺栓组连接的接合面形心 O 点处简化,得到

倾覆力矩 $\qquad M = P_x \times 180 + P_y \times 420$

$$= (3000 \times 180 + 5196 \times 420)\ \text{N} \cdot \text{mm} = 2.722 \times 10^6\ \text{N} \cdot \text{mm}$$

显然,该螺栓组连接受横向载荷 P_y、轴向载荷 P_x 和倾覆力矩 M 三种简单载荷的共同作用。

(1)确定受力最大螺栓的轴向工作载荷 F。

在轴向载荷 P_x 作用下,每个螺栓受到的轴向工作载荷为

$$F_p = \frac{P_x}{4} = \frac{3000}{4}\ \text{N} = 750\ \text{N}$$

而在倾覆力矩 M 作用下,上部螺栓进一步受到拉伸,每个螺栓受到的轴向工作载荷为

$$F_m = Ml_{max} \bigg/ \sum_{i=1}^{4} l_i^2 = \frac{2.722 \times 10^6 \times 210}{4 \times 210^2}\ \text{N} = 3240\ \text{N}$$

显然,上部螺栓受力最大,其轴向工作载荷为

$$F = F_p + F_m = (750 + 3240)\ \text{N} = 3990\ \text{N}$$

(2)确定螺栓的预紧力 F'。

① 由托架不下滑条件计算预紧力 F'。

该螺栓组连接预紧后,受轴向载荷 P_x 作用时,其接合面间压紧力为剩余预紧力 F'',而受倾覆力矩 M 作用时,其接合面上部压紧力减小,下部压紧力增大,故 M 对接合面间压紧力的影响可以不考虑。因此,托架不下滑的条件式为

$$4fF'' = K_f P_y$$

而 $\qquad F'' = F' - \Delta F_m = F' - \left(1 - \frac{C_b}{C_b + C_m}\right)F_p$

有 $\qquad 4f\left[F' - \left(1 - \frac{C_b}{C_b + C_m}\right)F_p\right] = K_f P_y$

所以 $\qquad F' = \frac{K_f P_y}{4f} + \left(1 - \frac{C_b}{C_b + C_m}\right)F_p$

将已知数值代入上式,可得

$$F' = \left[\frac{1.2 \times 5196}{4 \times 0.15} + (1 - 0.2) \times 750\right]\ \text{N} = 10992\ \text{N}$$

② 由接合面不分离条件计算预紧力 F'。

由 $\qquad \sigma_{pmin} = \frac{zF'}{A} - \left(1 - \frac{C_b}{C_b + C_m}\right)\frac{P_x}{A} - \left(1 - \frac{C_b}{C_b + C_m}\right)\frac{M}{W} \geqslant 0$

可得
$$F' \geqslant \frac{1}{z}\left(1-\frac{C_b}{C_b+C_m}\right)\left(P_x+\frac{M}{W}\cdot A\right)$$

式中：A 为接合面面积，$A = 280 \times (500-280)\ \text{mm}^2 = 61600\ \text{mm}^2$；$W$ 为接合面抗弯截面模量，即

$$W = \frac{280 \times 500^2}{6}\left[1-\left(\frac{280}{500}\right)^3\right]\text{mm}^3 = 9.618 \times 10^6\ \text{mm}^3$$

z 为螺栓数目，$z = 4$。

将已知数值代入上式，可得

$$F' \geqslant \frac{1}{4}(1-0.2)\left(3000+\frac{2.722 \times 10^6}{9.618 \times 10^6} \times 61600\right)\text{N} = 4087\ \text{N}$$

③ 由托架下部不被压溃条件计算预紧力 F'（钢立柱抗挤压强度高于铸铁托架）。

由
$$\sigma_{p\max} = \frac{zF'}{A}-\left(1-\frac{C_b}{C_b+C_m}\right)\frac{P_x}{A}+\left(1-\frac{C_b}{C_b+C_m}\right)\frac{M}{W} \leqslant [\sigma_p]$$

可得
$$F' \leqslant \frac{1}{z}\left[[\sigma_p]A+\left(1-\frac{C_b}{C_b+C_m}\right)\left(P_x-\frac{M}{W}\cdot A\right)\right]$$

式中：$[\sigma_p]$ 为托架材料的许用挤压应力，$[\sigma_p] = 60\ \text{MPa}$。

将已知数值代入上式，可得

$$F' \leqslant \frac{1}{4}\left[60 \times 61600+(1-0.2)\left(3000-\frac{2.722 \times 10^6}{9.618 \times 10^6} \times 61600\right)\right]\text{N}$$
$$= 921113\ \text{N}$$

综合以上三方面计算，取 $F' = 11000\ \text{N}$。

2. 计算螺栓的总拉力 F_0

这是受预紧力 F' 作用后又受轴向工作载荷 F 作用的紧螺栓连接，故螺栓的总拉力为

$$F_0 = F'+\frac{C_b}{C_b+C_m}F = (11000+0.2 \times 3990)\ \text{N} = 11798\ \text{N}$$

3. 确定螺栓直径

$$d_1 \geqslant \sqrt{\frac{4 \times 1.3F_0}{\pi[\sigma]}}$$

式中：$[\sigma]$ 为螺栓材料的许用拉伸应力，由题给条件知 $[\sigma] = \sigma_s/[S] = 360/3\ \text{MPa} = 120\ \text{MPa}$。

所以
$$d_1 \geqslant \sqrt{\frac{4 \times 1.3 \times 11798}{\pi \times 120}}\ \text{mm} = 12.757\ \text{mm}$$

取 M16（$d_1 = 13.835\ \text{mm} > 12.757\ \text{mm}$）。

说明：该题也可先按托架不下滑条件确定预紧力 F'，然后校核托架上部不分离和托架下部不压溃。

例 8-3 起重卷筒与大齿轮用 8 个普通螺栓连接在一起，如例 8-3 图所示。已知卷筒直径 $D = 400\ \text{mm}$，螺栓分布圆直径 $D_0 = 500\ \text{mm}$，接合面间摩擦系数 $f = 0.12$，可靠性系数 $K_f = 1.2$，起重钢索拉力 $Q = 50000\ \text{N}$，螺栓材料的许用拉伸应力 $[\sigma] = 100\ \text{MPa}$。试设计该螺栓组的螺栓直径。

解题分析：本题是典型的仅受旋转力矩作用的螺栓组连接。由于本题是采用普通螺栓连接，是靠接合面间的摩擦力矩来平衡外载荷——旋转力矩，因此本题的关键是计算出螺栓所需要的预紧力 F'。而本题中的螺栓仅受预紧力 F' 作用，故可按预紧力 F' 来确定螺栓的直径。

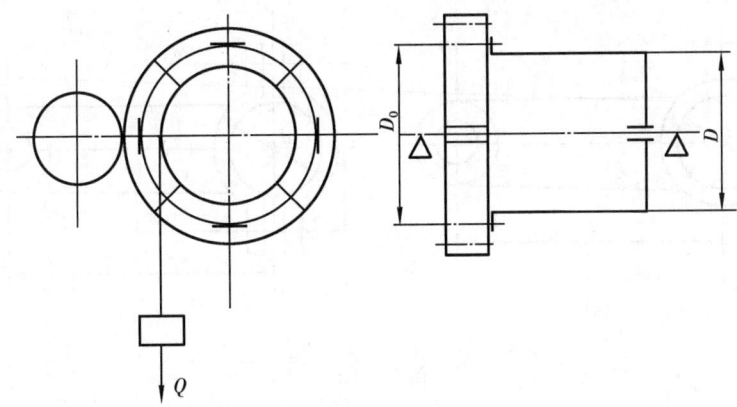

例 8-3 图

解题要点：

1. 计算旋转力矩 T

$$T = Q \cdot \frac{D}{2} = 50000 \times \frac{400}{2} \text{ N} \cdot \text{mm} = 10^7 \text{ N} \cdot \text{mm}$$

2. 计算螺栓所需要的预紧力 F'

由

$$zfF' \cdot \frac{D_0}{2} = K_f T$$

得

$$F' = \frac{2K_f T}{z f D_0}$$

将已知数值代入上式，可得

$$F' = \frac{2K_f T}{z f D_0} = \frac{2 \times 1.2 \times 10^7}{8 \times 0.12 \times 500} \text{ N} \cdot \text{mm} = 50000 \text{ N} \cdot \text{mm}$$

3. 确定螺栓直径

$$d_1 \geqslant \sqrt{\frac{4 \times 1.3 F'}{\pi [\sigma]}} = \sqrt{\frac{4 \times 1.3 \times 50000}{\pi \times 100}} \text{ mm} = 28.768 \text{ mm}$$

取 M36（$d_1 = 31.670 \text{ mm} > 28.768 \text{ mm}$）。

讨论：（1）此题也可改为校核计算题，已知螺栓直径，校核其强度。其解题步骤仍然是需先求 F'，然后验算 $\sigma_{ca} = \dfrac{1.3 F'}{\pi d_1^2 / 4} \leqslant [\sigma]$。

（2）此题也可改为计算起重钢索拉力 Q。已知螺栓直径，计算该螺栓所能承受的预紧力 F'，然后按接合面间摩擦力矩与作用于螺栓组连接上的旋转力矩相平衡的条件，求出拉力 Q，即由

$$zfF' \cdot \frac{D_0}{2} = K_f Q \cdot \frac{D}{2}$$

得

$$Q = \frac{z f F' D_0}{K_f D}$$

例 8-4 如例 8-4 图所示两种夹紧螺栓连接，图(a)用一个螺栓连接，图(b)用两个螺栓连接。已知图(a)与图(b)中：载荷 $Q = 2000$ N，轴径 $d = 60$ mm，载荷 Q 至轴径中心距离 $L = 200$ mm，螺栓中心至轴径中心距离 $l = 50$ mm。轴与毂配合面之间的摩擦系数 $f = 0.15$，可靠性系数 $K_f = 1.2$，螺栓材料的许用拉伸应力 $[\sigma] = 100$ MPa。试确定图(a)和图(b)连接螺栓的直径 d。

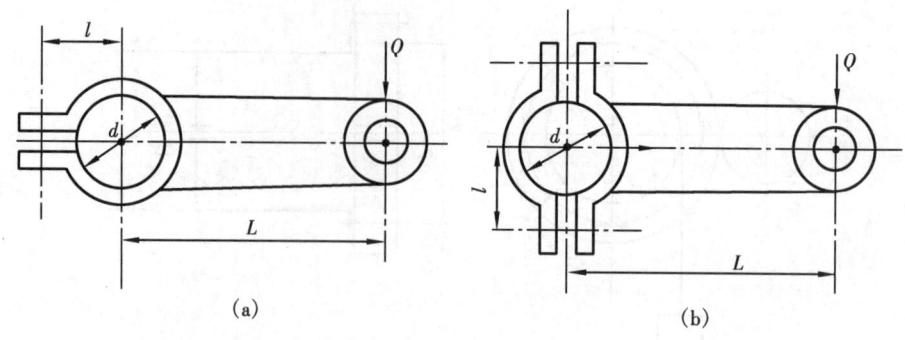

例 8-4 图

解题分析: 夹紧连接是借助于螺栓拧紧后,毂与轴之间产生的摩擦力矩来平衡外载荷 Q 对轴中心产生的转矩,是螺栓组连接受旋转力矩作用的一种变异,连接螺栓仅受预紧力 F' 的作用。因为螺栓组连接后产生的摩擦力矩要由毂与轴之间的正压力 N 来计算,当然该正压力 N 的大小与螺栓预紧力 F' 的大小有关,但若仍然按照一般情况来计算则会出现错误。在确定预紧力 F' 与正压力 N 的关系时,对于图(a)可将毂上 K 点处视为铰链(例 8-4 图解(a)),取一部分为分离体;而对于图(b)可取左半毂为分离体(例 8-4 图解(b))。F' 与 N 之间的关系式确定后,再根据轴与毂之间不发生相对滑动的条件,确定出正压力 N 与载荷 Q 之间的关系式,将两式联立求解,便可计算出预紧力 F' 之值。最后按螺栓连接的强度条件式,确定出所需连接螺栓的直径 d。

解题要点:

1. 确定例 8-4 图解(a)所示连接螺栓直径 d

(1) 计算螺栓连接所需预紧力 F'。

将毂上 K 点视为铰链,轴对毂的正压力为 N,由正压力 N 产生的摩擦力为 fN,如例 8-4 图解(a)所示。

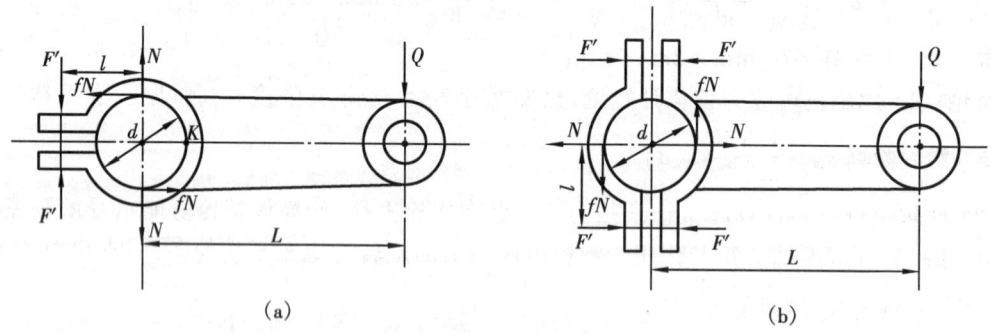

例 8-4 图解

取毂上一部分为分离体,对 K 点取矩,则有

$$F'\left(l + \frac{d}{2}\right) = N \cdot \frac{d}{2}$$

所以
$$F' = N \cdot \frac{d}{2l+d}$$

（注意：此时作用于分离体上的力中没有外载荷 Q）

而根据轴与毂之间不发生相对滑动的条件，则有

$$2fN \cdot \frac{d}{2} = K_f QL$$

所以
$$N = \frac{K_f QL}{fd}$$

从而有
$$F' = \frac{K_f QL}{fd} \cdot \frac{d}{2l+d} = \frac{K_f QL}{f(2l+d)}$$

将已知数值代入上式，可得

$$F' = \frac{K_f QL}{f(2l+d)} = \frac{1.2 \times 2000 \times 200}{0.15 \times (2 \times 50 + 60)} \text{ N} = 20000 \text{ N}$$

（2）确定连接螺栓的直径 d。

该连接螺栓仅受预紧力 F' 作用，故其螺纹小径为

$$d_1 \geqslant \sqrt{\frac{4 \times 1.3 F'}{\pi [\sigma]}} = \sqrt{\frac{4 \times 1.3 \times 20000}{\pi \times 100}} \text{ mm} = 18.195 \text{ mm}$$

取 M24（$d_1 = 20.752$ mm＞18.195 mm）。

2. 确定例 8-4 图解（b）所示连接螺栓直径 d

（1）计算螺栓连接所需预紧力 F'。

取左半毂为分离体，作用于其上的载荷如例 8-4 图解（b）所示。显然，$F' = N/2$。

而根据轴与毂之间不发生相对滑动的条件，则有

$$2fN \cdot \frac{d}{2} = K_f QL$$

所以
$$N = \frac{K_f QL}{fd}$$

从而有
$$F' = \frac{K_f QL}{2fd}$$

将有关数值代入上式，可得

$$F' = \frac{K_f QL}{2fd} = \frac{1.2 \times 2000 \times 200}{2 \times 0.15 \times 60} \text{ N} \approx 26666.7 \text{ N}$$

（2）确定连接螺栓的直径 d。

该连接螺栓仅受预紧力 F' 的作用，故其螺纹小径为

$$d_1 \geqslant \sqrt{\frac{4 \times 1.3 F'}{\pi [\sigma]}} = \sqrt{\frac{4 \times 1.3 \times 26666.7}{\pi \times 100}} = 21.011 \text{ mm}$$

取 M30（$d_1 = 26.211$ mm＞21.011 mm）。

说明：这里查取的连接螺栓直径 d 是按第一系列确定的；若按第二系列，则连接螺栓的直径 d 分别为 M22（$d_1 = 19.294$ mm）和 M27（$d_1 = 23.752$ mm）。

例 8-5 例 8-5 图所示为一螺旋拉紧装置，旋转中间零件，可使两端螺杆 A 和 B 向中央移近，从而将被拉两零件拉紧。已知：螺杆 A 和 B 的螺纹为 M16（$d_1 = 13.835$ mm），单线；其材料许用拉伸应力 $[\sigma] = 80$ MPa；螺纹副间摩擦系数 $f = 0.15$。试计算允许施加于中间零件上的最大转矩 T_{max}，并计算旋紧时螺旋的效率 η。

解题分析：由题给条件可知：旋转中间零件，可使两端螺杆受到拉伸；施加于中间零件上的转矩 T 愈大，两端螺杆受到的轴向拉力 F 愈大；而螺杆尺寸一定，所能承受的最大轴向拉力

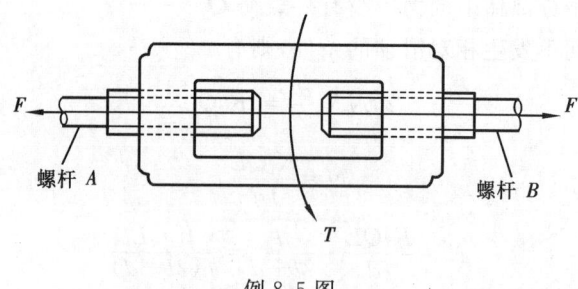

例 8-5 图

$F_{\max}$ 则受到强度条件的限制。因此,对该题求解时首先应按强度条件式 $\sigma_e = \dfrac{1.3F}{\pi d_1^2/4} \leqslant [\sigma]$,计算出 $F_{\max}$;然后由 $F_{\max}$ 计算螺纹副间的摩擦力矩 $T_{1\max}$;最后求出允许旋转中间零件的最大转矩 $T_{\max}$。效率可按定义或公式计算。

解题要点:

(1) 计算螺杆所能承受的最大轴向拉力 $F_{\max}$。

由
$$\sigma_e = \frac{1.3F}{\pi d_1^2/4} \leqslant [\sigma]$$

得
$$F \leqslant \frac{\pi d_1^2}{4 \times 1.3}[\sigma]$$

所以
$$F_{\max} = \frac{\pi d_1^2}{4 \times 1.3}[\sigma] = \frac{\pi \times 13.835^2}{4 \times 1.3} \times 80 \text{ N} = 9251 \text{ N}$$

(2) 计算螺纹副间的摩擦力矩 $T_{1\max}$。

查 M16 螺纹的参数如下:

大径 $d = 16$ mm;中径 $d_2 = 14.701$ mm;螺距 $p = 2$ mm;单线,即线数 $n = 1$,所以,螺旋升角为

$$\lambda = \arctan \frac{np}{\pi d_2} = \arctan \frac{1 \times 2}{\pi \times 14.701} = 2.480° = 2°28'47''$$

而当量摩擦角为

$$\rho_v = \arctan f_v = \arctan \frac{f}{\cos\beta}$$

已知
$$f = 0.15, \quad \beta = \frac{\alpha}{2} = 30°$$

所以
$$\rho_v = \arctan \frac{0.15}{\cos 30°} = 9.826° = 9°49'35''$$

螺纹副间的最大摩擦力矩为

$$T_{1\max} = F_{\max} \tan(\lambda + \rho_v)\frac{d_2}{2}$$

$$= 9251 \times \tan(2.480° + 9.826°) \times \frac{14.701}{2} \text{ N} \cdot \text{mm} = 14834 \text{ N} \cdot \text{mm}$$

(3) 计算允许施加于中间零件上的最大转矩 $T_{\max}$。

因为施加于中间零件上的转矩要克服螺杆 A 和 B 的两种螺纹副间摩擦力矩,故有
$$T_{\max} = 2T_{1\max} = 2 \times 14834 \text{ N} \cdot \text{mm} = 29668 \text{ N} \cdot \text{mm}$$

(4) 计算旋紧时螺旋的效率 η。

因为旋紧中间零件一周,做输入功为 $T_{max} \cdot 2\pi$,而此时螺杆 A 和 B 各移动 1 个导程 $l = np = 1 \times 2$ mm $= 2$ mm,做有用功为 $2F_{max}l$,故此时螺旋的效率为

$$\eta = \frac{2F_{max}l}{T_{max} \cdot 2\pi} = \frac{2 \times 9251 \times 2}{29668 \times 2 \times \pi} \approx 0.199 = 19.9\%$$

或按公式

$$\eta = \frac{\tan\lambda}{\tan(\lambda + \rho_v)} = \frac{\tan 2.480°}{\tan(2.480° + 9.826°)} \approx 0.199 = 19.9\%$$

例 8-6　有一升降装置如例 8-6 图所示,螺旋副采用梯形螺纹,大径 $d = 50$ mm,中径 $d_2 = 46$ mm,螺距 $p = 8$ mm,线数 $n = 4$,支承面采用推力球轴承。升降台的上下移动处采用导向滚轮,它们的摩擦阻力忽略不计。设承受载荷 $Q = 50000$ N,试计算:

(1) 升降台稳定上升时的效率 η,已知螺旋副间摩擦系数 $f = 0.1$;

(2) 稳定上升时施加于螺杆上的力矩;

(3) 若升降台以 640 mm/min 上升,则螺杆所需的转速和功率;

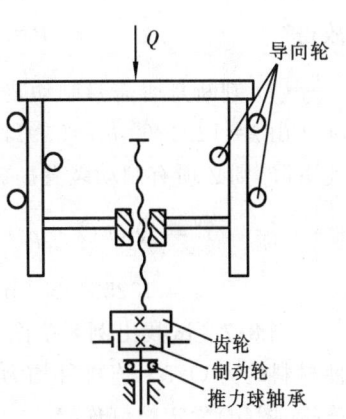

(4) 欲使升降台在载荷 Q 作用下等速下降,是否需要制动装置? 若需要,则加于螺杆上的制动力矩是多少?

解题要点:

(1) 计算升降台稳定上升时的效率 η。

该螺纹的螺旋升角为

$$\lambda = \arctan\frac{np}{\pi d_2} = \arctan\frac{4 \times 8}{\pi \times 46} = 12.486°$$

例 8-6 图

而螺旋副的当量摩擦角为

$$\rho_v = \arctan f_v = \arctan\frac{f}{\cos\beta} = \arctan\frac{0.1}{\cos 15°} = 5.911°$$

故得效率

$$\eta = \frac{\tan\lambda}{\tan(\lambda + \rho_v)} = \frac{\tan 12.486°}{\tan(12.486° + 5.911°)} = 66.58\%$$

(2) 计算稳定上升时施加于螺杆上的力矩 T。

$$T = Q\tan(\lambda + \rho_v)\frac{d_2}{2}$$

$$= 50000 \times \tan(12.486° + 5.911°) \times \frac{46}{2} \text{ N·mm} = 382487 \text{ N·mm}$$

(3) 计算螺杆所需转速 n 和功率 P。

按题给条件,螺杆转一周,升降台上升一个导程 $L = np = 4 \times 8$ mm $= 32$ mm,故若升降台以 640 mm/min 的速度上升,则螺杆所需转速为

$$n = 640 \text{ mm/min} \div 32 \text{ mm/r} = 20 \text{ r/min}$$

计算螺杆所需功率 P,有如下三种方法。

①第一种计算方法:按螺杆线速度 v_1 及圆周力 F_t 确定螺杆所需功率 P。

由

$$v_1 = \frac{\pi d_2 n}{60 \times 1000} = \frac{\pi \times 46 \times 20}{60 \times 1000} \text{ m/s} = 0.0482 \text{ m/s}$$

及

$$F_t = Q\tan(\lambda + \rho_v) = 50000 \times \tan(12.486° + 5.911°) \text{ N} = 16630 \text{ N}$$

可得

$$P = \frac{F_t v_1}{1000} = \frac{16630 \times 0.0482}{1000} \text{ kW} = 0.801 \text{ kW}$$

②第二种计算方法:按同一轴上功率 P 与转矩 T、转速 n 之间的关系式,可得

$$P=\frac{Tn}{9.55\times10^6}=\frac{382487\times20}{9.55\times10^6}\ \text{kW}=0.8\ \text{kW}$$

③第三种计算方法:按升降台以速度 $v_2=640\ \text{mm/min}$ 上升时所需功率来确定螺杆所需功率 P,即

$$P=\frac{Qv_2}{1000\eta}$$

而

$$v_2=\frac{640}{60\times1000}\ \text{m/s}=0.0107\ \text{m/s}$$

故得

$$P=\frac{Qv_2}{1000\eta}=\frac{50000\times0.0107}{1000\times0.6658}\ \text{kW}=0.8\ \text{kW}$$

(4) 判断是否需要制动装置,计算制动力矩 T'。

由 $\lambda=12.486°$,$\rho_v=5.911°$,可知 $\lambda>\rho_v$,螺旋副不自锁,故欲使升降台在载荷 Q 作用下等速下降,则必须有制动装置。施加于螺杆上的制动力矩为

$$T'=Q\tan(\lambda-\rho_v)\frac{d_2}{2}=50000\times\tan(12.486°-5.911°)\times\frac{46}{2}\ \text{N}\cdot\text{mm}$$

$$=132551\ \text{N}\cdot\text{mm}$$

例 8-7　试找出例 8-7 图中螺纹连接结构中的错误,说明原因,并就图改正。已知被连接件材料均为 Q235,连接件均为标准件。图(a)普通螺栓连接;图(b)螺钉连接;图(c)双头螺栓连接;图(d)紧定螺钉连接。

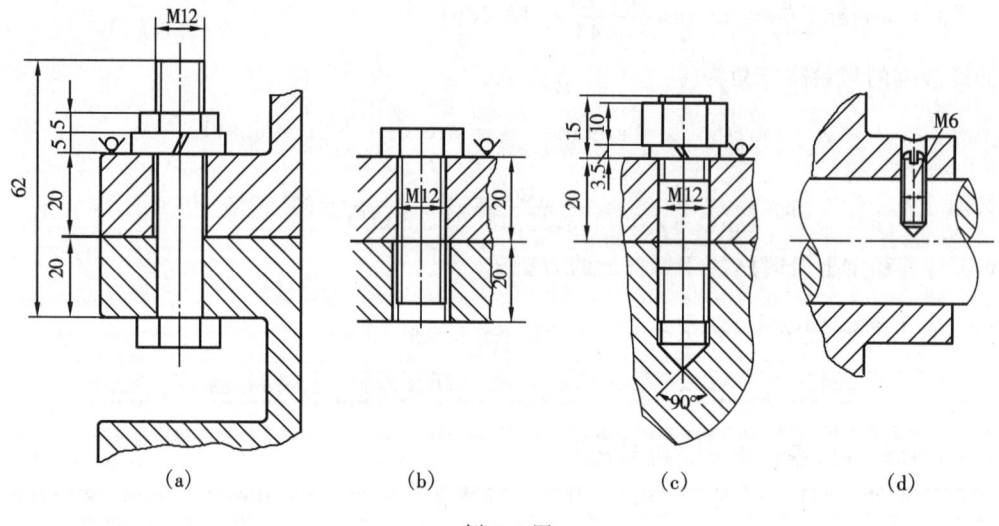

例 8-7 图

解题要点:

(1) 普通螺栓连接(见例 8-7 图(a))。

主要错误有:

① 螺栓安装方向不对,装不进去,应掉头安装;

② 普通螺栓连接的被连接件孔要大于螺栓大径,而下部被连接件孔与螺栓杆间无间隙;

③ 被连接件表面没加工,应做出沉头座孔并刮平,以保证螺栓头及螺母支承面平整且垂直于螺栓轴线,避免拧紧螺母时螺栓产生附加弯曲应力;

④ 一般连接,不应采用扁螺母;

⑤ 弹簧垫圈尺寸不对,缺口方向也不对;

⑥ 螺栓长度不标准,应取标准长 $l=60$ mm;

⑦ 螺栓中螺纹部分长度短了,应取长 30 mm。

改正后的结构见例 8-7 图解(a)。

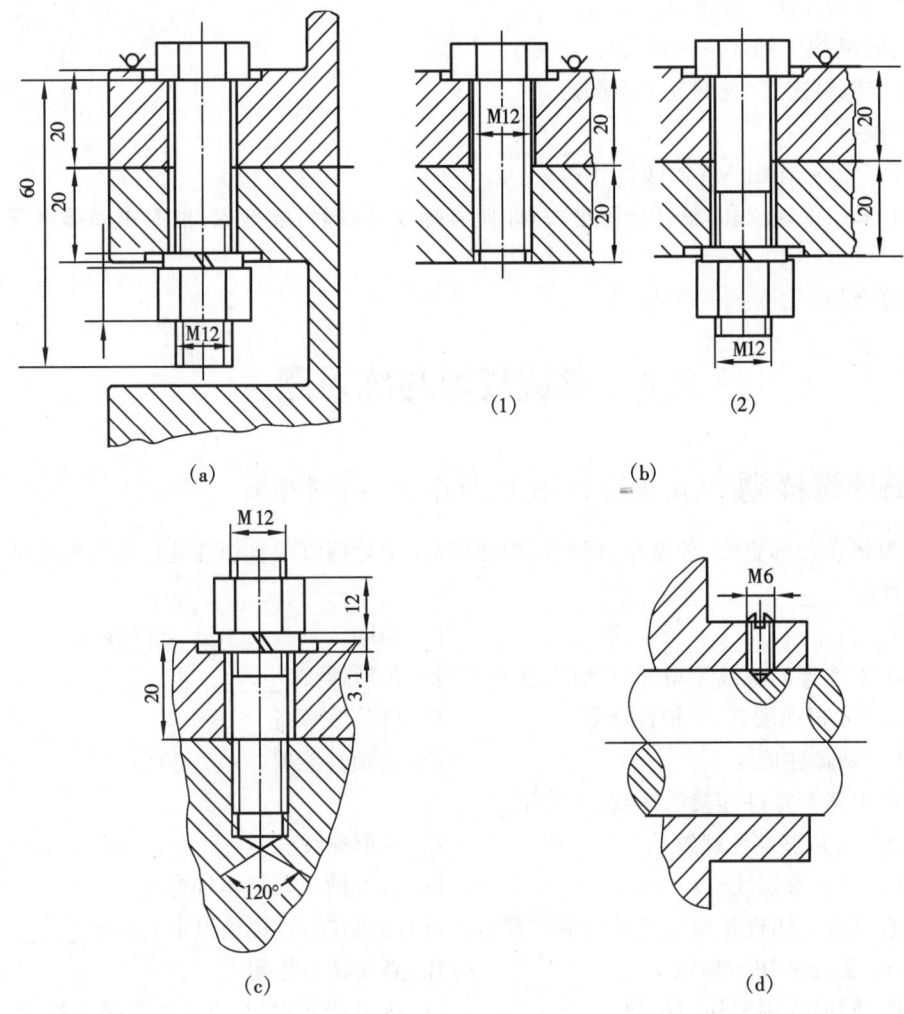

例 8-7 图解

(2) 螺钉连接(见例 8-7 图(b))。

主要错误有:

①采用螺钉连接时,被连接件之一应有大于螺栓大径的光孔,而另一被连接件上应有与螺钉相旋合的螺纹孔;而图中上边被连接件没有做成大于螺栓大径的光孔,下边被连接件的螺纹孔又过大,与螺钉尺寸不符,而且螺纹孔画法不对,小径不应为细实线;

②若上边被连接件是铸件,则缺少沉头座孔,表面也没加工。

改正后的结构见例 8-7 图解(b)。

（3）双头螺栓连接（见例 8-7 图(c)）。

主要错误有：

① 双头螺栓的光杆部分不能拧进被连接件的螺纹孔内，M12 不能标注在光杆部分；

② 锥孔角度应为 120°，而且应从螺纹孔的小径(粗实线处)画锥孔角的两边；

③ 若上边被连接件是铸件，则缺少沉头座孔，表面也没加工；

④ 弹簧垫圈厚度尺寸不对。

改正后的结构见例 8-7 图解(c)。

（4）紧定螺钉连接（见例 8-7 图(d)）。

主要错误有：

① 轮毂上没有作出 M6 的螺纹孔；

② 轴上未加工螺纹孔，螺钉拧不进去，即使有螺纹孔，螺钉能拧入，也需作局部剖视才能表达清楚。

改正后的结构见例 8-7 图解(d)。

8.4 考试复习与练习题

一、单项选择题（从给出的 A、B、C、D 中选一个答案）

8-1 当螺纹公称直径、牙型角、螺纹线数相同时，细牙螺纹的自锁性能比粗牙螺纹的自锁性能_____。

    A. 好　　　　　　　　B. 差　　　　　　　　C. 相同　　　　　　　　D. 不一定

8-2 用于连接的螺纹牙型为三角形，这是因为三角形螺纹_____。

    A. 牙根强度高，自锁性能好　　　　　　B. 传动效率高

    C. 减振性能好　　　　　　　　　　　　D. 自锁性能差

8-3 用于薄壁零件连接的螺纹，应采用_____。

    A. 三角形细牙螺纹　　　　　　　　　　B. 梯形螺纹

    C. 锯齿形螺纹　　　　　　　　　　　　D. 多线的三角形粗牙螺纹

8-4 当铰制孔用螺栓组连接承受横向载荷或旋转力矩时，该螺栓组中的螺栓_____。

    A. 必受剪切力作用　　　　　　　　　　B. 必受拉力作用

    C. 同时受到剪切与拉伸　　　　　　　　D. 既可能受剪切，也可能受挤压作用

8-5 采用普通螺栓连接的凸缘联轴器，在传递转矩时，_____。

    A. 螺栓的横截面受剪切　　　　　　　　B. 螺栓与螺栓孔配合面受挤压

    C. 螺栓同时受剪切与挤压　　　　　　　D. 螺栓受拉伸与扭转作用

8-6 在下列四种具有相同公称直径和螺距，并采用相同配对材料的传动螺旋副中，传动效率最高的是_____。

    A. 单线矩形螺旋副　　　　　　　　　　B. 单线梯形螺旋副

    C. 双线矩形螺旋副　　　　　　　　　　D. 双线梯形螺旋副

8-7 螺栓强度等级为 6.8 级，则该螺栓材料的最小屈服强度近似为_____。

    A. 480 MPa　　　B. 6 MPa　　　C. 8 MPa　　　D. 0.8 MPa

8-8 预紧力为 F' 的单个紧螺栓连接，受到轴向工作载荷 F 作用后，螺栓受到的总拉力

F_0 _____ $F' + F$。

    A. 大于   B. 等于   C. 小于   D. 大于或等于

8-9 在受轴向变载荷作用的紧螺栓连接中,为提高螺栓的疲劳强度,可采取的措施是_____。

    A. 增大螺栓刚度 C_b,减小被连接件刚度 C_m

    B. 减小 C_b,增大 C_m

    C. 增大 C_b 和 C_m

    D. 减小 C_b 和 C_m

8-10 若要提高受轴向变载荷作用的紧螺栓的疲劳强度,则可_____。

    A. 在被连接件间加橡胶垫片   B. 增大螺栓长度

    C. 采用精制螺栓   D. 加防松装置

8-11 对于受轴向变载荷作用的紧螺栓连接,若轴向工作载荷 F 在 $0 \sim 1000$ N 之间循环变化,则该连接螺栓所受拉应力的类型为_____。

    A. 非对称循环变应力   B. 脉动循环变应力

    C. 对称循环变应力   D. 非稳定循环变应力

8-12 对于紧螺栓连接,当螺栓的总拉力 F_0 和剩余预紧力 F'' 不变,若将螺栓由实心变成空心,则螺栓的应力幅 σ_a 与预紧力 F' 会发生变化,_____。

    A. σ_a 增大,F' 应适当减小   B. σ_a 增大,F' 应适当增大

    C. σ_a 减小,F' 应适当减小   D. σ_a 减小,F' 应适当增大

8-13 在螺栓连接设计中,若被连接件为铸件,则有时在螺栓孔处制作沉头座孔或凸台,其目的是_____。

    A. 避免螺栓受附加弯曲应力作用   B. 便于安装

    C. 为安置防松装置   D. 为避免螺栓受拉力过大

二、填空题

8-14 三角形螺纹的牙型角 $\alpha =$ _____,适用于_____,而梯形螺纹的牙型角 $\alpha =$ _____,适用于_____。

8-15 螺旋副的自锁条件是_____。

8-16 常用螺纹的类型主要有_____、_____、_____、_____ 和_____。

8-17 传动用螺纹(如梯形螺纹)的牙型斜角比连接用螺纹(如三角形螺纹)的牙型斜角小,这主要是为了_____。

8-18 若螺纹的直径和螺旋副的摩擦系数一定,则拧紧螺母时的效率取决于螺纹的_____和_____。

8-19 螺纹连接的拧紧力矩等于_____和_____之和。

8-20 普通紧螺栓连接,受横向载荷作用,则螺栓中受_____应力和_____应力作用。

8-21 被连接件受横向载荷作用时,若采用普通螺栓连接时,则螺栓受_____载荷作用,可能发生的失效形式为_____。

8-22 有一单个紧螺栓连接,已知所受预紧力为 F',轴向工作载荷为 F,螺栓的相对刚度为 $C_b/(C_b + C_m)$,则螺栓所受的总拉力 $F_0 =$ _____,而剩余预紧力 $F'' =$ _____。若

螺栓的螺纹小径为 d_1，螺栓材料的许用拉伸应力为 $[\sigma]$，则其危险剖面的拉伸强度条件式为_____。

8-23　在螺纹连接中采用悬置螺母或环槽螺母的目的是_____。

8-24　在螺栓连接中，当螺栓轴线与被连接件支承面不垂直时，螺栓中将产生附加_____应力。

8-25　螺纹连接防松，按其防松原理可分为_____防松、_____防松和_____防松。

三、问答题

8-26　常用螺纹按牙型分为哪几种？各有何特点？各适用于什么场合？

8-27　拧紧螺母与松退螺母时的螺纹副效率如何计算？哪些螺纹参数影响螺纹副的效率？

8-28　图示为螺旋拉紧装置，若按图上箭头方向旋转中间零件，能使两端螺杆 A 和 B 向中央移动，从而将两零件拉紧。试问该装置中螺杆 A 和 B 上的螺纹旋向是右还是左？

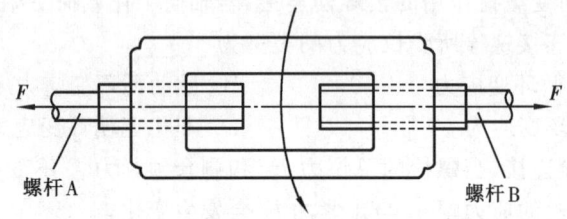

题 8-28 图

8-29　螺纹连接有哪些基本类型？各有何特点？各适用于什么场合？

8-30　为什么螺纹连接常需要防松？按防松原理，螺纹连接的防松方法可分为哪几类？试举例说明。

8-31　题 8-31 图所示为受轴向工作载荷的紧螺栓连接工作时力与变形的关系图。图中 F' 为螺栓预紧力，F 为轴向工作载荷，F'' 为剩余预紧力，F_0 为螺栓总拉力，C_b 为螺栓刚度，C_m 为被连接件刚度，$\Delta F_b = F C_b / (C_b + C_m)$。试分析：

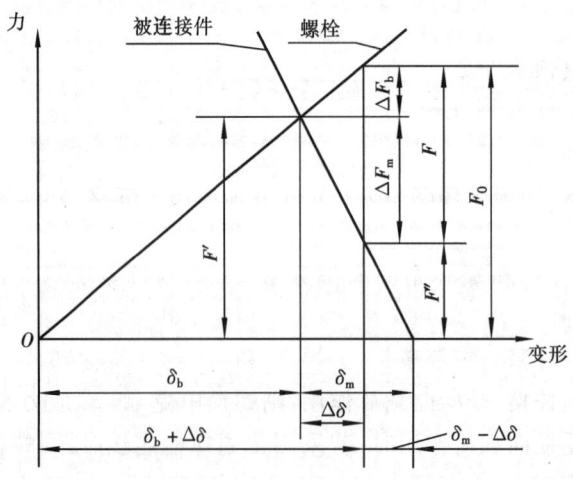

题 8-31 图

(1) 在 F 和 F'' 不变的情况下,如何提高螺栓的疲劳强度?

(2) 若 $F'=800$ N, $F=800$ N,当 $C_b \gg C_m$ 时, $F_0=?$ 当 $C_b \ll C_m$ 时, $F_0=?$

8-32　有一刚性凸缘联轴器,用材料为 Q235 的普通螺栓连接以传递转矩 T。现欲提高其传递的转矩,但限于结构不能增加螺栓的直径和数目,试提出三种能提高该联轴器传递的转矩的方法。

8-33　提高螺栓连接强度的措施有哪些?这些措施中哪些主要是针对静强度?哪些主要是针对疲劳强度?

8-34　为什么对于重要的螺栓连接要控制螺栓的预紧力 F'?控制预紧力的方法有哪几种?

四、分析计算题

8-35　有一受预紧力 F' 和轴向工作载荷 $F=1000$N 作用的紧螺栓连接,已知预紧力 $F'=1000$N,螺栓的刚度 C_b 与被连接件的刚度 C_m 相等。试计算该螺栓所受的总拉力 F_0 和剩余预紧力 F''。在预紧力 F' 不变的条件下,若保证被连接件间不出现缝隙,该螺栓的最大轴向工作载荷 F_{max} 为多少?

8-36　题 8-36 图所示为一圆盘锯,锯片直径 $D=500$ mm,用螺母将其夹紧在压板中间。已知锯片外圆上的工作阻力 $F_t=400$ N,压板和锯片间的摩擦系数 $f=0.15$,压板的平均直径 $D_0=150$ mm,可靠性系数 $K_f=1.2$,轴材料的许用拉伸应力 $[\sigma]=60$ MPa。试计算轴端所需的螺纹直径。(提示:此题中有两个接合面,压板的压紧力就是螺纹连接的预紧力)

附:

M10　$d_1=8.376$ mm

M12　$d_1=10.106$ mm

M16　$d_1=13.835$ mm

M20　$d_1=17.294$ mm

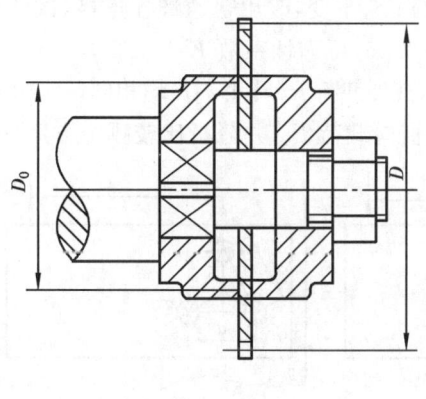

题 8-36 图

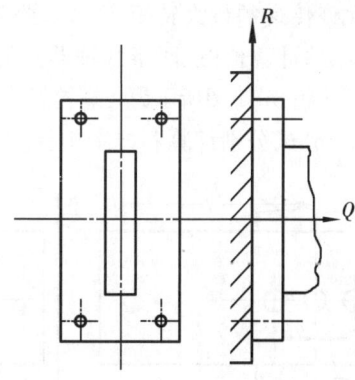

题 8-37 图

8-37　题 8-37 图所示为一支架与机座用 4 个普通螺栓连接,所受外载荷分别为横向载荷 $R=5000$ N,轴向载荷 $Q=16000$ N。已知螺栓的相对刚度 $C_b/(C_b+C_m)=0.25$,接合面间摩擦系数 $f=0.15$,可靠性系数 $K_f=1.2$,螺栓的性能等级为 8.8 级,最小屈服强度 $\sigma_{smin}=640$ MPa,许用安全系数 $[S]=2$,试计算该螺栓小径 d_1 的计算值。

8-38　一牵曳钩用 2 个 M10($d_1=8.376$ mm)的普通螺栓固定于机体上,如题 8-38 图所

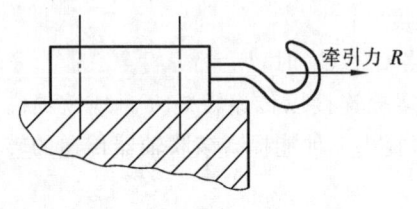

示。已知接合面间摩擦系数 $f=0.15$,可靠性系数 $K_f=1.2$,螺栓材料强度级别为6.6级,屈服强度 $\sigma_s=360$ MPa,许用安全系数 $[S]=3$。试计算该螺栓组连接允许的最大牵引力 $R_{max}=$?

8-39 题8-39图所示为一钢板用4个普通螺栓与立柱连接,钢板悬臂端作用一载荷 $P=20000$ N,接合面间摩擦系数 $f=0.16$,可靠性系数 $K_f=1.2$,螺栓材料的许用拉伸应力 $[\sigma]=120$ MPa,试计算该螺栓组螺栓的小径 d_1。

题 8-38 图

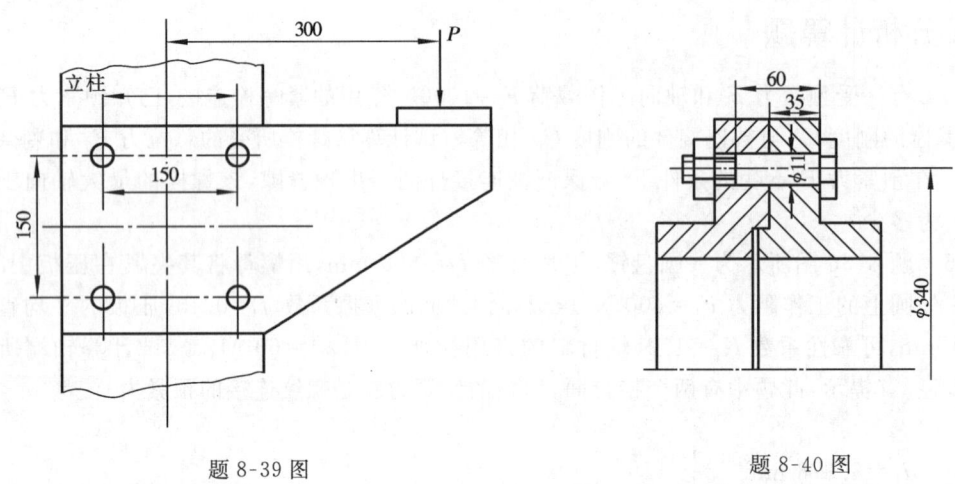

题 8-39 图　　　　　　　　题 8-40 图

8-40 题8-40图所示为一凸缘联轴器,用6个M10的铰制孔用螺栓连接,结构尺寸如图所示。两半联轴器材料为 HT200,其许用挤压应力 $[\sigma_{P_1}]=100$ MPa,螺栓材料的许用剪切应力 $[\tau]=92$ MPa,许用挤压应力 $[\sigma_{P_2}]=300$ MPa,许用拉伸应力 $[\sigma]=120$ MPa。试计算该螺栓组连接允许传递的最大转矩 T_{max}。若传递的最大转矩 T_{max} 不变,改用普通螺栓连接,试计算螺栓小径 d_1 的计算值(设两半联轴器间的摩擦系数 $f=0.16$,可靠性系数 $K_f=1.2$)。

8-41 题8-41图所示为一螺栓组连接的3种方案,其外载荷 R,尺寸 a、L 均相同,$a=60$ mm,$L=300$ mm。试分别计算各方案中受力最大螺栓所受横向载荷 F_s,并分析比较哪个方案好。

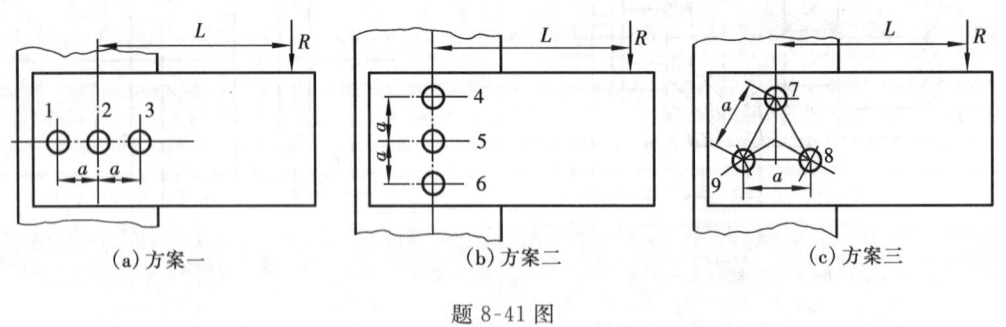

(a)方案一　　　　　(b)方案二　　　　　(c)方案三

题 8-41 图

8-42 题8-42图所示为一方形盖板用4个螺栓与箱体连接,盖板中心 O 点的吊环受拉力 $Q=20000$ N,尺寸如图所示。设剩余预紧力 $F''=0.6F$,F 为螺栓所受的轴向工作载荷。试求:

(1)螺栓所受的总拉力 F_0,并计算确定螺栓直径(螺栓材料的许用拉伸应力 $[\sigma]=180$ MPa);

(2)如因制造误差,吊环由 O 点移到 O' 点,且 $\overline{OO'}=5\sqrt{2}$ mm,求受力最大螺栓所受的总

拉力 F_0，并校核(1)中确定的螺栓的强度。（螺栓材料的许用拉伸应力$[\sigma]=180$ MPa）

附：

M10　$d_1=8.376$ mm

M12　$d_1=10.106$ mm

M16　$d_1=13.835$ mm

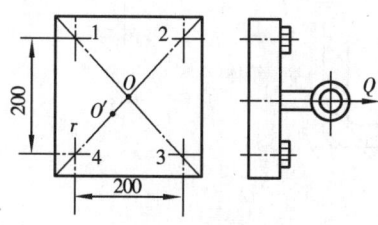
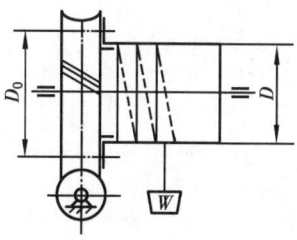

题 8-42 图　　　　　　　　　　　　　题 8-43 图

8-43　有一提升装置如题 8-43 图所示。

(1) 卷筒用 6 个 M8($d_1=6.647$mm)的普通螺栓固联在蜗轮上，已知卷筒直径 $D=150$ mm，螺栓均布于直径 $D_0=180$ mm 的圆周上，接合面间摩擦系数 $f=0.15$，可靠性系数 $K_f=1.2$，螺栓材料的许用拉伸应力$[\sigma]=120$ MPa，试求该螺栓组连接允许的最大提升载荷 W_{max}。

(2) 若已知 $W_{max}=6000$ N，其他条件同(1)，试确定螺栓直径。

附：

M8　$d_1=6.647$ mm

M10　$d_1=8.376$ mm

M12　$d_1=10.106$ mm

M16　$d_1=13.835$ mm

五、结构题

8-44　试画出普通螺栓连接结构图。

已知条件：

(1) 两被连接件是铸件，厚度各约为 15mm 和 20mm；

(2) 采用 M12 普通螺栓；

(3) 采用弹簧垫圈防松。

要求按大约 1：1 的比例画出。

8-45　试画出轴与轴端挡圈的螺钉连接结构图。

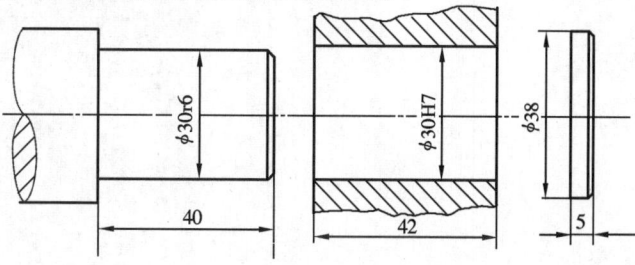

题 8-45 图

已知条件：

（1）轴端、轮毂及轴端挡圈尺寸如题 8-45 图所示；

（2）采用 M6×16 六角头螺栓。

8-46　有一箱体通过螺纹连接固联于机座上，如题 8-46 图所示，试选择螺纹连接类型并画出其结构图。

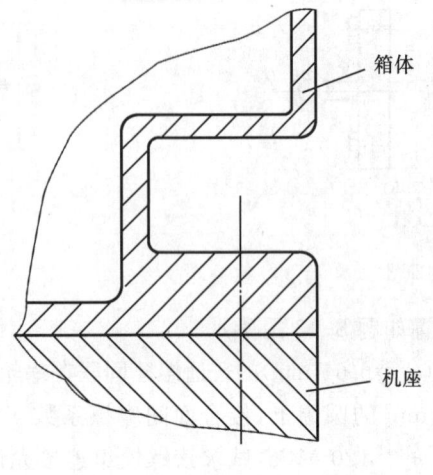

题 8-46 图

8-47　试找出题 8-47 图所示螺纹连接结构中的错误，并就图改正。

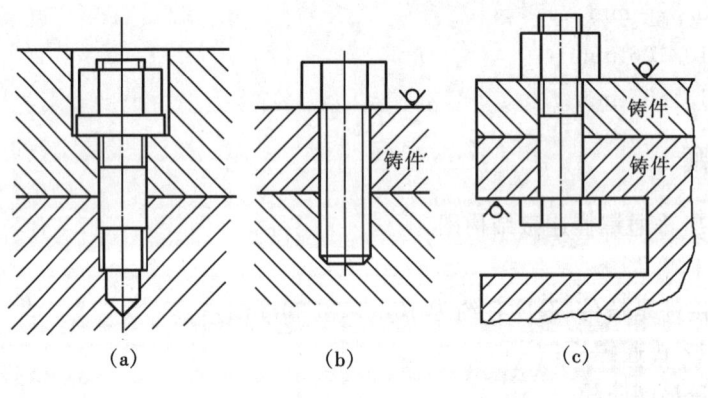

（a）　　　　　（b）　　　　　（c）

题 8-47 图

第9章　现代设计方法及机械系统设计

9.1　主要内容与基本要求

9.1.1　主要内容

1. 现代设计方法

(1) 机械的构思设计方法的基本原理和应用;

(2) 机械的功能结构;

(3) 机械传动系统的选择、评价与决策;

(4) 机械零件的概率设计方法、优化设计方法和机械设计 CAD 的基本概念。

2. 机械系统设计

(1) 现代机械系统的组成;

(2) 机械系统的设计任务和设计方法;

(3) 机械系统的原动机的选择;

(4) 机械传动系统方案的设计;

(5) 机械系统的工作机构;

(6) 机械系统的操纵与控制。

9.1.2　基本要求

(1) 了解机械传动系统的功用;

(2) 了解常用的机械传动方式及其特性;

(3) 结合其他章节的知识掌握本章的内容。

9.2　重点与难点分析

9.2.1　重点

(1) 选择机械传动系统的原则;

(2) 机械传动系统的设计与评价。

9.2.2　难点内容分析

选择机械传动系统的原则将在第 10 章另有介绍。这里,仅就现代设计方法学中的几个重要概念——黑箱法、功能分析与模糊箱、评价与决策稍作介绍。

1. 黑箱法(Black Box)

黑箱法是一种寻求系统总功能的创造性思维方法。"黑箱"就是一个未知其内部机理和结构的箱子。"黑箱法"就是将所研究的复杂系统看做一个黑箱,在不打开它的前提下,暂时忽略次要因素,首先集中考虑系统的输入输出关系,通过观测与分析黑箱和外部环境的相互关系,求解待设计系统的功能,从而进一步了解其内部结构的机理。

"黑箱"示意图如图 9-1 所示。

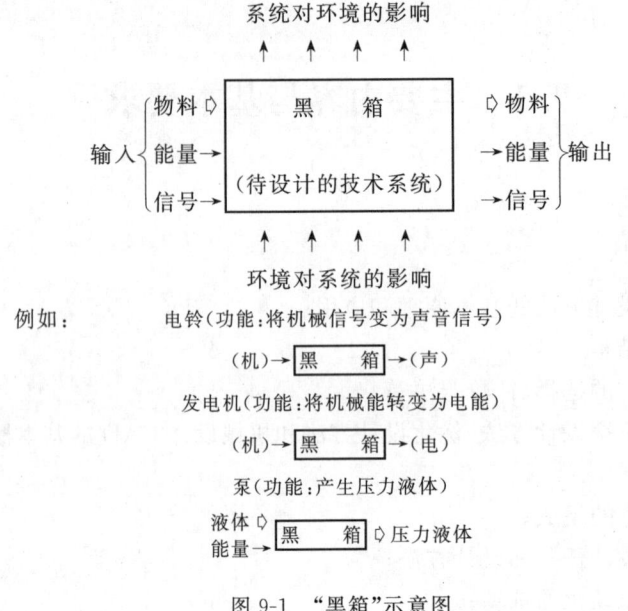

图 9-1 "黑箱"示意图

2. 功能分析与模糊箱

1) 功能分析

功能分析是从功能的角度寻求设计问题的解决办法。首先根据设计任务确定系统的总功能。系统的总功能体现在将输入条件转换为系统的输出条件上。总功能确定后,进行功能分解,将总功能分解为分功能、子功能直至功能元。功能元最小的功能单位,是指可以直接从物理效应、逻辑关系等方面找到解法的基本功能单元。一般把功能元分为物理功能元和逻辑功能元。

例如,拉伸材料试验机的总功能是:拉伸试件,测量力和相应的变形值(见图 9-2(a))。可将拉伸材料试验机的总功能分解为分功能、子功能直至功能元(见图 9-2(b))。

物理功能元反映了系统中物料、信号和能量的物理基本作用。常用的基本物理功能元有六个,见表 9-1。

表 9-1 常用的基本物理功能元

能量、物料、信号的特征	类型	大小	数量	位置	时间
物理功能元	变换	缩放	联结	传导	储存
				离合	

这六个功能元的作用如下。

功能元"变换":反映物料、能量和信号在类型上的转换。

功能元"缩放":反映物料、能量和信号在大小上的变化。

功能元"联结":反映物料、能量和信号在数量上的结合。

功能元"传导"、"离合":反映物料、能量和信号在位置上的变化。

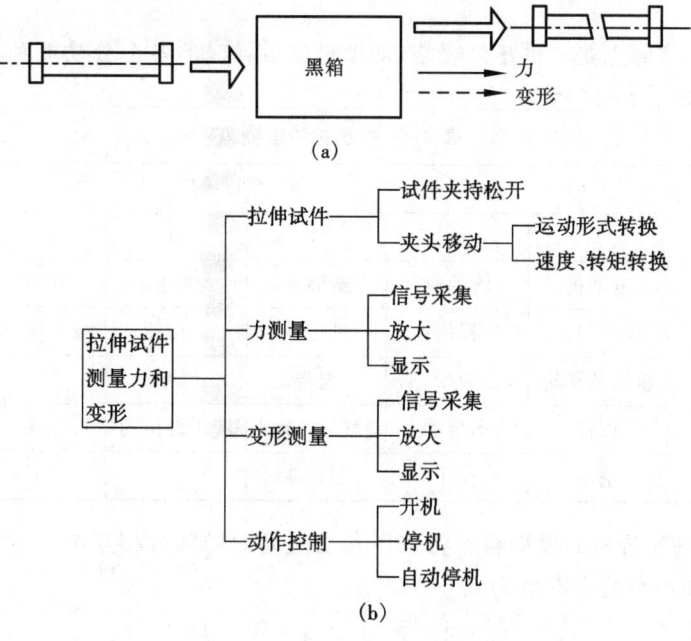

图 9-2 拉伸材料试验机功能分析

功能元"储存":反映物料、能量和信号在一定时间内保存的功能。

逻辑功能元为"与"、"或"、"非"三元,主要用于控制功能。

物理功能元可用物理基本效应求解。机械、仪器中常用的物理效应有:力学效应、液气效应、电力效应、磁效应、光学效应、热力学效应、核效应等。同一物理效应能完成不同的功能,同一功能可用不同的物理效应解决。为有利于设计者的工作,已编制有一些解法目录以供选用。

例如,要分析行动式挖掘机的各种原理方案。挖掘机的总功能是"取(挖掘)运物"。因一般工程系统都比较复杂,难以直接求得满足总功能的系统解,但可按系统分解方法进行功能分解,建立功能结构图(或称功能树)。功能树起于总功能,它分为一级子功能、二级子功能……其末端是功能元。前级功能是后级功能的目的功能,后级功能是前级功能的手段功能。行动式挖掘机的功能树如图 9-3 所示。

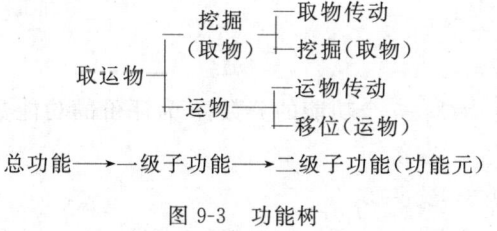

图 9-3 功能树

功能分解的基本原则是找到功能元,即找到能实现功能单元的技术物理效应或技术装置时就不再分解下去了。

在技术系统中,各种功能只有建立在以自然科学为基础的技术装置上才能实现。现代设计方法将技术装置称为功能元的局部解或功能载体。一个功能元局部解或功能载体可能是多个。上例中各个功能元可由表 9-2 中各个局部解或功能载体来实施。

2）模糊箱

所谓模糊箱，实际上是一种矩阵表格，即把机械（系统）的各个分功能和功能元作为"列"，而把它们的各种解答作为"行"。

表 9-2　挖掘机的模糊箱

功　能　元	局　部　解					
	1	2	3	4	5	6
A. 动力源	电动机	汽油机	柴油机	蒸气透平	液动机	气动马达
B. 运物传动	齿轮传动	蜗杆传动	带传动	链传动	液力耦合器	
C. 移位	轨道及车轮	轮胎	履带	气垫	—	—
D. 挖掘传动	拉杆	绳传动	气缸传动	液压缸传动	—	—
E. 挖掘	挖斗	抓斗	钳式斗			

表 9-2 所示为挖掘机的模糊箱。将表中各功能元的局部解相互组合，产生挖掘机的各种原理方案，其可能组合的方案数为

$$N = 6 \times 5 \times 4 \times 4 \times 3 = 1440$$

例如：　A1＋B4＋C3＋D2＋E1　组合成履带式挖掘机

　　　　A5＋B5＋C2＋D4＋E2　组合成液压轮胎式挖掘机

3. 评价与决策

从理论上讲，所有的各局部功能组合的各种结构构造，都可得到一个总的设计方案，但并不是所有的方案都具有实用价值。因此，必须进一步分析所组合的各种可能的设计方案是否能满足"任务要求明细表"的要求，是否具备实现此方案的技术条件等。在决定方案时，应排除那些无意义的，对给定条件不利的功能结构方案，保留那些较好的方案，并对每个方案进行评价，选出具有最优"品质因素"的方案。

评价的方法很多，而最常用的方法之一为技术经济评价法。此法的特点是，分别求出被评价方案的技术与经济指标，然后进行综合评价。

1）技术评价

技术价值 x 由下式求得：

$$x = \frac{\sum P_i}{nP_{max}} \tag{9-1}$$

式中：P_i 为被评方案满足 $i = 1 \sim n$ 个功能的分数；n 为评价的功能数；P_{max} 为理想方案满足功能的最高分数。

功能评分标准见表 9-3，$P_{max} = 5$。

表 9-3　功能评分标准

等　级	很　好	较　好	一　般	较　差	最　差
分　值	5	4	3	2	1

x 值越大，则技术价值越高。在一般情况下，$x > 0.8$，则方案的技术性能很好；x 为 0.7 左右，则方案良好；$x < 0.6$，则方案不能令人满意。

2）经济评价

经济价值 y 由下式求得：

$$y = \frac{H_i}{H} = \frac{0.7[H]}{H} \qquad (9-2)$$

式中：$[H]$ 为允许制造费用；H 为实际制造费用；H_i 为理想制造费用，建议取 $H_i = 0.7[H]$。

y 值越大，则实际生产成本越低，经济价值越高。

3）技术经济综合评价

综合价值 K 由下式求得：

$$K = \sqrt{xy} \qquad (9-3)$$

K 值越大，表示被评方案的技术经济性能越好。一般取 $K \geqslant 0.65$，该方案即为可采用的较好方案。

通过评价，可选取最优的构思设计方案。除了方案选择阶段采用评价法外，在机械设计的最后阶段，更需要进行详细的综合评价。

9.3　例题精选与解析

例 9-1　试分析例 9-1 图中 A 方案与 B 方案的特点，哪种方案合理，为什么？

解题要点：

例 9-1 图中 A 方案较 B 方案合理。这是因为锥齿轮放在高速级，锥齿轮尺寸小，便于加工。B 方案的锥齿轮放在低速级，且为开式传动，锥齿轮尺寸大，难于加工。

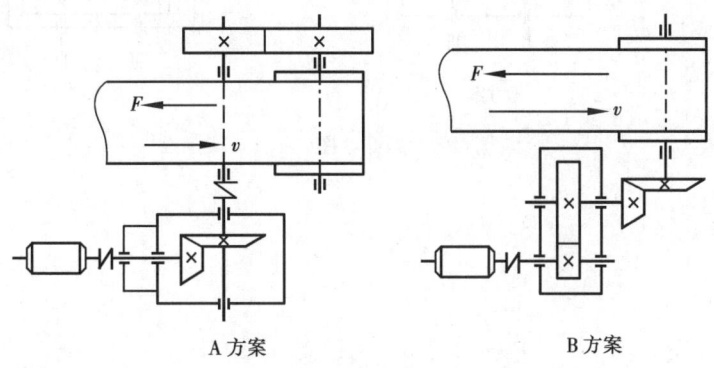

例 9-1 图

有关机械传动方案的分析、比较与改进题，在第 10 章“10.3 机械传动方案的分析与比较题”一节中将有详细阐述，此处从略。

9.4　考试复习与练习题

一、填空题

9-1　现代机械一般包括_____，_____，_____和_____。

9-2 根据传动比能否改变,机械传动可分为_____,_____和_____三类。

9-3 选择机械传动类型时,当传动比较大时,应优先选用结构紧凑的_____传动和_____传动。

9-4 带传动与链传动相比,带传动的承载能力_____,应布置在_____级;链传动的_____不断变化,应布置在_____。

二、问答题

9-5 机械系统必须满足哪些要求?

9-6 拟订机械系统方案应注意哪些问题?

9-7 设计两级或多级齿轮减速器时,分配传动比应考虑什么?

9-8 简述机械零件的概率设计方法、优化设计方法和机械设计的 CAD。

三、分析题

9-9 试分析题9-9图所示 A 方案与 B 方案的特点,哪种方案合理,为什么?

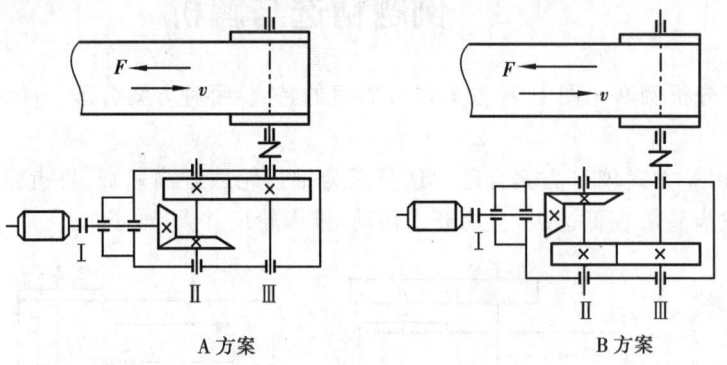

A方案　　　　　　　　　B方案

题 9-9 图

第 10 章　机械设计综合题

本章阐述机械设计部分前九章未包括的内容——机械设计综合题。这是考研试题中常见题型之一,也是必考的重点内容之一,它属于综合分析与应用范畴,重点在测试考生的综合应用能力,每一题中往往包括机械设计中几章的内容,需考生灵活应用。

本章包括下述内容:综合填空题;综合受力分析计算题;机械传动方案分析、比较与改进题。

10.1　综合填空题

10-1　(1) 斜齿圆柱齿轮以_____模数为标准模数,以_____压力角为标准压力角;

(2) 直齿锥齿轮以_____模数为标准模数;

(3) 阿基米德圆柱蜗杆以_____模数为标准模数,以_____压力角为标准压力角。

10-2　在传动比一定的条件下,过小的中心距 a,对带传动会造成带的长度_____,绕过带轮的次数_____,使带易于发生_____损坏;对链条传动会造成在单位时间内,链条与链轮啮合次数_____,易使链条加速_____及_____损坏。

10-3　现有如下三种传动方案,排列顺序为_____。

A. 电动机→开式圆柱齿轮→单级圆柱齿轮减速器→带传动→工作机

B. 电动机→带传动→开式圆柱齿轮→单级圆柱齿轮减速器→工作机

C. 电动机→带传动→单级圆柱齿轮减速器→开式圆柱齿轮→工作机

试指出:

(1) 三方案中__方案最合理,理由是_____。

(2) 三方案中__方案最不合理,理由是_____。

10-4　题 10-4 图中,蜗杆主动,要求蜗轮与小锥齿轮 3 所受的轴向力方向相反,则蜗杆应为_____旋,蜗轮应为_____旋。并将蜗杆的旋转方向及蜗轮、锥齿轴的轴向力 F_{a2}、F_{a3} 画于图上。

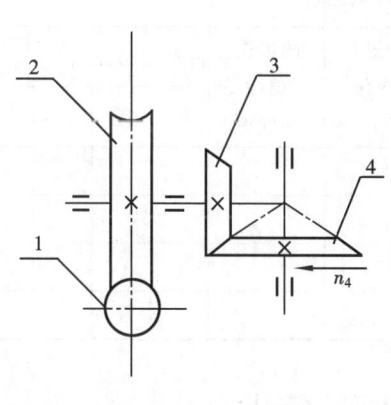

题 10-4 图

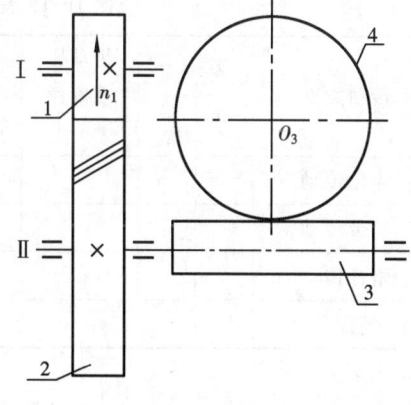

题 10-5 图

10-5　题 10-5 图中,小齿轮为主动轮,要求轴 Ⅱ 上蜗杆 3 与大圆柱齿轮 2 所受的轴向力能相互抵消一部分,则蜗杆的导程角 γ 应为_____旋,蜗轮的螺旋角应为_____旋;小圆柱齿

轮的螺旋角 β_1 应为＿＿＿＿＿旋。并在图上标出 β_1 与 F_{a2}、F_{a3}、γ 的方向,蜗轮 n_3 的旋转方向。

10-6 在题 10-6 图所示传动系统中:

(1) 为使轴Ⅱ上轴承所受轴向力最小,确定斜齿圆柱齿轮的螺旋线方向(画于图上);

(2) 在图上标出蜗轮转向和所受三个分力的方向,蜗轮的螺旋角的方向为＿＿＿＿＿旋。

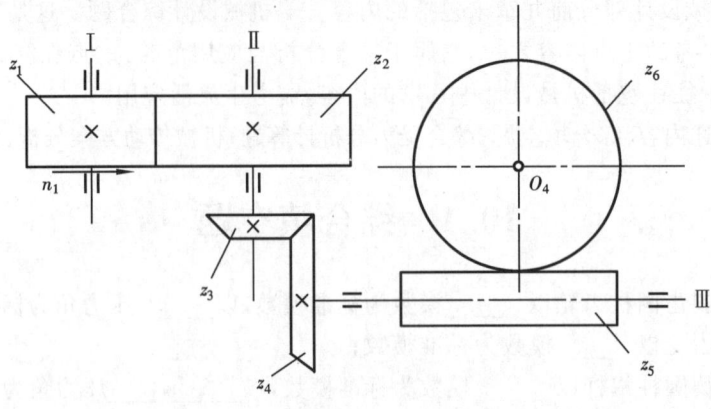

题 10-6 图

10-7 开式齿轮传动的主要失效形式是＿＿＿＿＿＿;润滑不良的高速滑动轴承的主要失效形式是＿＿＿＿＿＿;初拉力 F_0 过大的 V 带传动的主要失效形式是＿＿＿＿＿＿;转速很低或往复摆动工作的滚动轴承的主要失效形式是＿＿＿＿＿＿。

10-8 由齿轮传动、V 带传动、链传动组成的三级传动装置,宜将链传动布置在＿＿＿＿＿级;带传动布置在＿＿＿＿＿级;齿轮传动布置在＿＿＿＿＿级。

10-9 以 z 表示齿轮(蜗轮、蜗杆)的齿数(头数),在查齿形系数时,斜齿轮按 $z_v=$＿＿＿＿＿查取;直齿锥齿轮按 $z_v=$＿＿＿＿＿查取;蜗杆传动按 $z_v=$＿＿＿＿＿查取。

10-10 题 10-10 表列出了几种传动,试将分析结果填在相应的格内(用"√"表示,每列只打一次"√"号)。

题 10-10 表　几种传动的特点比较

传动类型	效率 η		传动比准确性差	功率 P 适用范围大	适用速度 v 变化范围大	耐冲击载荷性能好	传动平稳性		传动装置尺寸	
	最高	最低					好	差	大	小
齿轮传动										
V 带传动										
蜗杆传动										
链传动										

10.2　综合受力分析计算题

这一部分内容包括各种齿轮(如直齿、斜齿、锥齿等)与蜗杆传动、螺旋传动、起重机滚筒等组合传动系统的受力分析与计算。在解这些题型之前,应复习好第 2 章及第 3 章中有关受力分析的内容,特别应熟练掌握:分析斜齿轮受力时的主动轮左、右手定则;锥齿轮轴向力恒指向大端;蜗杆传动的导程角 γ 与螺旋角 β 数值相等、旋向相同的道理。

在进行受力分析与计算时,应特别注意两级斜齿圆柱齿轮、中间轴Ⅱ上轴承所受的齿轮传来的轴向力 F_{a2} 与 F_{a3} 抵消一部分或完全抵消的问题(参见 2.3 节例题精选与解析中例 2-4 与例 2-24);同一轴上装有斜齿圆柱齿轮与蜗杆,设计时同样存在该轴上两个传动件所受轴向力抵消的问题。

10-11 一传动装置,输入转矩为 T_1(N·mm),输出转矩为 T_2(N·mm),传动比为 i,总效率为 η。试证明:$T_2 = T_1 i \eta$。

10-12 题 10-12 图所示蜗杆-斜齿轮传动。已知蜗杆为左旋,转向如图示;蜗杆的参数 $m = 8$ mm,$q = 8$,$z_1 = 1$,$z_2 = 42$;蜗杆输入转矩 $T_1 = 38000$ N·mm;蜗杆传动效率 $\eta = 0.75$。试求:

(1) 画出蜗轮的转向;

(2) 欲使轴Ⅱ上的蜗轮 2 与齿轮 3 所受的轴向力 F_{a2}、F_{a3} 抵消一部分,确定 z_3、z_4 的螺旋线方向(画于图中);

(3) 分别求出蜗杆、蜗轮上各分力的大小和方向(各力方向画于图中)。

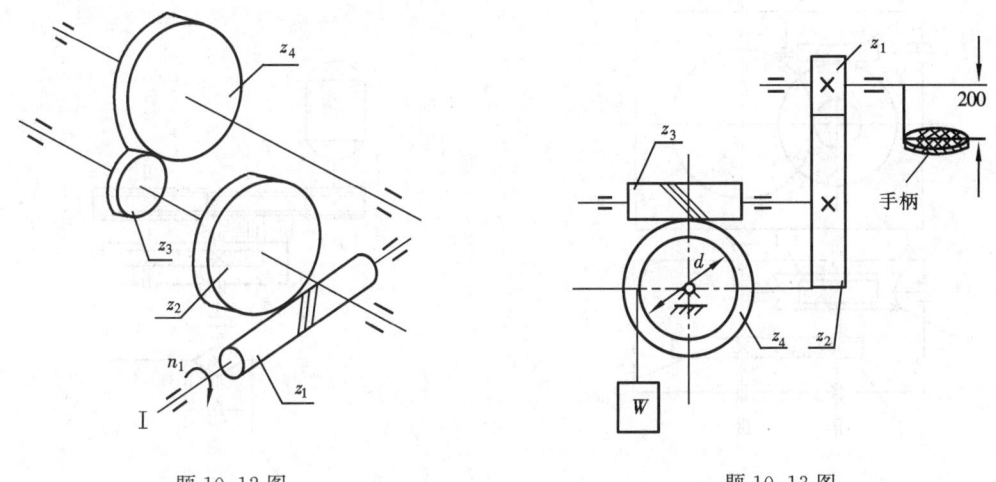

题 10-12 图　　　　　　　　　　　题 10-13 图

10-13 题 10-13 图所示提升机构的卷筒直径 $d = 200$ mm。已知:齿轮传动的 $z_1 = 20$,$z_2 = 60$;蜗杆传动的 $z_3 = 1$,$z_4 = 60$,$q = 11$,蜗轮直径 $d_4 = 240$ mm,$\alpha = 20°$;系统总效率 $\eta = 0.35$;重物 $W = 20$ kN。试求:

(1) 匀速提升重物时,加在手柄上至少所需的推力 F(切向力);

(2) 重物垂直上升时,手柄的转动方向(在图中画出);

(3) 蜗杆若能自锁,分析重物停在空间时(手柄上没有推力),蜗杆与蜗轮在节点啮合处所受的三个分力的大小及方向(画于图中)。

10-14 题 10-14 图所示为拉力试验机的传动系统示意图。已知蜗杆 1 及丝杆 2 均为右旋。当夹头 3 以速度 v 向下运动时,试在图上标出蜗杆的转向及蜗杆上 A 点所受三分力的方向。

10-15 题 10-15 图所示为蜗杆-斜齿轮传动减速器,当蜗杆 1 主动,螺旋线方向如图示。试分析:

(1) 为了减小齿轮偏载,使齿轮 4 的轴向力 F_{a4} 指向轴的输出端,并使中间轴Ⅱ所受的轴向力能抵消一部分,确定斜齿轮 3、4 的轮齿螺旋线方向及蜗杆转向;

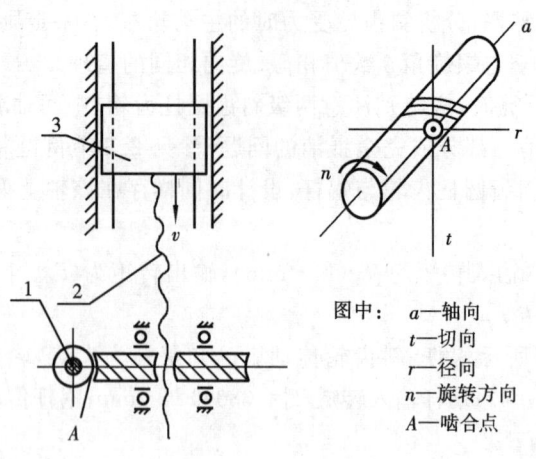

图中： a—轴向
t—切向
r—径向
n—旋转方向
A—啮合点

题 10-14 图

（2）为了增强轴系的刚度，输出轴上轴承应采取"面对面"还是"背靠背"安装？（绘简图表示）

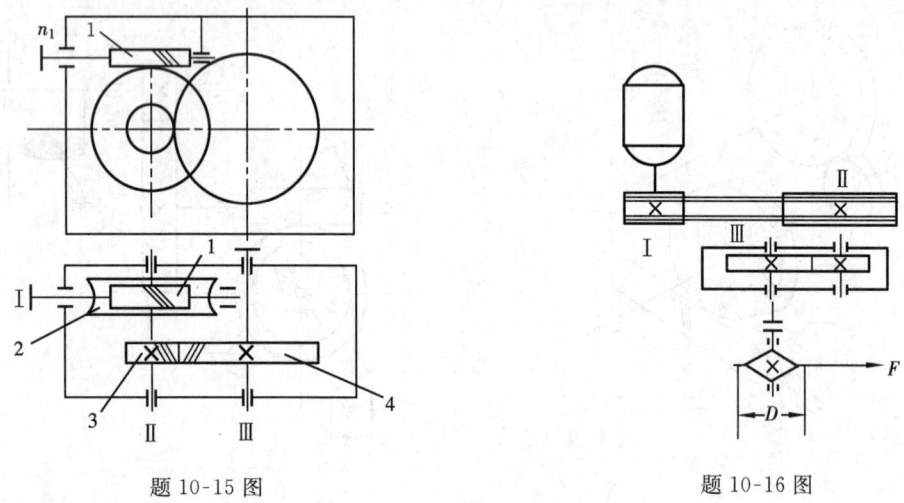

题 10-15 图   题 10-16 图

10-16　题 10-16 图所示为装配车间流水线运输链传动系统。已知。链条的牵引力 $F = 3600$ N；链轮节圆直径 $D = 250$ mm，转速 $n = 40$ r/min；各级传动效率 $\eta_1 = 0.95$，$\eta_2 = 0.97$，$\eta_3 = 0.99$，$\eta_4 = 0.99$（效率：η_1 为 V 带，η_2 为齿轮，η_3 为联轴器，η_4 为轴承）；电动机转速 $n_1 = 720$ r/min；带的传动比 $i_1 = 4$。试计算：

（1）电动机所需输出功率？

（2）轴Ⅱ及轴Ⅲ传递的功率？

（3）轴Ⅲ的转速多大？

10-17　题 10-17 图所示直齿锥齿轮装置，已知：$z_1 = z_2 = z_3 = 31$；大端模数 $m = 4$ mm，平均模数 $m_m = 3.65$ mm；压力角 $\alpha = 20°$；传递功率 $P = 4.8$ kW（由齿轮 1 输入，齿轮 3 输出）；转速 $n_1 = 480$ r/min。试求：

（1）计算锥齿轮 2 上所受各力 F_t、F_r、F_a 的大小（忽略摩擦力的影响）；

（2）按许用弯曲应力计算中间轴（轴承处）的直径。有关尺

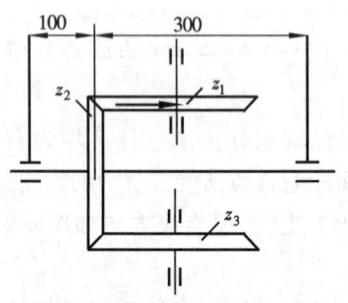

题 10-17 图

寸如图示,并已知:$[\sigma_{+1}]_b=200$ MPa,$[\sigma_0]_b=95$ MPa,$[\sigma_{-1}]_b=55$ MPa。

提示:轴径计算公式为

$$d=\sqrt[3]{\frac{M}{0.1[\sigma_{-1}]_b}}$$

10-18　题 10-18 图所示为两级圆柱齿轮减速器,尺寸参数和转向示于图中,$\alpha=20°$,忽略摩擦损失。试求:

(1) 空载时,用手拨动传动系统检查齿轮啮合情况,应拨动哪根轴? 为什么?

(2) 分析齿轮 2、3 受力的大小及方向;

(3) 求出中间轴 1、2 两轴承的支承反力。

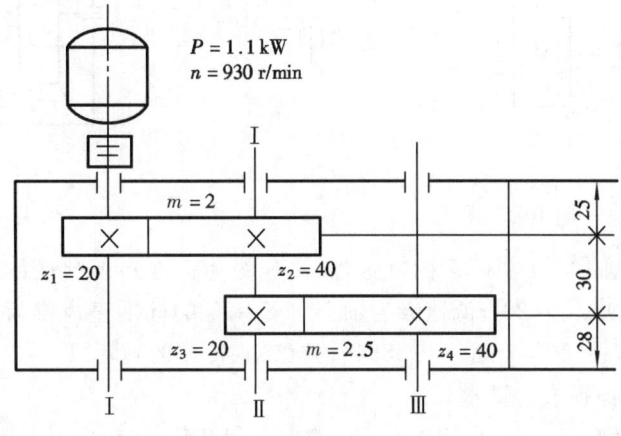

题 10-18 图

10-19　题 10-19 图所示为电动吊车,由电动机→蜗杆传动→斜齿轮 z_3、z_4→驱动卷筒(卷筒与开式齿轮 z_4 连为一体)起吊重物 W。已知电动机转向及重物向上运动方向如图示。试求:

(1) 蜗杆螺旋线的方向(直接绘于图上);

(2) 为使中间轴Ⅱ上蜗轮与齿轮 z_3 的轴向力能相互抵消一部分,确定出两斜齿轮的螺旋线方向(直接绘于图上);

(3) 在图上标出蜗杆、蜗轮上各力 F_{t1}、F_{r1}、F_{a1} 及 F_{t2}、F_{r2}、F_{a2} 的方向。

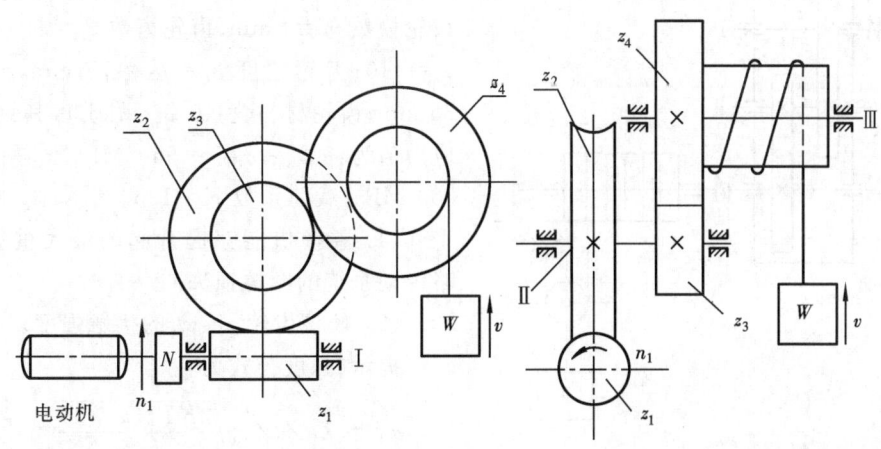

题 10-19 图

10-20 在图示传动系统中,1为蜗杆,2为蜗轮,3和4为斜齿圆柱齿轮,5和6为直齿锥齿轮。若蜗杆主动,要求输出齿轮6的回转方向如图所示。试确定:

(1) 若要使Ⅱ、Ⅲ轴上所受轴向力互相抵消一部分,蜗杆、蜗轮及斜齿轮3和4的螺旋线方向及Ⅰ、Ⅱ、Ⅲ轴的回转方向(在图中标示);

(2) Ⅱ、Ⅲ轴上各轮啮合点处受力方向(将F_{t3}、F_{r3}、F_{a3}在图中画出)。

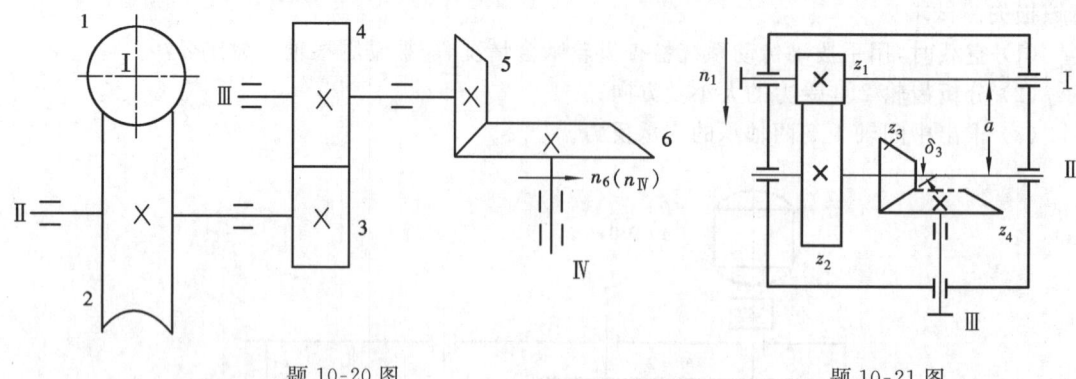

题 10-20 图　　　　　　　　　　　题 10-21 图

10-21 今有如题10-21图所示的减速器,高速级为标准斜齿圆柱齿轮:$z_1=23$,$z_2=69$,$m_n=4$ mm,$\cos\beta=0.92$,$\alpha_n=20°$;低速级为轴交角$\Sigma=90°$的标准直齿锥齿轮:$z_3=39$,$z_4=54$,$m=5$ mm,$d_{m3}=150$,$\alpha=20°$,$\sin\delta_3=0.58549$;并已知:传递的转矩$T_1=200$ N·m,转速$n_1=1500$ r/min。忽略摩擦损失。试求:

(1) 轴Ⅱ、Ⅲ的转矩T_2、T_3和转速n_2、n_3的大小和方向,并标于图上(n_1的方向如图示);

(2) 计算d_1、d_2、中心距a与d_3、d_4;

(3) 若正确选择轴Ⅱ上齿轮2的螺旋角β的方向,可使齿轮2与齿轮3的轴向力几乎相互抵消,请在图上标出β的螺旋方向;

(4) 计算F_{t2},F_{a2},F_{t3},F_{a3},并在图中标出F_{a2}与F_{a3}的方向;

(5) 试从该减速器的传动方案选择、传动件的布置、传动比与减速级等方面,分析有哪些不合理的地方?应该如何改进,并简单说明其理由。

10-22 题10-22图所示为一卷扬机的传动装置。已知:电动机功率$P=3$ kW;减速器输

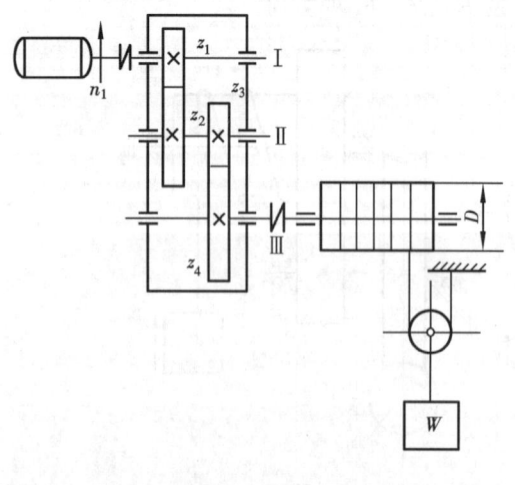

题 10-22 图

入转速$n_1=960$ r/min;卷筒直径$D=200$ mm;齿轮模数$m=4$ mm;齿轮齿数$z_1=z_3=22$,$z_2=z_4=110$;齿轮宽度$b_1=b_3=75$ mm,$b_2=b_4=70$ mm;齿轮材料为45钢(调质),其许用接触应力值为:$\sigma_{HP_1}=\sigma_{HP_3}=550$ MPa,$\sigma_{HP_2}=\sigma_{HP_4}=500$ MPa;载荷系数$K=1.5$。试求:

(1) 卷扬机能够提升起的最大重量W(忽略传动系统的摩擦损失);

(2) 校核齿轮z_3、z_4的接触强度。

提示:强度公式为

$$\sigma_H = Z_H Z_E Z_\varepsilon \sqrt{\frac{2KT_1(u+1)}{bd_1^2 u}} \leqslant [\sigma]_H$$

并略去重合度系数Z_ε的影响,且$Z_H=2.5$,

$Z_E=189.8\sqrt{\mathrm{MPa}}$。

10-23　题 10-23 图所示为一重物提升装置传动系统图,主要参数如图所示。试回答:

(1) 根据受力合理性,决定斜齿轮的螺旋线方向,并在图中标出各齿轮及蜗轮蜗杆所受各分力的方向;

(2) 设蜗轮副的传动效率为 0.75,齿轮副的传动效率为 0.98,一对轴承的效率为 0.99,试确定电动机所需的功率和转速;

(3) 如要提高装置的提升速度,请提出三种以上的改进方案,并说明各自的特点。

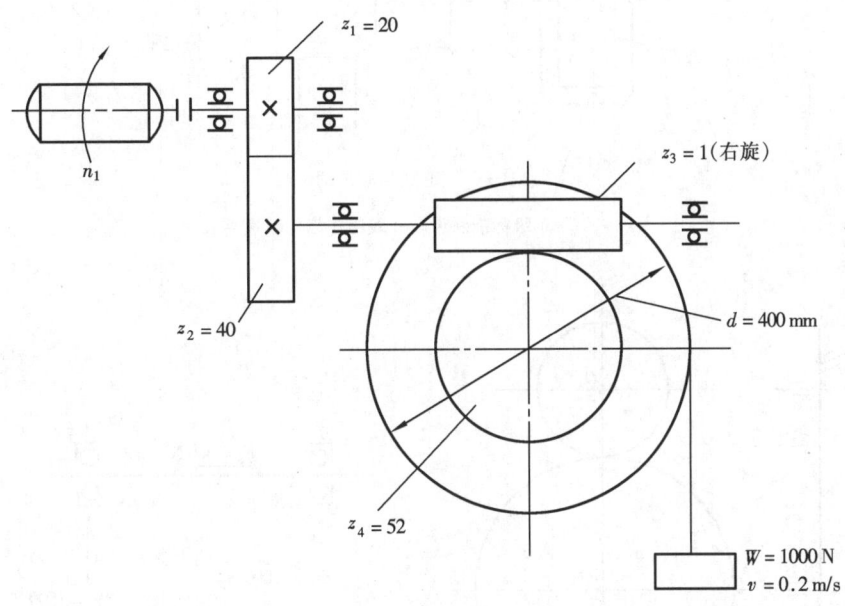

题 10-23 图

10-24　题 10-24 图所示为一起重用的斜齿轮-蜗杆减速传动装置。设卷筒直径 $D=240$ mm;工作时的效率为:$\eta_{\mathrm{轴承(一对)}}=0.99$,$\eta_{\mathrm{齿轮}}=0.98$,$\eta_{\mathrm{蜗杆}}=0.80$。蜗杆为右旋。试求:

(1) 确定电动机转速 n_1 的大小及方向;

(2) 若要求轴 Ⅱ 上两传动件所受的轴向力 F_{a2} 与 F_{a3} 的方向相反,在图上标明蜗杆螺旋线的方向和齿轮 1、2 的螺旋线方向;

(3) 起重时,电动机输入功率 P_1 需多大?

10-25　题 10-25 图(a)所示为一带式运输机的传动简图。试求:

(1) 若齿轮材料均为 45 钢,且均为软齿面(<350 HBW),试述齿轮 1、2 和齿轮 3、4 的主要失效形式、设计准则和获得软齿面的热处理方式。

(2) 若电动机输出功率 $P=2.7$ kW,转速 $n=$

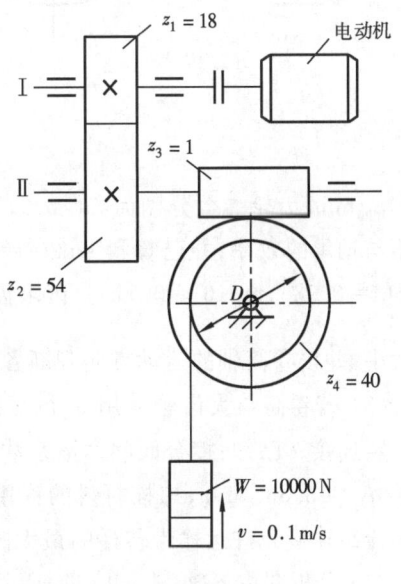

题 10-24 图

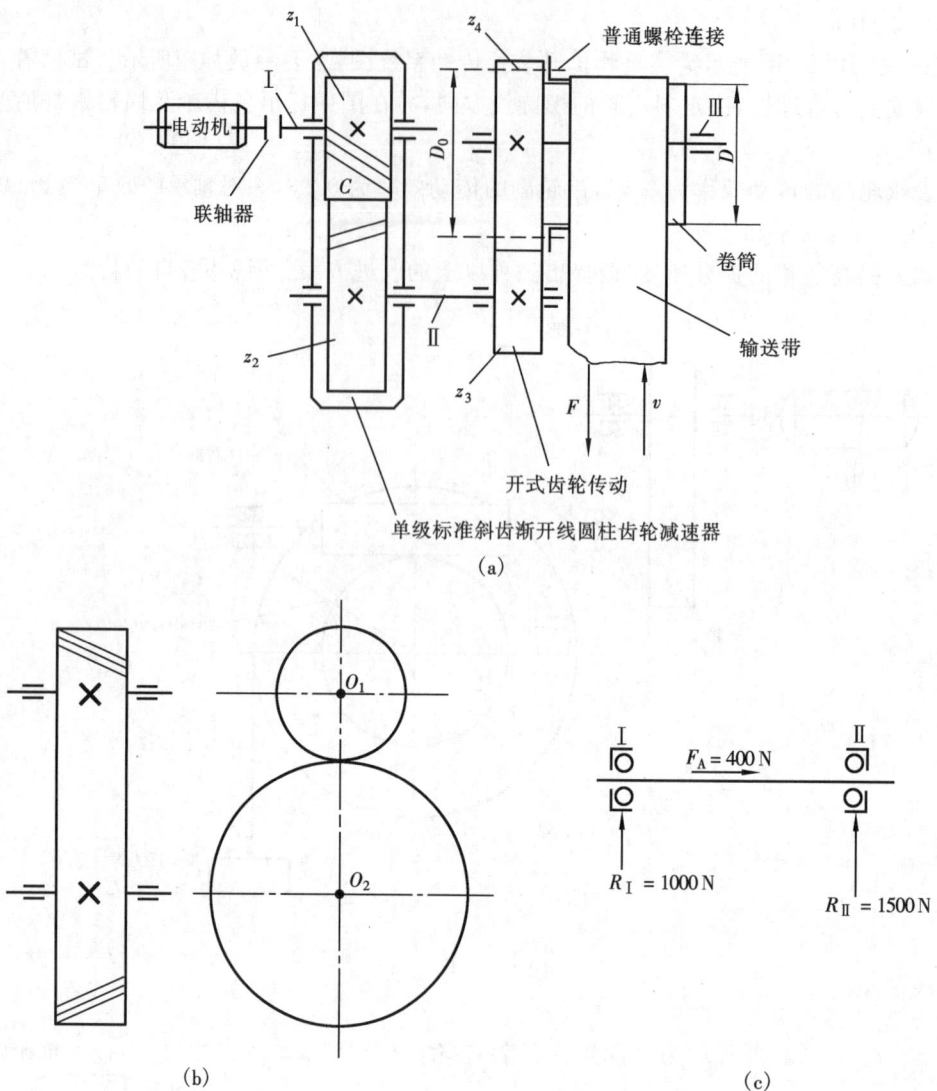

题 10-25 图

1420 r/min;齿轮参数分别为:$z_1=20$,$z_2=60$,$m_n=2$ mm,$\alpha_n=20°$,$\beta=10°$,$b=40$ mm;忽略联轴器与轴承的效率;并已算得 $\sin20°=0.342$,$\cos20°=0.940$,$\tan20°=0.364$,$\sin10°=0.174$,$\cos10°=0.985$,$\tan10°=0.176$。试求齿轮 1、2 在节点 C 处的各分力 F_{t1}、F_{t2}、F_{a1}、F_{a2}、F_{r1}、F_{r2} 的大小,并按卷筒轴的运动方向判断各分力的方向,在题 10-25 图(b)中用箭头表示,如 $\xrightarrow{F_{t1}}$。

(3) 若卷筒与大齿轮 4 用 6 个 M16 的普通螺栓均布于直径为 $D_0=300$ mm 的圆周上形成固定连接。已知:接合面间摩擦系数 $f=0.12$,可靠性系数(亦称防滑系数)$K_f=1.2$;螺纹小径 $d_1=13.835$ mm;螺栓材料的许用拉伸应力 $[\sigma]=80$ MPa;卷筒直径 $D=250$ mm。试求该螺栓组连接允许运输带传递的最大圆周力 $F_{\max}=?$

(4) 分析图中各轴(Ⅰ、Ⅱ、Ⅲ)所受的载荷,判断各轴的类别(不计自重)。

(5) 若有一轴采用一对角接触球轴承 7312 型(旧标准为 36000 型)支承,如题 10-25 图

(c)所示。已知:作用于轴承 Ⅰ、Ⅱ 上的径向载荷分别为 $R_{\text{I}}=1000$ N，$R_{\text{II}}=1500$ N；轴上的轴向载荷 $F_A=400$ N(方向如图示)；轴承派生的轴向力 S 与径向载荷 R 之间的关系为 $S=0.4R$。试求作用于轴承 Ⅰ、Ⅱ 上的轴向载荷 A_{I}、A_{II}。

10-26 题 10-26 图所示为一提升装置的传动系统简图。已知:卷筒由 6 个 M12 的普通螺栓($d_1=10.106$ mm)均布于直径 $D_0=240$ mm 的圆周上与蜗轮形成固定连接，卷筒直径 $d=200$ mm，卷筒转速 $n=85$ r/min；接合面间摩擦系数 $f=0.15$，可靠性系数 $K_f=1.2$；螺栓材料的许用拉应力 $[\sigma]=120$ MPa，起吊的最大载荷 $W_{\max}=6200$ N；蜗杆的螺旋线方向为右旋；各种传动效率为:$\eta_{齿轮}=0.95$，$\eta_{蜗杆}=0.42$，$\eta_{轴承}=0.98$，$\eta_{卷筒}=0.95$；齿轮的模数 $m_n=3$ mm，齿数 $z_1=21$，$z_2=84$，中心距 $a=160$ mm。试求:

(1) 在图上标出重物上升时电动机的转动方向；

(2) 按轴 Ⅰ 上所受合力最小的条件，确定齿轮 1、2 上轮齿的螺旋线方向(在图上标出)，并求出螺旋角的大小；

(3) 在图中标出重物上升时，蜗杆与蜗轮在节点 C 处所受三对分力(F_t、F_r、F_a)的方向；

(4) 当重物匀速上升时，电动机的输出功率 $P=?$

(5) 试校核滚筒与蜗杆连接螺栓的强度。

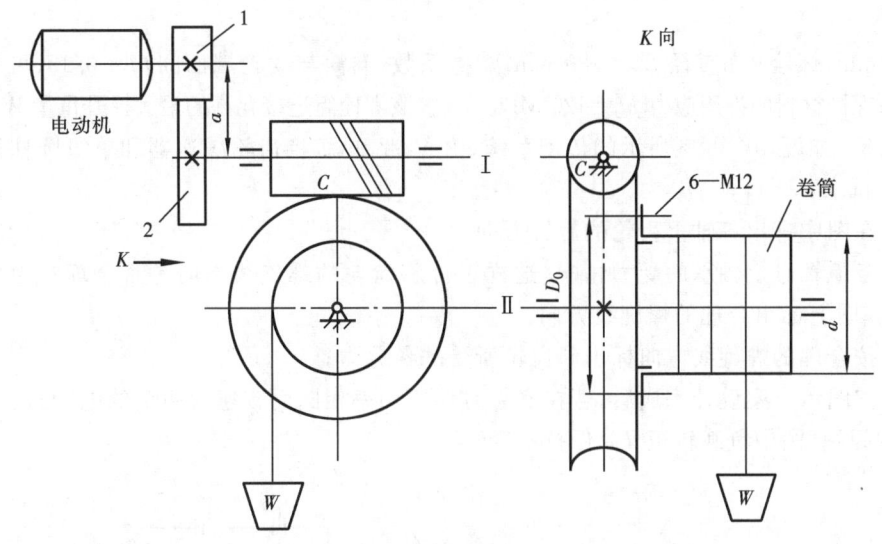

题 10-26 图

10-27 题 10-27 图所示为一提升装置的传动系统简图。已知:蜗杆螺旋线的旋向为右旋；蜗杆和从动大齿轮同轴，该轴两端采用角接触球轴承支承，面对面安装，两轴承所受的径向力 $R_1=800$ N，$R_2=1200$ N；小齿轮所受的轴向力 $F_{a1}=300$ N，蜗杆所受的轴向力 $F_{a3}=600$ N，轴承产生的内部轴向力 $S=0.7R$。试求:

(1) 为使蜗杆轴向力 F_{a3} 与大齿轮轴向力 F_{a2} 能抵消一部分，试在图上标出齿轮 1、2 的轮齿螺旋线方向。

(2) 重物上升时，在图上标出小齿轮轴的转动方向。

(3) 计算重物上升时，大齿轮左端与蜗杆右端轴承 Ⅰ、Ⅱ 所受的轴向载荷 A_1、A_2。

(4) 卷筒用 4 个 M8(小径 $d_1=6.64$ mm)的普通螺栓固定在蜗轮端面上。已知:卷筒直径

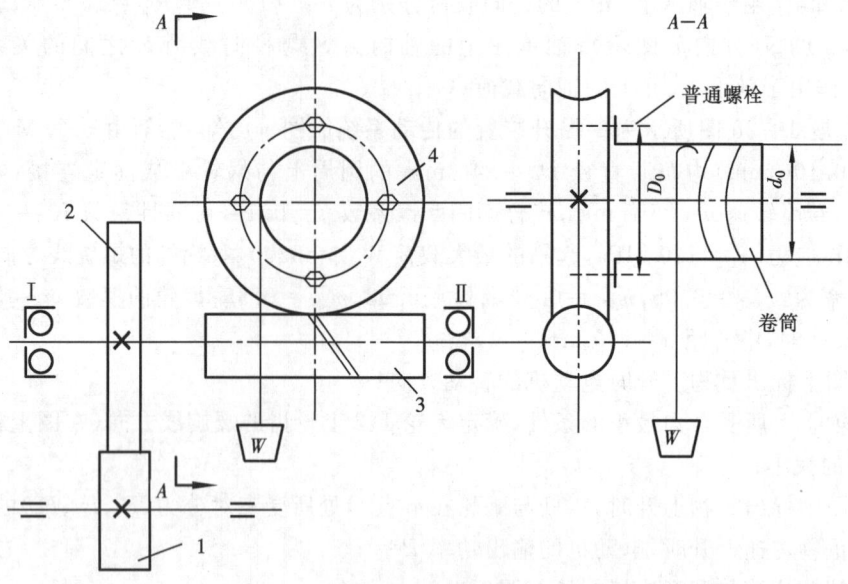

题 10-27 图

$d_0 = 150$ mm,螺栓分布直径 $D_0 = 180$ mm;摩擦系数(卷筒与蜗轮端面间)$f = 0.15$;可靠性系数 $K_f = 1.2$;螺栓材料的许用应力$[\sigma] = 120$ MPa。试求该螺栓组连接允许的最大提升重量 W_{max}。

10-28 如题 10-28 图所示的传动系统,由 V 带、单级锥齿轮减速器和单级圆柱齿轮减速器组成。试求:

(1) 在图中标出各轴上齿轮的旋转方向;

(2) 考虑轴Ⅲ上轴承的受力情况,这样设计斜齿轮的螺旋线方向是否合理? 为什么? 若不合理,在图上标出合理的螺旋线方向;

(3) 按合理的螺旋线方向标出斜齿轮所受的各分力;

(4) 按图示方案设计完成后,若在安装时误用功率相同而转速大两倍的电动机,试分析可能出现的问题(图中负载转矩 T_W 保持不变)。

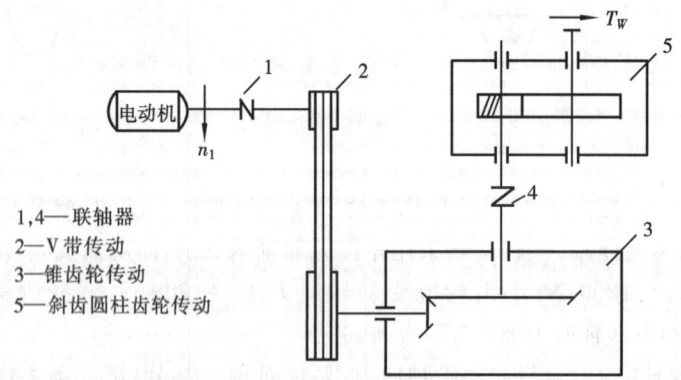

1,4—联轴器
2—V 带传动
3—锥齿轮传动
5—斜齿圆柱齿轮传动

题 10-28 图

10-29 题 10-29 图所示为某高层建筑用的电梯传动系统中所采用的蜗杆传动装置。设 $z_1 = 1, z_2 = 30$,卷筒 3 的直径 $D = 600$ mm,采用双速电动机 1 驱动,$n_1 = 972$ r/min,$n_2 = 243$ r/min。

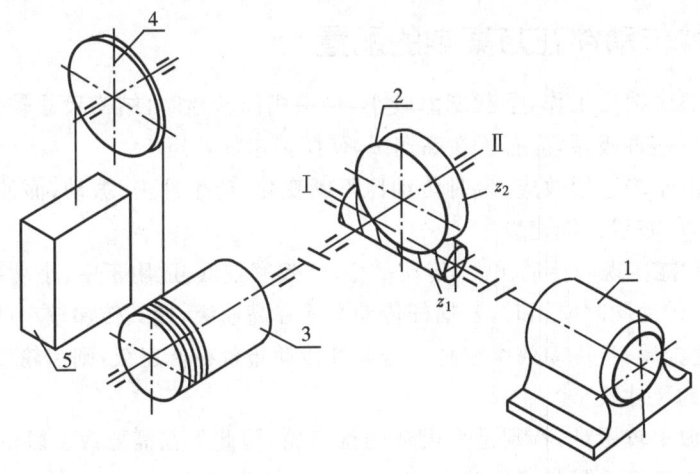

题 10-29 图

试求：

(1) 正常使用情况下，电梯的速度 v_1（快速）；

(2) 心脏病患者使用时，电梯的速度 v_2（慢速）；

(3) 电梯定员 14 人，设每人体重按 650N 计算，传动系统总效率 $\eta_{总}=0.7$，计算电动机所需功率（电梯箱自重因有平衡重块平衡，可不计及，平衡重块图中未示出）；

(4) 若用功率 $P=10\text{kW}$ 的电动机，电梯改为运货，快速和慢速时各能运货多少？

10.3　机械传动方案的分析与比较题

这一部分题型大致包括如下三类：①分析已给定的传动方案是否合理？如何对已有传动方案从传动效率、结构及加工工艺性，制造成本等方面进行评价；②分析已给定的某些方案中存在什么问题，为什么？如何改正？③若方案中传动件顺序装错后，是否可用？为什么？如何改正？

要正确解答这三类题型，必须综合运用机械设计中相关知识，明确选择机械传动系统的原则；由传动件的特点，确定其在方案中的前后位置。

10.3.1　选择机械传动系统的原则

(1) 对高速、大功率、长期工作的工况，应选用承载能力高，传动平稳，传动效率高的传动系统。

(2) 速度较低，中、小功率，要求传动比大的场合，可采用单级蜗杆传动、多级齿轮传动、带-齿轮传动、带-齿轮-链传动等多种方案，并进行分析比较，从中选择效率高的方案。

(3) 工作环境恶劣、粉尘较多时，尽量采用闭式传动，以延长传动件的寿命。工作环境温度较高或易燃烧的场合，不宜采用带传动。

(4) 传动比较大时，应优先选用结构紧凑的蜗杆传动和行星齿轮传动。原动机输出轴与工作机构输入轴平行时，可采用圆柱齿轮传动；中心距较大时，可采用带传动或链传动。两轴平面相交时，可用锥齿轮传动；两轴空间交错时，可用蜗杆传动；两轴同轴布置时，可用二级同轴式圆柱齿轮传动或行星齿轮传动。

10.3.2　各种传动件在方案中的配置

（1）带传动靠摩擦力工作，承载能力较小，传递相同转矩时，结构尺寸较其他传动形式的大，但传动平稳，能缓冲吸振，应布置在高速级，使所传递的转矩小。

（2）链传动由于多边形效应，瞬时传动比不断变化，产生冲击、振动，而使转速不均匀，故不宜用于高速级，应布置在低速级。

（3）蜗杆传动能实现的传动比大，传动平稳，但效率较低，适用于中、小功率或间歇运转的场合；当它与齿轮传动同时应用时，若蜗杆传动布置在高速级，使其传递较小的转矩，以减小蜗轮尺寸，节约有色金属，且传动效率较高。若蜗杆传动布置在低速级，则齿轮传递转矩较小，而使整个传动装置的尺寸减小。

（4）锥齿轮加工较困难，特别是大模数的锥齿轮，因此只在需要改变轴的方向时才采用，且应尽量布置在高速级并限制其传动比，以减小其尺寸和模数。

（5）斜齿轮传动的平稳性较直齿轮传动的好，常用在高速级或要求传动平稳的场合。

10.3.3　各种题型

10-30　根据所传递的载荷及工况，某单级直齿圆柱齿轮减速器的中心距已确定为 200 mm，但其参数选择有以下两种方案：

方案 A　齿数 $z_1 = 19, z_2 = 81$；模数 $m = 4$ mm；齿宽 $b_1 = 60$ mm，$b_2 = 55$ mm。

方案 B　齿数 $z_1 = 38, z_2 = 162$；模数 $m = 2$ mm；齿宽 $b_1 = 60$ mm，$b_2 = 55$ mm。

两方案均为正常制标准齿轮，其材料、热处理要求、加工精度均相同。

试分别比较两种方案的接触疲劳强度、弯曲疲劳强度及传动性能三方面的高低，并简述其理由。

10-31　题 10-31 图所示的两个传动方案，哪个合理？并简述其理由。

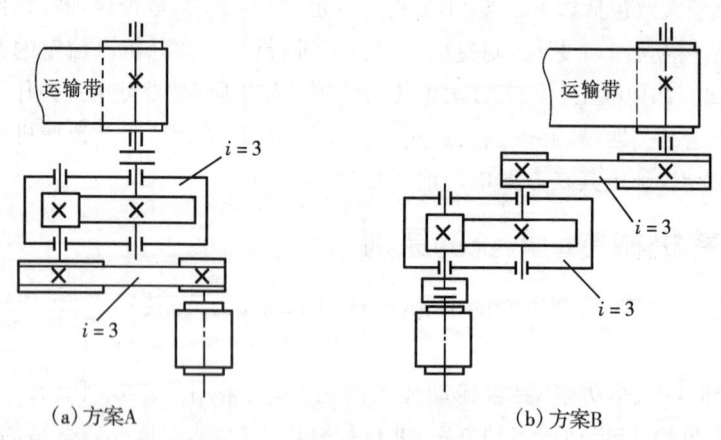

题 10-31 图

10-32　题 10-32 图所示的两个传动方案，哪个合理？并简述其理由。

10-33　对于一台用于长期运输的带式运输机的传动装置，试从结构、效率等方面，分析下述方案 A、方案 B 的特点：

方案 A　电动机→蜗杆传动→齿轮传动→工作机；

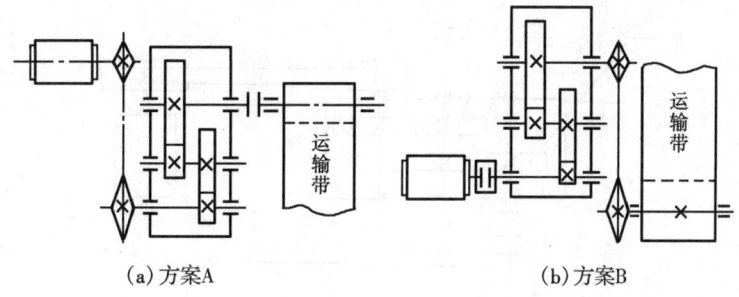

(a)方案A   (b)方案B

题 10-32 图

方案 B　电动机→齿轮传动→蜗杆传动→工作机。

10-34　题 10-34 图所示的三种传动系统中,哪一种传动方案较好? 为什么?

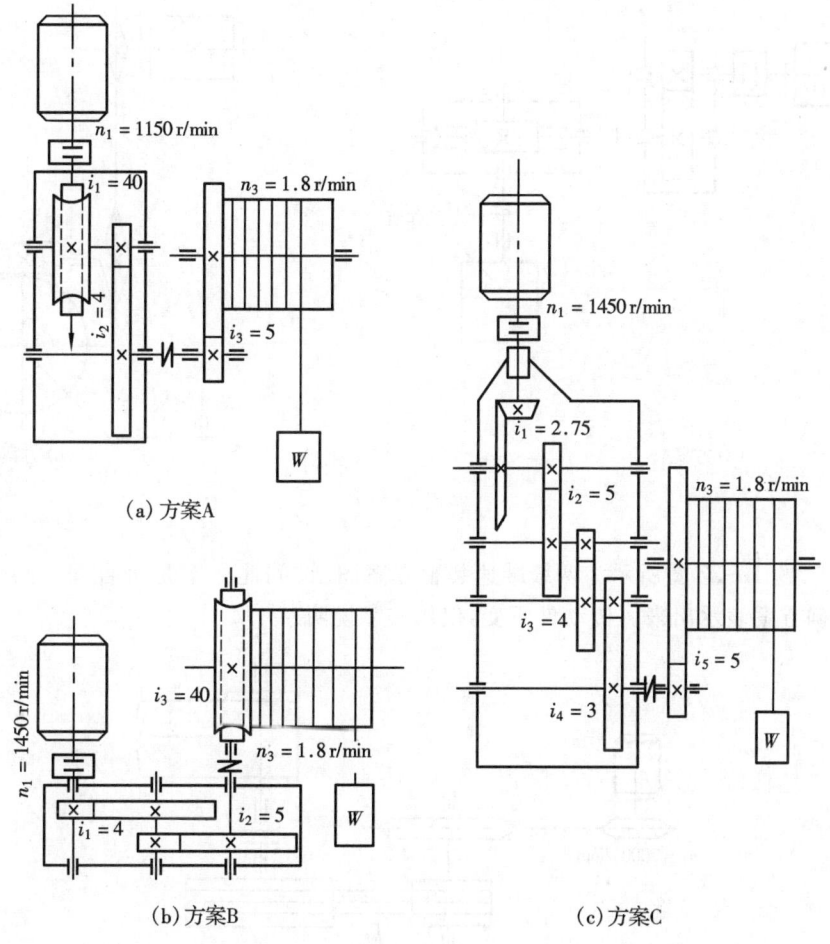

(a)方案A

(b)方案B   (c)方案C

题 10-34 图

10-35　试指出题 10-35 图所示方案有什么不合理(无需分析原因),是否有错误之处?有则指出,并简述其理由。

10-36　题 10-36 图所示为某起重装置的两种传动方案 A 与方案 B。若工况为长期运转,试说明该方案是否合理,为什么?若限定图中传动件的类型不变,你认为较合理的方案应如何组成?(不绘图,仅用文字说明)

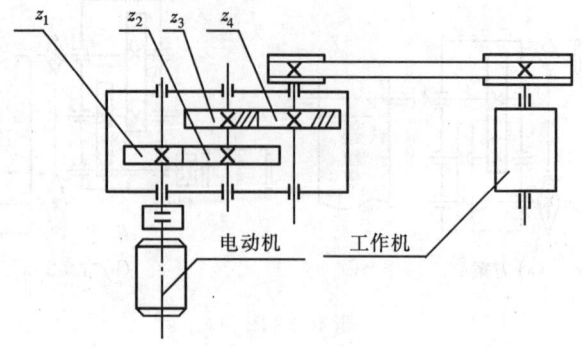

题 10-35 图

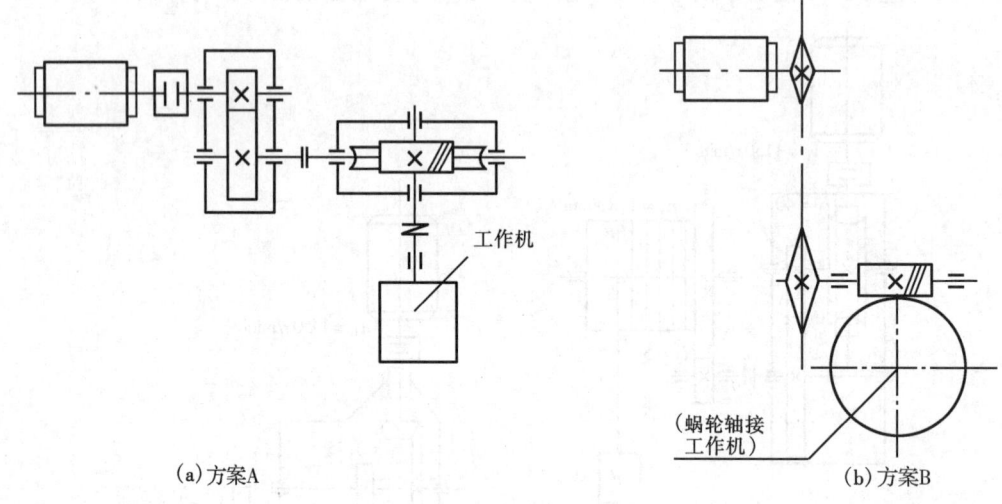

（a）方案A

（b）方案B

题 10-36 图

10-37 题 10-37 图所示为两级减速装置方案图。试问此方案是否合理,为什么?若不合理,请将正确方案表示出来。(传动件不变,仅用文字说明)

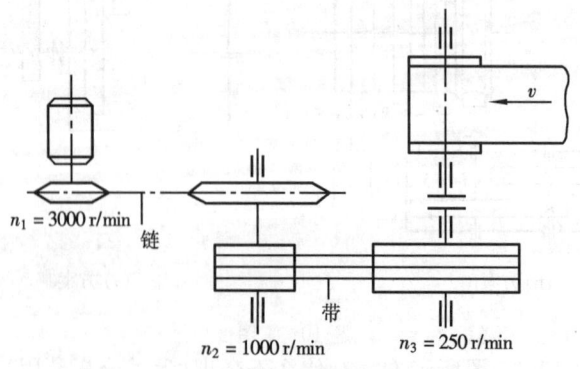

题 10-37 图

10-38 题 10-38 图所示的起重装置,由电动机及齿轮减速器驱动,电动机功率为 $P(\text{kW})$,转速为 $n(\text{r/min})$,最大起重量为 $W(\text{N})$,起升速度为 $v(\text{m/s})$。电动机及齿轮减速器的承载能力刚好满足要求。试问：

（1）若 v 不变，而将起重量提高到 $2W(\mathrm{N})$，电动机是否要换？齿轮是否能用？

（2）若仅将传动比 i 下降为 $i/2$，电动机和齿轮是否能用？

10-39　题 10-39 图所示的带式运输机，原设计为方案(a)，强度正好满足工作要求。若装配时错装成为方案(b)。试问这样能不能用，为什么？（忽略摩擦效率损失）

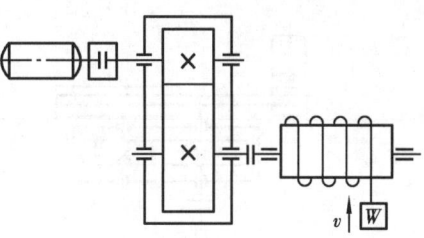

题 10-38 图

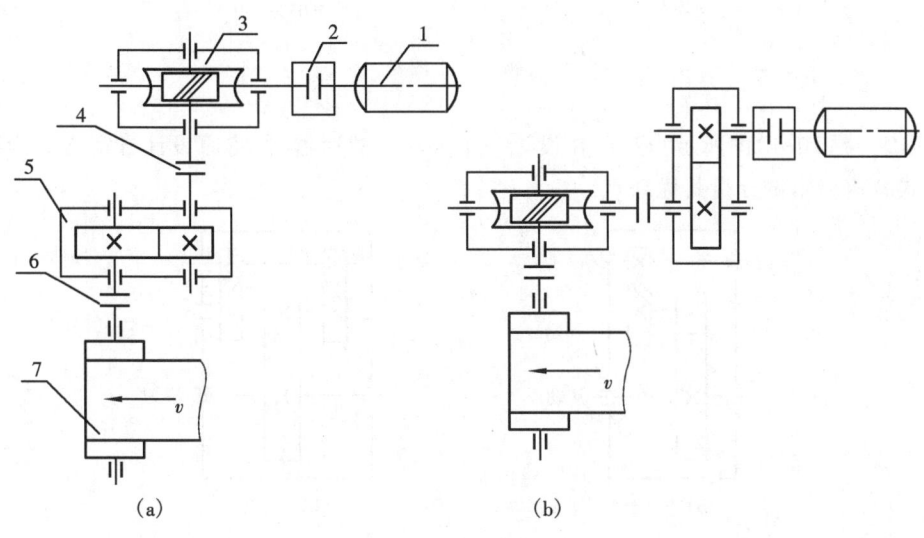

(a)　　　　　　　　(b)

题 10-39 图

1— 电动机；2、4、6— 联轴器；3— 蜗轮减速器；5— 齿轮减速器

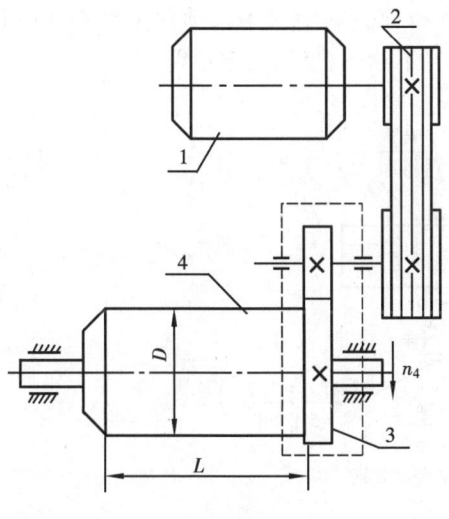

题 10-40 图

10-40　题 10-40 图所示为水泥磨传动简图。已知：磨机 4 的直径 $D = 950$ mm，长度 $L = 3000$ mm；电动机 1 的功率 $P = 30\mathrm{kW}$，转速 $n = 730$ r/min；磨机转速 $n_4 = 35$ r/min；V 带的传动比 $i_{带} = 2.78$。

试分析开式齿轮 3（用虚线框住的部分）如果改成下列传动之一，有何利弊？为什么？

A. 蜗杆传动　　　　B. 链传动

C. V 带传动　　　　D. 闭式直齿圆柱齿轮传动

10-41　题 10-41 图所示的带式运输机，原设计方案 A 各部分承载能力正好满足工作要求。装配时错装成方案 B。试问：

（1）装错后的方案 B 能否采用？为什么？

（2）V 带传动还能否适用？为什么？

（3）齿轮传动还能否适用？为什么？

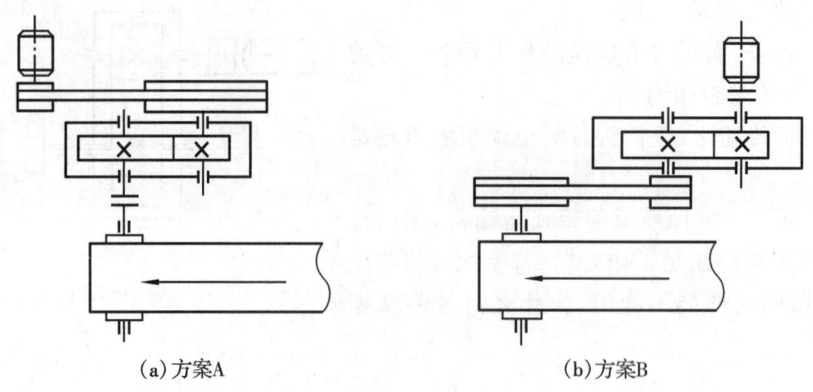

(a)方案A　　　　　　　　　　(b)方案B

题 10-41 图

10-42　题 10-42 图所示为某厂在设计一个大功率减速器时,将原设计方案 A 改为新方案 B(分流式减速器),试分析其优缺点。

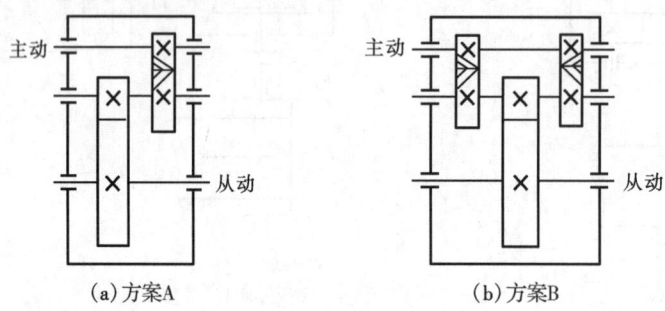

(a)方案A　　　　　　　　　　(b)方案B

题 10-42 图

10-43　题 10-43 图所示为一种传动装置的设计方案,试从传动效率的高低出发,对此方案进行评价。若要求提高该传动装置的传动效率,但需保持原方案中所用传动件类型不变(两对齿轮传动,一对蜗杆传动)。试问该方案应作如何改变?(不绘图,仅用文字说明)

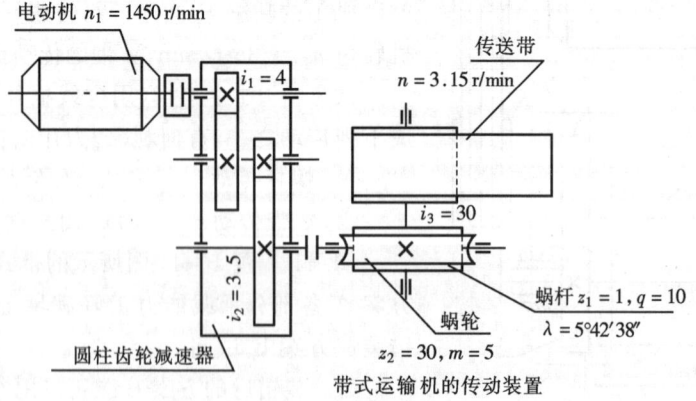

题 10-43 图

第二篇 机 械 原 理

第11章 平面机构的结构分析

11.1 主要内容与基本要求

11.1.1 主要内容

1. 机构的组成

（1）零件是制造的单元体，而构件是由一个或若干个零件固联在一起的一个独立运动的整体（视为刚体），是机构运动的单元体，是组成机构的基本要素。构件可用最简单的线条或几何图形来表示，如从运动学的角度来看，构件又可视为任意大的平面刚体。

（2）运动副是组成机构的又一基本要素。运动副是具有相对运动的两构件的接触组合。运动副按其接触形式，可分为高副（即点或线接触的运动副）和低副（即面接触的运动副），还可按所能产生相对运动的形式分为转动副、移动副、螺旋副及球面副等。运动副的基本特征为：①具有一定的接触形式，并把两构件参与接触的表面称为运动副元素；②能产生一定形式的相对运动。由于两构件的接触组合，使两构件之间的相对运动受到某些限制。组成运动副的两构件之间可能产生的相对运动，就是运动副的自由度。在平面机构中，组成高副的两构件间有两种可能的相对运动，故高副的自由度为2；低副的运动副元素分别为圆柱面和平面，其接触应力比较低，构成这种低副的构件间只有一种可能的相对运动，故低副的自由度为1。

（3）运动链是若干个构件通过运动副连接而成的相对可动的系统。闭式链是运动链中各构件组成的首末封闭系统；开式链是运动链中各构件组成的首末不封闭系统，其有平面运动链和空间运动链之分。运动链如构成的是相对不可动的系统，则为桁架或结构体，即蜕变成为一个构件。

（4）如果将运动链中某一构件视为固定，则另一构件或几个构件按给定的运动规律相对于固定构件运动，则此运动链为机构。机构是具有确定相对运动规律的构件组合体，是一种用来传递运动和力的可动装置，是具有固定构件的运动链。这种视为固定的构件，多指固定在地面上的机架，但也可能是运动着的机架，如船的船体和飞机的机身等。将按给定已知运动规律独立运动的构件称为原动件，而其余活动构件称为从动件。从动件的运动规律取决于原动件的运动规律和机构的结构。能完成有用的机械功或转换机械能的机构组合系统称为机器。从结构与运动观点来看，机器与机构并无区别。机器与机构总称为机械。

2. 机构运动简图及其绘制

机构的运动仅与机构中运动副的结构形式（低副及高副等）和机构的运动学尺寸（由各运动副的相对位置确定的尺寸）有关，而与构件的外形尺寸等因素无关。因此，根据机构的运动学尺寸，按一定的比例尺定出各运动副的位置，再用规定的代表符号和简单的线条或几何图形将机构的运动情况表示出来，这种简单的图形就称为机构运动简图。机构运动简图不仅表示机构的组成和运动情况,而且可以被用来进行机构的运动分析和力分析。

3. 机构具有确定运动的条件

机构的自由度是机构具有确定运动时所需的独立运动参数的数目。为了使机构能按照一定的要求进行运动变换和力的传递,机构必须具有确定的运动。机构具有确定运动的条件是:运动链的自由度数等于按给定规律相对于机架的原动件数。若自由度数多于原动件数,则运动链中活动构件相对于机架的运动不确定;若自由度数少于原动件数,则机构在运动过程中,某些构件将损坏。在分析现有机械或设计新机械时,必须考虑所设计的机构是否满足机构具有确定运动的条件。机构只有在具有确定的运动时,才能对其进行结构分析、运动分析和力分析。

4. 平面机构自由度的计算

1)平面机构自由度的计算公式

$$F = 3n - 2p_1 - p_h \tag{11-1}$$

式中:n 为机构中活动构件的数目;p_1 为机构中低副的数目;p_h 为机构中高副的数目。

2)计算机构自由度时应注意的问题

(1)机构中某些构件具有不影响其他构件运动的自由度,称为局部自由度。平面机构的局部自由度主要出现在需要将滑动摩擦变为滚动摩擦而设置的滚子和轴承的滚珠上。计算机构的自由度时,可将产生局部运动的构件与其相连接的构件视为焊接在一起,以达到除去构件中局部自由度的目的。

(2)正确确定运动副的数目,在有些情况下,如果不作分析,可能将机构中所包含的运动副的数目弄错。如有 3 个构件在一处组成轴线重合的转动副,如果不加分析,往往容易把它看作 1 个转动副。这种由 3 个或 3 个以上构件组成轴线重合的转动副称为复合铰链。一般,由 m 个构件组成的复合铰链应含有 $(m-1)$ 个转动副。

(3)机构中不起实际作用的重复约束称为虚约束。计算机构的自由度时,虚约束应该除去。

5. 平面机构的组成原理与结构分析

自由度为零的运动链,称为杆组。机构是由若干个基本杆组依次连接于原动件和机架上构成的,其方法称为机构的组成原理。高副低代是将机构运动简图中原有高副用低副取代。方法是:先找到高副的两个副元素(即组成高副的两曲线)在接触处的曲率中心,再用直线将这两曲率中心连起来,作为假想的低副构件的两铰链中心。这种替代并不改变原机构的自由度,对替代后的低副机构进行机构组成分析和机构运动分析时,要比直接按原高副机构来分析简单得多。但必须指出,高副低代法不能应用于机构力分析中。

11.1.2　基本要求

(1)了解机构的组成。

(2)了解机构运动简图的作用及绘制方法。

(3)弄清机构具有确定运动的条件。

(4)能正确使用平面机构自由度的计算公式。

(5)掌握平面机构的组成原理与结构分析的方法,了解机构高副低代的方法。

11.2 重点与难点分析

11.2.1 重点内容分析

本章的重点是机构具有确定运动的条件和平面机构自由度的计算,以及机构的组成分析和机构的级别判别。要注意机构的级别是以机构中所含杆组的最高级别来定义的,而对同一机构当取不同构件为原动件时,机构的级别有可能发生变化。

11.2.2 难点内容分析

由于虚约束出现在特定几何条件下,而且具体情况又较为复杂,故需要仔细分析,甚至需要通过几何证明来加以判别,因此,虚约束的判别是本章的难点。

要正确判别机构中存在的虚约束,应注意以下几点。

1) 虚约束的概念

在机构中,两构件构成运动副所引入的约束是用来限制某些相对运动的。但在机构中,某些运动链所引入的约束可能与机构所受的其他约束相重复,即对相对运动的限制产生了重复,因而对机构运动实际上起不到约束作用,这种约束就是虚约束。

2) 一般机构存在虚约束的形式

(1) 如果用转动副连接的是两构件上运动轨迹相重合的点,则该连接将引入一个虚约束。

(2) 机构在运动过程中,若两构件上某两点之间的距离始终保持不变,如用双转动副杆将此两点相连,则将引入一个虚约束。

(3) 机构中某些不影响机构运动传递的重复部分或对称部分所引入的约束为虚约束。

11.3 例题精选与解析

例 11-1 在图示机构中,$AB \parallel EF \parallel CD$,试计算其自由度。

解题要点

此机构为一平面机构,由已知条件知 $ABCD$ 为一平行四边形机构。EF 杆引入后为虚约束,应去掉。C 处构成复合铰链,滚子 7 为局部自由度。

解:由式(11-1)可得

$$F = 3n - 2p_1 - p_h = 3 \times 6 - 2 \times 7 - 2 = 2$$

例 11-2 计算图示机构的自由度。

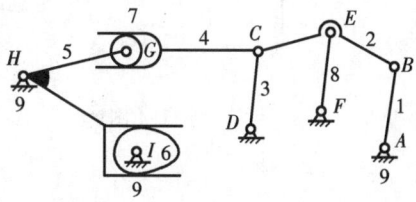

例 11-1 图

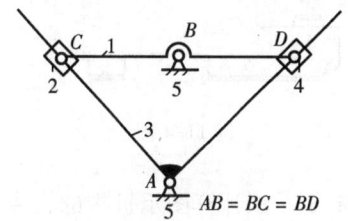

例 11-2 图

解题要点：

由于特定的几何条件 $AB = BC = BD$，D（或 C）点为虚约束，计算自由度时应除去。

解： $$F = 3n - 2p_1 = 3 \times 3 - 2 \times 4 = 1$$

例 11-3 在图示的运动链中，标上圆弧箭头的构件为原动件。已知：$l_{AB} = l_{CD}$，$l_{AF} = l_{DE}$，$l_{BC} = l_{AD} = l_{FE}$。试求出该运动链的自由度数目，并说明该运动链是不是机构。

解题要点：

此机构为一平面机构，由分析可知，EF 杆为虚约束，计算自由度时应去掉。

解： （1） $$F = 3n - 2p_1 = 3 \times 7 - 2 \times 10 = 1$$

（2）自由度数目＝原动件数目，是机构。

由以上分析计算可看出：判断一个运动链是否为机构，应满足的条件是：① 运动链中必须有一个机架；② 运动链必须可动，即 $F \geqslant 1$；③ 机构还应具有确定运动，即机构的原动件的数目应等于机构自由度数。

例 11-4 试审查图示简易冲床的设计方案简图是否合理？为什么？如不合理，请绘出正确的机械简图。

解题要点：

此设计方案简图是不合理的。因按此设计方案简图，其自由度为 $F = 3n - 2p_5 - p_4 = 3 \times 3 - 2 \times 4 - 1 = 0$，即运动链不能动，因而不是机构。

解： 可将机构简图修改为例 11-4 图解情况，则满足运动要求。

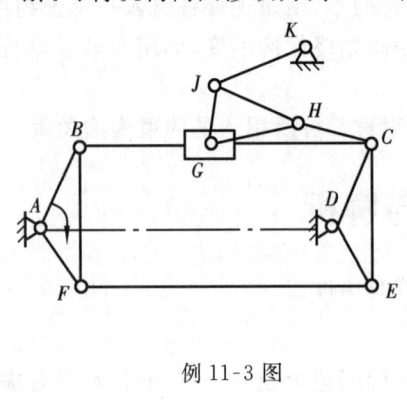

例 11-3 图

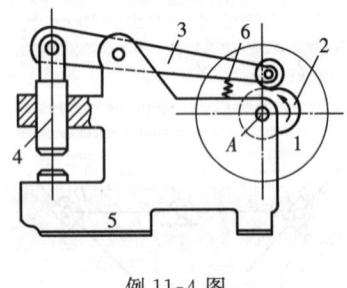

例 11-4 图

例 11-4 图解

例 11-5 试计算图示机构的自由度。

解题要点： 该机构是全为移动副连接而成的平面连杆机构，它的所有活动构件均不能绕笛卡尔坐标系的 x、y、z 轴转动，同时又不能沿垂直于机构运动平面的方向移动，故其中每个活动构件均具有四个相同的约束。

其自由度应为

$$F = 2n - p_1$$

解： $F = 2n - p_1 = 2 \times 2 - 3 = 1$

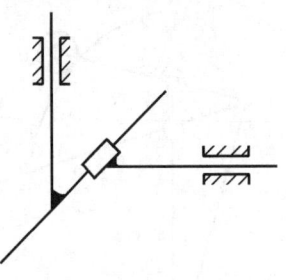

例 11-6 试计算图示机构的自由度(若有复合铰链、局部自由度或虚约束,必须明确指出),并判断该机构的运动是否确定(标有箭头的构件为原动件)。若其运动是确定的,请进行杆组分析,并显示出拆组过程,指出各级杆组的级别、数目以及机构的级别。

例 11-5 图

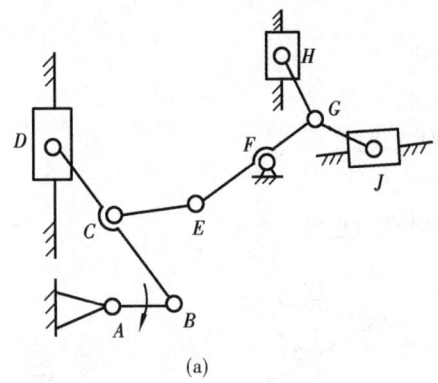

(a)

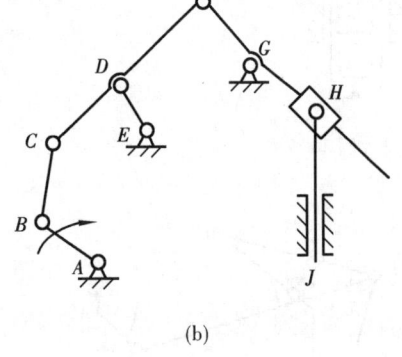

(b)

例 11-6 图

解题要点：

正确区分Ⅱ级或Ⅲ级杆组。

解： (a) $n=9$, $p_4=13$, $p_5=0$

$$F = 3 \times 9 - 2 \times 13 = 1$$

因为   原动件数目 $=F$

所以机构具有确定的运动。

原机构 = ⋯

原动件　　Ⅱ级杆组　　Ⅱ级　　Ⅱ级　　Ⅱ级

(a)

= 原动件 + Ⅲ级杆组 + Ⅱ级杆组

(b)

例 11-6 图解

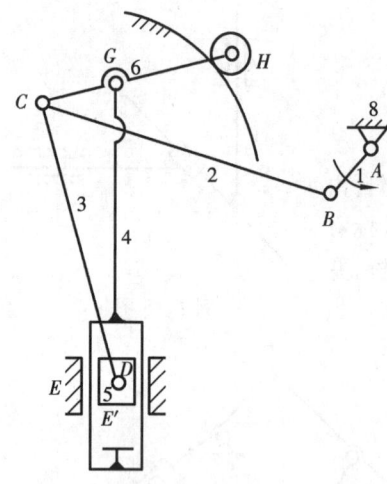

例 11-7 图

G 处为复合铰链,机构的级别为 Ⅱ 级。

（b）　　　　$n=7$，　$p_4=10$，　$p_5=0$

　　　　　　　　$F=3\times7-2\times10=1$

因为　　　　原动件数目 $= F$

所以,机构具有确定的运动,机构的级别为 Ⅲ 级。

例 11-7　分析图示机构的杆组（凡是高副,应先进行高副低代）,并确定杆组及机构的级别（图中有箭头的为原动件）。

解题要点：

（1）高副低代；

（2）分拆杆组。

解：（1）高副低代；

（2）分拆杆组；

（3）机构的级别为 Ⅲ 级。

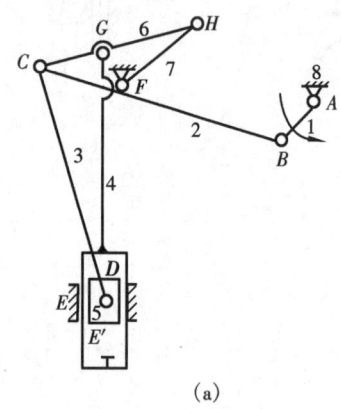

(a)

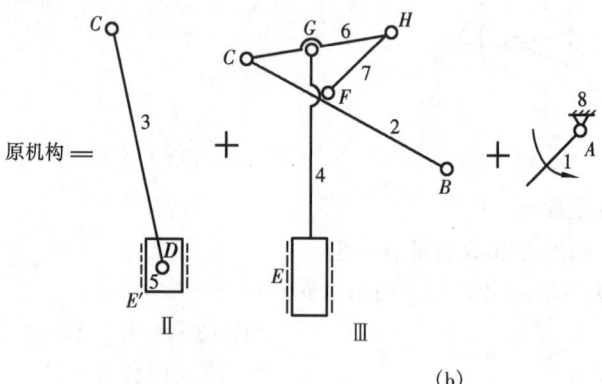

(b)

例 11-7 图解

11.4　考试复习与练习题

一、问答题

11-1　机构具有确定运动的条件是什么? 如不满足这一条件,将会产生什么后果? 什么是约束? 机构中各构件的约束是如何产生的?

11-2　说出题 11-2 图所示机构哪一个存在虚约束,为什么?

11-3　试验算题 11-3 图所示机构的运动是否确定。如机构的运动不确定,请提出使其具有确定运动的修改办法。

11-4　进行机构结构分析时,按什么步骤和原则来拆分杆组? 如何确定杆组的级别? 选择不同的原动件对机构的级别有无影响?

11-5　"杆组"有何特点? 对机构分析和综合有何实际意义?

11-6　平面机构中用低副代替高副的方法和条件是什么,高副低代的目的是什么?

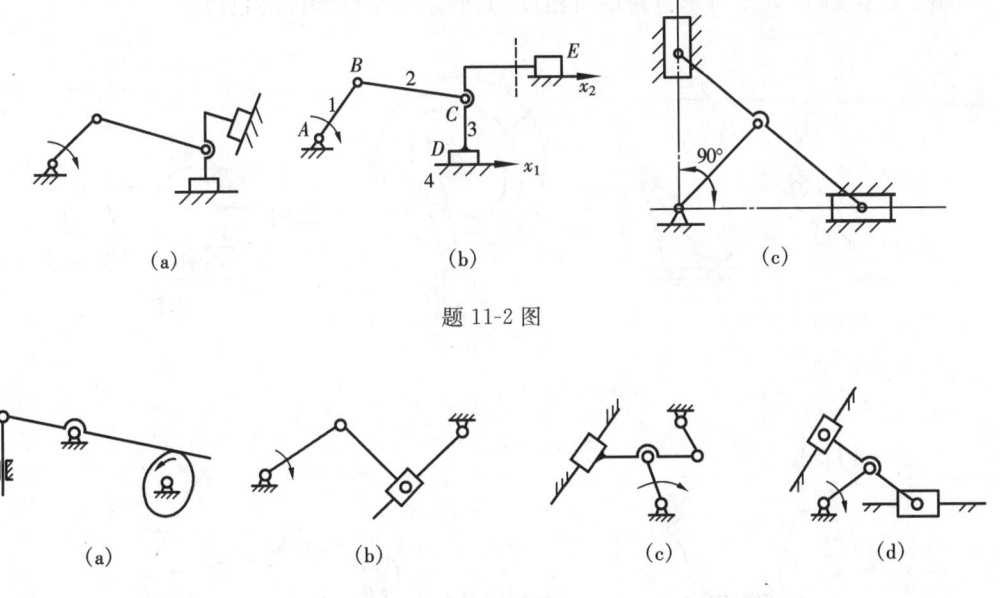

(a)   (b)   (c)

题 11-2 图

(a)   (b)   (c)   (d)

题 11-3 图

二、分析计算题

11-7　计算题 11-7 图所示机构的自由度,并判定该机构是否具有确定的运动(标有箭头的构件为原动件)。

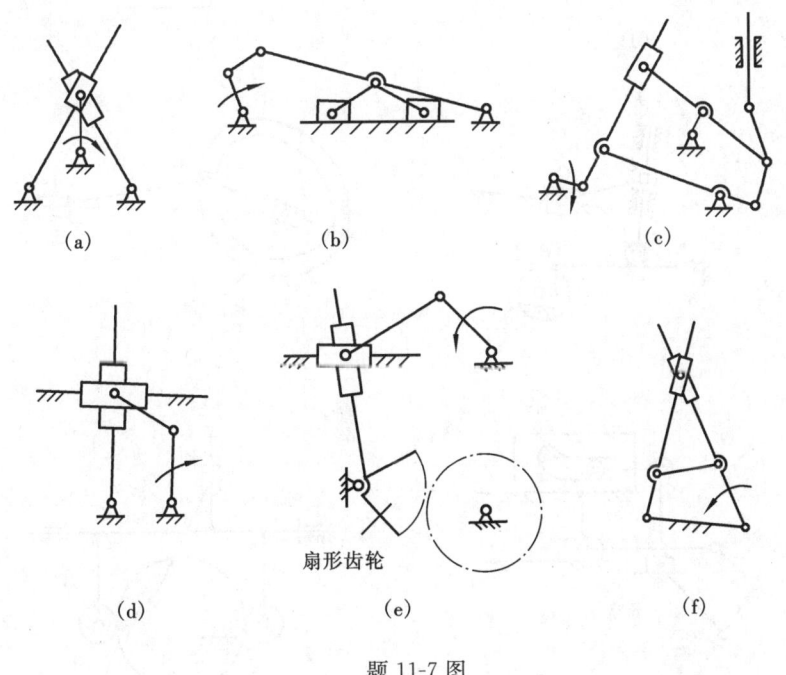

(a)   (b)   (c)

扇形齿轮

(d)   (e)   (f)

题 11-7 图

11-8 计算题 11-8 图所示机构的自由度,并确定应给原动件的数目。

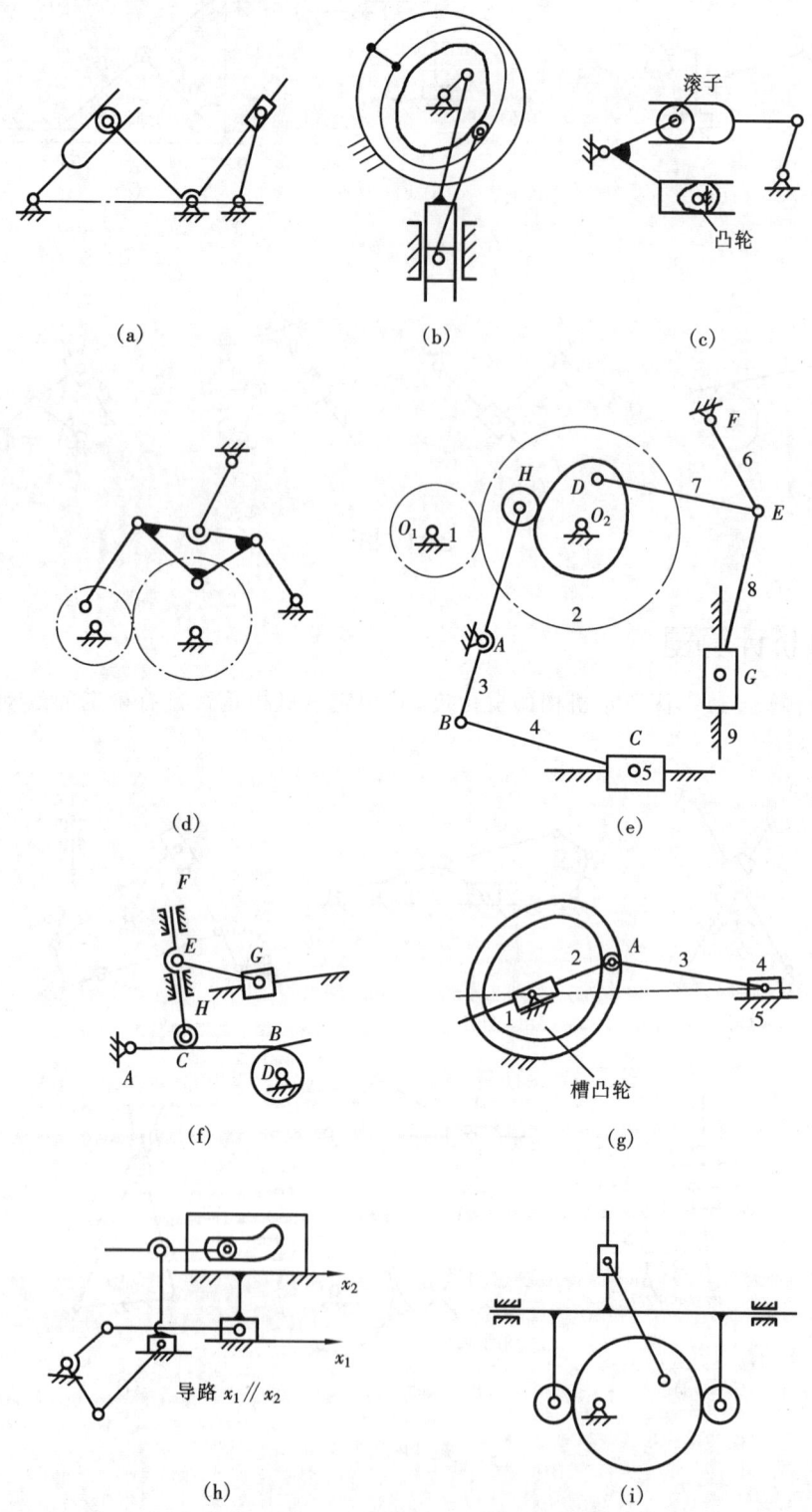

(a)

(b)

滚子

凸轮

(c)

(d)

(e)

(f)

槽凸轮

(g)

导路 x_1 ∥ x_2

(h)

(i)

题 11-8 图

11-9 在题 11-9 图所示机构中,试分析计算该机构的自由度,并判断该机构的运动是否确定;若有复合铰链、局部自由度、虚约束则在图上明确指示(打箭头的为原动件)。

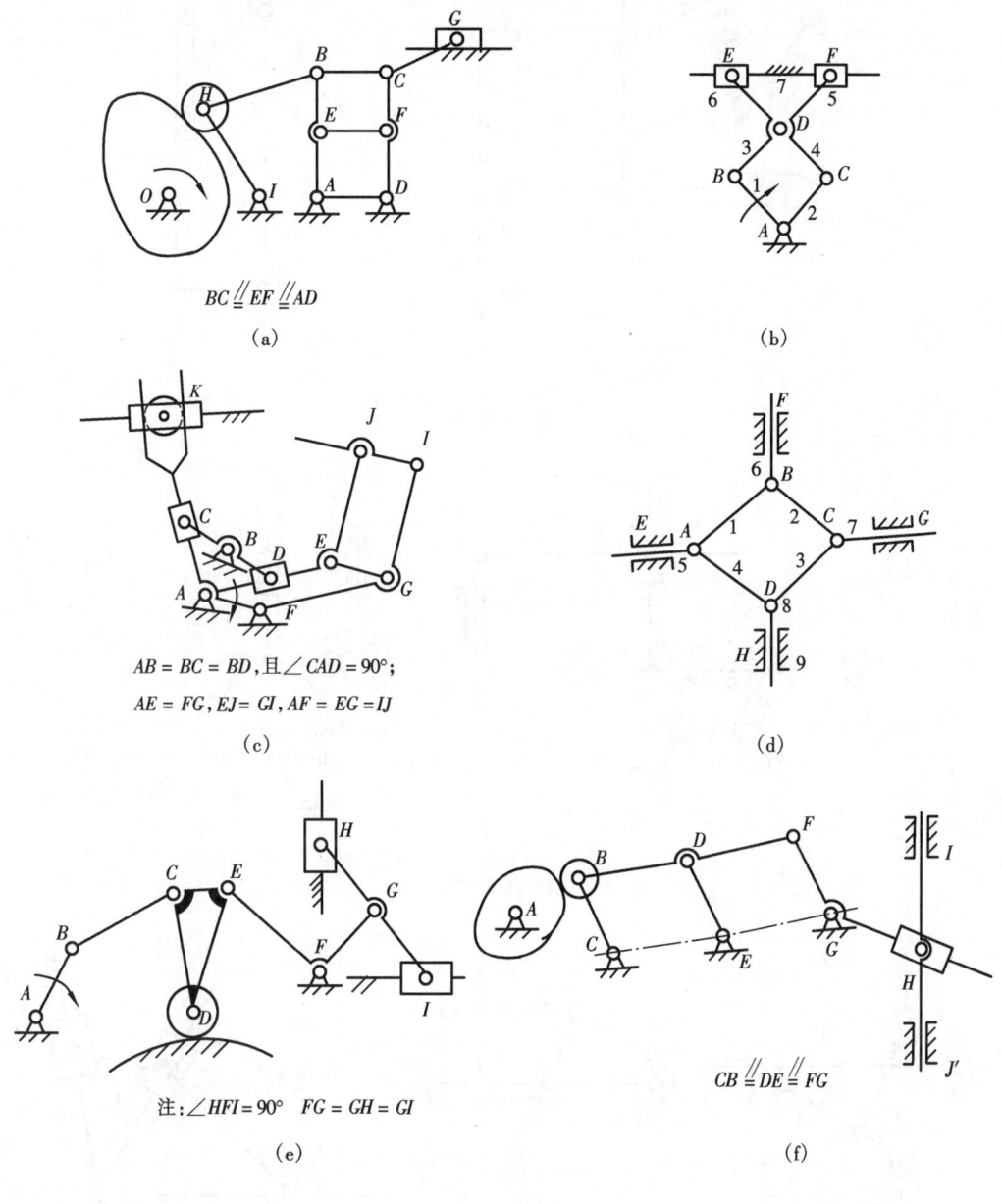

题 11-9 图

11-10 计算题 11-10 图所示运动链的自由度,并说明这些运动链具有确定运动的条件。

11-11 计算题 11-11 图所示机构的自由度,并说明机构是否有确定的运动。

三、作图题

11-12 计算题 11-12 图所示机构的自由度,并拆出杆件组,判断机构级别(图中画箭头的构件为原动件)。

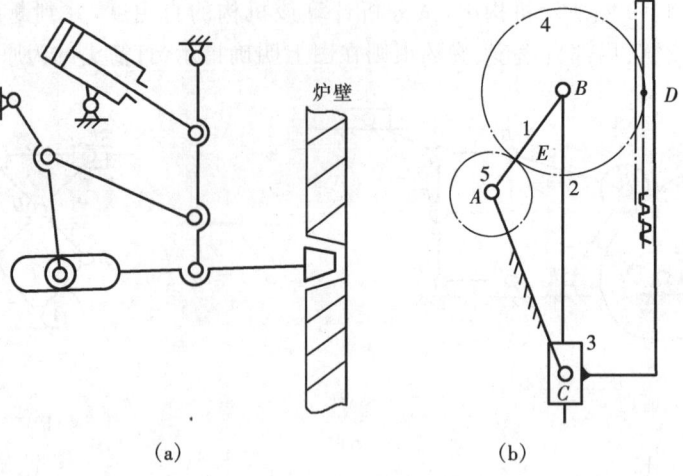

(a)　　　　　　　　　　　(b)

题 11-10 图

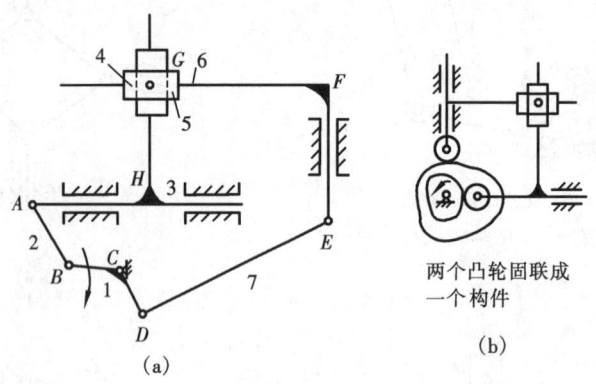

两个凸轮固联成
一个构件

(a)　　　　　　　　　　　(b)

题 11-11 图

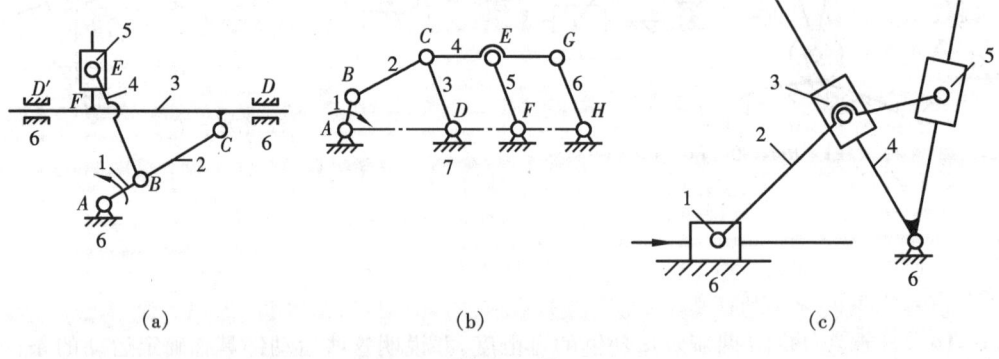

(a)　　　　　　　　(b)　　　　　　　　(c)

题 11-12 图

11-13 计算题 11-13 图所示机构的自由度,并拆分杆组(凡是高副,先进行高副低代),确定杆组及机构的级别(图中标有箭头的为原动件)。

11-14 题 11-14 图所示为用于飞机操纵系统中将轴 1 的回转运动转变为构件 5 作往复移动的机构,试绘制机构运动简图。

11-15 题 11-15 图所示为车门机构的运动示意图,其中气缸和活塞分别与车身和一扇车门相铰接,另一扇车门的 EE 边则与车身保持直线往复运动。试绘制该车门机构的运动简图。

11-16 计算题 11-16 图所示机构的自由度,并作出它们仅含低副的替代机构。

11-17 如题 11-17 图所示,保持机构的运动特性不变的条件下,试用转动副扩大、高低副互代、加局部自由度或加虚约束的方法演化下列机构。

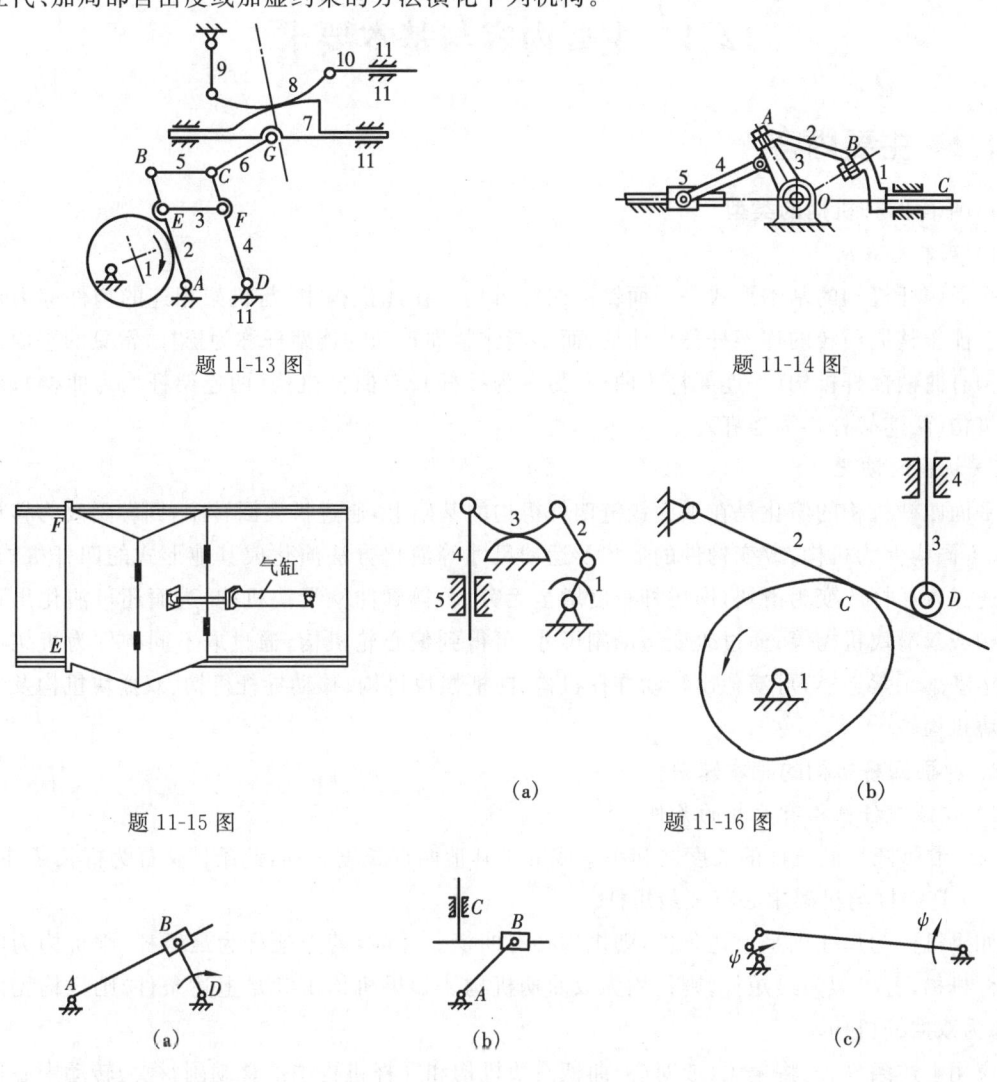

题 11-13 图　　　　　　　　　　　题 11-14 图

题 11-15 图　　　　（a）　　　　（b）

题 11-16 图

（a）　　　　（b）　　　　（c）

题 11-17 图

第12章　平面连杆机构

12.1　主要内容与基本要求

12.1.1　主要内容

1. 平面四杆机构的类型

1）基本形式

平面四杆机构的基本形式是平面铰链四杆机构。在此机构中,与机架相连的构件称为连架杆。能作整周回转的连架杆称为曲柄,而不能作整周转动的连架杆称为摇杆;常见的平面四杆机构有曲柄摇杆机构(一连架杆为曲柄,另一为摇杆);双曲柄机构(两连架杆均为曲柄);双摇杆机构(两连架杆均为摇杆)。

2）机构的演化

平面四杆机构的演化是在平面铰链四杆机构的基础上,通过扩大回转副;回转副改为移动副;取不同构件为机架;改变构件的形状及运动尺寸等演化方法演化成其他形式的四杆机构。还可通过将摇杆改变为滑块,即摇杆长度增至无穷大,得到曲柄滑块机构,进而还可演化出正弦机构或双滑块机构等;通过改变运动副尺寸,可得到偏心轮机构;通过取不同构件为机架或通过运动副元素逆换,可演化出转动导杆机构、曲柄摇块机构、移动导杆机构、双摇块机构及十字滑块机构等。

2. 平面四杆机构的基本知识

1）铰链四杆机构有曲柄的条件

（1）最短杆与最长杆的长度之和小于或等于其他两杆长度之和,此条件又称为杆长条件;

（2）连架杆与机架中必有一最短杆。

如果机构的尺寸满足上述条件,则机构必有曲柄。此时,若连架杆为最短杆,则机构为曲柄摇杆机构;若机架为最短杆,则机构为双曲柄机构。如果机构不满足上述条件,则机构无曲柄,即为双摇杆机构。

应用上述条件,若将偏置(或对心)曲柄滑块机构和导杆机构中的移动副,视为转动中心位于垂直于滑块导路无穷远处的转动副,则可推导出相应机构曲柄存在的条件。

2）急回运动及行程速比系数 K

当连杆机构(如曲柄摇杆机构)的主动件(曲柄)为等速回转时,从动件(摇杆)空回行程(摆回)的平均速度大于从动件(摇杆)工作行程(摆出)的平均速度,这种运动性质称为急回运动。其急回运动的程度用行程速比系数 K 来衡量。行程速比系数用从动件空回行程的平均速度($\bar{v}_2$)与从动件工作行程的平均速度($\bar{v}_1$)的比值来表示,即

$$K = \bar{v}_2/\bar{v}_1 = (180° + \theta)/(180° - \theta) \tag{12-1}$$

其中:θ 表示极位夹角,即当机构从动摇杆处于两极限位置时,主动件曲柄在相应两位置所夹的锐角。

3）四杆机构的传动角及死点

（1）压力角 α 与传动角 γ　在四杆机构中，当不计摩擦时，主动件曲柄通过连杆作用于从动件摇杆上的力 P 的作用线与其作用点的速度方向之间所夹的锐角，称为机构在此位置的压力角。而把压力角的余角 γ（即连杆与从动摇杆所夹的锐角，$\gamma = 90° - \alpha \leqslant 90°$）称为机构在此位置的传动角。

传动角常用来衡量机构的传动性能。机构的传动角 γ 愈大，即压力角愈小，P 的有效分力 P_{t} 愈大，而法向分力 P_{n} 愈小，机构的效率愈高。多数机构运动中的传动角是变化的，为了使机构传动质量良好，一般规定机构的最小传动角 $\gamma_{\min} \geqslant 40°$。

为了检查机构的最小传动角，设四杆机构中连杆与从动件所夹的内角为 δ，则当 $\delta \leqslant 90°$ 时，取 $\gamma = \delta$；当 $\delta > 90°$ 时，取 $\gamma = 180° - \delta$，其中 δ 可用作图法或解析法求得。由此分析可知，曲柄摇杆机构的最小传动角出现在曲柄与机架共线的两位置之一。

（2）死点　当机构出现 $\gamma = 0°$ 时，主动件通过连杆作用于从动件上的力恰好通过其回转中心，而不能使从动件转动，出现了顶死现象。机构的这种位置称为死点。机构必须克服死点才能正常运转。可借助惯性或采取机构错位排列的方法克服死点。工程上也常利用死点位置来满足一定的工作要求。

4）运动连续性

连杆机构的运动连续性是指连杆机构在运动过程中能否连续实现给定的各个位置的问题。在设计连杆机构时，不能要求其从动件在两个不连通的区域内连续运动，否则会出现错位不连续；应按预定的次序要求来运动，避免出现错序不连续的情况。因此，常需要检查所设计的机构是否满足运动连续性的要求。

3. 平面四杆机构的设计

1）连杆机构设计的基本问题

连杆机构设计的基本问题是根据所要求的运动条件和几何条件确定机构的形式和各构件的尺寸参数。一般可归纳为以下三类基本问题。

（1）实现预定运动规律要求　即当主动件运动规律一定时，要求从动件准确或近似地实现预定运动规律要求。

（2）实现预定连杆位置要求　即要求连杆能依次占据一系列的预定位置。

（3）实现预定的轨迹要求　即要求机构运动过程中连杆上某点能准确地或近似地实现预定轨迹要求。

2）连杆机构的设计方法

有图解法、解析法及试验法三种，主要内容有：

（1）给定连杆两个位置和三个位置的机构设计；

（2）给定两连架杆三组对应位置的机构设计；

（3）按行程速度变化系数的机构设计；

（4）用试凑试验法求解两连架杆多组对应位置的机构设计；

（5）用解析法求解两连架杆三组对应位置的机构设计；

（6）用试验法求解给定连杆轨迹的机构设计。

4. 平面机构的运动分析

1）速度瞬心法

速度瞬心是相对运动的两构件（即两刚体）的相对速度为零的重合点，亦即瞬时绝对速度相等的重合点(即同速点)。若这点的绝对速度为零则为绝对瞬心;若不等于零,则为相对瞬心。因每两构件有一个瞬心,若由 N 个构件(含机架)组成的机构,则其总的瞬心数目为 $K = N(N-2)/2$。

机构中瞬心位置确定的方法如下。

(1)直观确定直接以运动副连接的两构件的瞬心,若两构件组成转动副,则其转动副中心就是它们的瞬心;若两构件组成移动副,则其瞬心位于垂直于导路无穷远处;若两构件组成纯滚动的高副,则其高副接触点就是它们的瞬心;若组成滚动兼滑动的高副,则其瞬心应位于过接触点的公法线上。

(2)利用三心定理来确定不直接以运动副连接的两构件的瞬心,三心定理为:三个彼此作平面相对运动的构件的三个瞬心必位于同一直线上。

用速度瞬心法求机构的速度是利用相对瞬心为两构件的瞬时绝对速度相等的重合点(即同速点)的概念,建立待求运动构件与已知运动构件的速度关系来求解的。进而可以求出两构件的角速度之比、构件的角速度及构件上某点的速度,而且比较直观、简便,也不受机构级别的限制,所求构件与已知运动构件无论相隔多少构件,都可直接求得。但该方法不能用于求机构的加速度。

2)相对运动图解法

相对运动图解法的基本原理是理论力学中的刚体平面运动和点的复合运动这两个原理。其方法是利用机构中构件上各点之间的相对运动关系列出它们之间的速度或加速度矢量方程式,然后按一定比例尺根据方程作矢量多边形来进行求解的。因此,相对运动图解法又称矢量方程的图解法,其可求:

(1)同一构件上两点间的速度和加速度;

(2)两构件上重合点间的速度和加速度;

(3)机构中构件的角速度 ω 和角加速度 α。

5. 平面机构的力分析

1)机构动态静力分析

机构动态静力分析考虑了惯性力(力矩),把惯性力(力矩)当作一般外力加在机构构件上,解题的方法与步骤与静力分析完全一样。

2)机构力分析

作机构力分析时,首先在机构运动简图上找到承受未知外力(力矩)的原动件及相应的基本杆组,然后从远离原动件,静定的杆组分析起,依次下去,最后分析原动件。在分析中,要熟悉理论力学中有关二力构件、三力构件的平衡条件,惯性力的确定方法;要理解对杆组列平衡方程的前提条件,并掌握列矢量方程时各力的排列次序应遵守的三条原则。

12.1.2 基本要求

(1)了解平面四杆机构的类型及其演化方法。机构的演化方法不仅对认识更多类型连杆机构、绘制机构运动简图有很大帮助,而且对研究各种四杆机构和设计新的机构都是很有用处的。铰链四杆机构是平面连杆机构的基本形式,采取扩大转动副,变转动副为移动副或在同一运动链中选取不同构件为机架等方法,可以得到不同运动特性,适应各种工作要求的常用机构。对这部分内容,应理解各机构的内在联系。

(2)掌握压力角、传动角、死点、曲柄存在条件、极位夹角与行程速度变化系数这些概念的物理意义与应用。

（3）掌握已知运动规律设计四杆机构的方法，了解已知轨迹设计四杆机构的过程。重点掌握图解法。

（4）会用图解法和用解析法进行平面机构的运动分析。

（5）会机构动态静力分析，了解机构动态静力分析的原则、方法、步骤与应用场合。

12.2 重点与难点分析

12.2.1 重点内容分析

（1）压力角，传动角，死点，曲柄存在条件，极位夹角与行程速度变化系数是平面四杆机构重要的基本知识。例如，要确定机构是否有急回运动，其关键是确定机构是否存在极位夹角 θ。如果 $\theta \neq 0°$，表明机构有急回运动，且 θ 角愈大，表明机构的急回运动愈显著；如果 $\theta = 0°$，则表明机构无急回运动。至于机构极位夹角 θ 大小的确定，可用作图法或解析法求得。

（2）平面连杆机构运动设计中实现刚体导引及函数生成功能的问题，其实质是机构输出件有急回特性的连杆机构设计问题。而实现已知轨迹问题：是机构中作复杂运动构件上的某一点准确地或近似地沿给定轨迹运动的机构设计问题。

（3）相对运动图解法是机构运动分析的一般方法；用相对运动图解法分析高副机构的运动时，一般先用高副低代法求出高副机构的替代机构，然后再对替代机构进行运动分析。只是应当注意机构不同的位置都有其相应的替代机构。如果机构只需作速度分析时，最好采用瞬心法进行求解，尤其对高副机构的速度求解显得更为简捷。

矩阵法是根据机构的封闭矢量关系式，写出它们的投影方程式即得机构位置方程式，再将它们对时间求一次和二次导数即得机构的速度和加速度方程式，并将其写成矩阵形式。

（4）机构的动态静力分析首先要求出各构件的惯性力，并假想将惯性力当作外力加在相应的构件上，把机构看成是在惯性力和其他外力作用下而处于平衡状态。

平面连杆机构的动态静力分析一般的步骤为：对平面连杆机构进行运动分析求出有关构件的速度，加速度及角速度等参数值；将机构按主动杆及杆组进行分解；从远离主动件的杆组开始，逐个对各杆组进行动态静力分析，求出各运动副的反力；对主动件进行动态静力分析，求出应作用在主动件上的平衡力（或力矩）及有关的约束反力。

12.2.2 难点内容分析

1. 平面连杆机构的运动设计

常见的有已知连杆两个位置和三个位置的机构设计；给定两连架杆三组对应位置的机构设计；按行程速度变化系数的机构设计。

1）用反转法（图解法）设计四杆机构

反转法原理与取不同构件为机架的演化方法（即称为"倒置"原理）是完全一样的，都是相对运动原理。当给整个机构加一个共同的运动时，虽然，各构件的绝对运动改变了，亦形成了与原机构所不同的机构，但是各构件之间的相对运动并不发生变化，故各构件的相对尺寸不发生改变。正是利用这一点，对转化后的机构进行设计与对原机构设计的结果是完全一样的，这样就可以将活动铰链位置的求解问题转化为固定铰链的求解问题。要注意反转法的作图方法，为了不改变反转前后机构的相对运动,作图时,必须将原机构每一位置的各构件之间的相对位置视为刚性体,并用作全等四边形或全等三角形的方法,求出转化后机构的各构件的相对位置。因而又将这一方法称为"刚化－反转法"。此外,反转作图法只限于求解两位置或三位置的设计问题。

2)用解析法设计四杆机构

这种方法是以机构参数来表达各构件间的函数关系,以便按给定条件求解未知数。用解析法作平面机构的运动设计的关键是建立机构位置矢量封闭方程式。常用的解析法有矢量法、复数矢量法及矩阵法等。解析法求解精度高,能解决较复杂的问题。

2. 平面连杆机构的运动分析

重点了解速度多边形及速度影像和加速度多边形及加速度影像的应用方法。当已知同一构件上两点的速度(如 A、B 两点),利用速度影像原理可求得此构件上任一点(如 C 点)的速度,即作速度图形 $\triangle abc \backsim \triangle ABC$,且字母顺序一致便可得出 C 点的速度。但应注意:速度影像只能用于同一构件的速度求解。同样,当已知同一构件上两点的绝对加速度时,求该构件上任一点的绝对加速度也可利用加速度影像来求出。但需注意加速度影像也只能用于同一构件。

12.3　例题精选与解析

例 12-1　在例 12-1 图所示铰链四杆机构中,已知 $l_{BC} = 50$ mm,$l_{CD} = 35$ mm,$l_{AD} = 30$ mm,AD 为机架。试问:

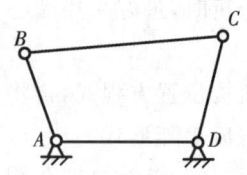

例 12-1 图

(1)若此机构为曲柄摇杆机构,且 AB 为曲柄,求 l_{AB} 的最大值;

(2)若此机构为双曲柄机构,求 l_{AB} 最小值;

(3)若此机构为双摇杆机构,求 l_{AB} 的取值范围。

解题要点:

根据铰链四杆机构曲柄存在条件进行计算分析。在铰链四杆机构有曲柄的条件中,其杆长条件是机构有曲柄的根本条件。这时若满足杆长条件,以最短杆或与最短杆相邻的杆为机架,机构则有曲柄;否则无曲柄;若不满足杆长条件,无论取哪个构件为机架,机构均无曲柄,即为双摇杆机构。

解:　(1)因 AD 为机架,AB 为曲柄,故 AB 为最短杆,有 $l_{AB} + l_{BC} \leqslant l_{CD} + l_{AD}$,则

$$l_{AB} \leqslant l_{CD} + l_{AD} - l_{BC} = (35 + 30 - 50) \text{ mm} = 15 \text{ mm}$$

故

$$l_{AB_{max}} = 15 \text{ mm}$$

(2)因 AD 为机架,AB 及 CD 均为曲柄,故 AD 杆必为最短杆,有下列两种情况:

若 BC 为最长杆,则 $l_{AB} < l_{BC} = 50$ mm,且 $l_{AD} + l_{BC} \leqslant l_{AB} + l_{CD}$,故

$$l_{AB} \geqslant l_{AD} + l_{BC} - l_{CD} = (30 + 50 - 35) \text{ mm} = 45 \text{ mm}$$

得

$$45 \text{ mm} \leqslant l_{AB} < 50 \text{ mm}$$

若 AB 为最长杆,则 $l_{AB} > l_{BC} = 50$ mm,且 $l_{AD} + l_{AB} \leqslant l_{BC} + l_{CD}$,故

$$l_{AB} \leqslant l_{BC} - l_{CD} - l_{AD} = (50 + 35 - 30) \text{ mm} = 55 \text{ mm}$$

得

$$50 \text{ mm} < l_{AB} \leqslant 55 \text{ mm}$$

故

$$l_{AB_{min}} = 45 \text{ mm}$$

(3)如果机构尺寸不满足杆长条件,则机构必为双摇杆机构。

若 l_{AB} 为最短杆,则 $l_{AB} + l_{BC} > l_{CD} + l_{AD}$,故

$$l_{AB} > l_{CD} + l_{AD} - l_{BC} = (35 + 30 - 50)\ \text{mm} = 15\ \text{mm}$$

若 l_{AB} 为最长杆,则 $l_{AD} + l_{AB} > l_{BC} + l_{CD}$,故

$$l_{AB} > l_{BC} + l_{CD} - l_{AD} = (50 + 35 - 30)\ \text{mm} = 55\ \text{mm}$$

若 l_{AB} 既不是最短杆,也不是最长杆,则 $l_{AD} + l_{BC} > l_{CD} + l_{AB}$,故

$$l_{AB} < l_{AD} + l_{BC} - l_{CD} = (30 + 50 - 35)\ \text{mm} = 45\ \text{mm}$$

若要保证机构成立,则应有

$$l_{AB} < l_{BC} + l_{CD} + l_{AD} = (50 + 35 + 30)\ \text{mm} = 115\ \text{mm}$$

故当该机构为双摇杆机构时,l_{AB} 的取值范围为

$$15\ \text{mm} < l_{AB} < 45\ \text{mm} \quad 和 \quad 55\ \text{mm} < l_{AB} < 115\ \text{mm}$$

例 12-2　如例 12-2 图所示曲柄滑块机构:(1)设曲柄为主动件,滑块朝右运动为工作行程,试确定曲柄的合理转向,并简述其理由;(2)若滑块为主动件,试用作图法确定该机构的死点位置;(3)当曲柄为主动件时,用图解法求出机构的极位夹角 θ 和最小传动角 $\gamma_{\min}$。

解题要点:

(1)顺时针为合理转向,以使最小传动角处于非工作行程。

(2)若滑块为主动件,则 AB_1C_1、AB_2C_2 为死点位置。

解:　若曲柄为主动件,极位夹角 θ 如例 12-2 图解 (a)所示,最小传动角如例 12-2 图解(b)所示。

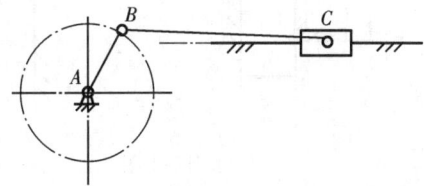

例 12-2 图

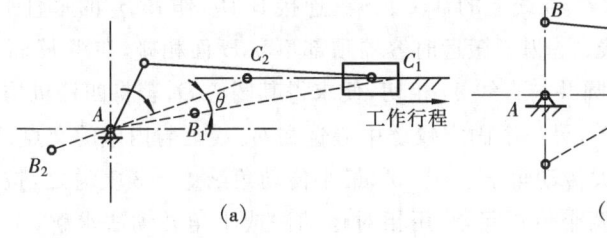

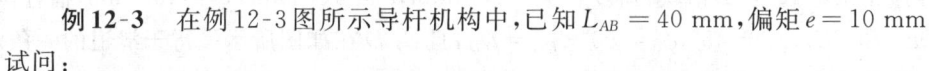

（a）　　　　　　　　　　　（b）

例 12-2 图解

例 12-3　在例 12-3 图所示导杆机构中,已知 $L_{AB} = 40\ \text{mm}$,偏矩 $e = 10\ \text{mm}$,试问:

(1)欲使其为曲柄摆动导杆机构,L_{AC} 的最小值为多少?

(2)若 L_{AB} 不变,而 $e = 0$,欲使其为曲柄转动导杆机构,L_{AC} 的最大值为多少?

(3)若 L_{AB} 为原动件,试比较在 $e > 0$ 和 $e = 0$ 两种情况下,曲柄摆动导杆机构的传动角,哪个是常数,哪个是变数,哪种情况传力效果好?

解题要点:

(1)$L_{AC} \geqslant L_{AB} + e = (40 + 10)\ \text{mm} = 50\ \text{mm}$,即 L_{AC} 的最小值为 50 mm。

(2)当 $e = 0$ 时,该机构成为曲柄转动导杆机构,必有 $L_{AC} < L_{AB} = 40\ \text{mm}$,即 L_{AC} 的最大值可为 40 mm。

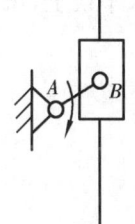

例 12-3 图

(3)对于 $e = 0$ 的摆动导杆机构,传动角 $\gamma = 90°$、压力角 $\alpha = 0°$ 均为一常数,对于 $e > 0$ 的摆动导杆机构,其导杆上任何点的速度方向不垂直于导杆,且随着曲柄的转动而变化,而导杆作用于导杆的力总是垂直于导杆,故压力角不为零而传动角 $0° < \gamma < 90°$,且是变

化的。从传力效果看，$e = 0$ 的方案好。

例 12-4 参看例 12-4 图，试设计一铰链四杆机构，要求将清洗容器从图示位置 A_1 搬至 A_2。在搬运过程中，容器不能与顶部和内壁相碰，容器上的铰链（转动副）中心在 ab 线上。并说明所设计的机构是曲柄摇杆、双曲柄还是双摇杆机构；最大、最小传动角是多大？若不用铰链四杆机构，则还可用什么机构实现这一要求？

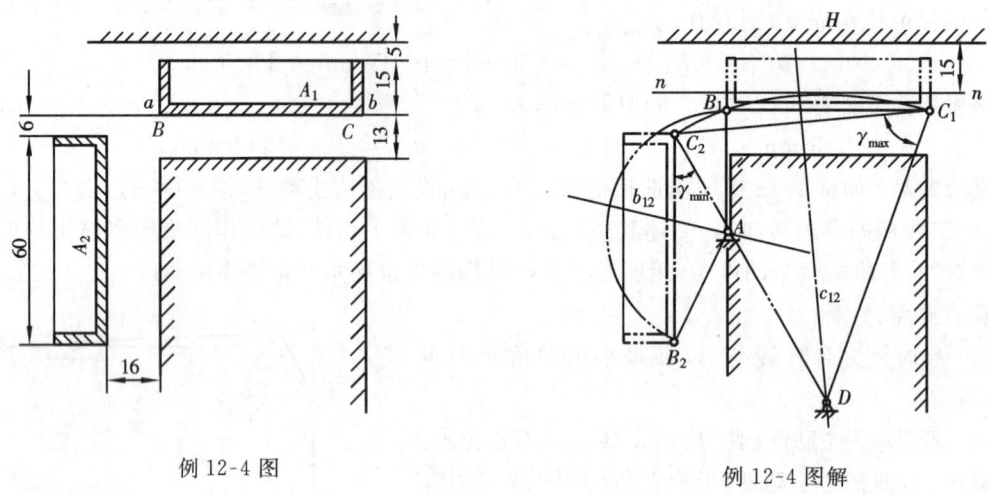

例 12-4 图   例 12-4 图解

解题要点：

按题意容器上的铰链中心取在 ab 线上的 B、C 两点。连接 $B_1 B_2$，作 $B_1 B_2$ 的垂直平分线 b_{12}，连接 $C_1 C_2$，作 $C_1 C_2$ 的垂直平分线 c_{12}。为了搬运时容器顶部不与 H 面相碰，在距 H 面 15 mm 处作一直线 m，过 C_1、C_2 两点作一圆并与直线 m 相切，便求得其圆心 D，若将四杆机构的一个固定铰链中心取在 D 点或 D 点以下，另一个固定铰链中心选在 b_{12} 线上与内壁的交点 A 处，便得到双摇杆机构 $AB_1 C_1 D$。其中最大传动角 $\gamma_{max} = 70°$，最小传动角 $\gamma_{min} = 30°$。总之，按铰链四杆机构设计时，可视为给定连杆的两个位置问题，用相对运动法或半角转动法求解，本题从尺度综合来讲有无穷多解，若不用四杆机构可用四槽轮机构代之。

例 12-5 设计如例 12-5 图所示的六杆机构。已知 AB 为曲柄，且为原动件。摇杆 DC 的行程速比系数 $K = 1$，滑块行程 $\overline{F_1 F_2} = 300$ mm，$e = 100$ mm，$x = 400$ mm，摇杆两极限位置为 DE_1 和 DE_2，$\varphi_1 = 45°$，$\varphi_2 = 90°$，$l_{EC} = l_{CD}$，且 A、D 在如图所示平行于滑道的一条水平线上，试用图解法求出各杆尺寸。

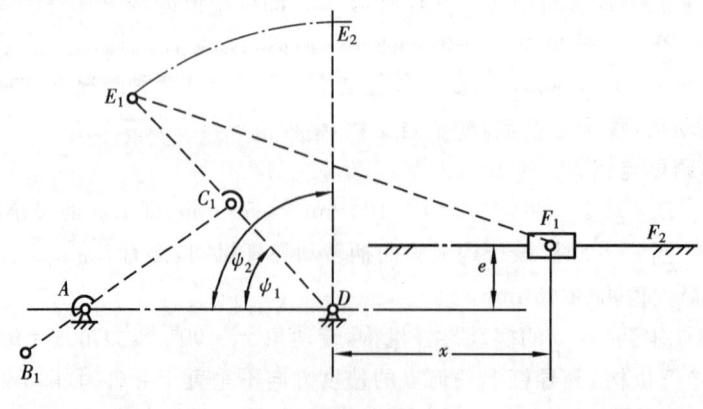

例 12-5 图

解题要点：

取长度比例尺 $\mu_l = 10$ mm/mm，作图步骤如下：

(1) 作出机架 AD 的水平线及 D、F_1、F_2 三点，及连架杆 DE_1 及 DE_2 的标线 Ⅰ、Ⅱ；

(2) 连 DF_2 并反转 $\psi_2 - \psi_1 = 45°$，得 F'_2；

(3) 连 $F_1 F'_2$ 作垂直平分线交标线 Ⅰ 上得点 E_1；

(4) DE_1F_1 为曲柄滑块机构的第一位置，由此可求得 DC_1 及 DC_2；

(5) 连 C_1C_2 交机架线于 A，则 $l_{AB} = \dfrac{1}{2}l_{C_1C_2} = 100$ mm，$l_{BC} = 580$ mm。

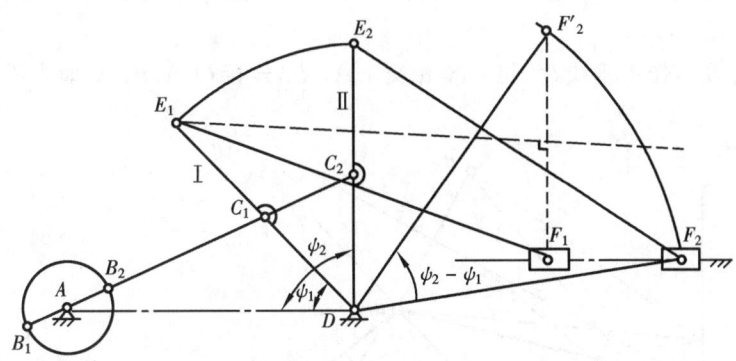

例 12-5 图解

例 12-6　试设计如例 12-6 图所示的六杆机构。当原动件 O_AA 自 O_Ay 轴沿顺时针转过 $\varphi_{12} = 60°$ 到达 L_2 时，构件 O_BB_1 顺时针转过 $\psi_{12} = 45°$，恰与 O_Ax 轴重合。此时，滑块 6 在 O_Ax 轴上自 C_1 移动到 C_2，其位移 $S_{12} = 20$ mm，滑块 C_1 距 O_B 的距离为 $O_BC_1 = 60$ mm，用图解法确定 A_1 和 B_1 点的位置，并且在所设计的机构中标明传动角。同时，说明机构 $O_AA_1B_1O_B$ 是什么样的机构（曲柄摇杆、双曲柄或双摇杆机构）？

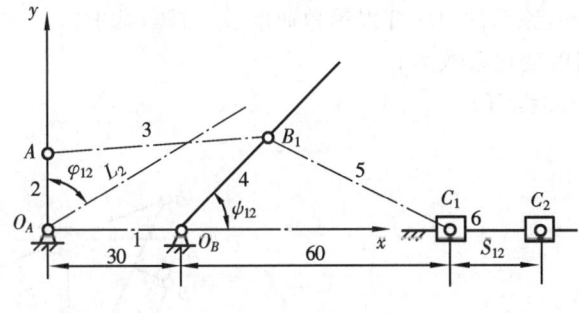

例 12-6 图

解题要点：

本题给出了一组连架杆对应位置 φ_{12}、ψ_{12}，并且规定连杆上一端铰链中心 A 在 O_Ay 轴上。因此，本题具有唯一解，可用反转法求解。

解：　(1) 求从动杆 O_BB 长度。

由例 12-6 图中几何关系可知

$$\begin{cases} \overline{B_1C_1}^2 = \overline{B_1O_B}^2 + \overline{O_BC_1}^2 - 2\,\overline{B_1O_B}\,\overline{O_BC_1}\cos\psi_{12} \\ \overline{B_2C_2} + \overline{O_BB_2} = \overline{O_BC_1} + \overline{S_{12}} \end{cases}$$

又因 $\overline{B_1C_1} = \overline{B_2C_2}$、$\overline{O_BB_2} = B_1O_2$，上式又可写成

$$\overline{B_1O_B^2} + (60)^2 - 2\,\overline{B_1O_B} \times 60 \times \cos 45° = (80 - \overline{B_1O_B})^2$$

解得 $$\overline{B_1O_B} = 37.2 \text{ mm}$$

（2）选取长度比例尺 μ_l 作出已知条件下机构的各铰链点及滑块、连架杆的位置，参看例 12-6 图解。

（3）以 O_B 为圆心，以 B_1O_B 为半径作圆弧，得 B_1、B_2。

（4）以 O_A 为圆心，以任意长度为半径画圆弧，交标线上 E_1、E_2 点。

（5）连接 $\triangle O_A E_2 B_2$，然后沿 $-\varphi_{12}$ 的方向转动 $O_A E_2$，使 $O_A E_2$ 与 $O_A E_1$ 相重合，便得到 B_2 点转动后的新位置 B'_2。

（6）连接 $B_1 B'_2$，作中垂线 b_{12} 与 $O_A y$ 相交于 A_1 点，连接 $O_A A_1 B_1 O_B$ 即为所求机构的第 Ⅰ 位置。

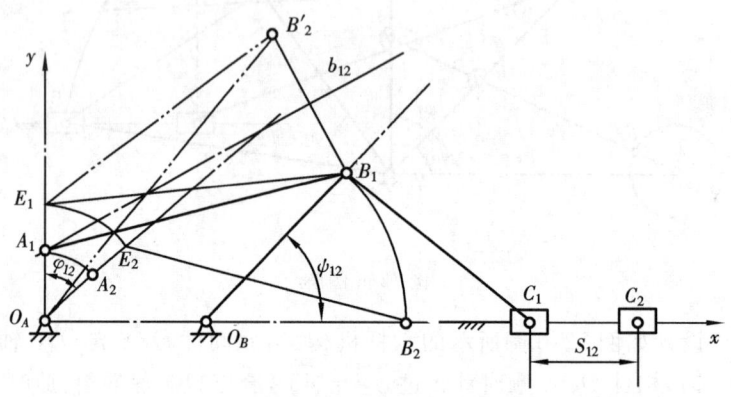

例 12-6 图解

例 12-7　例 12-7 图所示为一六杆机构，已知 $L_{AB} = 200$ mm，$L_{AC} = 584.76$ mm，$L_{CD} = 300$ mm，$L_{DE} = 700$ mm，原动件 AB 杆以等角速度 ω_1 回转。试求：

（1）机构的行程速度变化系数 K；

（2）构件滑块 E 的冲程 H；

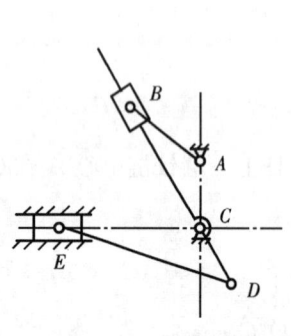

例 12-7 图

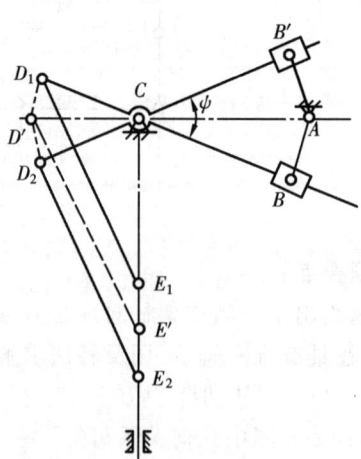

例 12-7 图解

（3）机构最大压力角 α_{max} 的发生位置；

（4）为使冲程比原来的增加一倍，问当其他尺寸均不改变，只改变曲柄 L_{AB} 的长度时，L_{AB} 应为多少？

解题要点：

（1）当 $AB \perp BC$ 时（例 12-7 图解），导杆 BC 处于极限位置，相应 CD_1、CD_2 为 CD 的极限位置，所以

$$\theta = \psi = 2\arcsin \frac{AB}{AC} = 40°$$

$$K = \frac{180° + \theta}{180° - \theta} = 1.57$$

（2）CD_1 与 CD_2 相对 AC 是对称的，所以

$$H = L_{D_1 D_2} = 2L_{CD}\sin \frac{\psi}{2} = 205.21 \text{ mm}$$

（3）机构最大压力角的位置发生在 CD 垂直于导路线时。

（4）为使冲程增加一倍，即 $H' = 410.42 \text{ mm}$，摆角

$$\psi' = 2\arcsin \frac{H'/2}{L_{CD}} = 86.32°$$

所以
$$L_{AB} = 400 \text{ mm}$$

例 12-8　例 12-8 图（a）所示为一铰链四杆机构，其连杆上一点 E 的三个位置 E_1、E_2、E_3 位于给定直线上。现在指定 E_1、E_2、E_3 和固定铰链 A、D 的位置如图（b）所示，并指定长度 $l_{CD} = 95 \text{ mm}$，$l_{EC} = 70 \text{mm}$，简要说明机构设计的方法和步骤。

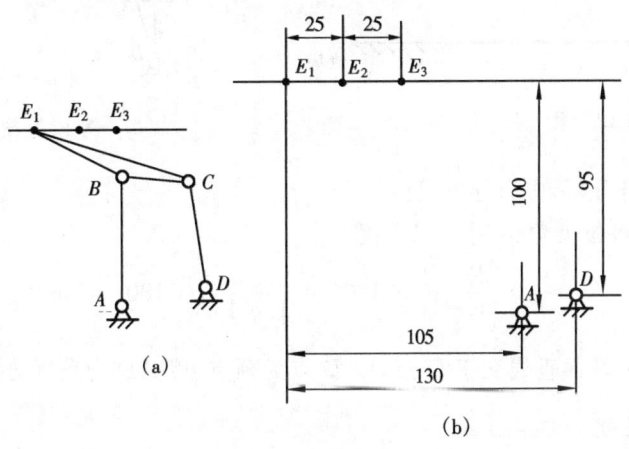

例 12-8 图

解题要点：

本题给出了连杆上 E 点的三个位置 E_1、E_2、E_3 及固定铰链 A、D，设计此四杆机构的关键是确定连杆上铰销 C 及 B 的位置。

解：（相对运动法）

（1）首先，选取长度比例尺 μ_l 作出 E 点的三个位置 E_1、E_2、E_3 和固定铰链 A、D 的位置。

（2）以 D 为圆心，以 $CD\left(\dfrac{l_{DC}}{\mu_l}\right)$ 为半径作圆弧 $\overset{\frown}{\alpha\,\alpha}$。

(3) 以 E_1、E_2、E_3 为圆心,以 $CE\left(\dfrac{l_{CE}}{\mu_l}\right)$ 为半径分别作圆弧与 $\overset{\frown}{\alpha\ \alpha}$ 弧交于 C_1、C_2、C_3 点。

(4) 连接 E_1C_1、E_2C_2、E_3C_3,并作 $\square E_2C_2AD$、$\square E_3C_3AD$,再将 $\square E_2C_2AD$ 及 $\square E_3C_3AD$“刚化”后移动到使 E_2C_2、E_3C_3 和 E_1C_1 相重合的位置,这时便得到 A、D 移动后的新位置 A_2、D_2 及 A_3、D_3。

(5) 连接 AA_2,作中垂线 a_2,连接 A_2A_3,作中垂线 a_{23},两中垂线相交于点 B_1,得 AB_1C_1D 便是所求机构的第 I 位置。

例 12-9 设计一平面连杆机构,给定条件为:主动曲柄绕轴心 A 作等速回转,从动件滑块作往复移动,其动程 $E_1E_2 = 250$ mm,行程速比系数 $K = 1.5$,其他如例 12-9 图所示。

(1) 拟定该平面连杆机构的运动简图;

(2) 确定该机构的几何尺寸。

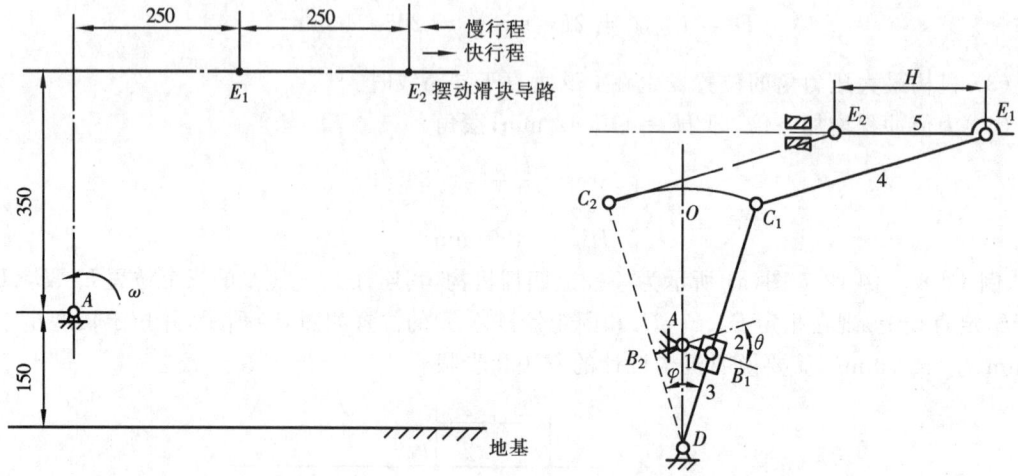

例 12-9 图   例 12-9 图解

解题要点:

按所给条件进行分析,应为导杆机构。

解: (1) 计算极位夹角 θ(例 12-9 图解)。

$$\theta = \varphi = \frac{K-1}{K+1} \times 180° = \frac{1.5-1}{1.5+1} \times 180° = 36°$$

(2) 过 A 点作地基面垂线交于 D 点,以 D 点为顶点,以 AD 为角平分线作 $\angle ADC_1 = \dfrac{\theta}{2}$。

(3) 计算导杆长度。

$$l_{C_1O} = \frac{l_{E_1E_2}}{2} = l_{DC_1}\sin\frac{\varphi}{2}$$

$$l_{DC_1} = \frac{l_{E_1E_2}}{2\sin\varphi/2} = \frac{250}{2 \times \sin18°}\ \text{mm} = 404\ \text{mm}$$

(4) 过 A 点作 AB_1 垂直于 C_1D 交于 B_1 点,在摆杆 B_1 处装一滑块。再连接 C_1E_1 得一导杆机构,E_1C_1DAB 便是所求的平面连杆机构的运动简图。

(5) 确定机构的几何尺寸。(M 为运动中点)

$$l_{AB} = l_{AD}\sin\frac{\varphi}{2} = (150 \times \sin18°)\ \text{mm} = 46.35\ \text{mm}$$

$$l_{DO} = l_{DC_1} \cos \frac{\varphi}{2} = (404 \times \cos 18°) \text{ mm} = 384 \text{ mm}$$

$$l_{MC} = (350 + 150) - l_{DO} = (500 - 384) \text{ mm} = 116 \text{ mm}$$

$$l_{C_1 E_1} = \sqrt{l_{C_1 M}^2 + l_{ME_1}^2} = \sqrt{l_{C_1 M}^2 + (250 + 250 - l_{C_1 O})^2}$$

$$= \sqrt{116^2 + (500 - 125)^2} \text{ mm} = 392.53 \text{ mm}$$

例 12-10 如例 12-10 图所示六杆机构是由铰链四杆机构 $ABCD$ 与滑块机构 DCE 串联而成。若已知 AB、BC 及滑块三个构件的三组对应位置:φ_1—ψ_1—S_1,φ_2—ψ_2—S_2,φ_3—ψ_3—S_3,以及偏距 e、机架 l_{AD},试用解析法(位移矩阵法)设计此六杆机构,即要求:

(1) 选定坐标系;

(2) 求出有关刚体位移矩阵或平面相对位移矩阵;

(3) 列出设计方程组;

(4) 简述方程组求解步骤;

(5) 讨论解的存在性及解的组数。

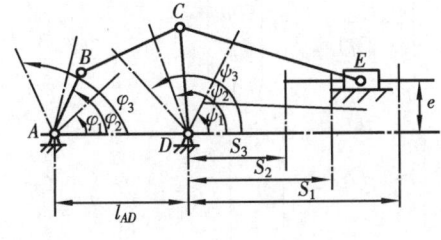
例 12-10 图

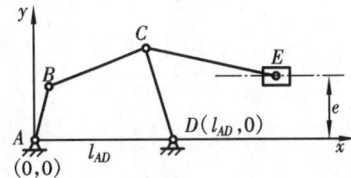
例 12-10 图解

解题要点:

刚体位移矩阵公式为

$$D_{1i} = \left\{ \begin{matrix} \cos\theta_{1i} & -\sin\theta_{1i} & x_{pi} - x_{p1}\cos\theta_{1i} + y_{p1}\sin\theta_{1i} \\ \sin\theta_{1i} & \cos\theta_{1i} & y_{pi} - x_{p1}\sin\theta_{1i} + y_{p1}\cos\theta_{1i} \\ 0 & 0 & 1 \end{matrix} \right\}$$

平面相对位移矩阵公式为

$$D_{r1i} = \left\{ \begin{matrix} \cos(\theta_{1i} - \psi_{1i}) & -\sin(\theta_{1i} - \psi_{1i}) & l_{AB}(1 - \cos\psi_{1i}) \\ \sin(\theta_{1i} - \psi_{1i}) & \cos(\theta_{1i} - \psi_{1i}) & l_{AB}(1 - \sin\psi_{1i}) \\ 0 & 0 & 1 \end{matrix} \right\}$$

解: (1) 设坐标系如例 12-10 图解所示。

(2) 求刚度位移矩阵或平面相对位移矩阵。

$$[D_{A'B'}]_{12} = \begin{bmatrix} \cos(\varphi_2 - \varphi_1 - \psi_2 + \psi_1) & -\sin(\varphi_2 - \varphi_1 - \psi_2 + \psi_1) & l_{AD}(1 - \cos(\psi_2 - \psi_1)) \\ \sin(\varphi_2 - \varphi_1 - \psi_2 + \psi_1) & \cos(\varphi_2 - \varphi_1 - \psi_2 + \psi_1) & l_{AD}\sin(\psi_2 - \psi_1) \\ 0 & 0 & 1 \end{bmatrix} \quad ①$$

$$[D_{A'B'}]_{13} = \begin{bmatrix} \cos(\varphi_3 - \varphi_1 - \psi_3 + \psi_1) & -\sin(\varphi_3 - \varphi_1 - \psi_3 + \psi_1) & l_{AD}(1 - \cos(\psi_3 - \psi_1)) \\ \sin(\varphi_3 - \varphi_1 - \psi_3 + \psi_1) & \cos(\varphi_3 - \varphi_1 - \psi_3 + \psi_1) & l_{AD}\sin(\psi_3 - \psi_1) \\ 0 & 0 & 1 \end{bmatrix} \quad ②$$

$$[D_{DC}]_{12} = \begin{bmatrix} \cos(\psi_2 - \psi_1) & -\sin(\psi_2 - \psi_1) & l_{AD} \\ \sin(\psi_2 - \psi_1) & \cos(\psi_2 - \psi_1) & 0 \\ 0 & 0 & 1 \end{bmatrix} \qquad ③$$

$$[D_{DC}]_{13} = \begin{bmatrix} \cos(\psi_3 - \psi_1) & -\sin(\psi_3 - \psi_1) & l_{AD} \\ \sin(\psi_3 - \psi_1) & \cos(\psi_3 - \psi_1) & 0 \\ 0 & 0 & 1 \end{bmatrix} \qquad ④$$

（3）由定长条件可得其设计方程组。

$$\left. \begin{aligned} (x_{B2}{}' - x_{C1})^2 + (y_{B2}{}' - y_{C1})^2 &= (x_{B1} - x_{C1})^2 + (y_{B1} - y_{C1})^2 \\ (x_{B3}{}' - x_{C1})^2 + (y_{B3}{}' - y_{C1})^2 &= (x_{B1} - x_{C1})^2 + (y_{B1} - y_{C1})^2 \\ (x_{C2} - x_{E2})^2 + (y_{C2} - y_{E2})^2 &= (x_{C1} - x_{E1})^2 + (y_{C1} - y_{E1})^2 \\ (x_{C3} - x_{E3})^2 + (y_{C3} - y_{E3})^2 &= (x_{C1} - x_{E1})^2 + (y_{C1} - y_{E1})^2 \end{aligned} \right\} \qquad ⑤$$

（4）由下列各式,可分别求出$(x_{B2}{}', y_{B2}{}')$、$(x_{B3}{}', y_{B3}{}')$、(x_{C2}, y_{C2})、(x_{C3}, y_{C3}) 及(x_{E1}, y_{E1})、(x_{E2}, y_{E2})、(x_{E3}, y_{E3}),再代入设计方程组 ⑤,即可求解。

$$\begin{bmatrix} x_{B2}{}' \\ y_{B2}{}' \\ 1 \end{bmatrix} = [D_{A'B'}]_{12} \begin{bmatrix} x_{B1} \\ y_{B1} \\ 1 \end{bmatrix}, \qquad \begin{bmatrix} x_{B3}{}' \\ y_{B3}{}' \\ 1 \end{bmatrix} = [D_{A'B'}]_{13} \begin{bmatrix} x_{B1} \\ y_{B1} \\ 1 \end{bmatrix}$$

$$\begin{bmatrix} x_{C2} \\ y_{C2} \\ 1 \end{bmatrix} = [D_{DC}]_{12} \begin{bmatrix} x_{C1} \\ y_{C1} \\ 1 \end{bmatrix}, \qquad \begin{bmatrix} x_{C3} \\ y_{C3} \\ 1 \end{bmatrix} = [D_{DC}]_{13} \begin{bmatrix} x_{C1} \\ y_{C1} \\ 1 \end{bmatrix}$$

由以上各式,即可求出$(x_{B2}{}', y_{B2}{}')$、$(x_{B3}{}', y_{B3}{}')$、(x_{C2}, y_{C2})、(x_{C3}, y_{C3}) 关于 x_{B1}、y_{B1}、x_{C1}、y_{C1} 的表达式:

$$\begin{cases} x_{E1} = l_{AD} + S_1 \\ y_{E1} = e \end{cases}, \qquad \begin{cases} x_{E2} = l_{AD} + S_2 \\ y_{E2} = e \end{cases}, \qquad \begin{cases} x_{E3} = l_{AD} + S_3 \\ y_{E3} = e \end{cases}$$

（5）由于所求共4个未知数x_{B1}、y_{B1}、x_{C1}、y_{C1},而设计方程有4个,因此只存在唯一一组解,即此六杆机构只存在一组方案满足设计条件。

例 12-11 如例12-11图所示六杆机构。已知ω_1、φ_1,各杆长度及位置,求滑块5的速度v_F及构件4的角速度ω_4。

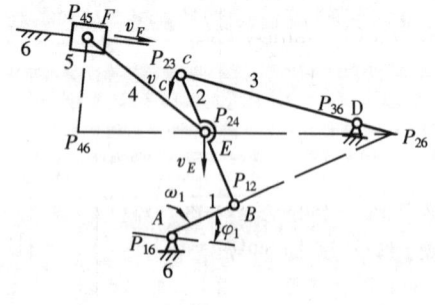

例 12-11 图

解题要点:

用瞬心法求解此题时,只要找出构件2及构件4的绝对瞬心,便可求出 v_F 及 ω_4。

解:（1）延长 $P_{16}P_{12}$、$P_{23}P_{36}$,两线相交点 P_{26} 即为构件2的绝对瞬心。P_{12}是构件1和构件2的相对瞬心,则

$$v_B = \omega_1 \cdot l_{AB} = -\omega_2 \cdot P_{12}P_{26} \cdot \mu_l$$

$$-\omega_2 = \frac{l_{AB}}{P_{12}P_{26} \cdot \mu_l} \cdot \omega_1$$

所以

$$v_E = -\omega_2 \cdot P_{24}P_{26} \cdot \mu_l = \frac{P_{24}P_{26}}{P_{12}P_{26}} \cdot l_{AB}\omega_1 \qquad （向下）$$

（2）构件4上E、F两点的绝对速度方向已知,分别作$\overline{v_E}$、$\overline{v_F}$的垂线,两垂线相交于P_{46}点,便是构件4的绝对瞬心。构件4的角速度ω_4 为

$$\omega_4 = \frac{v_E}{P_{24}P_{46} \cdot \mu_l} = \frac{P_{24}P_{26}}{P_{24}P_{46} \cdot P_{12}P_{26}\mu_l} \cdot \omega_1 l_{AB}$$

所以
$$v_F = \omega_4 \cdot P_{45}P_{46} \cdot \mu_l = \frac{P_{24}P_{26} \cdot P_{45}P_{46}}{P_{24}P_{46} \cdot P_{12}P_{26}} \cdot l_{AB}\omega_1$$

瞬心法的缺点有：①不能作机构的加速度分析；②瞬心靠作图来找，机构在运动时位置不断变化，瞬心的位置也随着变化。有时瞬心将落在图纸外，使解题发生困难。

例 **12-12**　例 12-12 图所示为一双销四槽槽轮机构。已知中心距 $a = 200$ mm，主动件 1 以 $n_1 = 100$ r/min 等速转动，在 $\theta_1 = 30°$ 时，试求槽轮 2 的角速度、角加速度以及槽轮机构的运动系数。

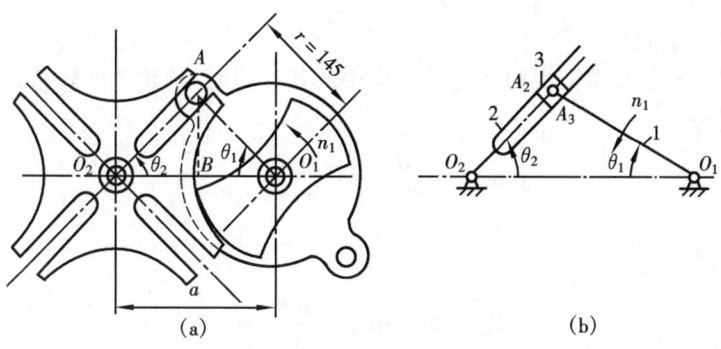

(a)　　　　　　　　　　　　(b)

例 12-12 图

解题要点：

求槽轮 2 的角速度可采用不同的方法。

解法一（瞬心法）：

将槽轮机构代换成例 12-12 图(b)所示的形式，然后，求此机构构件 1 和 2 的相对瞬心 P_{12}，见例 12-12 图解，构件 2 的角速度

$$\omega_2 \cdot P_{24}P_{12} = \omega_1 \cdot P_{14}P_{12}$$

$$\omega_2 = \frac{P_{14}P_{12}}{P_{24}P_{12}}\omega_1 = \frac{13.5}{36.5} \cdot \frac{2\pi \times 100}{60} \text{ rad/s} = 3.8632 \text{ rad/s} \quad （方向：逆时针）$$

解法二（图解法）：

在例 12-12 图(b)中，A_2 点的速度为

$$\overline{v_{A_2}} = \overline{v_{A_3}} + \overline{v_{A_2A_3}}$$

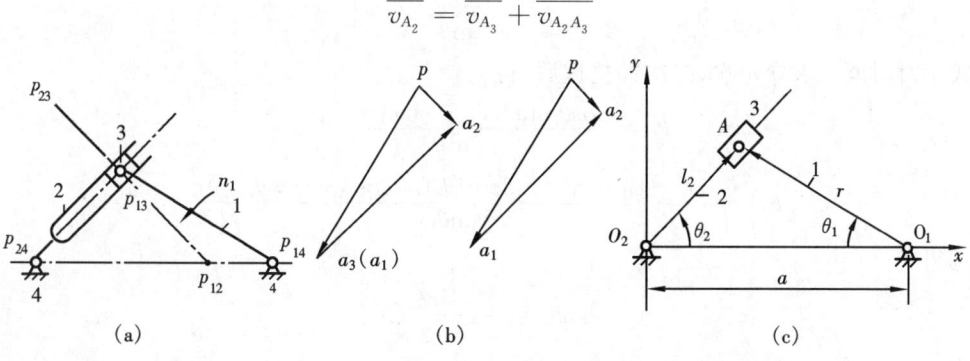

(a)　　　　　　　　　(b)　　　　　　　　　(c)

例 12-12 图解

方向：$\qquad \perp O_2A_2 \quad \perp O_1A_3 \quad // \; A_2O_2$

大小：$\qquad\qquad\qquad ? \qquad\qquad \omega_1 l_{AO_1} \qquad ?$

式中：$\omega_1 = \dfrac{2\pi n_1}{60} = \dfrac{2\pi \times 100}{60}$ rad/s $= 10.47$ rad/s，$l_{AO_1} = 0.145$ m。

取长度 $\overline{pa_3} = 40$ mm 代表 $\overline{v_{A3}}$，其速度比例尺 $\mu_v = \dfrac{v_{A_3}}{pa_3} = \dfrac{10.47 \times 0.145}{40}$ (m/s)/mm =

0.0382 ((m/s)/mm)，作速度图如例 12-12 图解(b)所示，即可求得 pa_2。

$$v_{A2} = pa_2 \cdot \mu_v = (10.5 \times 0.0382)\text{m/s} = 0.4013 \text{ m/s}$$

$$\omega_2 = \frac{v_{A2}}{l_{A2O2}} = \frac{0.4013}{0.104} \text{ rad/s} = 3.862 \text{ rad/s}$$

解法三（一般方法）：

在例 12-12 图(a) 中，槽轮机构在运动过程中的任一瞬时，槽轮 2 的转角 θ_2 与主动件 1 的转角 θ_1 间的关系为

$$\tan\theta_2 = \frac{AB}{BO_2} = \frac{r\sin\theta_2}{a - r\cos\theta_1}$$

令 $\lambda = \dfrac{r}{a}$，代入上式后得

$$\theta_2 = \arctan \frac{\lambda\sin\theta_1}{1 - \lambda\cos\theta_1} \qquad\qquad ①$$

将式①对时间求导后，得

$$\omega_2 = \frac{\mathrm{d}\theta_2}{\mathrm{d}t} = \frac{\lambda(\cos\theta_1 - \lambda)}{1 - 2\lambda\cos\theta_1 + \lambda^2}\omega_1 \qquad\qquad ②$$

式中：取 $\lambda = \dfrac{r}{a} = \dfrac{145}{200} = 0.725$，$\theta_1 = 30°$ 时

$$\omega_2 = \frac{0.725(\cos30° - 0.725)}{1 - 2 \times 0.725\cos30° + (0.725)^2} \cdot \frac{2\pi \times 100}{60} \text{ rad/s} = 3.9651 \text{ rad/s}$$

解法四（矩阵法）：

在例 12-12 图解(c) 所示机构向量图中，建立 xO_2y 坐标。将机构的封闭向量图 $O_2O_1A_2O_2$ 向 x、y 轴上投影后得

$$\left.\begin{array}{l} r\sin\theta_1 = l_2\sin\theta_2 \\ a - r\cos\theta_1 = l_2\cos\theta_2 \end{array}\right\} \qquad\qquad ③$$

由式③的第一式得

$$l_2 = \frac{r\sin\theta_1}{\sin\theta_2} \qquad\qquad ④$$

式④对时间 t 求导一次、二次并整理后，得

$$\dot{l}_2 = \frac{\cos\theta_1\sin\theta_2\omega_1 - \sin\theta_1\cos\theta_2 r}{\sin^2\theta_2} \qquad\qquad ⑤$$

$$\ddot{l}_2 = \frac{(\omega_2^2 - \omega_1^2)\sin\theta_1 - 2\cot^2\theta_2(\omega_1\cos\theta_1 - \sin\theta_1\omega_2)r}{\sin\theta_2} \qquad\qquad ⑥$$

由式③得

$$\tan\theta_2 = \frac{r\sin\theta_1}{a - r\cos\theta_1} \qquad\qquad ⑦$$

当 $\lambda = \dfrac{r}{a}$，由式⑦解出 θ_2，即

$$\theta_2 = \arctan \frac{\lambda \sin\theta_1}{1 - \lambda\cos\theta_1} \qquad ⑧$$

取 $\lambda = \dfrac{r}{a} = \dfrac{145}{200} = 0.725, \theta_1 = 30°$ 时，$\theta_2 = 44°25'$。

式③对时间 t 求导一次后，得

$$\begin{bmatrix} \sin\theta_2 & l_2\cos\theta_2 \\ \cos\theta_2 & -l_2\sin\theta_2 \end{bmatrix} \begin{bmatrix} \dot{l}_2 \\ \omega_2 \end{bmatrix} = \begin{bmatrix} r\cos\theta_1 \\ r\sin\theta_1 \end{bmatrix} \omega_1 \qquad ⑨$$

将式 ④、⑤、⑦ 代入式 ⑨ 化简并整理后，求得 ω_2，即

$$\omega_2 = \frac{\lambda(\cos\theta_1 - \lambda)}{1 - 2\lambda\cos\theta_1 + \lambda^2}\omega_1 \qquad ⑩$$

取 $\lambda = 0.725, \theta_1 = 30°$ 时

$$\omega_2 = \left(\frac{0.725 \times (\cos 30° - 0.725)}{1 - 2 \times 0.725 \times \cos 30° + (0.725)^2} \cdot \frac{2\pi \times 100}{60} \right) \text{rad/s}$$

$$= 3.9651 \text{ rad/s}$$

12.4 考试复习与练习题

一、单项选择题（从给出的 A、B、C、D 中选一个答案）

12-1 铰链四杆机构的压力角是指在不计摩擦情况下连杆作用于_____上的力与该力作用点速度间所夹的锐角。

    A. 主动件   B. 从动件   C. 机架   D. 连架杆

12-2 平面四杆机构中，是否存在死点，取决于_____是否与连杆共线。

    A. 主动件   B. 从动件   C. 机架   D. 摇杆

12-3 一个 K 大于 1 的铰链四杆机构与 $K=1$ 的对心曲柄滑块机构串联组合，该串联组合而成的机构的行程变化系数 K _____。

    A. 大于 1   B. 小于 1   C. 等于 1   D. 等于 2

12-4 在设计铰链四杆机构时，应使最小传动角 γ_{min}_____。

    A. 尽可能小一些   B. 尽可能大一些   C. 为 $0°$ D. 为 $45°$

二、填空题

12-5 曲柄滑块机构中，当_____与_____处于两次互相垂直位置之一时，出现最小传动角。

12-6 速度瞬心是两刚体上_____为零的重合点。

12-7 作相对运动的三个构件的三个瞬心必_____。

12-8 在机构运动分析图解法中，影像原理只适用于求_____。

12-9 在对平面连杆机构进行动态静力分析时，应从远离_____的杆组开始，来求解各运动副的反力。

三、问答题

12-10 铰链四杆机构有哪几种基本类型？铰链四杆机构存在曲柄的条件是什么？

12-11 平面四杆机构的压力角等于零时,机构应处于什么位置?

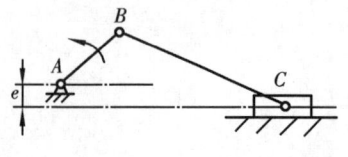

题 12-12 图

12-12 如题 12-12 图所示偏置曲柄滑块机构。

(1) 试判定该机构是否具有急回特性,并说明理由。

(2) 若滑块的工作行程方向朝右,试从急回特性和压力角两个方面判定图示曲柄的转向是否正确?并说明理由。

12-13 在曲柄等速转动的曲柄摇杆机构中,已知:曲柄的极位夹角 $\theta = 30°$,摇杆工作时间为 7 s,试问:

(1) 摇杆空回行程所需时间为多少秒?

(2) 曲柄每分钟转速是多少?

12-14 在曲柄摇杆机构中,已知一曲柄长为 50 mm,连杆长为 70 mm,摇杆长为 80 mm,机架长为 90 mm,曲柄转速 $n_1 = 60$ r/min。试问:

(1) 摇杆工作行程需多少时间?

(2) 空回行程多少秒?

(3) 行程速比系数为多少?

12-15 在题 12-15 图所示导杆机构中,已知 $l_{AB} = 40$ mm,试问:

(1) 若机构成为摆动导杆时,l_{AC} 的最小值为多少?

(2) AB 为原动件时,机构的传动角为多大?

(3) 若 $l_{AC} = 50$ mm,且此机构成为转动导杆时,l_{AB} 的最小值为多少?

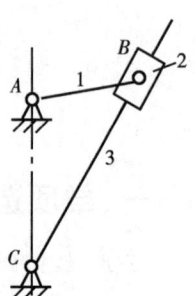

题 12-15 图

12-16 在铰链四杆机构 ABCD 中,已知 $l_{AD} = 400$ mm,$l_{AB} = 150$ mm,$l_{BC} = 350$ mm,$l_{CD} = 300$ mm,且杆 AB 为原动件,杆 AD 为机架,试问构件 AB 能否作整周回转,为什么?

12-17 为使机构具有急回运动特性,行程速比系数 $K = 1$ 行吗?试说出一至两个 $K = 1$ 的机构。

12-18 平面连杆机构的动态静力分析一般的步骤及注意要点有哪些?

12-19 为什么说各级杆组都符合静定条件?如果杆组上作用有未知的有效阻力,试问此杆组是否还是静定的?

12-20 在进行机构动态静力分析时,如已知原动件是变速运动,则其分析有何不同?

四、分析计算题

12-21 已知曲柄摇杆机构 ABCD 各杆杆长分别为 AB = 50 mm,BC = 220 mm,CD = 100 mm,最小允许传动角 $[\gamma_{min}] = 60°$,试确定机架长度 AD 的尺寸范围。

12-22 在铰链四杆机构 ABCD 中,已知 $l_{AB} = 30$ mm,$l_{BC} = 75$ mm,$l_{CD} = 50$ mm,且 AB 为原动件,AD 为机架。试求该机构为曲柄摇杆机构时 l_{AD} 的长度范围。

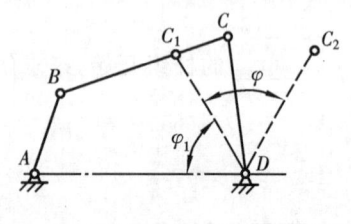

题 12-24 图

12-23 设计一曲柄摇杆机构。已选定其中两杆长度 $a = 9$,$b = 11$,另外两杆长度之和 $c + d = 25$,试求 c、d 长度各为多少(取整数,单位自定)?并可选用哪些构件为机架。

12-24 如题 12-24 图所示的一曲柄摇杆机构,已知 AD = 600 mm,CD = 500 mm,摇杆摆角 $\varphi = 60°$,摇杆左极限与 AD 夹角 $\varphi_1 = 60°$,试确定曲柄和连杆长度。

12-25 在一偏置曲柄滑块机构中,滑块导路方向线在曲柄转动中心之上,已知曲柄 $a = 127$ mm,连杆 $b = 473$ mm,偏距 $e = 300$ mm,曲柄为主动件,其转速 $n = 2$ r/min。试求:

(1) 滑块正、反行程各需多少秒?

(2) 行程速比系数为多少?

12-26 设计一摆动导杆机构。已知行程速比系数 $K = 2$,机架长度为 50 mm,曲柄转速 $n = 120$ r/min。求曲柄长度和工作行程时间。

12-27 如题 12-27 图所示,设计一曲柄摇杆机构,使得曲柄等速转动时,摇杆的摆角 ψ 在 $70° \sim 100°$ 之间变化。设摇杆为 1 个单位长,机架为 1.2 个单位长,试用解析法求曲柄 AB 和连杆 BC 的长度。

12-28 如题 12-28 图所示,已知铰链四杆机构中,$\varphi_0 = 135°$,$\psi_0 = 95°$,$\varphi_1 = 105°$,$\psi_1 = 65°$,$\varphi_2 = 45°$,$\psi_2 = 33.5°$。机架 $L_{AD} = 100$ mm,试用解析法求出满足已知转角关系的 L_{AB}、L_{BC} 和 L_{CD} 的大小。

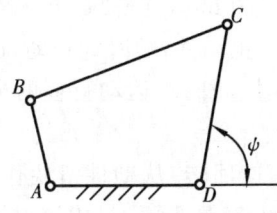

题 12-27 图

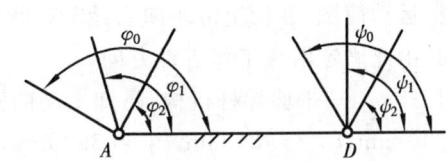

题 12-28 图

12-29 已知铰链四杆机构中,机架长为 $L_{AD} = 100$ mm,曲柄的起始位置 $\varphi_0 = 150°$,摇杆的起始位置 $\psi_0 = 120°$。试用解析法设计此机构。使得曲柄自起始位置顺时针转至 $105°$ 和 $60°$ 位置时,摇杆顺时针转至 $90°$ 和 $60°$ 的位置。

12-30 如题 12-30 图所示,已知滑块和摇杆的对应位置为:$S_1 = 40$ mm,$\varphi_1 = 60°$;$S_2 = 30$ mm,$\varphi_2 = 90°$;$S_3 = 20$ mm,$\varphi_3 = 120°$。试用解析法确定各构件的长度及偏心距 e。

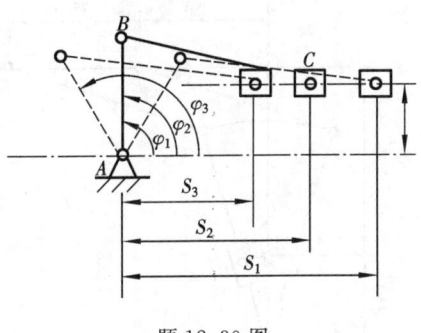

题 12-30 图

五、作图题

12-31 设计一如题 12-31 图所示铰链四杆机构。已知摇杆的行程速比系数 $K = 1$,机架长 $l_{AD} = 120$ mm,曲柄长 $l_{AB} = 20$ mm,且当曲柄 AB 运动到与连杆拉直共线时,曲柄位置 AB_2 与机架的夹角 $\varphi_1 = 45°$,试确定摇杆及连杆的长度 l_{CD} 和 l_{BC}。

12-32 在一偏置曲柄滑块机构中,已知偏距为 e(滑块的导路方向线在曲柄转动中心之上),曲柄为 $2e$,连杆为 $7e$,试绘图表示:

(1) 滑块的行程;

(2) 曲柄为主动时的最大压力角;

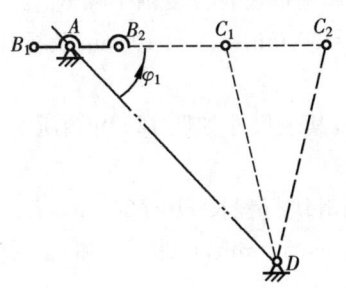

题 12-31 图

(3) 滑块为主动时机构的死点位置。

12-33 在题 12-33 图所示的曲柄滑块机构中,已知偏心距 $e = 10$ mm,曲柄长 $a = 20$ mm,且为主动件,连杆长 $b = 60$ mm,试求:

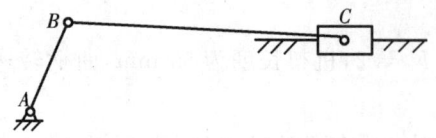

题 12-33 图

(1) 滑块的行程;

(2) 最小传动角 γ_{min} 的大小及位置;

(3) 画出极位夹角 θ。

12-34 在一偏置曲柄滑块机构中,滑块导路方向线在曲柄转动中心之上。已知曲柄 $a = 70$ mm,连杆 $b = 200$ mm,偏距 $e = 30$ mm,曲柄转速 $n_1 = 500$ r/min。

(1) 求滑块行程长度;

(2) 分别求滑块正、反行程的平均速度;

(3) 画出当滑块为主动时的机构死点位置。

12-35 在偏置曲柄滑块机构 ABC 中,已知曲柄 $AB = 70$ mm,连杆 $\overline{BC} = 164$ mm,偏距 $e = 24$ mm,滑块中心 C 运动方向线在铰链 A 之上,设曲柄为主动件,顺时针转动,试按比例画出机构运动简图,并标出滑块向右运动行程的最小传动角 $\gamma_{min}^{(1)}$ 和向左运动行程的最小传动角 $\gamma_{min}^{(2)}$,并由此确定滑块工作行程方向。

12-36 一平面导杆机构。已知主动曲柄绕轴心 A 作等速回转,从动件滑块作往复移动,$l_{AB} = 46$ mm,$l_{DC} = 404$ mm,$l_{CE} = 392$ mm,其他尺寸如题 12-36 图所示,试求该机构的行程速比系数 K 与极位夹角 θ。

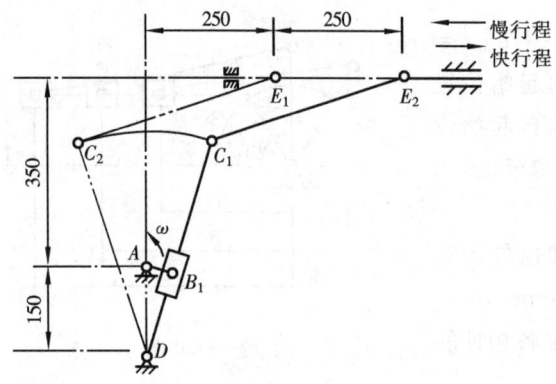

题 12-36 图

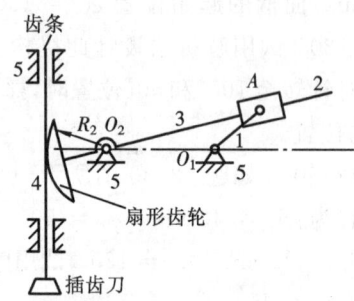

题 12-37 图

12-37 题 12-37 图所示为 Y52 插齿机的插齿机构。已知 $l_{O_1O_2} = 200$ mm;要求插齿刀行程 $H = 80$ mm,行程速比系数 $K = 1.5$,试确定各杆件尺寸(即 l_{O_1A} 和扇形齿轮分度圆半径 R_2)。

12-38 在题 12-38 图示插床的转动导杆机构中,已知 $l_{AB} = 50$ mm,$l_{AD} = 40$ mm 及行程速比系数 $K = 1.4$,求曲柄 BC 的长度及插刀 P 的行程长。

12-39 已知滑块的行程为 30 mm,其行程速比系数 $K = 3$,其余尺寸如题 12-39 图所示。试设计一铰链六杆机构。

12-40 如题 12-40 图所示的六杆机构,AB 为曲柄。如已知滑块行程长 $H = 20$ mm,E 点的近极限位置距 D 点为 46 mm,$l_{CD} = 30$ mm,$l_{CE} = 60$ mm,$l_{AD} = 50$ mm,试求 l_{AB} 和 l_{BC},并求出极位夹角。

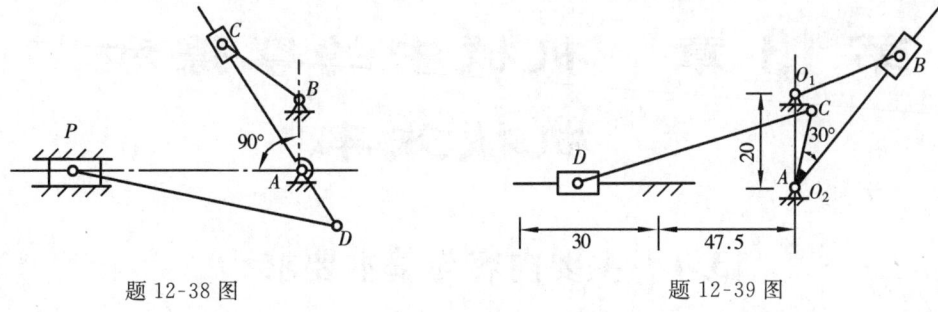

題 12-38 圖   題 12-39 圖

12-41 已知一六杆機構,輸入構件為曲柄 $O_2B(C)$,兩個輸出構件分別為滑塊 D 和搖杆 O_1A,滑塊 D 的行程速比係數 $K = 1.4$,且已知 $l_{O_2C} : l_{O_2B} = 1.2, l_{O_1A} = 2l_{O_2B}$,搖杆 O_1A 的左邊極限位置與水平線的夾角 ψ_1 為 $55°$(見題 12-41 圖),滑塊 D 的行程 $H_D = 50$ mm,其餘尺寸如題 12-41 圖所示。試設計此機構並求出搖杆的行程速比係數。

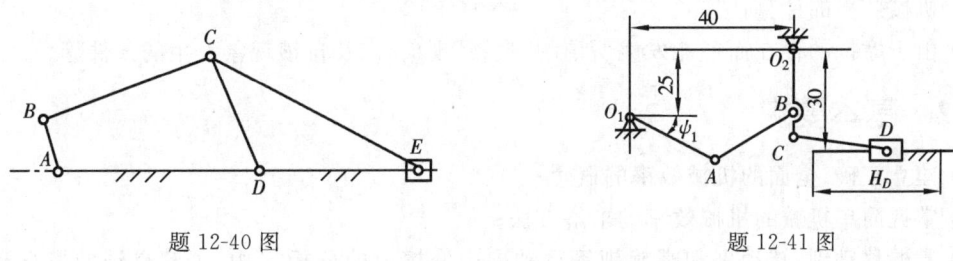

題 12-40 圖   題 12-41 圖

第13章　机械中的摩擦和机械效率

13.1　主要内容与基本要求

13.1.1　主要内容

(1) 几种最常见的运动副(如移动副、转动副和螺旋副等)中的摩擦分析；

(2) 考虑摩擦时机构的受力分析；

(3) 机械效率的计算；

(4) 由于摩擦的存在而可能发生所谓的"自锁"现象，以及自锁现象发生的条件等。

13.1.2　基本要求

(1) 建立正确、全面的机械效率的概念；

(2) 掌握简单机械的机械效率的求解方法；

(3) 掌握移动副、转动副和螺旋副等运动副中摩擦力的分析方法，了解自锁的概念和条件；

(4) 掌握从效率的观点确定自锁条件的方法。

13.2　重点与难点分析

13.2.1　重点内容分析

(1) 考虑摩擦时各种运动副中总反力的确定；

(2) 考虑摩擦时机构的受力分析；

(3) 机械的效率和自锁现象；

(4) 机械自锁的条件。

13.2.2　难点内容分析

1. 转动副中总反力作用线的确定

由于转动副中总反力作用线与构件上所受的力、平衡条件及构件间的相对转动的方向等因素有关，因此转动副中总反力作用线确定的过程比较复杂。

首先，根据机构的运动情况，确定出轴颈 1 与轴承 2 的相对运动关系，并示出它们相对运动的方向。

其次，在不考虑摩擦的情况下，根据力的平衡条件，初步确定总反力的方向。此时要特别注意利用：① 二力构件两作用力大小相等方向相反并共线；② 三力构件三力的作用线必汇交于一点的概念。

然后,再根据总反力应切于摩擦圆,且轴承 2 对轴颈 1 的总反力 $\boldsymbol{R}_{21}$ 对轴颈中心之矩的方向必与轴颈 1 相对于轴承 2 的相对角速度 ω_{12} 的方向相反的原则,确定出总反力作用线的方位。

2. 机械自锁条件的确定

要做到正确确定机械自锁的条件,首先要搞清楚机械自锁的概念,其次要搞清楚是机械的正行程自锁还是反行程自锁,然后根据机械的具体情况,选用简便的机械自锁条件的确定方法。

确定机械自锁条件的方法有以下几种。

(1) 根据机械中运动副的自锁条件来确定。

对于单自由度的机构,当机构中某一运动副发生自锁,那么该机构也必然发生自锁,所以机构中某一运动副自锁的条件,也就是机构自锁的条件。运动副自锁的条件为:

① 移动副的驱动力作用于摩擦锥之内;

② 转动副的驱动力作用于摩擦圆之内;

③ 螺旋升角 α 小于或等于螺旋面的摩擦角 φ 或当量摩擦角 φ_v。

(2) 根据机械效率小于或等于零的条件来确定。

当机构自锁时,无论驱动力有多大都不能使机构运动,这实质上由于在这种情况下,驱动力所能做的功总是小于(或等于)为克服由其可能引起的最大摩擦阻力所需要做的功的缘故。因此机械处于自锁状态时,其效率将恒小于或等于零,即 $\eta \leqslant 0$。

(3) 根据机械自锁时生产阻力 Q 等于或小于零的条件来确定。

当机械处于自锁状态时,机械已不能运动,这时生产阻力 Q 将小于等于零,即 $Q \leqslant 0$。$Q = 0$ 意味着即使去掉生产阻力,机械也不能运动;而 $Q < 0$ 则意味着只有当生产阻力反向变为驱动力后,才可能使机械运动,此时实际上机械已经自锁了。

(4) 根据机械自锁的概念或定义来确定。

机械的自锁大多是由于摩擦的原因,驱动力无论多大都无法使机械产生运动的现象,故可由作用于机械上的生产阻力 Q 一定时,而驱动力 P 趋于无穷大的极限值,且考虑到摩擦力总是大于驱动力的有效分力,便可得出机械的自锁条件;或者直接根据作用在构件上的驱动力的有效分力总是小于由其所能引起的最大摩擦力来确定。

13.3　例题精选与解析

例 13-1　在例 13-1 图(a)所示的机构中,已知 AB 杆的长度为 l,两滑块销轴的半径均为 r,P 为驱动力,Q 为生产阻力;设各接触表面的摩擦系数均为已知,并忽略各构件的重力和惯性力。试分析:

(1) 滑块 3 等速下降时各运动副的反力;

(2) 在力 P 作用下机构的自锁条件。

解题要点:

(1) 根据构件间的相对运动关系和力平衡条件,确定各运动副中总反力的作用线位置和方向。

(2) 在确定机构的自锁条件时,注意选择合适的方法。

(3) 从二力杆开始进行机构的力分析。

解:　设构件 2 与水平面成 α 角,当滑块 3 在力 P 作用下向下运动时,构件 2 顺时针转动

（即 α 角趋于减小）。

（1）确定各运动副的反力。

① 取构件 2 为示力体（见例 13-1 图（b）），画出其两端转动副的摩擦圆，半径为 $\rho = f_v r$。

由于构件 2 为二力杆，受力情况最简单，故从构件 2 分析起。在不计摩擦时，作用在构件 2 上的力应沿 AB 连线方向。从整个机构的受力情况不难看出，构件 2 受的是压力。

在考虑摩擦时，总反力应切于摩擦圆。在转动副 A 处，由于 ω_{21} 沿顺时针方向，而总反力 R_{12} 对 A 点之矩的方向应与 ω_{21} 方向相反，故知 R_{12} 应切于该处摩擦圆的下方（见例 13-1 图（b））。经分析可知，在转动副 B 处总反力 R_{32} 应切于该处摩擦圆的上方。在考虑摩擦之后，构件 2 仍为二力杆，并由其力的平衡可知，$\boldsymbol{R}_{12} = -\boldsymbol{R}_{32}$，二力仍共线，由此可以画出 R_{12} 与 R_{32} 的作用线的位置如例 13-1 图（b）所示。又由图可知 $\sin\gamma = 2\rho/l$，故得 $\beta = \alpha + \gamma$。

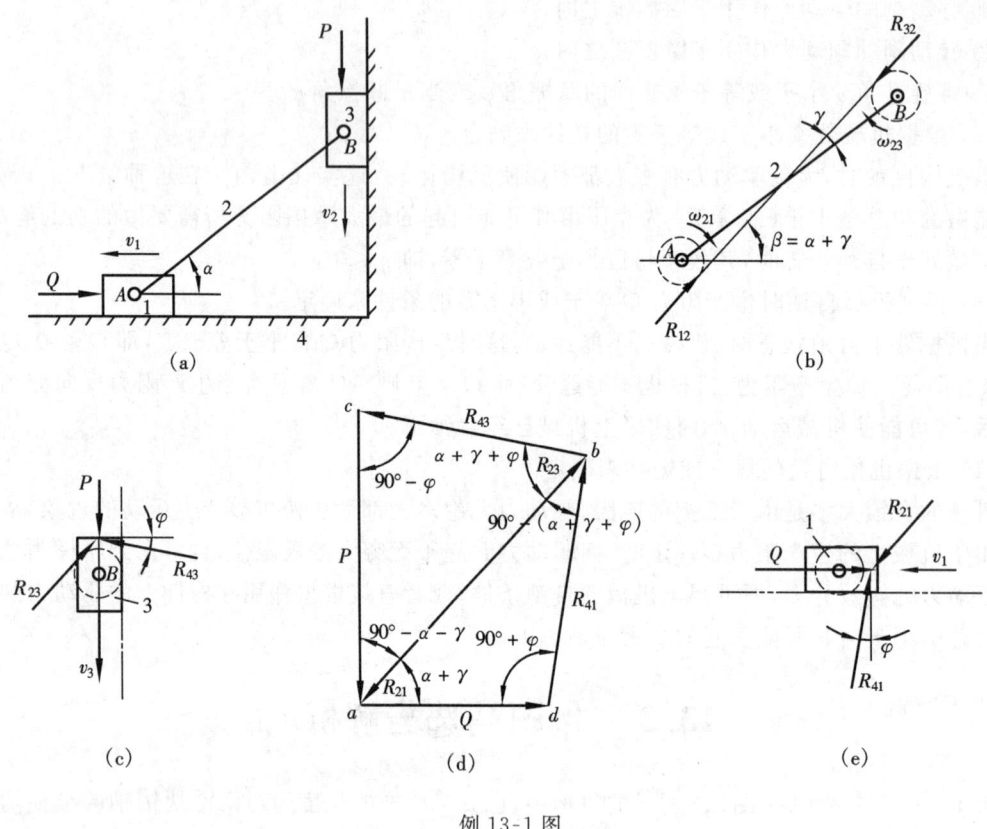

例 13-1 图

② 取构件 3 为示力体（见例 13-1 图（c）），画出 P 及 R_{23}（$\boldsymbol{R}_{23} = -\boldsymbol{R}_{32}$）作用线的位置。构件 3 在 P 力作用下向下运动，考虑到总反力 R_{43} 必与 v_3 之间成钝角关系，又因构件 3 在 P、R_{23} 及 R_{43} 三力作用下平衡，故三力应汇交于一点，于是可以画出 R_{43} 的作用线，如例 13-1 图（c）所示。画出构件 3 的力三角形 $\triangle abc$（见例 13-1 图（d）），得

$$R_{23} = P\frac{\sin(90° - \varphi)}{\sin(\alpha + \gamma + \varphi)} = P\frac{\cos\varphi}{\sin(\alpha + \gamma + \varphi)}$$

$$R_{43} = P\frac{\sin(90° - \alpha - \gamma)}{\sin(\alpha + \gamma + \varphi)} = P\frac{\cos(\alpha + \gamma)}{\sin(\alpha + \gamma + \varphi)}$$

又 $\qquad\qquad\qquad\qquad\qquad \boldsymbol{R}_{32} = -\boldsymbol{R}_{23} = -\boldsymbol{R}_{12} = \boldsymbol{R}_{21}$

$$R_{34} = -R_{43}$$

③ 取构件 1 为示力体(见例 13-1 图(e)),画出 Q 及 R_{21} 作用线的位置。当整个机构在 P 力作用下,构件 3 向下运动时,构件 1 向左运动。考虑到总反力 R_{41} 必与 v_1 之间成钝角关系,及三力 Q、R_{21}、R_{41} 应汇交于一点,于是可以画出 R_{41} 的作用线,如例 13-1 图(e)所示。

画出构件 1 的力三角形 $\triangle abd$(见例 13-1 图(d)),得

$$R_{41} = R_{21} \frac{\sin(\alpha + \gamma)}{\sin(90° + \varphi)} = R_{21} \frac{\sin(\alpha + \gamma)}{\cos\varphi}$$

$$= P \frac{\sin(90° - \varphi)}{\sin(\alpha + \gamma + \varphi)} \frac{\sin(\alpha + \gamma)}{\cos\varphi} = P \frac{\sin(\alpha + \gamma)}{\sin(\alpha + \gamma + \varphi)}$$

$$Q = R_{21} \frac{\cos(\alpha + \gamma + \varphi)}{\cos\varphi}$$

又

$$R_{14} = -R_{41}$$

(2) 分析机构的自锁条件。

① 根据 $\eta \leqslant 0$ 的条件来分析。

因为

$$P \frac{\cos\varphi}{\sin(\alpha + \gamma + \varphi)} = Q \frac{\cos\varphi}{\cos(\alpha + \gamma + \varphi)}$$

故

$$P = Q\tan(\alpha + \gamma + \varphi)$$

对于理想机械,$\varphi = 0°$,$\gamma = 0°$,则得

$$P_0 = Q\tan\alpha$$

于是可得机构的效率为

$$\eta = \frac{P_0}{P} = \frac{\tan\alpha}{\tan(\alpha + \gamma + \varphi)}$$

当机构自锁时,$\eta \leqslant 0$,又由分子 $\tan\alpha$ 不可能为零或为负,故得机构自锁的条件为

$$\alpha + \gamma + \varphi \geqslant 90°$$

即

$$\alpha \geqslant 90° - \gamma - \varphi$$

② 根据驱动力作用于摩擦锥内的条件来分析。

由例 13-1 图(e)可见,对从动件滑块 1 来说,R_{21} 为驱动力。当 R_{21} 作用于摩擦锥之内时,滑块 1 将自锁,整个机构也随之自锁,而此时

$$90° - (\alpha + \gamma) \leqslant \varphi$$

即

$$\alpha \geqslant 90° - \gamma - \varphi$$

③ 根据机构所能克服的生产阻力 $Q \leqslant 0$ 的条件来分析。

生产阻力 $Q \leqslant 0$,意味着该机构在驱动力 P 的作用下,即使没有生产阻力,滑块 1 也不可能沿驱动力作用的方向向左运动。这也可以理解为该机构处于自锁状态,而

$$Q = P/\tan(\alpha + \gamma + \varphi)$$

令 $Q \leqslant 0$,得

$$\alpha \geqslant 90° - \gamma - \varphi$$

④ 根据有效驱动力等于或小于最大摩擦力的条件来分析。

由例 13-1 图(e)可见,对于从动滑块 1 来讲,有效驱动力为

$$P_t = R_{21}\cos(\alpha + \gamma)$$

而最大摩擦力为

$$F_{max} = R_{21}\sin(\alpha + \gamma)\tan\varphi$$

若 $P_t \leqslant F_{max}$,则得

$$R_{21}\cos(\alpha+\gamma) \leqslant R_{21}\sin(\alpha+\gamma)\tan\varphi$$
$$\tan[90°-(\alpha+\gamma)] \leqslant \tan\varphi$$
$$\alpha \geqslant 90°-\gamma-\varphi$$

即

仍与上述所得结果一致。

从上述分析可见,为了判定机构在什么条件下自锁,可以有几种方法,而究竟采用哪一种方法,要根据具体条件而定。例如对本题来说,采用第 ②、③ 种方法就比较简单。

例 13-2　在例 13-2 图所示楔块机构的传动中,已知楔块斜面角 $\beta=60°$,各接触面间的摩擦系数均为 $f=0.15$。求当 $Q=100\text{ N}$ 时,不计楔块质量,需加多大的水平力 F 才能使楔块 1 克服力 Q 而等速上升?又需加多大的力 F 才能维持楔块 1 在 Q 作用下等速下降?若要求不加水平力 F,而使楔块在力 Q 作用下不向下移动的条件是什么。

解题要点:

(1) 注意楔块 1 等速上升时 Q 为阻力,F 为驱动力;而楔块 1 等速下降时,Q 为驱动力,F 为阻抗力;

(2) 明确三力构件中三个力的作用线必然相交于一点;

(3) 明确移动副中某构件受到的总反力方向必与该构件的运动方向成钝角关系。

解:　(1) 进行机构力分析(正行程)。

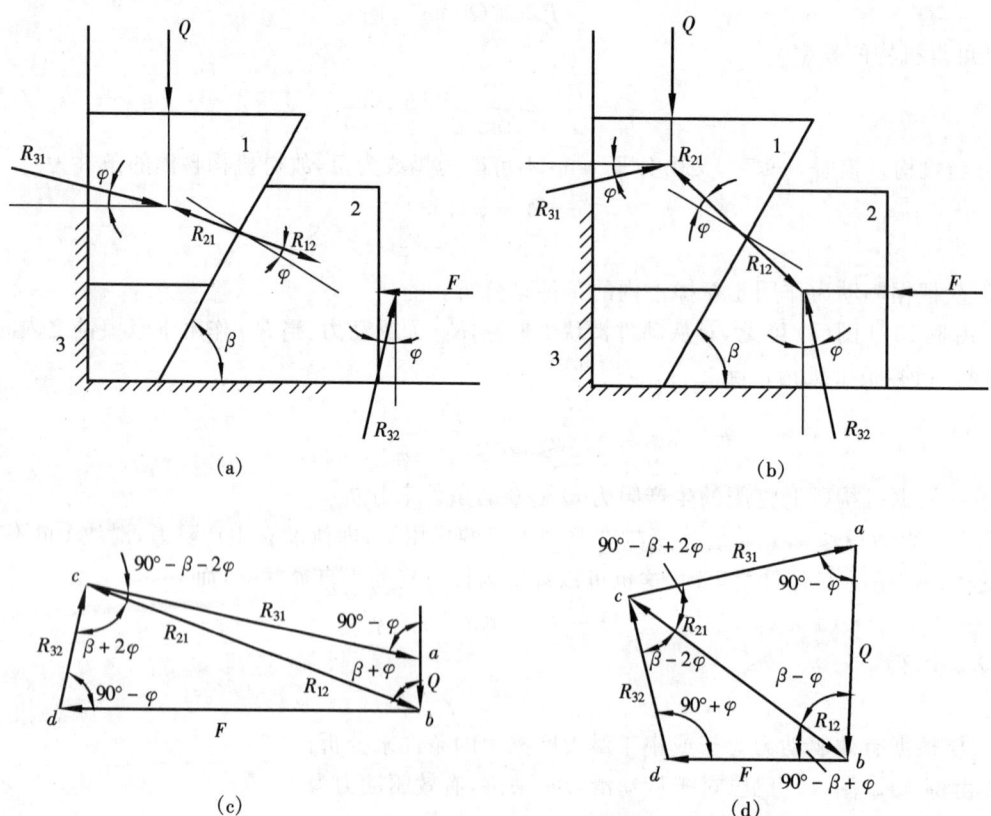

例 13-2 图

当楔块 2 在水平力 F 的作用下向左运动时,楔块 1 垂直向上运动。

如例 13-2 图（a）所示，分别以构件 1、2 为示力体，由于构件均为简单的三力构件，根据构件间的相对运动关系可画出每个示力体所受之力的作用线。图中 φ 为摩擦角，其值为 $\varphi = \arctan f = 8.53°$。

按 $$Q + R_{21} + R_{31} = 0 \quad \text{和} \quad R_{12} + F + R_{32} = 0$$

作力多边形 $abcd$（如例 13-2 图（c）所示），根据几何关系可得

$$F/\sin(\beta + 2\varphi) = R_{12}/\sin(90° - \varphi) \qquad ①$$

和 $$Q/\sin[90° - (\beta + 2\varphi)] = R_{12}/\sin(90° + \varphi) \qquad ②$$

联立式①和②可得

$$F = Q \frac{\sin(90° + \varphi)}{\sin[90° - (\beta + 2\varphi)]} \frac{\sin(\beta + 2\varphi)}{\sin(90° - \varphi)}$$
$$= Q\tan(\beta + 2\varphi) = 100 \times \tan(60° + 2 \times 8.53°) \text{ N} = 435 \text{ N} \qquad ③$$

（2）反行程机构受力分析。

现要求构件 1 在垂直力 Q 作用下向下运动时，构件 2 水平向右运动。

如例 13-2 图（b）所示，仍以构件 1、2 为示力体，根据构件间的运动关系，分别画出构件 1、2 所受之力的作用线。

仍按 $$Q + R_{21} + R_{31} = 0 \quad \text{和} \quad R_{12} + F + R_{32} = 0$$

作力多边形 $abcd$（见例 13-2 图（d）），根据几何关系可得

$$F/\sin(\beta - 2\varphi) = R_{12}/\sin(90° + \varphi) \qquad ④$$

和 $$Q/\sin[90° - (\beta - 2\varphi)] = R_{12}/\sin(90° - \varphi) \qquad ⑤$$

联立式④和⑤可得

$$F = Q \frac{\sin(\beta - 2\varphi)}{\sin[90° - (\beta - 2\varphi)]} = Q\tan(\beta - 2\varphi)$$
$$= 100 \times \tan(60° - 2 \times 8.53°) \text{ N} = 93 \text{ N} \qquad ⑥$$

比较正反行程的受力分析可知：正行程时构件间的相对运动方向与反行程时完全相反，力多边形中摩擦角 φ 的倾侧方向也相反，只要用"$-\varphi$"代替"φ"，正行程时的力分析计算式①、②、③ 即为反行程时的计算式④、⑤ 和 ⑥。

（3）自锁条件。

要求不加水平力 F 而使构件 1 在力 Q 的作用下不向下移动的条件，即为反行程自锁条件，可根据机械自锁时阻力 F 应小于等于零的原则来确定。

在反行程时，由式 ⑥ 可得阻力 $F = Q\tan(\beta - 2\varphi)$，令 $F \leqslant 0$，可得 $\beta - 2\varphi \leqslant 0$，即

$$\beta \leqslant 17.06°$$

例 13-3 在例 13-3 图（a）所示的机构中，已知各构件的尺寸及机构的位置，长度比例尺为 μ_l（m/mm），各转动副处的摩擦圆如图中的虚线圆，移动副及凸轮高副处的摩擦角为 φ，凸轮顺时针转动，作用在构件 4 上的工作阻力为 Q。若不计各构件的重力和惯性力，试求：

（1）在图示位置各运动副的反力；

（2）在图示位置需施加于凸轮上的驱动力矩 M_1；

（3）机构在图示位置的机械效率 η。

解题要点：

（1）首先，分析并标出各构件间的相对运动方向；

（2）其次，关键是确定运动副中总反力的方向；

（3）然后，从二力杆开始进行各构件的受力分析。

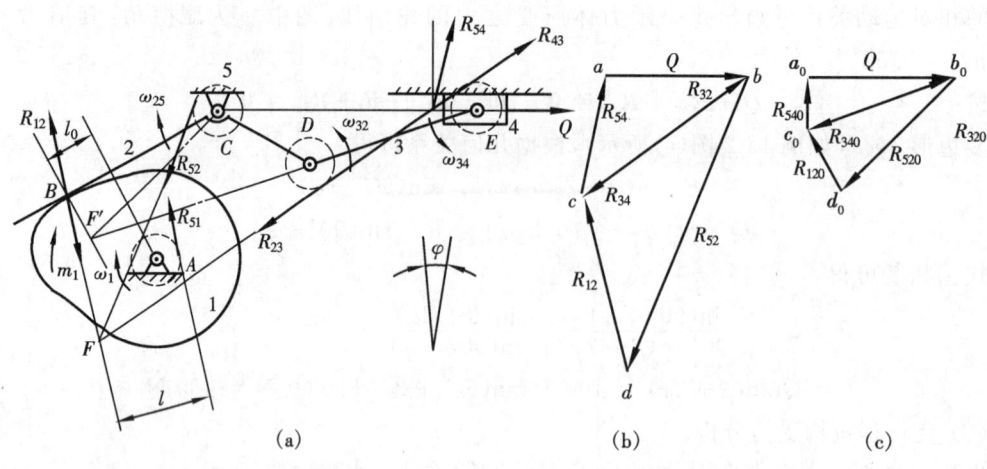

例 13-3 图

解： （1）求各运动副的反力。

根据机构的运动情况和力的平衡条件，可确定各运动副总反力的作用线位置和方向，如例 13-3 图（a）所示，分别取构件 2、4 为示力体，列出力平衡方程式为

构件 2 $\qquad \boldsymbol{R}_{12} + \boldsymbol{R}_{32} + \boldsymbol{R}_{52} = 0$

构件 4 $\qquad \boldsymbol{R}_{34} + \boldsymbol{R}_{54} + \boldsymbol{Q} = 0$

而 $\qquad \boldsymbol{R}_{34} = -\boldsymbol{R}_{43} = \boldsymbol{R}_{23} = -\boldsymbol{R}_{32}$

根据上述 3 个力平衡方程式，选取力比例尺 μ_F（N/mm）作力多边形 $abcd$，如例 13-3 图（b）所示。由图可得各总反力 $R_i = \bar{R}_i \cdot \mu_F$，其中 $\bar{R}_i$ 为力多边形中第 i 个力的图上长度（mm）。

（2）求需施加于凸轮 1 上的驱动力矩 M_1。

由凸轮 1 的平衡条件可得

$$M_1 = R_{21} \cdot \mu_l \cdot l = \mu_F \cdot \bar{R}_{21} \cdot \mu_l \cdot l \quad (\text{N} \cdot \text{m})$$

式中：l 为 R_{21} 与 R_{51} 两方向线的图上距离，单位为 mm。

（3）求机械效率 η。

由机械效率计算公式 $\eta = M_0/M$，先求理想状态下需施加于凸轮 1 上的驱动力矩 M_{10}。为此，取同样的力比尺 μ_F 作出机构在不考虑摩擦状态下，即 $f = 0$，$\varphi = 0°$，$\rho = 0$，各运动副反力（即正压力）的力多边形 $a_0 b_0 c_0 d_0$，如例 13-3 图（c）所示。由图可得正压力 R_{210} 的大小为

$$R_{210} = \mu_F \cdot \bar{R}_{210} \quad (\text{N})$$

再由凸轮 1 的力平衡条件可得

$$M_{10} = R_{210} \cdot \mu_l \cdot l_0 = \mu_F \cdot \bar{R}_{210} \cdot \mu_l \cdot l_0 \quad (\text{N} \cdot \text{m})$$

式中：l_0 为 R_{210} 与 R_{510} 两方向线的图上距离（mm）。

因此，该机构在图示位置的瞬时机械效率为

$$\eta = M_{10}/M_1 = \bar{R}_{210} \cdot l_0 / (\bar{R}_{21} \cdot l)$$

例 13-4 在例 13-4 图（a）所示的夹具中，已知偏心圆盘半径 R，回转轴颈直径 d，楔角 λ，尺寸 a、b 及 l，各接触面间的摩擦系数 f，轴颈处的当量摩擦系数 f_v。试求：

（1）当工作面需夹紧力 Q 时，在手柄上需施加的力 P；

（2）夹具在夹紧时的机械效率 η。

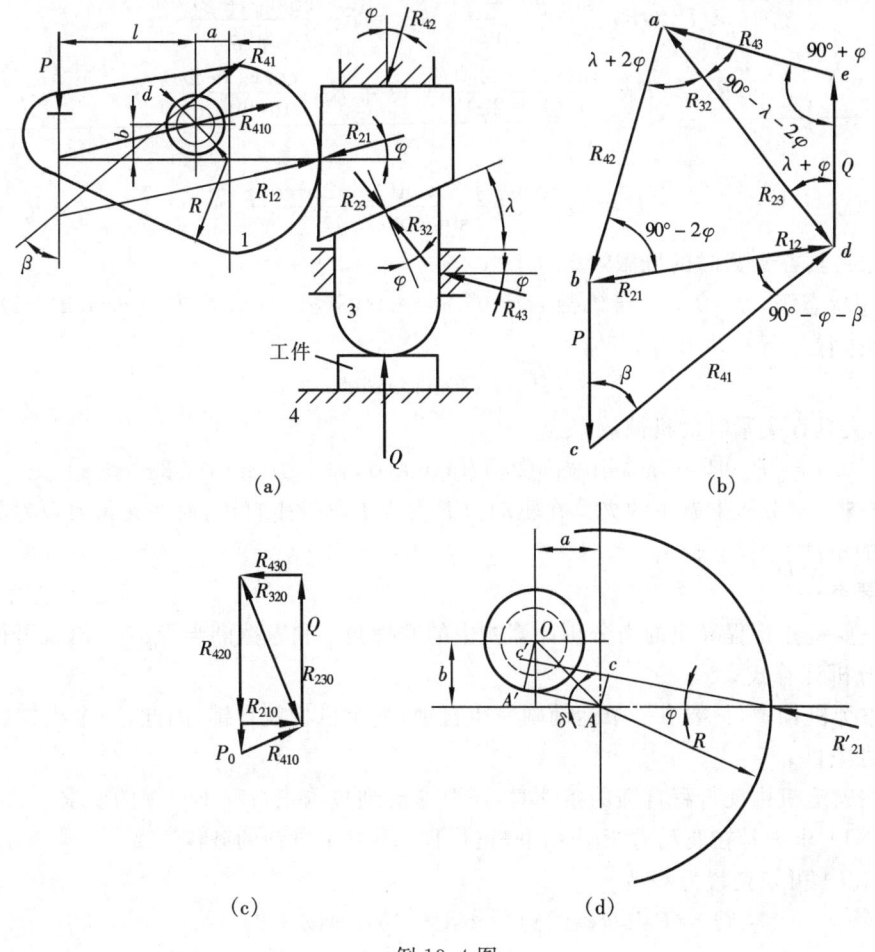

例 13-4 图

解题要点:

(1) 按各构件间的相对运动关系确定各运动副总反力的作用线位置和方向;

(2) 明确机械效率的概念和计算方法。

解: (1) 求手柄上需施加的驱动力 P。

先作各运动副处总反力的作用线,因已知摩擦系数 f 和当量摩擦系数 f_v,故摩擦角 $\varphi = \arctan f$,摩擦圆半径 $\rho = f_v r = \dfrac{1}{2} f_v d$。分析各构件在驱动力 P 作用下的运动情况,并作出各运动副处总反力 $R_{12}(R_{21})$,R_{41},R_{42},$R_{23}(R_{32})$,R_{43} 的作用线,如例 13-4 图(a)所示。其中,总反力 R_{41} 的作用线与垂直方向的夹角 β 可由下式求出

$$[b + (l + a + R)\tan\varphi]\sin\beta - l\cos\beta + \rho = 0 \qquad ①$$

为了求驱动力 P,分别取楔块 2、3 及杠杆 1 为示力体,并列出各构件的力平衡方程式:

杠杆 1 $\boldsymbol{P} + \boldsymbol{R}_{41} + \boldsymbol{R}_{21} = \boldsymbol{0}$

楔块 2 $\boldsymbol{R}_{12} + \boldsymbol{R}_{42} + \boldsymbol{R}_{32} = \boldsymbol{0}$

楔块 3 $\boldsymbol{Q} + \boldsymbol{R}_{43} + \boldsymbol{R}_{23} = \boldsymbol{0}$

根据上述 3 个力平衡方程式,作出力多边形 $abcde$,如例 13-4 图(b)所示。由正弦定理可得

$$P = R_{21} \frac{\sin(90° - \varphi - \beta)}{\sin\beta} = R_{21} \frac{\cos(\varphi + \beta)}{\sin\beta}$$

$$R_{23} = R_{21} \frac{\sin(90° - 2\varphi)}{\sin(\lambda + 2\varphi)}, \quad Q = R_{23} \frac{\cos(\lambda + 2\varphi)}{\sin(90° + \varphi)}$$

得

$$P = Q \frac{\cos(\varphi + \beta)\tan(\lambda + 2\varphi)\cos\varphi}{\sin\beta\cos(2\varphi)} \qquad ②$$

(2) 求夹具在夹紧时的机械效率 η。

在理想状态下，$f = 0$，$f_v = 0$，故 $\varphi = 0°$，$\rho = 0$，代入式 ① 求得 $\beta_0 = \arctan(l/b)$，再代入式 ② 得理想状态下驱动力为

$$P_0 = Q\tan\lambda / \tan\beta_0$$

因此，夹具在夹紧时的机械效率为

$$\eta = P_0/P = \tan\lambda\sin\beta\cos(2\varphi)/[\tan\beta_0\cos(\varphi + \beta)\tan(\lambda + 2\varphi)\cos\varphi]$$

例 13-5 试分析上题中的夹具在驱动力 P 作用下不发生自锁，而在夹紧力 Q 为驱动力时要求自锁的条件。

解题要点：

(1) 只要将正行程导出的力分析计算式中的摩擦角 φ 和摩擦圆半径 ρ 变号，就可得到反行程时的力分析计算式；

(2) 整个机构中，只要有一个运动副发生自锁，整个机构就自锁，因此，一个机构就可能有多个自锁的条件；

(3) 在确定机构反行程自锁的条件时，还要考虑到机构正行程不自锁的要求。

解： (1) 求夹具在驱动力 P 作用下（正行程）不发生自锁的条件。

由例 13-4 可知夹紧力 Q 为

$$Q = P\sin\beta\cos(2\varphi)/[\cos(\varphi + \beta)\tan(\lambda + 2\varphi)\cos\varphi]$$

由例 13-4 图(a)可知，$\varphi + \beta < 90°$，若要求在驱动力 P 作用下机构不发生自锁，则工作阻力 $Q > 0$，故 $\lambda + 2\varphi < 90°$，即夹具不发生自锁的条件为 $\lambda < 90° - 2\varphi$。

(2) 求夹具在夹紧力 Q 为驱动力时（反行程）自锁的条件。

因在机构反行程中，各构件间的相对运动方向同正行程刚好相反，各运动副处总反力 $R'_{12}(R'_{21})$，R'_{42}，R'_{43}，$R'_{23}(R'_{32})$ 的作用线同正行程时对称于各接触面的法线，而 R'_{41} 也切于摩擦圆的另一侧，所以只要令正行程导出的驱动力 P 与 Q 的关系式中的摩擦角 φ 和摩擦圆半径 ρ 变号，同时，驱动力 P 改为阻力 P'，便可得机构在反行程时驱动力 Q 与 P' 的关系式为

$$P' = Q\cos(\beta' - \varphi)\tan(\lambda - 2\varphi)\cos\varphi/[\sin\beta'\cos(2\varphi)]$$

而式中的 β' 则由下式确定：

$$[b - (l + a + R)\tan\varphi]\sin\beta' - l\cos\beta' - \rho = 0$$

若要求机构在反行程自锁，则 $P' < 0$，故有 $\lambda \leqslant 2\varphi$。

实际上该机构在反行程时，若 R'_{21} 切于或通过摩擦圆，如例 13-4 图(d)所示，则机构也可能发生自锁。设 AO 连线与水平线夹角为 δ，若 R'_{21} 切于或通过摩擦圆时，则 $\overline{OC'} \leqslant \rho$，而

$$\overline{OC'} = \overline{OA'} - \overline{CA} = \overline{OA}\sin(\delta - \varphi) - R\sin\varphi$$

即

$$\sqrt{a^2 + b^2}\sin(\delta - \varphi) - R\sin\varphi \leqslant \rho$$

可得

$$\delta \leqslant \varphi + \arcsin\left[(\rho + R\sin\varphi)/\sqrt{a^2 + b^2}\right]$$

故反行程时该机构的自锁条件为

$$\lambda \leqslant 2\varphi \quad \text{或} \quad \arctan(b/a) = \delta \leqslant \varphi + \arcsin\left[(\rho + R\sin\varphi)/\sqrt{a^2 + b^2}\right]$$

综合正行程的不自锁条件和反行程的自锁条件,可得

当 $\varphi \leqslant 22.5°$(即 $f < 0.4$)时,应满足

$$\lambda \leqslant 2\varphi \quad \text{和} \quad \arctan(b/a) = \delta \leqslant \varphi + \arcsin\left[(\rho + R\sin\varphi)/\sqrt{a^2 + b^2}\right]$$

当 $\varphi > 22.5°$(即 $f > 0.4$)时,应满足

$$\lambda < 90° - 2\varphi \quad \text{和} \quad \arctan(b/a) = \delta \leqslant \varphi + \arcsin\left[(\rho + R\sin\varphi)/\sqrt{a^2 + b^2}\right]$$

例 13-6 在例 13-6 图所示的矩形螺纹千斤顶中,已知螺纹的大径 $d = 24$ mm,小径 $d_1 = 20$ mm,导程 $l = 4$ mm;顶头环形摩擦面的外径 $D = 50$mm,内径 $d_0 = 42$ mm,手柄长度 $L = 300$ mm,所有摩擦面的摩擦系数均为 $f = 0.1$。试求:

(1) 该千斤顶的效率;

(2) 又若 $F = 100$N,所能举起的重量 Q。

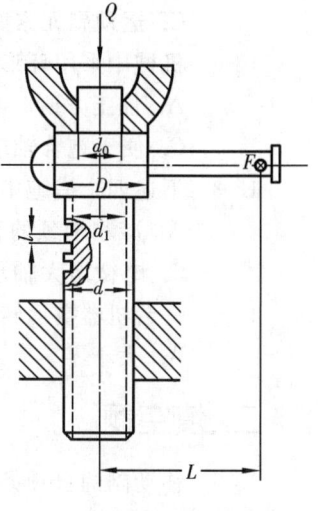

例 13-6 图

解题要点:

(1) 明确效率的概念和计算方法;

(2) 掌握螺旋副和轴端环形面摩擦力矩的计算方法。

解: (1) 求千斤顶的效率。

工作时在矩形螺纹和顶头底面处发生摩擦。顶头底面处的摩擦是轴端环形面摩擦,可按非跑合状态来考虑,此时的摩擦力矩 M' 为

$$M' = \frac{1}{3}fQ\frac{D^3 - d_0^3}{D^2 - d_0^2} = \frac{1}{3} \times 0.1Q\frac{50^3 - 42^3}{50^2 - 42^2}$$
$$= 2.306Q \quad (\text{N} \cdot \text{mm})$$

螺纹中径 d_2 为 $\quad d_2 = (d + d_1)/2 = (24 + 20)/2 \text{ mm} = 22 \text{ mm}$

螺纹升角 α 为 $\quad \alpha = \arctan[l/(\pi d_2)] = \arctan[4/(22\pi)] = 3.312°$

摩擦角 φ 为 $\qquad \varphi = \arctan f = \arctan 0.1 = 5.711°$

螺纹工作面的摩擦力矩 M'' 为

$$M'' = Q\frac{d_2}{2}\tan(\alpha + \varphi) = Q\frac{22}{2}\tan(3.312° + 5.711°) = 1.747Q \quad (\text{N} \cdot \text{mm})$$

所以考虑摩擦时,所需的驱动力矩 M 为

$$M = M' + M'' = 4.053Q \quad (\text{N} \cdot \text{mm})$$

不考虑摩擦时,顶头底面处的摩擦力矩为零,而矩形螺纹处理想的驱动力矩 M_0 可根据 M'' 的计算公式,令 $\varphi = 0°$,得

$$M_0 = Q\frac{d_2}{2}\tan\alpha = Q\frac{22}{2}\tan 3.312° = 0.6366Q \quad (\text{N} \cdot \text{mm})$$

因此,该千斤顶的效率为

$$\eta = M_0/M = 0.6366Q/4.053Q = 15.7\%$$

(2) 如果 $F = 100$ N,求举起的重量 Q。

由于考虑摩擦时的驱动力矩为 $M = 4.053Q$(N·mm),力臂 $L = 300$ mm,而 $M = F \cdot L$,因此,有

$$4.053Q = 100 \times 300 \text{ N}$$

即 $\qquad Q = 100 \times 300/4.053 \text{ N} = 7402 \text{ N}$

13.4　考试复习与练习题

一、单项选择题（从给出的 A、B、C、D 中选一个答案）

13-1　两运动副元素的材料一定时，当量摩擦系数取决于_____。

A. 运动副元素的几何形状　　　　B. 运动副元素间的相对运动速度的大小

C. 运动副元素间作用力的大小　　D. 运动副元素间温差的大小

13-2　机械中采用环形轴端支承的原因是_____。

A. 加工方便　　　　　　　　　　B. 避免轴端中心压强过大

C. 便于跑合轴端面　　　　　　　D. 提高承载能力

13-3　下述四个措施中，_____不能降低轴颈中的摩擦力矩。

A. 减小轴颈的直径　　　　　　　B. 加注润滑油

C. 略微增大轴承与轴颈的间隙　　D. 增加轴承的长度

13-4　一台机器空运转，对外不做功，这时机器的效率_____。

A. 大于零　　　　　B. 小于零　　　　　C. 等于零　　　　　D. 大小不一定

二、填空题

13-5　移动副的自锁条件是_____，转动副的自锁条件是_____，螺旋副的自锁条件是_____。

13-6　从效率的观点来看，机械的自锁条件是_____；对于反行程自锁的机构，其正行程的机械效率一般小于_____。

13-7　在同样条件下，三角螺纹的摩擦力矩_____矩形螺纹的摩擦力矩，因此它多用于_____。

13-8　机械发生自锁的实质是_____。

13-9　机械效率等于_____功与_____功之比，它反映了_____功在机械中的有效利用程度。

三、问答题

13-10　什么是当量摩擦系数？引入当量摩擦系数的目的是什么？

13-11　什么是摩擦圆？以转动副连接的两构件，当外力（驱动力）分别作用在摩擦圆之内、之外或与该摩擦圆相切时，两构件将各呈何种相对运动状态？

13-12　如何计算机组的机械效率？

13-13　在回转副中，无论什么情况，总反力始终应与摩擦圆相切的论断是否正确？为什么？

13-14　当作用在回转副中轴颈上的外力为一力偶矩时，也会发生自锁吗？

13-15　自锁的机械根本不能运动，对吗？

13-16　何谓总反力？在移动副和转动副中总反力的方向及其作用线的位置是如何确定的？

13-17　何谓轴端？对于未经跑合的新轴端和已经跑合的轴端,其摩擦力矩的计算公式有何不同？为什么？

13-18　何谓机械效率？对机械效率的计算式 $\eta = P_0/P$ 或 $\eta = M_0/M$ 应如何理解？使用此公式时应注意什么问题？

13-19　机械正反行程的效率是否相同？其自锁条件是否相同？原因何在？

13-20　如有两个机构,它们的效率大小不一样,但都小于零,试问这两个机构是否发生自锁,其自锁的可靠程度是否一样？

13-21　为什么要研究机械中的摩擦？机械中的摩擦是否完全是有害的？

四、分析计算题

13-22　已知题 13-22 图所示机构中移动副的摩擦系数 $f = 0.1$,转动副的当量摩擦系数 $f_v = 0.15$,绳的两直线部分与斜面平行,且绳与滑轮间无滑动,滑轮半径 $R = 100$ mm,轴颈半径 $r = 30$ mm,滑块重 $Q = 1000$ N,斜面倾角 $\alpha = 30°$,楔形半角 $\theta = 60°$。求使滑块 2 匀速上滑所需的拉力 P 及机构的效率。

13-23　如题 13-23 图所示的四构件斜面机构,已知摩擦角为 φ,求力 P 为驱动力时的正行程不自锁而 Q 为驱动力时反行程自锁的条件,并求反行程的效率关系式。

13-24　如题 13-24 图所示的机组是一电动机经带传动、减速器带动两个工作机 A 和 B。已知两个工作机的输出功率和效率分别为 $N_A =$

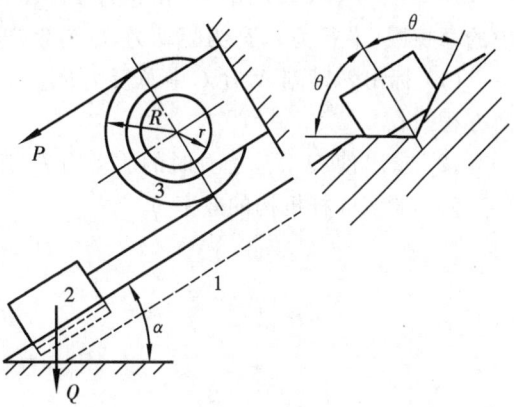

题 13-22 图

$2\text{kW}, \eta_A = 0.8; N_B = 3\text{kW}, \eta_B = 0.7$,每对齿轮传动的效率 $\eta_1 = 0.95$,每个支承的效率 $\eta_2 = 0.98$,带传动的效率 $\eta_3 = 0.9$。求电动机的功率和机组的效率。

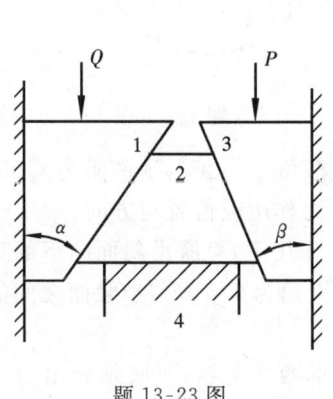

题 13-23 图

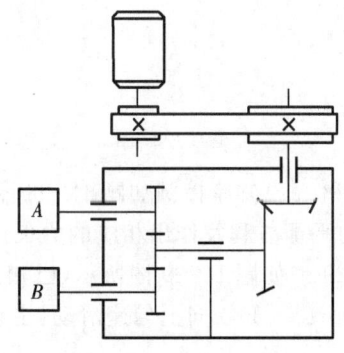

题 13-24 图

13-25　题 13-25 图所示为一机床的矩形 - V 形导轨副,拖板 1 与导轨 2 组成复合移动副。已知拖板 1 的运动方向垂直于纸面,重心在 S 处,几何尺寸如图所示,各接触面的滑动摩擦系数 $f = 0.1$,试求该导轨的当量摩擦系数 f_v。

13-26　题 13-26 图所示为一焊接用楔形夹具,利用这个夹具把两个要焊接的工件 1 和 1′

预先夹紧,以便焊接。图中 2 为夹具,3 为楔块,如已知各接触面间的摩擦系数均为 f,试确定此夹具的自锁条件。

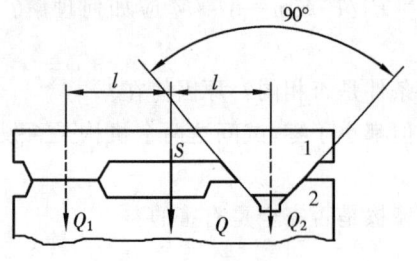 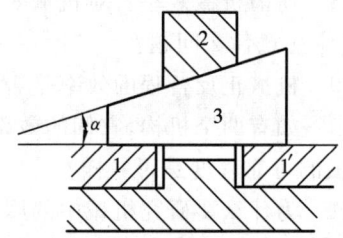

题 13-25 图 　　　　　　　　　　　　　　　题 13-26 图

13-27　题 13-27 图所示由构件 1、2、3、4 所组成的杠杆机构中,虚线圆为转动副 A、B、C 中的摩擦圆,半径为 ρ,P 为驱动力,Q 为生产阻力,杠杆处于水平位置。

(1) 标出转动副 A、B、C 中总反力 R_{12}、R_{32}、R_{42} 的作用线位置及方向,并写出构件 2 的力平衡方程式;

(2) 求出使 Q 等速上升时的驱动力 P(用 Q 表示);

(3) 求该杠杆机构的效率 η。

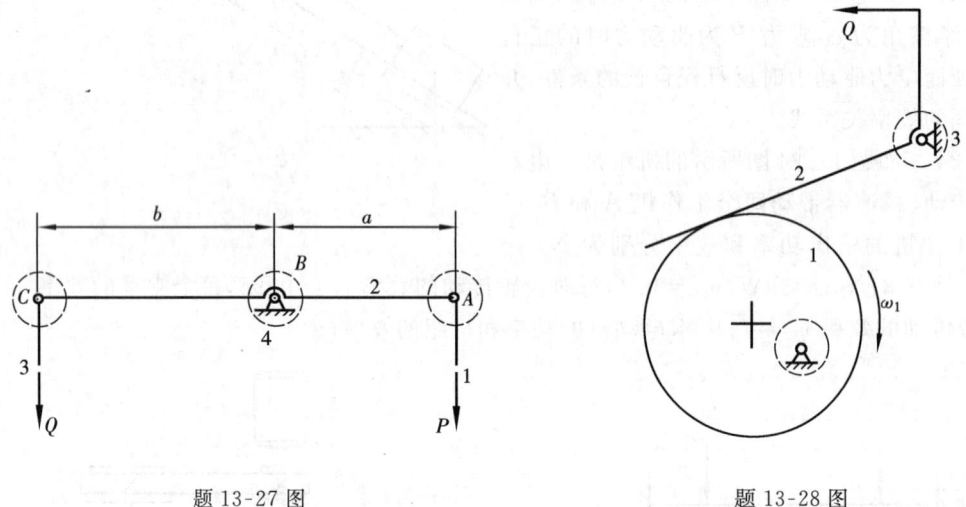

题 13-27 图 　　　　　　　　　　　　　　　题 13-28 图

13-28　已知摩擦圆如题 13-28 图所示(虚线圆),摩擦角 $\varphi = 30°$,生产阻力 Q,试列出构件 2 的力平衡方程及作出相应的力矢量多边形,标出 R_{31} 力作用线位置与方向。

13-29　如题 13-29 图所示,已知滑块 2 在主动力 P 作用下,克服沿斜面向下的工作阻力 Q,沿斜面($\alpha = 30°$)向上匀速滑动,主动力 P 与水平方向夹角为 $\beta = 15°$,接触面之间的摩擦角 $\varphi = 10°$。

(1) 用力多边形法求出主动力 P 与工作阻力 Q 之间的数学关系式(必须列出力平衡方程式,画出相应的力多边形);

(2) 为避免滑块 2 上滑时发生自锁,β 角的最大极限值为多少(即滑块 2 上滑时的不自锁条件)?

13-30　如题 13-30 图所示机构,已知杆长 l_{AB}、l_{BC},滚子半径 r,转动副摩擦圆(虚线所示)半径 ρ,滑动摩擦系数 f,A、C 两铰链在同一水平线上,不计构件重量,试求:

(1) 若不计运动副中的摩擦时,该机构的自锁条件;

(2) 考虑运动副中的摩擦时,该机构的自锁条件。

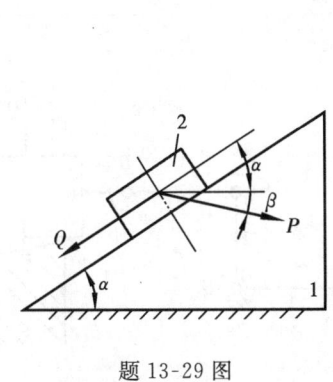

题 13-29 图

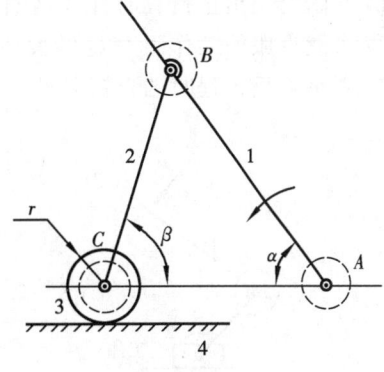

题 13-30 图

五、图解题

13-31 在题 13-31 图所示的机构中,已知各构件的尺寸、生产阻力 Q、各转动副处的摩擦圆(图中用虚线表示)及移动副的摩擦角(如题 13-31 图所示 φ 角),不计各构件的惯性力和重力。

(1) 试在图中画出在驱动力 P 作用下,各运动副中总反力的作用线位置与方向;

(2) 右 Q 为驱动力,而 P 为生产阻力,则各运动副中总反力作用线的位置和方向又如何?

(3) 在驱动力 Q 作用下,该机构在什么情况下自锁?

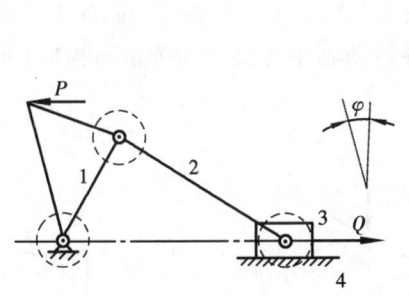

题 13-31 图

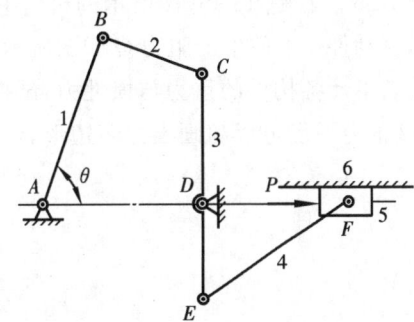

题 13-32 图

13-32 已知题 13-32 图所示机构的各杆长度及位置角 θ,驱动力 P,转动副中的摩擦圆半径 ρ,移动副中的摩擦角 φ,$CDE \perp ADF$。试求各运动副中的反力和应加在杆 AB 上的平衡力矩(为作图方便,取 $\rho = 4\ \text{mm}$,$\varphi = 10°$,力 P 画 50 个单位长度)。

13-33 在题 13-33 图所示的夹紧机构中,已知各构件的尺寸,摩擦圆如图中虚线小圆所示。试求:

(1) 在图示位置欲产生 $Q = 100\ \text{N}$ 的夹紧力时所需的压力 P;

(2) 该机构在图示位置时的效率 η(构件 2 与构件 4 之间的摩擦不计,规定 $\mu_F = 2.5\ \text{N/mm}$)。

13-34 在题 13-34 图所示的机构中,已知驱动力 $P = 25$ N,图中虚线小圆为摩擦圆,$l_{FA} = 20$ mm,$l_{AB} = 25$ mm,$l_{BC} = 20$ mm,$l_{CD} = 25$ mm,$l_{DE} = 10$ mm,$\alpha = 9°$,摩擦角 $\varphi = 9°$。试求:

(1) 在图上画出正行程时杆 2、连杆 3、斜块 4 的受力情况;

(2) 求能克服的工作阻力 Q 的大小;

(3) 斜块 4 反行程时的自锁条件。

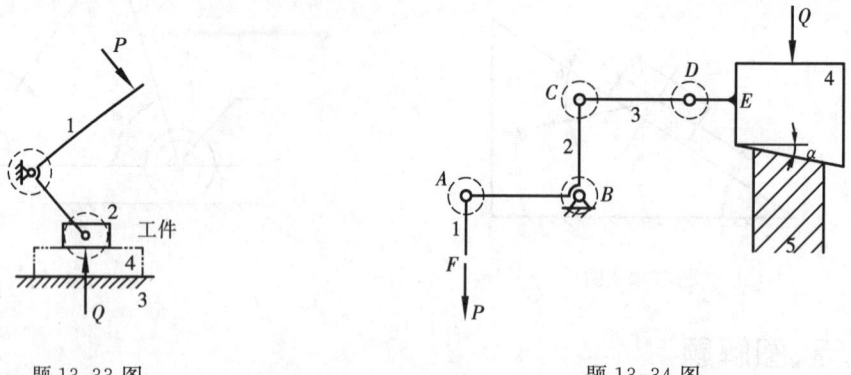

题 13-33 图   题 13-34 图

13-35 题 13-35 图所示为一摆动推杆盘形凸轮机构。设已知机构各部分(包括轴颈)的几何尺寸及作用于推杆上的生产阻力 Q,又知各运动副中的摩擦系数 f 和摩擦圆半径 ρ,如果不计各构件的重量及惯性力。试用图解法确定:

(1) 各运动副中的反力;

(2) 需加于凸轮轴上的平衡力矩 M_b;

(3) 该机构的机械效率。

13-36 在题 13-36 图所示的机构中,已知原动件 1 在驱动力矩的作用下等速转动,转向如图,从动件 2 上的生产阻力 Q 如图所示,运动副 C 的摩擦角 $\varphi = 15°$,各转动副处虚线圆为摩擦圆。若不计各构件的重力与惯性力,试在图上标出各运动副中总反力的方位与指向,并写出构件 2 的力平衡方程和画出力多边形。

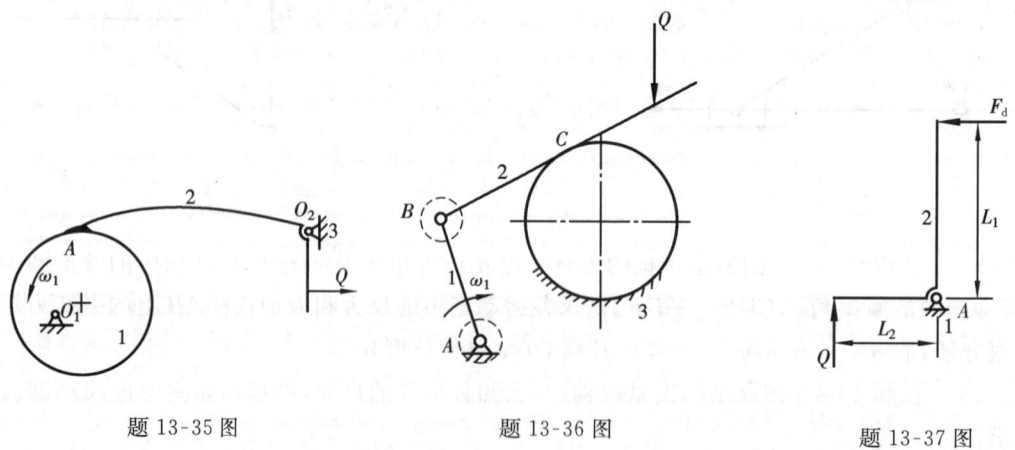

题 13-35 图   题 13-36 图   题 13-37 图

13-37 题 13-37 图所示杠杆机构处于平衡状态,杆 2 上的驱动力 $F_d = 100$ N,方向水平向左,$L_1 = 60$ mm;生产阻力 $Q = 120$ N,方向垂直向上,$L_2 = 40$ mm。试求:

（1）用图解法求转动副 A 中构件 1 对 2 的总反力 R_{12} 的大小；

（2）求转动副 A 中的摩擦圆半径 ρ，并在图上画出摩擦圆和标出 R_{12} 的位置。

13-38　题 13-38 图为一曲柄导杆破碎机简图。机构尺寸如图所示，其长度比例尺 $\mu_l = 0.005$ m/mm，如已知各转动副的摩擦圆，且摩擦角 $\varphi = 20°$，破碎时的工作阻力 $Q = 1000$ N，试取力比例尺 $\mu_F = 20$ N/mm，用图解法求原动件 1 上所需的驱动力矩 M_d 的大小和方向。

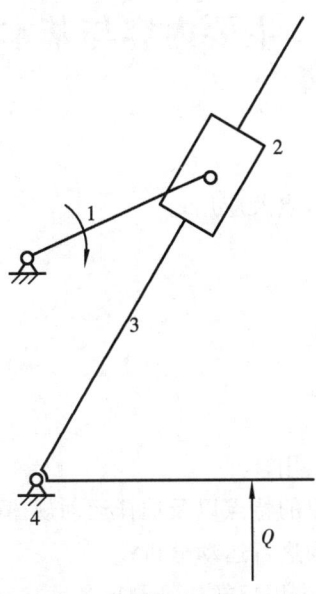

题 13-38 图

第14章 凸轮机构

14.1 主要内容与基本要求

14.1.1 主要内容

(1) 凸轮机构的组成、分类、特点及应用；

(2) 推杆的运动规律及特性；

(3) 凸轮廓线的设计；

(4) 凸轮机构基本尺寸的确定。

14.1.2 基本要求

(1) 了解凸轮机构的类型和应用；

(2) 掌握推杆常用的运动规律的特点以及选择运动规律时应考虑的因素；

(3) 能应用反转法对凸轮机构进行运动分析；

(4) 能根据给定的运动规律,应用反转法绘制出各种从动件盘形凸轮的轮廓曲线；

(5) 了解凸轮廓线方程的建立过程,会进行盘形凸轮轮廓的设计计算；

(6) 掌握压力角与自锁的关系、基圆半径对压力角的影响以及滚子半径选择的原则；

(7) 能合理确定凸轮机构的基本尺寸。

14.2 重点与难点分析

14.2.1 重点内容分析

(1) 推杆常用运动规律的特点及其选择原则；

(2) 凸轮机构运动过程的分析；

(3) 凸轮轮廓曲线的设计；

(4) 凸轮机构压力角与机构基本尺寸的关系。

14.2.2 难点内容分析

1. 凸轮机构设计的基本方法

凸轮机构设计的基本方法是反转法,所依据的是相对运动原理,以图 14-1 所示的偏置式的尖顶直动推杆盘形凸轮机构为例,设想给整个机构以一个与凸轮角速度 ω 大小相等而方向相反(即 $-\omega$)的转动,这时凸轮将静止不动,而推杆一方面随机架相对凸轮以 ω 角速度反转运动,另一方面又以原有的运动规律($s = s(\delta)$)相对于机架运动。由于推杆的尖顶始终与凸轮轮廓保持接触,所以推杆在这种复合运动中,其尖顶的运动轨迹即为凸轮的轮廓曲线。根据这一方法,求出推杆尖顶在推杆作这种复合运动中所占据的一系列位置点,并将它们连成光滑的曲线,即为所求的凸轮廓线。

2. 凸轮机构的运动分析方法

反转法不仅是凸轮机构设计的基本方法,也是凸轮机构分析常用的方法。凸轮机构分析常涉及的问题,如已知凸轮机构的尺寸及其位置、凸轮的角速度及方向,要求推程角 δ_0、远休止角 δ_{01}、回程角 δ_0'、近休止角 δ_{02} 的大小和推杆的行程 h;或者,要求当凸轮转过某一个 δ 角时,推杆所产生的位移 s、速度 v 等运动参数以及机构压力角 α 的大小。这时,如果让凸轮转过 δ 角后来求解,显然是很不方便的,为此可让推杆相对凸轮反转一个 δ 角来进行求解,即利用反转法求解。

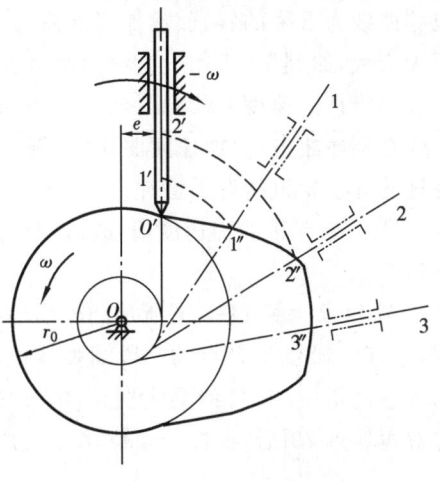

图 14-1　凸轮机构

14.3　例题精选与解析

例 14-1　如例 14-1 图(a)所示为凸轮机构推杆的速度曲线,它由四段直线组成。要求:在题图上画出推杆的位移曲线、加速度曲线;判断在哪几个位置有冲击存在,是刚性冲击还是柔性冲击;在图示的 F 位置,凸轮与推杆之间有无惯性力作用,有无冲击存在。

解题要点:

(1) 明确位移是速度的积分,加速度是速度的微分;

(2) 明确刚性冲击是由速度突变产生的,而柔性冲击是由加速度突变产生的;

(3) 明确有加速度存在就会有惯性力产生。

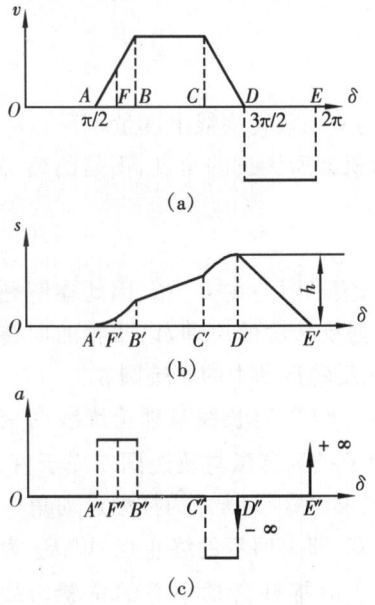

例 14-1 图

解:　由例 14-1 图(a)所示推杆的速度曲线可知如下情况。

在 OA 段内($0 \leqslant \delta \leqslant \pi/2$),因推杆的速度 $v = 0$,故此段为近休止段,推杆的位移和加速度均为零,即 $s = 0, a = 0$,如例 14-1 图(b)及(c)所示。

在 AD 段内($\pi/2 \leqslant \delta \leqslant 3\pi/2$),因 $v > 0$,故推杆为推程段。在 AB 段内,因速度线图为上升的斜直线,故推杆先等加速上升,位移线图为抛物线,而加速度曲线为正的水平线段;在 BC 段内,速度线图为水平直线,推杆继续等速上升,位移线图为上升的斜直线,而加速度曲线为与 δ 轴重合的线段;在 CD 段内,速度线图为下降的斜直线,故推杆继续等减速上升,位移曲线为抛物线,而加速度曲线为负的水平线段。推杆在推程段的位移及加速度线图如例 14-1 图(b)及(c)所示。

在 DE 段内($3\pi/2 \leqslant \delta \leqslant 2\pi$),因 $v < 0$,故为推杆的回程段,且速度曲线为水平线段,则推杆做等速下降运动,其

位移曲线为下降的斜直线,加速度曲线与 δ 轴重合,在 D 和 E 处其加速度分别为负无穷大和正无穷大,如例 14-1 图(b)及(c)所示。

由推杆的速度曲线(见例 14-1 图(a))可知,在 D 和 E 处有速度突变,故凸轮机构在 D 和 E 处有刚性冲击;由加速度曲线(见例 14-2 图(c))可知,在 A''、B''、C'' 及 D'' 处有加速度突变,故在这几处凸轮机构有柔性冲击。

在 F 处有正的加速度值,故有惯性力,但既无速度突变,又无加速度突变,因此,F 处无冲击存在。

例 14-2 例 14-2 图所示凸轮的廓线由三段圆弧(圆心分别在 O、O'、O'' 点)及一段直线组成,推杆为圆心在 B 点的一段圆弧构成的曲底摆动推杆。试求该凸轮机构的推程运动角 δ_0,回程运动角 δ_0',推杆的最大摆角 Φ,推杆在图示位置的角位移 φ 及压力角 α,以及凸轮在图示位置再转过 $70°$ 后,推杆的角位移 φ' 及压力角 α'。

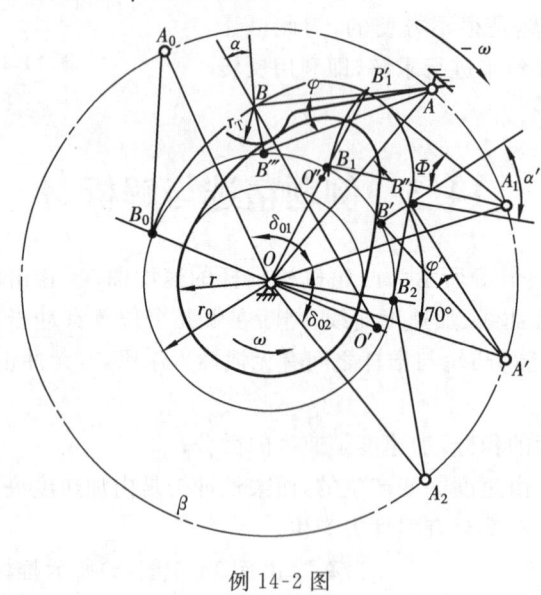

例 14-2 图

解题要点:

(1) 对于滚子推杆凸轮机构,其基圆半径、压力角等参数均应在理论廓线上度量;

(2) 在用反转法分析和设计凸轮机构时,凸轮的转角应为机架所转过的角度,不是凸轮廓线的位置角;

(3) 注意凸轮的转动方向。

解: 题中的曲底推杆等效于一滚子推杆,滚子半径为 r_T,滚子中心在 B 点。因此在解题时应先求出凸轮的理论廓线(如图中的细线轮廓所示)。再根据反转法的原理,以凸轮的回转中心 O 为圆心,以 $\overline{OA}$ 为半径作圆,即为摆动推杆的摆动中心在反转运动中的轨迹圆 β。

OO' 的延长线与理论廓线的交点 B_0 为推程廓线的起始点,OO'' 的延长线与理论廓线的交点 B_1' 为理论廓线的最高点;分别以 B_0 和 B_1' 为圆心,以 $\overline{AB}$ 为半径画圆弧与轨迹圆 β 交于 A_0 和 A_1 点,即为推程起始点和终止点推杆摆动中心的位置,故 $\angle A_0OA_1 = \delta_0$,即为推程运动角。

过 O 点作凸轮廓线直线部分的垂线,与理论廓线的交点 B_2 即为回程的终止点,以 B_2 为圆心,$\overline{AB}$ 为半径画圆弧与轨迹圆 β 的交点为 A_2,即回程终止时推杆摆动中心的位置。故 $\angle A_1OA_2 = \delta_0'$,即为回程运动角。

以 A_1 为圆心,以 $\overline{AB}$ 为半径画圆弧与基圆交于 B_1 点,$\angle B_1 A_1 B_1' = \Phi$,即为推杆的最大摆角。

以 A 为圆心,以 $\overline{AB}$ 为半径画圆弧与基圆交于 B''' 点,$\angle B''' AB = \varphi$ 为推杆在图示位置的角位移。连线 $O'B$ 为凸轮廓线在 B 点的法线,过 B 点所作的 AB 的垂线即为推杆在 B 点的速度方向线,两者之间的夹角 α 即为凸轮机构在图示位置时的压力角。

由于凸轮沿逆时针方向回转,故从 OA 开始沿顺时针方向取凸轮转角 $70°$,得机架在反转运动中所占有的位置 A'。以 A' 为圆心,以 $\overline{AB}$ 为半径画圆弧,分别交基圆与理论廓线于 B' 和 B'' 点,$\angle B' A' B'' = \varphi$ 即为推杆在指定位置的角位移,过 B'' 点作凸轮理论廓线的垂线和推杆 $A'B''$ 的垂线,两垂线间的夹角 α' 即为此位置时凸轮机构的压力角。

例 14-3 在例 14-3 图(a)所示的直动滚子推杆盘形凸轮机构中,已知推程运动角 $\delta_0 = 120°$,推杆作等加速等减速运动,推杆的行程为 $h = 25$ mm,等加速段的位移方程为 $s = 2h\delta/\delta_0^2$,等减速段为 $s = h - 2h(\delta_0 - \delta)^2/\delta_0^2$。凸轮实际轮廓的最小半径 $r_{\min} = 30$ mm,滚子半径 $r_T = 12$ mm,偏距 $e = 14$ mm。试求以下内容。

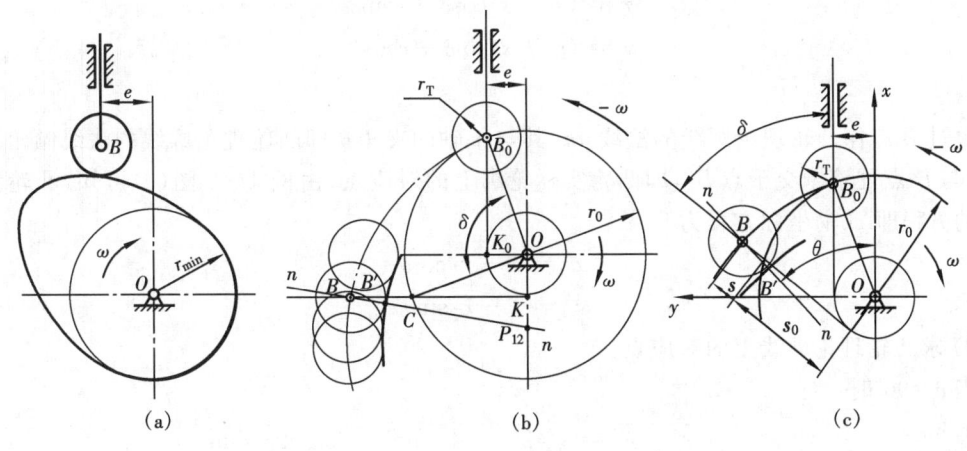

例 14-3 图

(1) 凸轮基圆半径 r_0 的值。

(2) 当凸轮转过 $90°$ 时,推杆的位移量 s 和类速度 $\mathrm{d}s/\mathrm{d}\delta$ 各为多大?

(3) 取长度比例尺 $\mu_l = 0.002$ m/mm,作图求解当凸轮转过 $90°$ 时,所对应的以下两项:

① 凸轮理论廓线的对应点;

② 凸轮与推杆的瞬心位置。

(4) 用解析法求上述(1)、(2)两项,以及下述两项:

① 确定凸轮实际廓线的对应点;

② 该位置凸轮机构所对应的压力角。

解题要点:

(1) 基圆半径、推杆的位移、压力角等参数均应在理论廓线上度量;

(2) 凸轮的转角不是凸轮廓线的位置角;

(3) 凸轮廓线上某点法线的斜率与该点切线的斜率互为倒数。

解: (1) 凸轮的基圆半径为 $r_0 = r_{\min} + r_T = (30 + 12)$ mm $= 42$ mm。

(2) 当 $\delta = 90°$ 时,推杆处于推程减速段,故对应的推杆位移和类速度为

$$s = h - 2h(\delta_0 - \delta)^2/\delta_0^2 = [25 - 2 \times 25(2\pi/3 - \pi/2)^2/(2\pi/3)^2] \text{ mm} = 21.875 \text{ mm}$$

$$\mathrm{d}s/\mathrm{d}\delta = 4h(\delta_0 - \delta)/\delta_0^2 = 4 \times 25(2\pi/3 - \pi/2)/(2\pi/3)^2 \text{ mm/rad} = 11.937 \text{ mm/rad}$$

(3) 取长度比例尺 $\mu_l = 0.002$ m/mm，如例 14-3 图(b)所示。

① 以 O 为圆心，分别以 r_0 和 e 为半径作基圆和偏距圆，K_0 为推杆导路线与偏距圆的切点，导路线与基圆的交点 B_0 便是推杆滚子中心的初始位置。

根据反转法原理，推杆由 $B_0 K_0$ 位置沿 $-\omega$ 方向反转 $90°$ 角，可在基圆上定出 C 点，过 C 点作偏距圆的切线 CK 即得到推杆在此位置时的导路位置线，在 KC 延长线上取 $\overline{BC} = s = 21.875$ mm，求得 B 点，即为凸轮转过 $90°$ 时理论廓线上所求的对应点。

② 凸轮理论廓线 B 点的法线与过凸轮轴心 O 且垂直于推杆导路的直线交于点 P_{12}，即为凸轮与推杆的相对瞬心位置。

(4) 选取坐标系如例 14-3 图(c)所示，推杆滚子中心处 B_0 为起始位置，当凸轮转过 δ 角时，推杆相应的位移为 s，由反转法可知，凸轮理论廓线上 B（即滚子中心）的直角坐标为

$$x = (s_0 + s)\cos\delta - e\sin\delta$$
$$y = (s_0 + s)\sin\delta + e\cos\delta$$

式中：$s_0 = \sqrt{r_0^2 - e^2}$。

再过 B 点作凸轮理论廓线的法线 nn，其与 x 轴的夹角 θ 即凸轮理论廓线的法线倾角。法线 nn 与 B 点处滚子交于点 B'，即凸轮实际轮廓上的对应点，由例 14-4 图(c)可知，凸轮实际廓线的方程即 B' 的坐标方程为

$$x' = x - r_\mathrm{T}\cos\theta$$
$$y' = y - r_\mathrm{T}\sin\theta$$

① 求凸轮理论廓线上的对应点。

当 $\delta = 90°$ 时

因为
$$s_0 = \sqrt{r_0^2 - e^2} = \sqrt{42^2 - 14^2} \text{ mm} = 39.598 \text{ mm}$$
$$\mathrm{d}s/\mathrm{d}\delta = 11.937 \text{ mm/rad}, \quad s = 21.875 \text{ mm}$$

所以
$$x = (s_0 + s)\cos\delta - e\sin\delta = -14\sin90° \text{ mm} = -14 \text{ mm}$$
$$y = (s_0 + s)\sin\delta + e\cos\delta = (39.598 + 21.875)\sin90° \text{ mm}$$
$$= 61.473 \text{ mm}$$

② 求凸轮实际廓线上的对应点。

因为
$$\mathrm{d}y/\mathrm{d}\delta = (\mathrm{d}s/\mathrm{d}\delta - e)\sin\delta + (s_0 + s)\cos\delta$$
$$= (11.937 - 14)\sin90° = -2.063$$
$$\mathrm{d}x/\mathrm{d}\delta = (\mathrm{d}s/\mathrm{d}\delta - e)\cos\delta - (s_0 + s)\sin\delta$$
$$= -(39.598 + 21.875)\sin90° = -61.473$$
$$\sqrt{(\mathrm{d}x/\mathrm{d}\delta)^2 + (\mathrm{d}y/\mathrm{d}\delta)^2} = \sqrt{(-61.473)^2 + (-2.063)^2} = 61.508$$

所以
$$\sin\theta = (\mathrm{d}x/\mathrm{d}\delta)/\sqrt{(\mathrm{d}x/\mathrm{d}\delta)^2 + (\mathrm{d}y/\mathrm{d}\delta)^2}$$
$$= -61.473/61.508 = -0.99943$$
$$\cos\theta = -(\mathrm{d}y/\mathrm{d}\delta)/\sqrt{(\mathrm{d}x/\mathrm{d}\delta)^2 + (\mathrm{d}y/\mathrm{d}\delta)^2}$$
$$= 2.063/61.508 = 0.03354$$

故
$$x' = x - r_\mathrm{T}\cos\theta = (-14 - 12 \times 0.03354) \text{ mm} = -14.402 \text{ mm}$$
$$y' = y - r_\mathrm{T}\sin\theta = (61.473 - 12 \times (-0.99943)) \text{ mm} = 73.466 \text{ mm}$$

③ 瞬心 P_{12} 的位置为 $\overline{OP_{12}}=\mathrm{d}s/\mathrm{d}\delta=11.937$ mm。

④ 该位置的压力角为 α，由图可知

$$\alpha = \arctan\frac{\mathrm{d}s/\mathrm{d}\delta-e}{s_0+s}=\arctan\frac{11.937-14}{39.598+21.875}=1.92°$$

或者

$$\alpha=\theta-\delta=\arcsin 0.99943-90°=1.92°$$

例 14-4　例 14-4 图所示为一偏置直动滚子推杆盘形凸轮机构，凸轮的回转方向如图所示。试问该凸轮机构为何种偏置？偏置方向对凸轮机构压力角有何影响？对一个已制作好的凸轮，偏置方向、偏距的大小以及滚子半径的大小是否允许再改变？

解题要点：

（1）偏置直动推杆凸轮机构的最大压力角与导路线的偏置方向和凸轮的转动方向有关。

解：（1）由凸轮的回转中心 O 作推杆导路线的垂线，得垂足 E，凸轮在 E 点的速度 v_E 沿推杆的推程方向，故知图示凸轮机构为正偏置，e 为正值（反之为负偏置，e 为负值）。

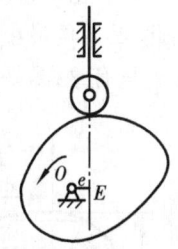

例 14-4 图

（2）由于压力角的计算式为

$$\tan\alpha=\frac{\mathrm{d}s/\mathrm{d}\delta-e}{(r_0^2-e^2)^{1/2}+s} \qquad ①$$

由上式可知，在推杆运动规律一定的条件下，若为正偏置（e 为正值），由于推程时 $\mathrm{d}s/\mathrm{d}\delta$ 为正，式中分子 $\mathrm{d}s/\mathrm{d}\delta-e<\mathrm{d}s/\mathrm{d}\delta$，故压力角 α 减小。而在回程时，由于 $\mathrm{d}s/\mathrm{d}\delta$ 为负，式中分子 $|\mathrm{d}s/\mathrm{d}\delta-e|=|\mathrm{d}s/\mathrm{d}\delta|+|e|>|\mathrm{d}s/\mathrm{d}\delta|$，故压力角增大。负偏置，则相反，即

正偏置　　推程压力角减小，回程压力角增大
负偏置　　推程压力角增大，回程压力角减小

（3）在凸轮已制成后，若改变偏置方向、偏距大小和滚子半径大小，均会使推杆的运动规律改变，故一般是不允许的。

说明：由式①可知，在凸轮机构基本尺寸相同的情况下，选择不同的推杆运动规律，凸轮机构在工作过程中的最大压力角也是不一样的。

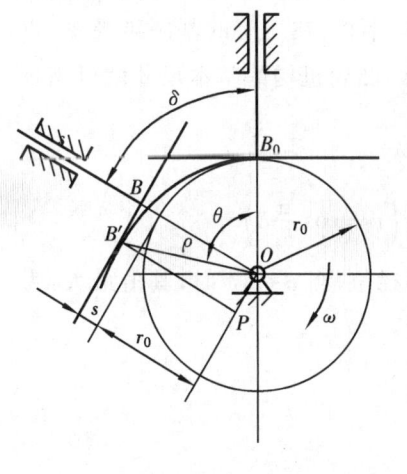

例 14-5 图

例 14-5　如例 14-5 图所示为一直动平底推杆盘形凸轮机构。已知基圆半径 r_0，推杆运动规律 $s=s(\delta)$，凸轮等角速度顺时针方向转动。试求凸轮廓线的极坐标方程，并问：该凸轮机构的压力角为多大？其基圆半径 r_0 是否取决于压力角的大小？

解题要点：

（1）反转法原理的应用；

（2）压力角的定义及凸轮廓线方程的推导。

解：（1）如例 14-5 图所示，设取 OB_0 为极坐标的极轴，凸轮由起始位置按 ω 方向转过 δ 角时，推杆相应的位移为 s。根据反转法原理，若凸轮固定不动，则推杆反转 δ 角，此时推杆与凸轮在 B 点相切，又由瞬心法可知，此时凸轮与推杆的相对瞬心为 P 点，故知推杆的速度为

$$v = v_p = \overline{OP} \cdot \omega$$

得 $$\overline{OP} = v/\omega = \mathrm{d}s/\mathrm{d}\delta$$

由图可得凸轮工作廓线的极坐标方程为

$$\rho = \sqrt{(r_0 + s)^2 + (\mathrm{d}s/\mathrm{d}\delta)^2}$$

$$\theta = \delta + \arctan[(\mathrm{d}s/\mathrm{d}\delta)/(r_0 + s)]$$

(2) 由例 14-5 图可知,在直动平底推杆盘形凸轮机构中,凸轮法向推力始终垂直于推杆的平底,当平底垂直于导路方向线时,其压力角 α 恒等于零;当平底倾斜时,压力角 α 恒等于平底对于导路方向线的倾斜角。

(3) 由于直动平底推杆盘形凸轮机构的压力角恒等于常数,故其压力角 α 与基圆半径无关,因此,凸轮的最小基圆半径不取决于压力角的大小,而是取决于凸轮的全部廓线必须外凸这一条件。只有这样,平底才能与凸轮廓线的各点相接触,以保证推杆完全实现预期的运动规律。

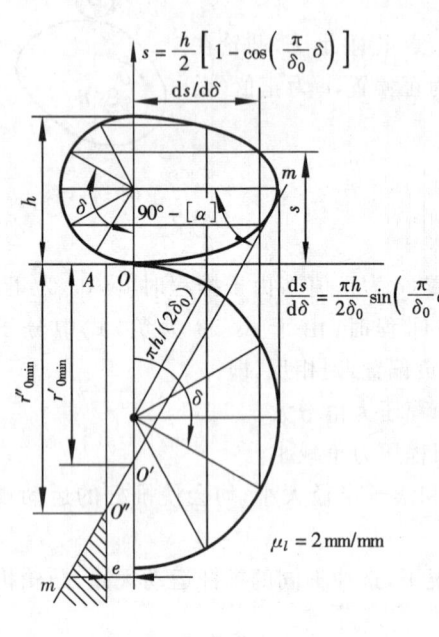

例 14-6 图

例 14-6 如例 14-6 图所示,现需设计一对心直动滚子推杆盘形凸轮机构,设已知凸轮以等角速度沿顺时针方向回转,推杆的行程为 $h = 50$ mm,推程运动角 $\delta_0 = 90°$,推杆的运动规律为 $s = \frac{h}{2}[1 - \cos(\pi\delta/\delta_0)]$,推程段的许用压力角 $[\alpha] = 30°$。试确定推程段凸轮的最佳基圆半径 r_0。又如为右偏置直动滚子推杆盘形凸轮机构,偏距 $e = 10$ mm,试求其最小基圆半径 r_0。

解题要点:

(1) 明确:凸轮机构在一个运动周期中,各位置的压力角 α 是不一样的,只要其中的最大值 $\alpha_{\max}$ 满足 $\alpha_{\max} \leqslant [\alpha]$ 的要求,凸轮机构的压力角就可满足设计要求。

(2) 反过来,若假定凸轮机构在各位置的压力角均为许用值 $[\alpha]$,就可以推出凸轮机构在各位置所要求的最小基圆半径,在所有的基圆半径中,肯定有一个是最大的,只要取其作为凸轮机构的基圆半径,那么,凸轮机构的基本尺寸就可满足设计要求。

解: 根据对心直动推杆盘形凸轮机构的基圆半径计算公式

$$r_0 \geqslant \frac{\mathrm{d}s/\mathrm{d}\delta}{\tan[\alpha]} - s = \frac{\pi h}{2\delta_0 \tan[\alpha]} \sin \frac{\pi}{\delta_0}\delta - \frac{h}{2}\left(1 - \cos \frac{\pi}{\delta_0}\delta\right)$$

现每隔 $\Delta\delta = 1°$ 计算出凸轮在推程段各个位置的最小基圆半径值,当 $\delta = 37°$ 时,其值最大,为 $r_0 = 65.1386$ mm,可取 $r'_{0\min} = 65$ mm 为所求的最佳基圆半径。

同理,根据 $e \neq 0$ 的基圆半径计算公式

$$r_0 \geqslant \sqrt{\left(\frac{\mathrm{d}s/\mathrm{d}\delta - e}{\tan[\alpha]} - s\right)^2 + e^2}$$

$$= \sqrt{\left[\left(\frac{\pi h}{2\delta_0}\sin\frac{\pi}{\delta_0}\delta - e\right)/\tan[\alpha] - \frac{h}{2}\left(1 - \cos\frac{\pi}{\delta_0}\delta\right)\right]^2 + e^2}$$

并注意到此时凸轮机构为负偏置,偏距 e 应用负值代入,计算得最大值为 $r_0 = 83.0633$ mm ($\delta = 37°$),现取 $r''_{0min} = 83$ mm 为推杆右偏时凸轮的最小基圆半径。

最小基圆半径也可用图解法求解。如例 14-6 图所示,先用作图法作出 s-$ds/d\delta$ 曲线,然后作此曲线的切线 mm,使之与横坐标轴 $ds/d\delta$ 的夹角为 $90° - [\alpha] = 60°$。这时切线与纵坐标轴线的交点 O' 即为对心时凸轮回转中心的位置,由图可得 $r'_{0min} = \mu_l \overline{OO'} = 2 \times 32.5$ mm $= 65$ mm;切线 mm 与在纵坐标轴左侧偏距为 e 的直线 AO'' 的交点 O'' 即为推杆右偏时凸轮回转中心的位置,由图可得

$$r''_{0min} = \mu_l \overline{AO''} = 2 \times 41.5 \text{ mm} = 83 \text{ mm}$$

14.4 考试复习与练习题

一、单项选择题(从给出的 A、B、C、D 中选一个答案)

14-1 与连杆机构相比,凸轮机构最大的缺点是____。
A. 惯性力难以平衡
B. 点、线接触,易磨损
C. 设计较为复杂
D. 不能实现间歇运动

14-2 与其他机构相比,凸轮机构最大的优点是____。
A. 可实现各种预期的运动规律
B. 便于润滑
C. 制造方便,易获得较高的精度
D. 从动件的行程可较大

14-3 ____盘形凸轮机构的压力角恒等于常数。
A. 摆动尖顶推杆
B. 直动滚子推杆
C. 摆动平底推杆
D. 摆动滚子推杆

14-4 对于直动推杆盘形凸轮机构,在其他条件相同的情况下,偏置直动推杆与对心直动推杆相比,两者在推程段最大压力角的关系为____。
A. 偏置比对心大
B. 对心比偏置大
C. 一样大
D. 不一定

14-5 下述几种运动规律中,____既不会产生柔性冲击也不会产生刚性冲击,可用于高速场合。
A. 等速运动规律
B. 摆线运动规律(正弦加速度运动规律)
C. 等加速等减速运动规律
D. 简谐运动规律(余弦加速度运动规律)

14-6 对心直动尖顶推杆盘形凸轮机构的推程压力角超过许用值时,可采用____措施来解决。
A. 增大基圆半径
B. 改用滚子推杆
C. 改变凸轮转向
D. 改为偏置直动尖顶推杆

二、填空题

14-7 在凸轮机构几种常用的推杆运动规律中,_____只宜用于低速;_____和_____不宜用于高速;而_____和_____都可在高速下应用。

14-8 滚子推杆盘形凸轮的基圆半径是从_____到_____的最短距离。

14-9　平底垂直于导路的直动推杆盘形凸轮机构中,其压力角等于_____。

14-10　在凸轮机构推杆的四种常用运动规律中,_____有刚性冲击;_____、_____运动规律有柔性冲击;_____运动规律无冲击。

14-11　凸轮机构推杆运动规律的选择原则为:①_____,②_____,③_____。

14-12　设计滚子推杆盘形凸轮机构时,若发现工作廓线有变尖现象,则在尺寸参数改变上应采用的措施是_____,_____。

14-13　在设计直动滚子推杆盘形凸轮机构的工作廓线时发现压力角超过了许用值,且廓线出现变尖现象,此时应采用的措施是_____。

14-14　设计凸轮机构时,若量得其中某点的压力角超过许用值,可以_____使压力角减小。

三、问答题

14-15　设计直动推杆盘形凸轮机构时,在推杆运动规律不变的条件下,如需减小推程的最大压力角,可采用哪两种措施?

14-16　何谓凸轮机构的压力角? 应在哪一个轮廓上度量? 压力角变化对凸轮机构的工作有何影响? 与凸轮尺寸有何关系?

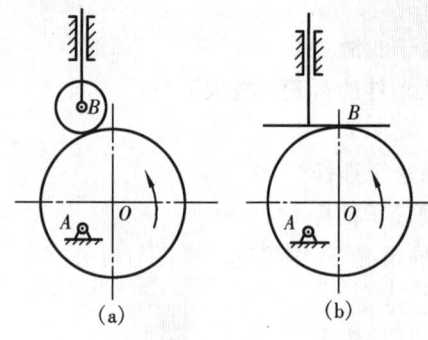

题 14-17 图

14-17　题 14-17 图中两图均为工作廓线为偏心圆的凸轮机构,试分别指出它们理论廓线是圆还是非圆,运动规律是否相同?

14-18　滚子推杆盘形凸轮的理论廓线与实际廓线是否相似? 是否为等距曲线?

14-19　试问将同一轮廓曲线的凸轮与不同形式的推杆配合使用,各种推杆的运动规律是否一样? 若推杆的运动规律相同,使用不同形式的推杆设计的凸轮廓线又是否一样?

14-20　若凸轮是以顺时针转动,采用偏置直动推杆时,推杆的导路线应偏于凸轮回转中心的哪一侧较合理? 为什么?

14-21　已知一摆动滚子推杆盘形凸轮机构,因滚子损坏,现更换了一个外径与原滚子不同的新滚子。试问更换滚子后推杆的运动规律和推杆的最大摆角是否发生变化? 为什么?

14-22　为什么平底推杆盘形凸轮机构的凸轮廓线一定要外凸? 滚子推杆盘形凸轮机构的凸轮廓线却允许内凹,而且内凹段一定不会出现运动失真?

14-23　在一个直动平底推杆盘形凸轮机构中,原设计的推杆导路是对心的,但使用时却改为偏心安置。试问此时推杆的运动规律是否改变? 若按偏置情况设计凸轮廓线,试问它与按对心情况设计的凸轮廓线是否一样? 为什么?

14-24　两个不同轮廓曲线的凸轮,能否使推杆实现同样的运动规律? 为什么?

14-25　滚子半径的选择与理论廓线的曲率半径有何关系? 进行图解设计时,如出现实际廓线变尖或相交,可以采取哪些方法来解决?

14-26　如摆动尖顶推杆的推程和回程运动线图完全对称,试问其推程和回程的凸轮轮廓是否也对称？为什么？

14-27 力封闭和几何封闭凸轮机构许用压力角的确定是否一样？为什么？

四、分析计算题

14-28 对于直动推杆盘形凸轮机构,已知推程时凸轮的转角 $\delta_0 = \pi/2$,行程 $h = 50$ mm。求当凸轮转速 $\omega = 10$ rad/s 时,等速、等加速、等减速、余弦加速度和正弦加速度五种常用的基本运动规律的最大速度 v_{max}、最大加速度 a_{max} 以及所对应的凸轮转角 δ。

14-29 在直动尖顶推杆盘形凸轮机构中,题 14-29 图所示的推杆运动规律尚不完全,试在图上补全各段的 s-δ、v-δ、a-δ 曲线,并指出哪些位置有刚性冲击,哪些位置有柔性冲击。

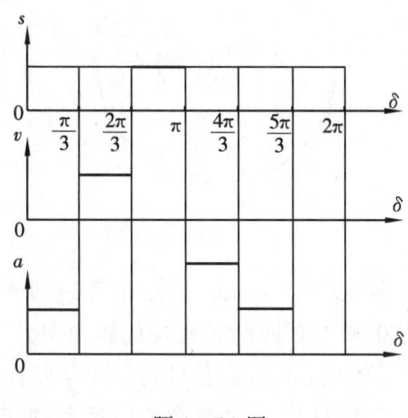

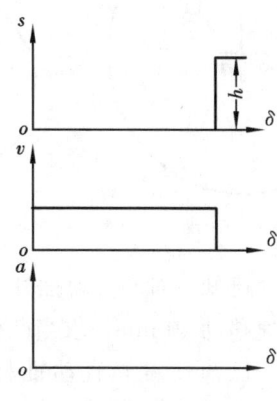

题 14-29 图   题 14-30 图

14-30 题 14-30 图中给出了某直动推杆盘形凸轮机构的推杆速度线图,要求:

(1) 定性地画出其加速度和位移线图;

(2) 说明此种运动规律的名称及特点(v、a 的大小及冲击的性质);

(3) 说明此种运动规律的适用场合。

14-31 已知题 14-31 图所示的直动平底推杆盘形凸轮机构,凸轮为 $R = 30$ mm 的偏心圆盘,$\overline{AO} = 20$ mm。试求:

(1) 基圆半径和升程;

(2) 推程运动角、回程运动角、远休止角和近休止角;

(3) 凸轮机构的最大压力角和最小压力角;

(4) 推杆的位移 s、速度 v 和加速度 a 的方程;

(5) 若凸轮以 $\omega = 10$ rad/s 的速度回转,当 AO 成水平位置时推杆的速度。

14-32 试说明题 14-32 图所示盘形凸轮机构是有利于偏置,还是不利于偏置。如将该凸轮廓线作为直动滚子推杆的理论廓线,其滚子半径 $r_T = 8$ mm。试问该凸轮廓线会产生什么问题,为什么? 为了保证推杆实现同样的运动规律,应采取什么措施(图中 $\mu_l = 0.001$ m/mm)?

14-33 题 14-33 图所示为偏置直动尖顶推杆盘形凸轮机构,凸轮廓线为渐开线,渐开线的基圆半径 $r_0 = 40$ mm,凸轮以 $\omega = 20$ rad/s 逆时针旋转。试求:

(1) 在 B 点接触时推杆的速度 v_B;

(2) 推杆的运动规律(推程);

(3) 凸轮机构在 B 点接触时的压力角;

(4) 试分析该凸轮机构在推程开始时有无冲击,是哪种冲击?

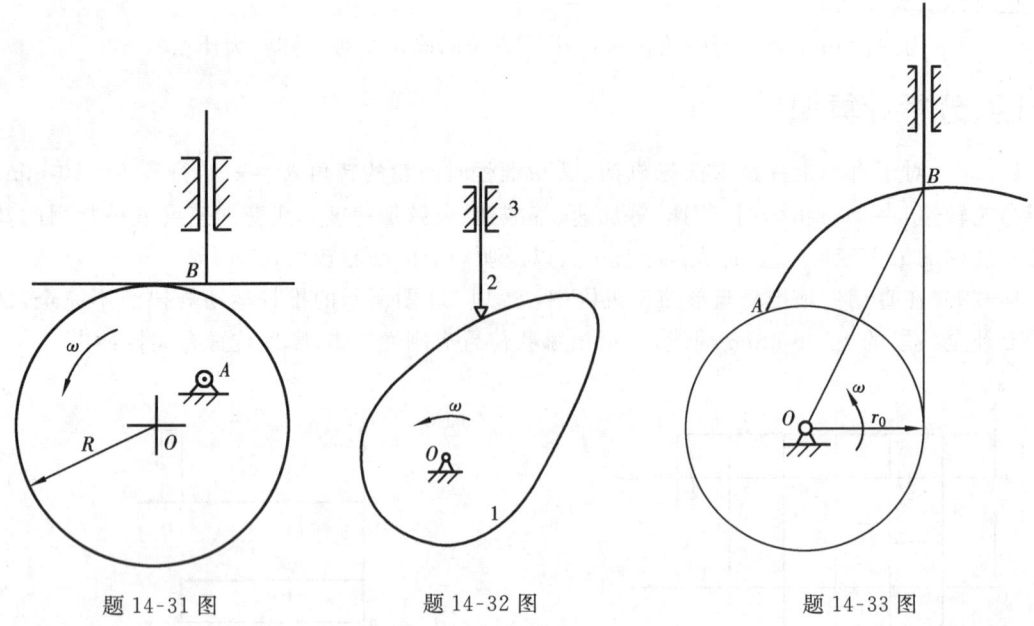

| 题 14-31 图 | 题 14-32 图 | 题 14-33 图 |

14-34 已知一对心直动推杆盘形凸轮机构,基圆半径$r_0 = 20$ mm,当凸轮等速回转$180°$时,推杆等速移动 40 mm。求当凸轮转角$\delta = 0°$、$60°$、$120°$和$180°$时凸轮机构的压力角。

14-35 已知一对心直动推杆盘形凸轮机构。推程段凸轮等速回转$180°$,推杆移动 30 mm,要求许用压力角$[\alpha] = 30°$;回程段,凸轮转动$90°$,推杆以等加速等减速运动规律返回原位置,要求许用压力角$[\alpha'] = 60°$;当凸轮再转过剩余$90°$时,推杆静止不动。试用解析法求凸轮的基圆半径r_0。

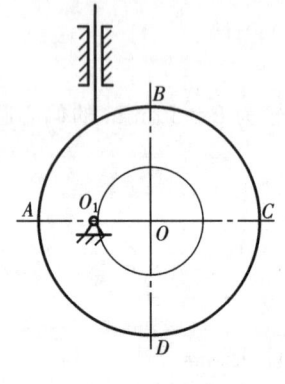

题 14-37 图

14-36 在直动推杆盘形凸轮机构中,已知行程$h = 20$ mm,推程运动角$\delta_0 = 45°$,基圆半径$r_0 = 50$ mm,偏距$e = 20$ mm。试计算:

(1) 等速运动规律时的最大压力角α_{max};

(2) 近似假定最大压力角α_{max}出现在推杆速度达到最大值的位置,推程分别采用等加速等减速、简谐运动及摆线运动规律时的最大压力角α_{max}。

14-37 题 14-37 图所示对心直动尖顶推杆盘形凸轮机构中,凸轮为一偏心圆,O 为凸轮的几何中心,O_1 为凸轮的回转中心。直线 AC 与 BD 垂直,且$\overline{O_1O} = \overline{OA}/2 = 30$ mm。试计算:

(1) 该凸轮机构中 B、D 两点的压力角;

(2) 该凸轮机构推杆的行程 h。

五、图解题

14-38 用作图法作出一摆动平底推杆盘形凸轮机构的凸轮实际廓线,有关机构的尺寸及推杆运动线图如题 14-38 图所示。只需画出凸轮转角$180°$范围内的轮廓曲线,不必写出步骤,但需保留作图辅助线。

14-39 欲设计如题 14-39 图所示的直动推杆盘形凸轮机构,要求在凸轮转角为$0°\sim 90°$时,推杆以余弦加速度运动规律上升$h = 20$ mm,且取$r = 25$ mm,$e = 10$ mm,$r_T = 5$ mm。

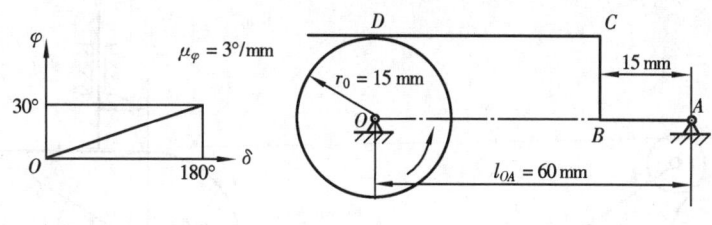

题 14-38 图

（1）选定凸轮的转向 ω_1，并简要说明选定的原因；

（2）用反转法求出当凸轮转角 $\delta = 0° \sim 90°$ 时凸轮的工作廓线（作图的分度要求 $\leqslant 15°$）；

（3）在图上标注出 $\delta = 45°$ 时凸轮机构的压力角 α。

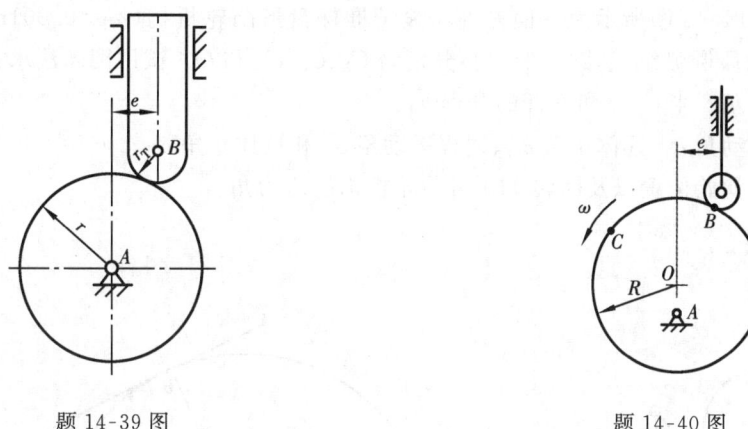

题 14-39 图　　　　　　　　　　　　题 14-40 图

14-40　题 14-40 图所示的凸轮为偏心圆盘。圆心为 O，半径 $R = 30$ mm，偏心距 $l_{OA} = 10$ mm，$r_{T} = 10$ mm，偏距 $e = 10$ mm。试求（均在图上标注出）：

（1）推杆的行程 h 和凸轮的基圆半径 r_0；

（2）推程运动角 δ_0、远休止角 δ_{01}、回程运动角 δ_0' 和近休止角 δ_{02}；

（3）最大压力角 α_{max} 的数值及发生的位置；

（4）从 B 点接触到 C 点接触凸轮所转过的角度 δ 和推杆的位移 s；

（5）C 点接触时凸轮机构的压力角 α_C。

14-41　如题 14-41 图所示，已知一偏心圆盘 $R = 40$ mm，滚子半径 $r_{T} = 10$ mm，$l_{OA} = 90$ mm，$l_{AB} = 70$ mm，转轴 O 到圆盘中心 C 的距离 $l_{OC} = 20$ mm，圆盘逆时针方向回转。

（1）标出凸轮机构在图示位置时的压力角 α，画出基圆，求基圆半径 r_0；

（2）作出推杆由最下位置摆到图示位置时，推杆摆过的角度 φ 及相应的凸轮转角 δ。

14-42　题 14-42 图所示为偏置直动推杆盘形凸轮机构，AFB、CD 为圆弧，AD、BC 为直线，A、B 为直线与圆弧 AFB 的切点。已知 $e = 8$ mm，$r_0 = 15$ mm，$\overline{OC} = \overline{OD} = 30$ mm，$\angle COD = 30°$。试求：

（1）推杆的升程 h，凸轮的推程运动角 δ_0，回程运动角 δ_0' 和远休止角 δ_{02}；

（2）推杆推程最大压力角 α_{max} 的数值及出现的位置；

（3）推杆回程最大压力角 α_{max}' 的数值及出现的位置。

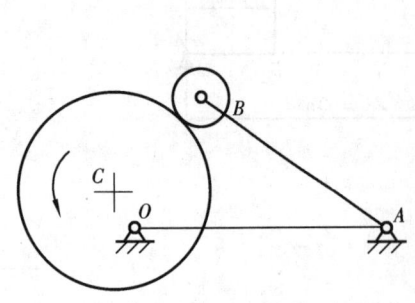

题 14-41 图

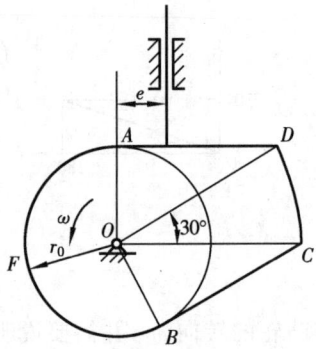

题 14-42 图

14-43 题 14-43 图所示为一偏置直动滚子推杆盘形凸轮机构($\mu_l = 0.001 \text{m/mm}$),已知凸轮的轮廓由四段圆弧组成,圆弧的圆心分别为 C_1、C_2、C_3 和 O。试用图解法求:

(1) 凸轮的基圆半径 r_0 和推杆的升程 h;

(2) 推程运动角 δ_0、远休止角 δ_{01}、回程运动角 δ_0' 和近休止角 δ_{02};

(3) 凸轮在初始位置以及回转 110°时凸轮机构的压力角。

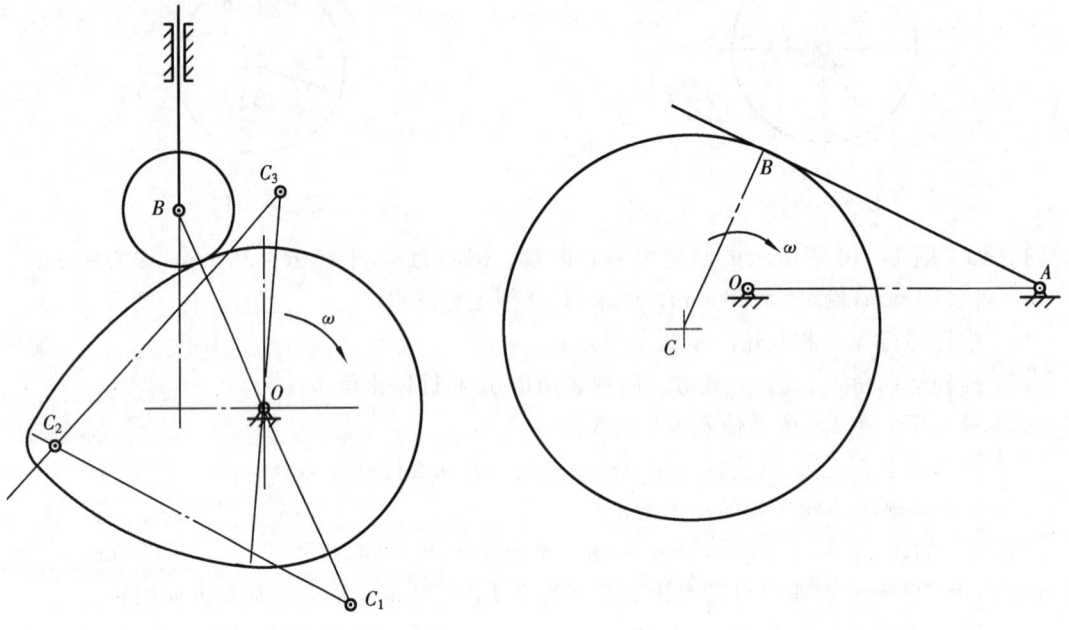

题 14-43 图   题 14-44 图

14-44 题 14-44 图所示为一摆动平底推杆盘形凸轮机构($\mu_l = 0.001 \text{ m/mm}$),已知凸轮轮廓是一个偏心圆,其圆心为 C。试用图解法求:

(1) 凸轮从初始位置到达图示位置时的转角 δ' 及推杆的角位移 φ';

(2) 推杆的最大角位移 Φ 及凸轮的推程运动角 δ_0;

(3) 凸轮从初始位置回转 90°时,推杆的角位移 $\varphi_{90°}$。

14-45 题 14-45 图所示为一偏置直动推杆盘形凸轮机构,凸轮轮廓上的 AmB 和 CnD 为两段圆心位于凸轮回转中心的圆弧,凸轮转向如图所示。试在图上标出推程运动角 δ_0,回程运动角

δ_0'，推杆升程 h 以及推杆与凸轮在 C 点接触时的压力角 α。

14-46　用作图法设计一个对心直动平底推杆盘形凸轮机构的凸轮轮廓曲线。已知基圆半径 $r_0 = 50$ mm，推杆平底与导路垂直，凸轮顺时针等速转动，运动规律如题 14-46 图所示。

14-47　试用作图法设计凸轮的实际廓线。已知基圆半径 $r_0 = 40$ mm，推杆长 $l_{AB} = 80$ mm，滚子半径 $r_T = 10$ mm，推程运动角 $\delta_0 = 180°$，回程运动角 $\delta_0' = 180°$，推程回程均采用余弦加速度运动规律，推杆初始位置 AB 与 OB 垂直（见题 14-47 图），推杆最大摆角 $\Phi = 30°$，凸轮顺时针转动。［注：推程 $\varphi = \Phi/2(1 - \cos\pi\delta/\delta_0)$］

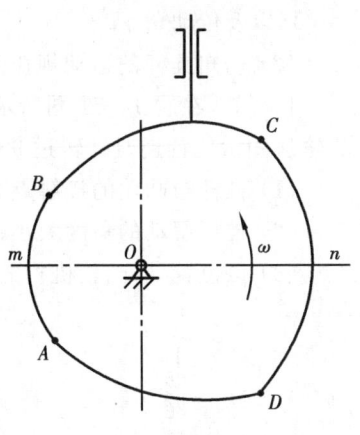

题 14-45 图

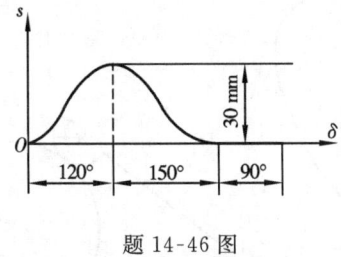

题 14-46 图

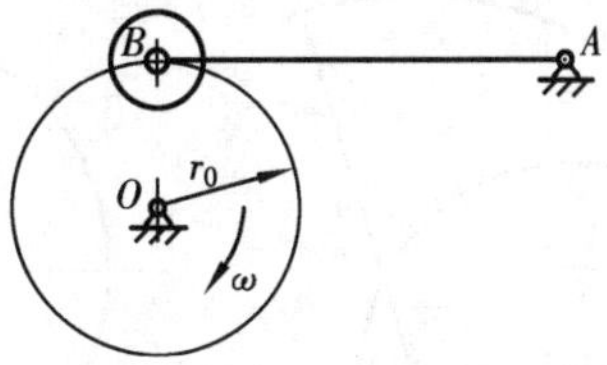

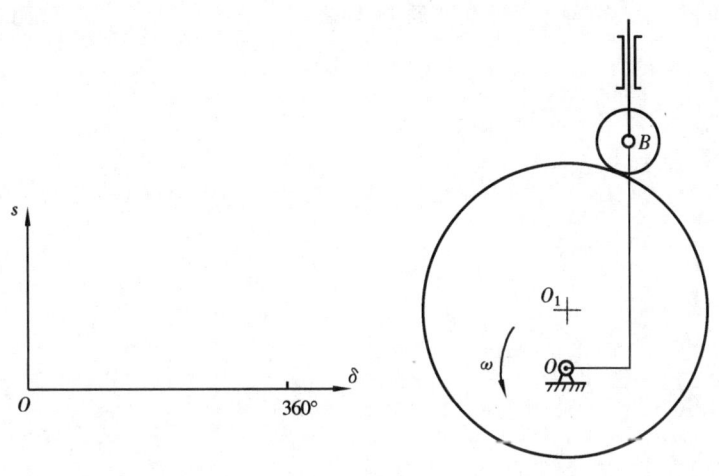

题 14-47 图

14-48　已知偏置式滚子推杆盘形凸轮机构（见题 14-48 图），试用图解法求出推杆的运动规律 s-δ 曲线（要求清楚标明坐标（s-δ）与凸轮上详细对应点号位置，可不必写步骤）。

题 14-48 图

14-49　如题 14-49 图所示的凸轮机构，其凸轮廓线的 AB 段是以 C 为圆心的一段圆弧。试求：

（1）写出基圆半径 r_0 的表达式；

（2）在图中标出图示位置时凸轮的转角 δ、推杆位移 s、机构的压力角 α。

14-50　如题 14-50 图所示的凸轮机构，设凸轮逆时针转动。试求：

（1）画出凸轮的基圆半径，在图示位置时推杆的位移 s，凸轮转角 δ（设推杆开始上升时 δ

$=0°$),以及传动角 γ;

(2) 已知推杆的运动规律为:$s=s(\delta),v=v(\delta),a=a(\delta)$,写出凸轮廓线的方程。

14-51 在题 14-51 图所示的凸轮机构中,弧形表面的摆动推杆与凸轮在 B 点接触。当凸轮从图示位置逆时针转过 90°后,试用图解法求出或标出:

(1) 推杆与凸轮的接触点;

(2) 推杆摆动的角度大小;

(3) 该位置处,凸轮机构的压力角。

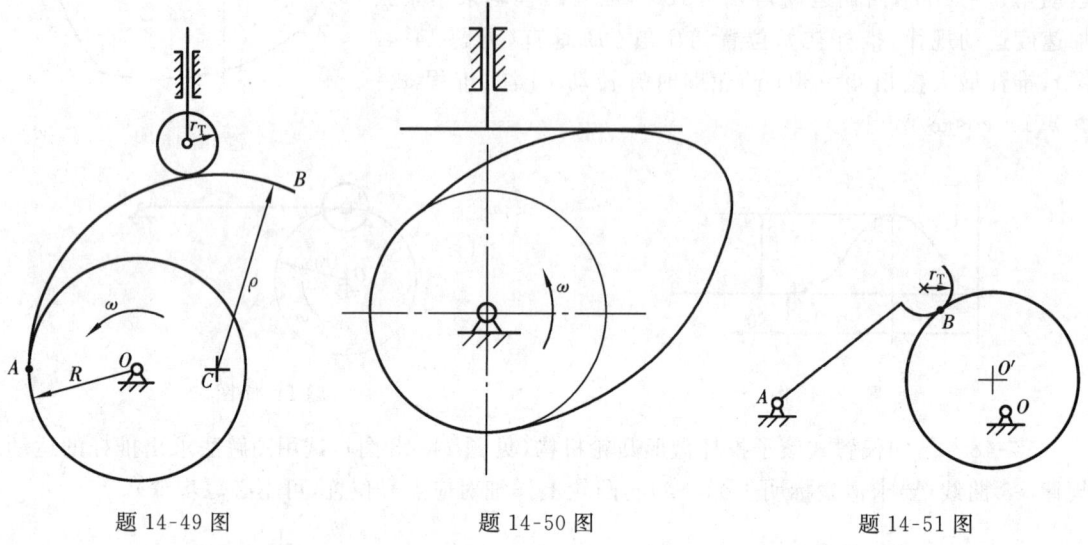

题 14-49 图   题 14-50 图   题 14-51 图

第15章 齿轮机构

15.1 主要内容与基本要求

15.1.1 主要内容

1. 渐开线的性质及方程

(1) 由渐开线的形成过程,可得出渐开线的几个主要特性(见教材)。

(2) 渐开线的极坐标方程

$$\begin{cases} r_k = r_b/\cos\alpha_k \\ \theta_k = \mathrm{inv}\alpha_k = \tan\alpha_k - \alpha_k \end{cases} \tag{15-1}$$

2. 齿廓啮合基本定律及共轭齿廓的基本知识

(1) 齿廓啮合基本定律。

无论两齿廓在何位置接触,过接触点所作的齿廓公法线都与两齿轮的连心线交于一固定点 P,这时两齿轮作定传动比传动。当传动比按给定规律变化时,P 点的位置也按相应的规律在连心线上移动,它在两轮运动平面上的轨迹不是圆,这种齿轮称为非圆齿轮。

(2) 共轭齿廓的基本知识。

凡满足齿廓啮合基本定律的一对齿轮的齿廓称为共轭齿廓。理论上可以作为共轭齿廓的曲线是很多的,因为当给定一个齿轮的齿廓曲线时,总可以根据给定的传动比用一定的方法求出与之共轭的另一齿轮的齿廓曲线。但齿廓曲线的选择除了要满足传动比的要求外,还必须从设计、制造、测量、安装及使用等方面综合考虑。目前,绝大部分的圆形齿轮都是采用渐开线作为齿廓,称为渐开线齿轮。本章只讨论渐开线齿轮。

3. 齿轮的基本参数和几何尺寸计算

(1) 基本参数。

z、m、α、h_a^*、c^*,其中 m 按标准模数系列取值,我国标准为 $\alpha=20°$,$h_a^*=1$、$c^*=0.25$。

(2) 几何尺寸计算(见教材)。

4. 渐开线直齿圆柱齿轮的啮合传动(见教材)

5. 渐开线齿廓的加工原理和根切现象,变位齿轮及其传动

(1) 渐开线齿廓的加工原理。

齿轮齿廓的加工最常用的方法是切削法,就其原理可分为仿形法和范成法。仿形法用盘形铣刀或指状铣刀在普通铣床上加工齿轮,其刀具的轴向剖面形状和齿轮齿槽的形状完全相同,因此按被加工齿轮的 m、α、z 来选择刀号。范成法用齿条插刀、齿轮插刀和滚刀在插齿机床和滚齿机床上加工齿轮,按被加工齿轮的 m、α 来选择刀具。

(2) 根切现象和标准齿轮不发生根切的最少齿数 $z_{\min}$。

用范成法加工齿轮时,若刀具的齿顶线或齿顶圆与啮合线的交点超过被加工齿轮的啮合极限点,则刀具的齿顶会将被加工齿轮齿根的渐开线齿廓切去一部分,这种现象称为根切现象。

用标准齿条型刀具加工标准齿轮时,刀具的中线与被加工齿轮的分度圆相切于节点 P,若刀具的齿顶线与啮合线的交点和被加工齿轮的啮合极限点重合,刚好不发生根切现象,则不根切的最少齿数 $z_{min}=2h_a^*/\sin^2\alpha$,当 $\alpha=20°$ 及 $h_a^*=1$ 时,$z_{min}=17$。

（3）变位齿轮及其传动（见教材）。

6. 斜齿圆柱齿轮传动

（1）标准斜齿圆柱齿轮的基本参数和几何尺寸计算。

① 基本参数。

z、m_n、α_n、h_{an}^*、c_n^*、β,其中法面参数为标准值;由法面、端面参数的换算关系,可求出端面参数;一般 $\beta=8°\sim20°$。

② 几何尺寸计算（见教材）。

（2）正确啮合条件。

一对斜齿圆柱齿轮的正确啮合,除了必须具备直齿圆柱齿轮的正确啮合条件外,两轮的螺旋角应匹配,即 $m_{n1}=m_{n2}=m$,$\alpha_{n1}=\alpha_{n2}=\alpha$,$\beta_1=\mp\beta_2$,"－"用于外啮合,"＋"用于内啮合。

7. 蜗杆蜗轮传动

（1）基本参数和几何尺寸计算。

① 基本参数。

z、m、α、h_a^*、c^*、q,其中蜗杆的轴面模数 m_{x1} 和蜗轮的端面模数 m_{t2} 为标准值,按蜗杆标准模数系列取值;蜗杆的轴面压力角 α_{x1} 和蜗轮的端面压力角 α_{t2} 为标准值,一般取为 $20°$;$h_a^*=1$,$c^*=0.2$;$z_1=1\sim10$;蜗杆的直径系数 q 为蜗杆分度圆直径与模数之比值。

② 几何尺寸计算。

蜗杆蜗轮机构用来实现两交错轴间的传动,其两轴的交错角通常为 $90°$。蜗杆的导程角 $\gamma_1=\arctan(mz_1/d_1)=90°-\beta_1=\beta_2$,蜗杆分度圆直径 $d_1=mq$ 已经标准化,中心距 $a=m(q+z_2)/2$,其他几何尺寸计算与直齿圆柱齿轮相似。传动比 $i_{12}=\omega_1/\omega_2=z_2/z_1\neq d_2/d_1$。

（2）正确啮合条件。

蜗杆蜗轮传动的正确啮合条件是:蜗杆的轴面模数和压力角分别等于蜗轮的端面模数和压力角;当两轴的交错角为 $90°$ 时,蜗杆的导程角必须等于蜗轮的螺旋角,且蜗杆与蜗轮的螺旋线方向相同。即:$m_{x1}=m_{t2}=m$,$\alpha_{x1}=\alpha_{t2}=\alpha$,$\gamma_1=\beta_2$。

8. 锥齿轮传动

（1）直齿锥齿轮的基本参数和几何尺寸计算。

① 基本参数。

z、m、α、h_a^*、c^*、δ,其中 m 按锥齿轮的标准模数系列取值,$\alpha=20°$,$h_a^*=1$,$c^*=0.2$,通常取大端参数为标准值。

② 几何尺寸计算。

锥齿轮机构用来实现两相交轴间的传动,通常轴间角为 $90°$。齿顶圆直径 $d_a=d+2h_a\cos\delta$,齿根圆直径 $d_f=d-2h_f\cos\delta$,d、h_a、h_f 的计算公式与直齿圆柱齿轮的相同。传动比 $i_{12}=\omega_1/\omega_2=z_2/z_1=\cot\delta_1=\tan\delta_2$。

（2）正确啮合条件。

锥齿轮传动的正确啮合条件是两轮的大端模数和压力角应分别相等,即 $m_1=m_2=m$,$\alpha_1=\alpha_2=\alpha$。

（3）当量齿轮和当量齿数。

将锥齿轮的背锥展成平面后所得到的扇形齿轮的轮齿补足使其成为完整的圆柱齿轮,这个虚拟的圆柱齿轮称为锥齿轮的当量齿轮。其当量齿数 $z_v = z/\cos\delta$。

15.1.2 基本要求

(1) 了解齿轮机构的类型和应用,齿廓啮合基本定律及共轭齿廓的基本知识。

(2) 深入了解渐开线的性质及方程,一对轮齿的啮合过程,正确啮合条件,连续传动条件及重合度。

(3) 掌握渐开线标准直齿圆柱齿轮各部分的名称、符号、基本参数和几何尺寸计算。

(4) 了解渐开线齿廓的加工原理,根切现象。深入了解标准齿轮不根切的最少齿数,不产生根切的最小变位系数,变位齿轮和变位齿轮传动。

(5) 掌握标准斜齿圆柱齿轮的基本参数和几何尺寸计算。

(6) 了解蜗杆蜗轮传动和标准直齿锥齿轮传动的特点和基本尺寸的计算。

15.2 重点与难点分析

15.2.1 重点内容分析

(1) 渐开线标准直齿轮几何尺寸计算。

分度圆是尺寸计算的基准圆。外齿轮的径向尺寸可由分度圆直径 $d = mz$ 及齿顶高、齿根高、顶隙的定义、渐开线方程导出。如:齿顶圆直径 $d_a = d + 2h_a = (z + 2h_a^*)m$,齿根圆直径 $d_f = d - 2h_f = (z - 2h_a^* - 2c^*)m$,基圆直径 $d_b = d\cos\alpha = mz\cos\alpha$。外齿轮的周向尺寸可由齿厚 s、齿槽宽 e、齿距 p 的定义导出。如:$s = e = p/2 = \pi m/2$,基圆齿距 $p_b = p\cos\alpha = \pi m\cos\alpha$。由于齿条的齿廓为直线,齿形角等于压力角,因此对应齿轮的各圆均变为直线,齿条上各齿同侧的齿廓是平行的,其齿距都相等,即 $p = \pi m$。由于内齿轮的轮齿是分布在空心圆柱体的内表面上,故内齿轮的轮齿相当于外齿轮的齿槽,而齿槽相当于外齿轮的轮齿,因此其齿根圆大于齿顶圆,齿顶圆大于基圆。

(2) 渐开线标准斜齿轮几何尺寸计算。

斜齿轮的标准参数在法面,但尺寸计算在端面。将直齿圆柱齿轮的几何尺寸计算公式中的参数以斜齿圆柱齿轮的端面参数替代,就得出了相应的斜齿圆柱齿轮几何尺寸计算公式。而端面与法面参数的换算关系为 $m_t = m_n/\cos\beta$,$\tan\alpha_t = \tan\alpha_n/\cos\beta$,$h_{at}^* = h_{an}^*\cos\beta$,$c_t^* = c_n^*\cos\beta$。由于外啮合斜齿轮的中心距 $a = \dfrac{m_n(z_1 + z_2)}{2\cos\beta}$,因此可用改变 β 的方法来凑中心距。

15.2.2 难点内容分析

1. 一对齿轮的啮合传动

(1) 啮合线。

啮合起始点:从动轮的齿顶圆与啮合线的交点 B_2。

啮合终止点:主动轮的齿顶圆与啮合线的交点 B_1。

实际啮合线段:啮合点的实际轨迹 $\overline{B_2 B_1}$。

理论啮合线段:理论上可能的最长啮合线段 $\overline{N_1 N_2}$。

两轮轮齿在啮合起始点开始啮合,在啮合终止点脱离啮合。

(2) 正确啮合条件。

渐开线直齿圆柱齿轮传动的正确啮合条件是两轮的模数和压力角必须分别相等,即 $m_1 = m_2 = m$,$\alpha_1 = \alpha_2 = \alpha$。此正确啮合条件也适用于齿轮齿条传动和变位齿轮传动。

(3) 可分性。

可分性是指两轮的中心距略有变动时,其传动比仍不变的特性。标准齿轮标准安装时,两轮的节圆与分度圆重合,节圆半径 $r'_1 = r_1$,$r'_2 = r_2$,实际中心距 $a' = a$,啮合角 $\alpha' = \alpha$,顶隙 $c = c^* m$ 为标准值,两轮作无侧隙啮合传动。外啮合的标准齿轮非标准安装时,两轮的节圆大于分度圆,即 $r'_1 > r_1$,$r'_2 > r_2$,$a' > a$,$\alpha' > \alpha$,$c > c^* m$,两轮作有侧隙啮合传动,此时 $a'\cos\alpha' = a\cos\alpha$。

(4) 连续传动条件及重合度。

渐开线齿轮连续传动的条件为重合度 $\varepsilon_\alpha = \overline{B_1 B_2}/p_b \geqslant 1$。在实用中,$\varepsilon_\alpha$ 值应至少等于一定的许用值 $[\varepsilon_\alpha]$。一对外啮合齿轮重合度的计算公式为

$$\varepsilon_\alpha = \frac{1}{2\pi}\left[z_1(\tan\alpha_{a1} - \tan\alpha') + z_2(\tan\alpha_{a2} - \tan\alpha')\right]$$

齿轮齿条啮合重合度的计算公式为

$$\varepsilon_\alpha = \frac{z_1}{2\pi}(\tan\alpha_{a1} - \tan\alpha) + \frac{2h_a^*}{\pi\sin 2\alpha}$$

重合度是衡量齿轮传动的重要质量指标之一,ε_α 值愈大,表明同时参加啮合的齿对数愈多,且多对齿啮合的时间愈长。如 $\varepsilon_\alpha = 1.64$,表明在齿轮转过一个基圆齿距的时间内,两对齿啮合的时间占 64%,一对齿啮合的时间为 36%。

2. 变位齿轮及其传动

1)变位齿轮

当用标准齿条型刀具加工标准齿轮时,若被加工齿轮的齿数小于最少齿数 $z_{\min}$,则必然发生根切现象。为了避免根切,应将刀具的安装位置远离被加工齿轮中心一个距离 χm,使其齿顶线刚好通过被加工齿轮的啮合极限点或以外,这时被加工齿轮就不会根切了。这种用改变刀具与轮坯径向相对位置来加工齿轮的方法称为径向变位法,而加工出的齿轮称为变位齿轮。刀具所移动的距离 χm 称为变位量,而 χ 称为变位系数,并且规定刀具远离轮坯中心的变位系数为正,反之为负。即正变位齿轮的 $\chi > 0$,负变位齿轮的 $\chi < 0$。不根切的最小变位系数为 $\chi_{\min} = h_a^*\left(\dfrac{z_{\min} - z}{z_{\min}}\right)$,对于 $\alpha = 20°$,$h_a^* = 1$ 的标准齿条型刀具,其 $\chi_{\min} = \dfrac{17 - z}{17}$。变位齿轮和标准齿轮在齿数、模数、压力角相同时,它们的分度圆半径、基圆半径和齿距相同。但与标准齿轮相比,变位齿轮的齿厚 $s = m(\pi/2 + 2\chi\tan\alpha)$,齿槽宽 $e = m(\pi/2 - 2\chi\tan\alpha)$,齿根高 $h_f = (h_a^* + c^* - \chi)m$,齿顶高取决于轮坯顶圆的大小。

一对变位齿轮啮合传动,无侧隙啮合方程为

$$\text{inv}\alpha' = \frac{2(\chi_1 + \chi_2)}{z_1 + z_2}\tan\alpha + \text{inv}\alpha$$

中心距变动系数 $y = (a' - a)/m$,齿高变动系数 $\sigma = (\chi_1 + \chi_2) - Y$。

2)变位齿轮传动

变位齿轮传动的类型有以下三种。

(1) 零传动。

$\chi_1 + \chi_2 = 0$，且 $\chi_1 = \chi_2 = 0$ 为标准齿轮传动，为了避免根切，必须满足 $z_1 \geqslant z_{\min}$、$z_2 \geqslant z_{\min}$ 的条件；$\chi_1 + \chi_2 = 0$，$\chi_1 = -\chi_2$ 为等变位齿轮传动，必须保证 $z_1 + z_2 \geqslant 2z_{\min}$。

(2) 正传动。

$\chi_1 + \chi_2 > 0$，$z_1 + z_2$ 可以小于 $2z_{\min}$，但也可用在 $z_1 + z_2 \geqslant 2z_{\min}$ 的场合。在 $a' > a$ 的场合下，只能采用正传动来凑中心距。

(3) 负传动。

$\chi_1 + \chi_2 < 0$，$z_1 + z_2$ 必须大于 $2z_{\min}$，在 $a' < a$ 的场合下，可用它来凑中心距。

3. 斜齿轮的重合度与当量齿数

斜齿圆柱齿轮传动的总重合度 ε_γ 由端面重合度 ε_α 和纵向重合度 ε_β 组成，即 $\varepsilon_\gamma = \varepsilon_\alpha + \varepsilon_\beta$，其中

$$\varepsilon_\alpha = \frac{1}{2\pi}\left[z_1(\tan\alpha_{t1} - \tan\alpha_t') + z_2(\tan\alpha_{t2} - \tan\alpha_t')\right]$$

$$\varepsilon_\beta = B\sin\beta/(\pi m_n)$$

斜齿圆柱齿轮的当量齿轮为 m、α、h_a^*、c^* 分别与斜齿轮的 m_n、α_n、h_{an}^*、c_n^* 相等且齿形与斜齿轮法面齿形相当的虚拟的直齿圆柱齿轮。其当量齿数 $z_v = z/\cos^3\beta$。

15.3　例题精选与解析

例 15-1　例 15-1 图(a)所示为渐开线齿廓与一直线齿廓相啮合的传动，渐开线的基圆半径为 r_1，直线的相切圆半径为 r_2。试求当直线齿廓处于与连心线成 θ 角时，两轮的传动比 $i_{12} = \omega_1/\omega_2$ 之值。已知：$r_1 = 40$ mm，$r_2 = 20$ mm，$\theta = 30°$，$O_1O_2 = 100$ mm。又问该两轮是否作定传动比传动？为什么？

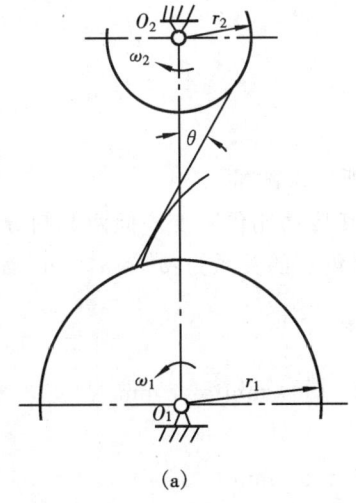

(a)

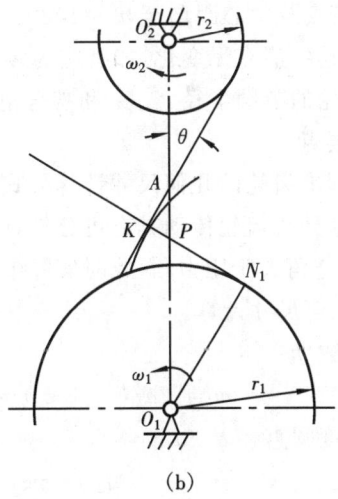

(b)

例 15-1 图

解题要点：

（a）由齿廓啮合基本定律可知：互相啮合传动的一对齿轮，在任意位置时的传动比，都与其连心线被两啮合齿廓在接触点处的公法线分成的两段成反比，因此可根据已知条件求出传动比。

(b) 若两齿轮作定传动比传动，则要求两齿廓无论在何位置接触，过接触点所作的两齿廓的公法线都与两齿轮的连心线交于一固定点。

（1）求 i_{12}。

如例 15-1 图(b)所示，两齿廓在 K 点接触，过 K 点作两齿廓公法线切于基圆 N_1 点，并交连心线 O_1O_2 于 P 点。因为 P 点为两轮的速度瞬心，故

$$i_{12} = \omega_1/\omega_2 = \overline{O_2P}/\overline{O_1P}$$

由于 $\angle PO_1N_1 = \angle KAP = \theta = 30°$，则

$$\overline{O_1P} = r_1/\cos\theta = 40/\cos30° \text{ mm} = 46.188 \text{ mm}$$

$$\overline{O_2P} = O_1O_2 - \overline{O_1P} = (100 - 46.188) \text{ mm} = 53.812 \text{ mm}$$

$$i_{12} = \overline{O_2P}/\overline{O_1P} = 53.812/46.188 = 1.165$$

（2）该两轮并非定传动比传动。

因为一渐开线齿廓与一直线齿廓相啮合，过接触点而垂直于直线齿廓的法线不断变换位置，从而与连心线 O_1O_2 的交点 P 也不断变换位置，所以该两轮并非作定传动比传动。

例 15-2 一对标准安装的渐开线标准直齿圆柱齿轮外啮合传动，已知：$a = 100$ mm，$z_1 = 20$，$z_2 = 30$，$\alpha = 20°$，$d_{a1} = 88$ mm。

（1）试计算下列几何尺寸：

① 齿轮的模数 m；

② 两轮的分度圆直径 d_1、d_2；

③ 两轮的齿根圆直径 d_{f1}、d_{f2}；

④ 两轮的基圆直径 d_{b1}、d_{b2}；

⑤ 顶隙 c。

（2）若安装中心距增至 $a' = 102$ mm，试问：

① 上述各值有无变化，如有应为多少？

② 两轮的节圆半径 r_1'、r_2' 和啮合角 α' 为多少？

解题要点：

根据标准齿轮的几何尺寸计算公式，可求出题目所要求的量。

由于渐开线齿轮传动具有可分性，中心距加大后其传动比仍不变。但两节圆分别大于两分度圆，啮合角大于压力角，此时实际中心距 a' 与啮合角 α' 的关系为：$a'\cos\alpha' = a\cos\alpha$。

（1）几何尺寸计算。

① 模数 m：

$$m = 2a/(z_1 + z_2) = 2 \times 100/(20 + 30) \text{ mm} = 4 \text{ mm}$$

② 分度圆直径 d_1、d_2：

$$d_1 = mz_1 = 4 \times 20 \text{ mm} = 80 \text{ mm}$$

$$d_2 = mz_2 = 4 \times 30 \text{ mm} = 120 \text{ mm}$$

③ 齿根圆直径 d_{f1}、d_{f2}：

$$d_{f1} = d_1 - 2h_f = [80 - 2 \times 4 \times (1 + 0.25)] \text{ mm} = 70 \text{ mm}$$

$$d_{f2} = d_2 - 2h_f = [120 - 2 \times 4 \times (1 + 0.25)] \text{ mm} = 110 \text{ mm}$$

（其中：$h_a^* = (d_{a1} - d_1)/(2m) = 1$，$c^* = 0.25$）

④ 基圆直径 d_{b1}、d_{b2}：

$$d_{b1} = d_1 \cos\alpha = 80 \times \cos 20° \text{ mm} = 75.175 \text{ mm}$$

$$d_{b2} = d_2 \cos\alpha = 120 \times \cos 20° \text{ mm} = 112.763 \text{ mm}$$

⑤ 顶隙 c：

$$c = c^* m = 0.25 \times 4 \text{ mm} = 1 \text{ mm}$$

（2）安装中心距增至 $a' = 102$ mm 时，则有：

① 上述各值中，只顶隙一项有变化，即 $c = (1+2)$ mm $= 3$ mm；

② 节圆半径 r_1'、r_2' 和啮合角 α' 分别为

$$\alpha' = \arccos(a\cos\alpha/a') = \arccos(100 \times \cos 20°/102) = 22.888°$$

$$r_1' = r_{b1}/\cos\alpha' = 40.8 \text{ mm}$$

$$r_2' = r_{b2}/\cos\alpha' = 61.2 \text{ mm}$$

例 15-3 已知一对外啮合渐开线标准直齿圆柱齿轮的参数为：$z_1 = 40$，$z_2 = 60$，$m = 5$ mm，$\alpha = 20°$，$h_a^* = 1$，$c^* = 0.25$。

（1）求这对齿轮标准安装时的重合度 ε_a，并绘出单齿及双齿啮合区；

（2）若将这对齿轮安装得刚好能够连续传动，求这时的啮合角 α'；节圆半径 r_1' 和 r_2'；两轮齿廓在节圆处的曲率半径 ρ_1' 和 ρ_2'。

解题要点：

标准齿轮标准安装时，啮合角等于压力角。由此可求出重合度，而重合度的大小实质上表明了同时参与啮合的轮齿对数的平均值。

刚好能够连续传动时，由 $\varepsilon_a = 1$ 可求出啮合角及节圆半径。

（1）重合度和啮合区。

$$\alpha_{a1} = \arccos\frac{d_{b1}}{d_{a1}} = \arccos\frac{z_1\cos\alpha}{z_1 + 2h_a^*} = \arccos\frac{40\cos 20°}{40 + 2 \times 1} = 26.49°$$

$$\alpha_{a2} = \arccos\frac{d_{b2}}{d_{a2}} = \arccos\frac{z_2\cos\alpha}{z_2 + 2h_a^*} = \arccos\frac{60\cos 20°}{60 + 2 \times 1} = 24.58°$$

$$\varepsilon_a = \frac{1}{2\pi}\left[z_1(\tan\alpha_{a1} - \tan\alpha) + z_2(\tan\alpha_{a2} - \tan\alpha)\right]$$

$$= \frac{1}{2\pi}\left[40(\tan 26.49° - \tan 20°) + 60(\tan 24.58° - \tan 20°)\right]$$

$$= 1.75$$

该对齿轮传动的单齿及双齿啮合区如例 15-3 图所示。

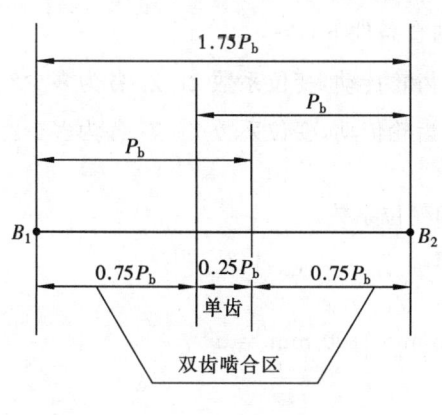

例 15-3 图

（2）在刚好能够连续传动时的情况。

① 啮合角 α'：

刚好能够连续传动时，$\varepsilon_a = 1$，则

$$\varepsilon_a = \frac{1}{2\pi}\left[z_1(\tan\alpha_{a1} - \tan\alpha') + z_2(\tan\alpha_{a2} - \tan\alpha')\right]$$

$$= 1$$

$$\tan\alpha' = \frac{z_1\tan\alpha_{a1} + z_2\tan\alpha_{a2} - 2\pi}{z_1 + z_2}$$

$$= \frac{40\tan 26.49° + 60\tan 24.58° - 2\pi}{40 + 60} = 0.411$$

$$\alpha' = 22.35°$$

② 节圆半径 r_1'、r_2'：

$$r_1' = \frac{r_{b1}}{\cos\alpha'} = \frac{r_1\cos\alpha}{\cos\alpha'} = \frac{mz_1\cos\alpha/2}{\cos\alpha'} = \frac{5 \times 40 \times \cos20°/2}{\cos22.35°} \text{ mm} = 101.6 \text{ mm}$$

$$r_2' = \frac{r_{b2}}{\cos\alpha'} = \frac{r_2\cos\alpha}{\cos\alpha'} = \frac{mz_2\cos\alpha/2}{\cos\alpha'} = \frac{5 \times 60 \times \cos20°/2}{\cos22.35°} \text{ mm} = 152.4 \text{ mm}$$

③ 节圆半径处的曲率半径 ρ_1'、ρ_2'：

$$\rho_1' = r_1'\sin\alpha' = 101.6 \times \sin22.35° \text{ mm} = 38.63 \text{ mm}$$

$$\rho_2' = r_2'\sin\alpha' = 152.4 \times \sin22.35° \text{ mm} = 57.95 \text{ mm}$$

例 15-4 用齿条刀具加工齿轮，刀具的参数如下：$m=2$ mm，$\alpha=20°$，$h_a^*=1$，$c^*=0.25$，刀具移动的速度 $v_刀=7.6$ mm/s，齿轮毛坯的角速度 $\omega=0.2$ rad/s，毛坯中心到刀具中线的距离 $L=40$ mm。试求：

(1) 被加工齿轮的齿数 z；

(2) 变位系数 χ；

(3) 齿根圆半径 r_f；

(4) 基圆半径 r_b。

解题要点：

用齿条刀具范成齿轮时的运动条件为：$v_刀=r\omega$，它直接关系到被加工齿轮的齿数。

用齿条刀具范成齿轮时的位置条件为：$L=r+\chi m$，它直接关系到被加工齿轮的变位系数。

(1) 齿数 z：

$$v_刀 = r\omega = mz\omega/2$$

$$z = 2v_刀/(m\omega) = 2 \times 7.6/(2 \times 0.2) = 38$$

(2) 变位系数 χ：

$$r = mz/2 = 2 \times 38/2 \text{ mm} = 38 \text{ mm}$$

$$\chi = (L-r)/m = (40-38)/2 = 1$$

(3) 齿根圆半径 r_f：

$$r_f = r - (h_a^* + c^* - \chi)m = [38 - (1+0.25-1) \times 2] \text{ mm} = 37.5 \text{ mm}$$

(4) 基圆半径 r_b：

$$r_b = r\cos\alpha = 38 \times \cos20° \text{ mm} = 35.708 \text{ mm}$$

例 15-5 在一对外啮合的渐开线直齿圆柱齿轮传动中，已知：$z_1=12$，$z_2=28$，$m=5$ mm，$h_a^*=1$，$\alpha=20°$。要求小齿轮刚好无根切，试问在无侧隙啮合条件下：

(1) 实际中心距 $a'=100$ mm 时，应采用何种类型的齿轮传动，变位系数 χ_1、χ_2 各为多少？

(2) 实际中心距 $a'=102$ mm 时，应采用何种类型的齿轮传动，变位系数 χ_1、χ_2 各为多少？

解题要点：

当实际中心距 $a'=a$ 时，由齿数条件确定传动类型和变位系数。

当实际中心距 $a'>a$ 时，只能采用正传动来凑中心距。

(1) 实际中心距 $a'=100$ mm 时的情况。

$$a = m(z_1+z_2)/2 = 5 \times (12+28)/2 \text{ mm} = 100 \text{ mm} = a'$$

$z_1+z_2 > 2z_{min}$，$z_1 < z_{min}$，采用等变位齿轮传动。

$$\chi_1 = (17-z_1)/17 = (17-12)/17 = 0.294$$

$$\chi_2 = -0.294$$

（2）实际中心距 $a' = 102$ mm 时的情况。

$a' > a$，采用正传动，则

$$\chi_1 + \chi_2 = \frac{z_1 + z_2}{2\tan\alpha}(\text{inv}\alpha' - \text{inv}\alpha)$$

$$= \frac{12 + 28}{2\tan 20°}(\text{inv}22.888° - \text{inv}20°) = 0.4283$$

$$\chi_1 = 0.294, \quad \chi_2 = 0.1343$$

例 15-6 已知渐开线直齿圆柱齿轮 $z_1 = 17$，$z_3 = 33$，$z_2 = 34$，$m = 2$ mm，$\alpha = 20°$，$h_a^* = 1$，$c^* = 0.25$，齿轮 1 和 3 是一对标准齿轮。今以齿轮 1 为公共滑移齿轮（见例 15-6 图），试计算齿轮 2 的变位系数 χ_2。（注意：$\text{inv}\alpha = \tan\alpha - \alpha$）

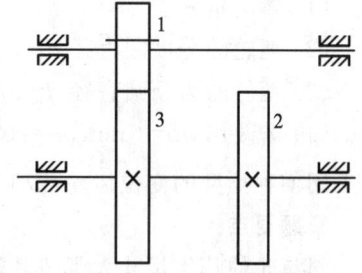

例 15-6 图

解题要点：

齿轮 1、2 的实际中心距 $a'_{12} = a_{13}$。

齿轮 1、3 为一对标准齿轮，则 $\chi_1 = 0$。

$$a_{13} = m(z_1 + z_3)/2 = 2 \times (17 + 33)/2 \text{ mm} = 50 \text{ mm}$$

$$a_{12} = m(z_1 + z_2)/2 = 2 \times (17 + 34)/2 \text{ mm} = 51 \text{ mm}$$

$$a'_{12} = a_{13} = 50 \text{ mm}$$

$$\alpha'_{12} = \arccos(a_{12}\cos 20°/a'_{12}) = \arccos(51 \times \cos 20°/50) = 16.57°$$

$$\chi_1 + \chi_2 = \frac{(z_1 + z_2)}{2\tan\alpha}(\text{inv}\alpha'_{12} - \text{inv}\alpha) \quad （已知 \chi_1 = 0）$$

$$\chi_2 = \frac{(17 + 34)}{2\tan 20°}(\text{inv}16.57° - \text{inv}20°) = -0.4597$$

例 15-7 某机器上有一对标准安装的外啮合渐开线标准直齿圆柱齿轮机构，已知：$z_1 = 20$，$z_2 = 40$，$m = 4$ mm，$h_a^* = 1$。为了提高传动的平稳性，用一对标准斜齿圆柱齿轮来替代，并保持原中心距、模数（法面）、传动比不变，要求螺旋角 $\beta < 20°$。试设计这对斜齿圆柱齿轮的齿数 z_1、z_2 和螺旋角 β，并计算小齿轮的齿顶圆直径 d_{a1} 和当量齿数 z_{v1}。

解题要点：

根据已知条件，可求出直齿轮传动的中心距。

在保持原中心距、模数、传动比不变的条件下，由螺旋角 $\beta < 20°$ 求出齿数。

（1）确定 z_1、z_2、β。

由

$$a = \frac{m_n}{2\cos\beta}(z_1 + z_1) = \frac{m_n}{2\cos\beta}(z_1 + 2z_1) = \frac{6z_1}{\cos\beta} \text{ mm} = 120 \text{ mm}$$

得

$$\cos\beta = \frac{z_1}{20}, \quad z_1 < 20（且必须为整数）$$

取

$$\begin{cases} z_1 = 19, 18, 17 \cdots \cdots \\ z_2 = 38, 36, 34 \cdots \cdots \end{cases}$$

当 $z_1 = 19$，$z_2 = 38$ 时：$\beta = 18.195°$

当 $z_1 = 18$，$z_2 = 36$ 时：$\beta = 25.84°$

当 $z_1 = 17$，$z_2 = 34$ 时：$\beta = 31.788°$

由于 $\beta < 20°$，则这对斜齿圆柱齿轮的 $z_1 = 19, z_2 = 38, \beta = 18.195°$。

(2) 计算 d_{a1}、z_{v1}。

$$d_{a1} = d_1 + 2h_a = \frac{m_n z_1}{\cos\beta} + 2h_{an}^* m_n = \left(\frac{4 \times 19}{\cos 18.195°} + 2 \times 1 \times 4 \right) \text{mm} = 88 \text{ mm}$$

$$z_{v1} = \frac{z_1}{\cos^3\beta} = \frac{19}{\cos^3 18.195°} = 22.16$$

例 15-8　一对外啮合的斜齿圆柱齿轮传动（正常齿制），已知：$m_n = 4 \text{ mm}, z_1 = 24, z_2 = 48, a = 150 \text{ mm}$。试求：

(1) 螺旋角 β；

(2) 两轮的分度圆直径 d_1、d_2；

(3) 两轮的齿顶圆直径 d_{a1}、d_{a2}；

(4) 若改用 $m = 4 \text{ mm}, \alpha = 20°$ 的外啮合直齿圆柱齿轮传动，要求中心距和齿数均不变，试问采用何种类型的变位齿轮传动？并计算变位系数之和 $\chi_1 + \chi_2$。

解题要点：

斜齿轮的几何尺寸大都按其端面尺寸进行计算，但齿顶高和齿根高在法面或端面都是相同的。

当改用直齿变位齿轮传动时，其实际中心距 a' 为斜齿轮传动的标准中心距 a。

(1) 斜齿轮的尺寸计算。

① $$\beta = \arccos\frac{m_n(z_1 + z_2)}{2a} = \arccos\frac{4 \times (24 + 48)}{2 \times 150} = 16.26°$$

② $$d_1 = \frac{m_n z_1}{\cos\beta} = \frac{4 \times 24}{\cos 16.26°}\text{mm} = 100 \text{ mm}$$

$$d_2 = \frac{m_n z_2}{\cos\beta} = \frac{4 \times 48}{\cos 16.26°} \text{ mm} = 200 \text{ mm}$$

③ $$d_{a1} = d_1 + 2h_a = (100 + 2 \times 1 \times 4) \text{ mm} = 108 \text{ mm}$$

$$d_{a2} = d_2 + 2h_a = (200 + 2 \times 1 \times 4) \text{ mm} = 208 \text{ mm}$$

(2) 变位齿轮的计算。

$$a = m(z_1 + z_2)/2 = 4 \times (24 + 48)/2 \text{ mm} = 144 \text{ mm}$$

$a' = 150 \text{ mm} > a$，采用正传动，则

$$\alpha' = \arccos(a\cos\alpha/a') = \arccos(144 \times \cos 20°/150) = 25.564°$$

$$(\chi_1 + \chi_2) = \frac{z_1 + z_2}{2\tan\alpha}(\text{inv}\alpha' - \text{inv}\alpha)$$

$$= \frac{24 + 48}{2\tan 20°}(\text{inv} 25.564° - \text{inv} 20°) = 1.7079$$

15.4　考试复习与练习题

一、单项选择题（从给出的 A、B、C、D 中选一个答案）

15-1　渐开线上某点的压力角是指该点所受正压力的方向与该点_____方向线之间所夹

的锐角。

    A. 绝对速度   B. 相对速度   C. 滑动速度   D. 牵连速度

15-2   渐开线在基圆上的压力角为_____。

    A. 20°   B. 0°   C. 15°   D. 25°

15-3   渐开线标准齿轮是指 m、α、h_a^*、c^* 均为标准值,且分度圆齿厚_____齿槽宽的齿轮。

    A. 小于   B. 大于   C. 等于   D. 小于且等于

15-4   一对渐开线标准直齿圆柱齿轮要正确啮合,它们的_____必须相等。

    A. 直径   B. 宽度   C. 齿数   D. 模数

15-5   齿数大于 42,压力角 $\alpha=20°$ 的正常齿渐开线标准直齿外齿轮,其齿根圆_____基圆。

    A. 大于   B. 等于   C. 小于   D. 小于且等于

15-6   渐开线直齿圆柱齿轮传动的重合度是实际啮合线段与_____的比值。

    A. 齿距   B. 基圆齿距   C. 齿厚   D. 齿槽宽

15-7   渐开线直齿圆柱齿轮与齿条啮合时,其啮合角恒等于齿轮_____上的压力角。

    A. 基圆   B. 齿顶圆   C. 分度圆   D. 齿根圆

15-8   用标准齿条型刀具加工 $h_a^*=1$、$\alpha=20°$ 的渐开线标准直齿轮时,不发生根切的最少齿数为_____。

    A. 14   B. 15   C. 16   D. 17

15-9   正变位齿轮的分度圆齿厚_____标准齿轮的分度圆齿厚。

    A. 大于   B. 小于   C. 等于   D. 小于且等于

15-10   负变位齿轮的分度圆齿槽宽_____标准齿轮的分度圆齿槽宽。

    A. 小于   B. 大于   C. 等于   D. 小于且等于

15-11   若两轮的变位系数 $\chi_1>0$,$\chi_2=0$,则该对齿轮传动中的轮 2 为_____齿轮。

    A. 正变位   B. 负变位   C. 非标准   D. 标准

15-12   斜齿圆柱齿轮的标准模数和标准压力角在_____上。

    A. 端面   B. 轴面   C. 主平面   D. 法面

15-13   已知一渐开线标准斜齿圆柱齿轮与斜齿条传动,法面模数 $m_n=8\text{mm}$,法面压力角 $\alpha_n=20°$,斜齿轮的齿数 $z=20$,分度圆上的螺旋角 $\beta=20°$,则斜齿轮的节圆直径等于_____ mm。

    A. 170.27   B. 169.27   C. 171.27   D. 172.27

15-14   在蜗杆蜗轮传动中,用_____来计算传动比 i_{12} 是错误的。

    A. $i_{12}=\omega_1/\omega_2$ B. $i_{12}=d_2/d_1$ C. $i_{12}=z_2/z_1$ D. $i_{12}=n_1/n_2$

15-15   在两轴的交错角 $\Sigma=90°$ 的蜗杆蜗轮传动中,蜗杆与蜗轮的螺旋线旋向必须_____。

    A. 相反   B. 相异   C. 相同   D. 相对

15-16   渐开线直齿锥齿轮的当量齿数 z_v _____其实际齿数 z。

    A. 小于   B. 小于且等于   C. 等于   D. 大于

二、填空题

15-17   渐开线上离基圆愈远的点,其压力角_____。

15-18 以渐开线作为齿轮齿廓的优点是_____。

15-19 用标准齿条型刀具加工标准齿轮时,刀具的_____线与轮坯的_____圆之间作纯滚动。

15-20 用同一把刀具加工 m、z、α 均相同的标准齿轮和变位齿轮,它们的分度圆、基圆和齿距均_____。

15-21 一对渐开线标准直齿圆柱齿轮按标准中心距安装时,两轮的节圆分别与其_____圆重合。

15-22 一对渐开线圆柱齿轮传动,其_____圆总是相切并作纯滚动,而两轮的中心距不一定等于两轮的_____圆半径之和。

15-23 正变位齿轮与标准齿轮比较其齿顶高_____,齿根高_____。

15-24 要求一对外啮合渐开线直齿圆柱齿轮传动的中心距略小于标准中心距,并保持无侧隙啮合,此时应采用_____传动。

15-25 斜齿圆柱齿轮的齿顶高和齿根高,无论从法面或端面来看都是_____的。

15-26 一对外啮合斜齿圆柱齿轮的正确啮合条件为_____。

15-27 蜗杆的标准模数和标准压力角在_____面,蜗轮的标准模数和标准压力角在_____面。

15-28 直齿锥齿轮的几何尺寸通常都以_____作为基准。

三、问答题

15-29 一对渐开线齿廓啮合时,在啮合点上两轮的压力角是否相等? 有没有压力角相等的啮合位置?

15-30 何谓节圆? 单个齿轮有没有节圆? 什么情况下节圆与分度圆重合?

15-31 何谓啮合角? 啮合角和分度圆压力角及节圆压力角有什么关系?

15-32 有两对标准安装的标准直齿圆柱齿轮传动,其中一对的有关参数为:$m=5$ mm,$h_a^*=1$,$\alpha=20°$,$z_1=24$,$z_2=45$;另一对的有关参数为:$m=2$ mm,$h_a^*=1$,$\alpha=20°$,$z_1=24$,$z_2=45$。试问这两对齿轮传动的重合度哪一对大。

15-33 若一对渐开线齿轮传动的重合度 $\varepsilon_a=1.4$,它是否表示在一对齿轮的啮合过程中有 40% 的时间在啮合区内有两对齿啮合,而其余的 60% 的时间只有一对齿啮合?

15-34 一个标准齿轮可以和一个变位齿轮正确啮合吗?

15-35 对于 $\chi_1+\chi_2 \neq 0$ 的一对变位齿轮,齿顶降低的目的是什么?

15-36 用 $h_a^*=1$,$\alpha=20°$ 的滚刀加工一个 $\beta=12°$,$z=14$ 的标准斜齿轮,是否会产生根切?

15-37 斜齿轮的实际齿数 z 和当量齿数 z_v 间有什么关系? 在计算传动比、分度圆直径和中心距,选择齿轮铣刀号应分别选何种齿数?

15-38 在蜗杆蜗轮传动中,当蜗杆主动时,如何确定蜗轮的转向?

15-39 如何计算直齿锥齿轮传动的重合度?

15-40 已知用标准齿条型刀具加工标准直齿圆柱齿轮不发生根切的最少齿数 $z_{\min}=2h_a^*/\sin^2\alpha$,试推导出标准斜齿圆柱齿轮和直齿锥齿轮不发生根切的最少齿数。

四、分析计算题

15-41 已知产生渐开线的基圆半径 $r_b=50$ mm。试求:

(1) 渐开线在向径 $r_k = 65$ mm 处的曲率半径 ρ_k，压力角 α_k 和展角 θ_k；

(2) 渐开线上展角 $\theta_k = 20°$ 处的压力角 α_k，向径 r_k 和曲率半径 ρ_k。

15-42 如题 15-42 图所示为同一基圆上的两条同向渐开线。已知基圆半径 $r_b = 20$ mm，点 k 和 k' 的向径分别为 $r_k = 25$ mm 和 $r_{k'} = 30$ mm。试求：

(1) 展角 θ_k 和 $\theta_{k'}$；

(2) 弧长 $\overset{\frown}{kk''}$。

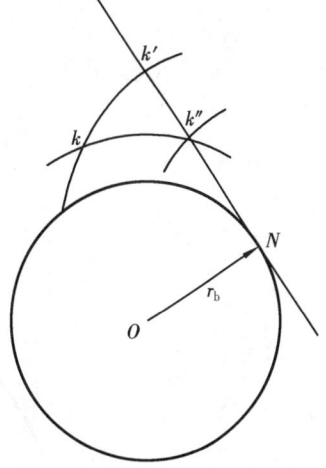

15-43 有一个渐开线标准直齿圆柱齿轮，用卡尺测量其三个齿和两个齿的公法线长度分别为 $L_3 = 62.16$ mm 和 $L_2 = 39.38$ mm，齿顶圆直径 $d_a = 208$ mm，齿根圆直径 $d_f = 172$ mm，测得齿数 $z = 24$。试求：

(1) 该齿轮的模数 m；

(2) 分度圆压力角 α；

(3) 齿顶高系数 h_a^* 和顶隙系数 c^*。

题 15-42 图

15-44 某项技术革新需要一对外啮合的渐开线标准直齿圆柱齿轮传动，其中心距为 144 mm，传动比为 2。现从库存的零件中找出四个齿轮，已知它们都是国产的正常齿制渐开线标准直齿圆柱齿轮。从齿轮上测得齿数 z，齿全高 h，齿顶圆直径 d_a 及公法线长度 L（下标数字为跨测的齿数）如下：

(1) $z = 24$，$h = 9$ mm，$d_a = 104$ mm，$L_4 = 42.675$ mm，$L_3 = 30.866$ mm；

(2) $z = 47$，$h = 9$ mm，$d_a = 196$ mm，$L_7 = 79.389$ mm，$L_6 = 67.580$ mm；

(3) $z = 48$，$h = 9$ mm，$d_a = 250$ mm，$L_7 = 116.215$ mm，$L_6 = 101.454$ mm；

(4) $z = 48$，$h = 9$ mm，$d_a = 200$ mm，$L_7 = 79.445$ mm，$L_6 = 67.636$ mm。

试分析这四个齿轮中有没有符合要求的一对齿轮，是哪两个齿轮？

15-45 已知一正常齿制渐开线标准直齿圆柱齿轮的 $z = 18$，$m = 10$ mm，$\alpha = 20°$。试求：

(1) 齿顶圆和基圆上的齿厚 s_a、s_b；

(2) 齿顶圆和基圆上的齿槽宽 e_a、e_b。

15-46 已知一正常齿制渐开线标准直齿圆柱齿轮，$\alpha = 20°$，$m = 5$ mm，$z = 40$。试分别求出基圆和齿顶圆上渐开线齿廓的曲率半径和压力角。

15-47 一对渐开线标准直齿圆柱齿轮，已知：$z_1 = 21$，$z_2 = 61$，$m = 2.5$ mm，$\alpha = 20°$。试求：

(1) 两齿轮的齿距 p_1 和 p_2；

(2) 两齿轮的基圆齿距 p_{b1} 和 p_{b2}；

(3) 两齿轮分度圆上渐开线齿廓的曲率半径 ρ_1 和 ρ_2。

15-48 如题 15-48 图所示为一对渐开线齿廓啮合传动，齿轮 1 为主动轮，回转中心 O_1 与基圆圆心 O_{j1} 重合，而齿轮 2 的回转中心 O_2 与其基圆圆心 O_{j2} 不重合，偏距 $e = 5$ mm，两轮的基圆半径 $r_{b1} = 20$ mm，$r_{b2} = 30$ mm，两轮回转中心距 $a' = 70$ mm。试求这对齿轮在图示位置的瞬时传动比 i_{12}，简述当 ω_1 为常数时，ω_2 为变量的理由。

15-49 已知一对齿数相等，$\alpha = 20°$，$m = 5$ mm 的标准安装外啮合渐开线直齿圆柱齿轮传动。为了提高其重合度，而又希望不增加齿数，故增加主从动轮的顶圆，使其刚好彼此通过对方的啮合极限点。若要求重合度 $\varepsilon_a = 1.621$，试求：

(1) 两齿轮的齿数 z_1、z_2；

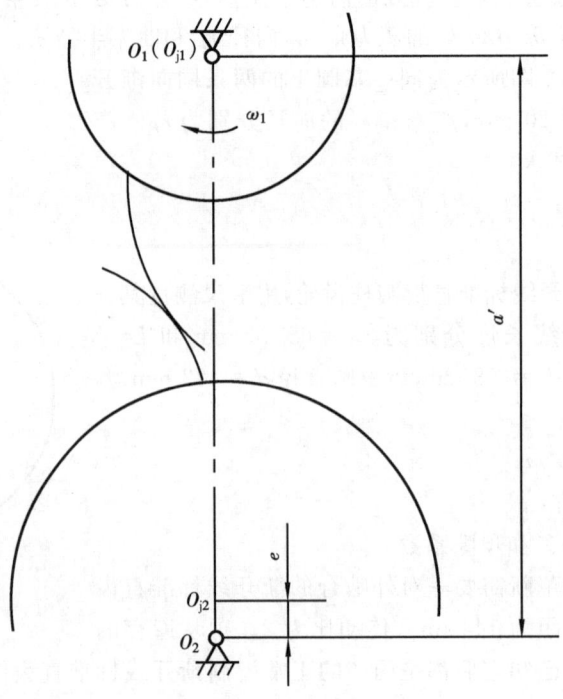

题 15-48 图

(2) 两齿轮的顶圆直径 d_{a1}、d_{a2}。

15-50 一对外啮合的渐开线标准直齿圆柱齿轮传动,已知:$z_1 = 28$,$h_a^* = 1$,$c^* = 0.25$,$\alpha = 20°$,$d_{a1} = 120$ mm,中心距为 164 mm。试求该对齿轮的重合度及实际啮合线长度。

15-51 一对外啮合的渐开线标准直齿圆柱齿轮传动,已知:$r_{b1} = 30$ mm,$r_{b2} = 40$ mm,$\alpha = 20°$。试求:

(1) 如果实际中心距 $a' = 80$ mm 时,啮合角 α' 和两轮的节圆半径 r_1'、r_2' 各为多少?

(2) 如果实际中心距 $a' = 85$ mm 时,啮合角 α' 和两轮的节圆半径 r_1'、r_2' 各为多少?

(3) 这两种情况下的两对节圆半径的比值是否相等?

15-52 在题 15-52 图所示的渐开线直齿圆柱齿轮传动中,啮合角 $\alpha' = 20°$,已知齿轮的节圆半径 $r_1' = 120$ mm,$r_2' = 150$ mm,若用齿条刀具加工此两齿轮时,没有发生根切现象。求此两齿轮齿顶圆半径 r_{a1}、r_{a2} 可能的最大值及基圆上啮合弧 s_b。

15-53 采用标准齿条刀加工渐开线直齿圆柱齿轮。已知刀具齿形角 $\alpha = 20°$,齿距为 4π mm,加工时刀具移动速度 $v = 60$ mm/s,轮坯转动角速度 $\omega = 1$ rad/s。

(1) 试求被加工齿轮的参数:m、α、z、d、d_b;

(2) 如果刀具中线与齿轮毛坯轴心的距离 $L = 58$ mm,问这样加工出来的齿轮是正变位还是负变位齿轮,变位系数是多少?

15-54 有一齿条刀具,$m = 2$ mm,$\alpha = 20°$,$h_a^* = 1$,$c^* = 0.25$,刀具在加工齿轮时的移动速度 $v = 1$ mm/s。

(1) 用这把刀具加工 $z = 14$ 的标准齿轮时,刀具中线与轮坯中心的距离 L 为多少? 轮坯每分钟的转数为多少?

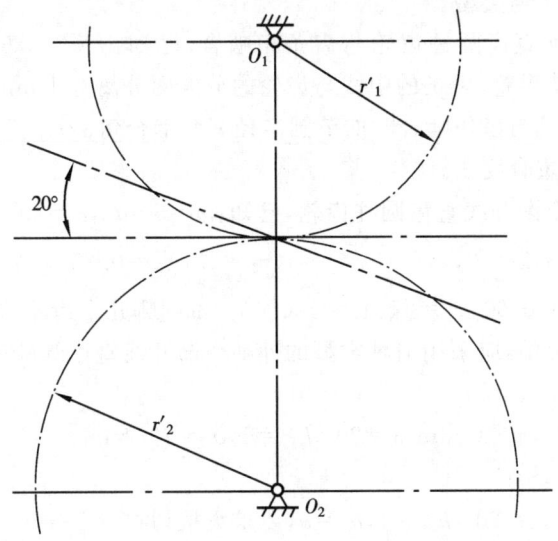

题 15-52 图

(2) 用这把刀具加工 $z=14$ 的变位齿轮时,其变位系数 $\chi=1.5$,则刀具中线与轮坯中心的距离 L 为多少?此时轮坯每分钟的转数为多少?

15-55 用滚刀范成法加工一个齿轮,已知 $z=90$,$m=2$ mm。试问:

(1) 轮坯由滚齿机传动机构带动,以 $\omega=1/22.5$ rad/s 的角速度转动,在切制标准齿轮时,滚刀在轮坯平面上投影的齿条中线相对于轮坯中心 O 的距离 L 应为多少?这时齿条的移动速度 v 应为多少?

(2) 如果滚刀的位置和齿条移动的速度都不变,而轮坯的角速度 $\omega=1/23.5$ rad/s,则此时被加工齿轮的齿数 z 为多少?它相当于哪一种变位齿轮?变位系数 χ 为多少?

(3) 如果滚刀的位置和齿条移动的速度都不变,而轮坯的角速度 $\omega=1/22.1$ rad/s,则此时被加工齿轮的变位系数 χ 为多少?齿数 z 为多少?最后加工出来的齿轮可否使用?

15-56 用齿条刀具加工一直齿圆柱齿轮,设已知被加工齿轮轮坯的角速度 $\omega_1=5$ rad/s,刀具移动的速度 $v=0.375$ m/s,刀具的模数 $m=10$ mm,压力角 $\alpha=20°$。

(1) 求被加工齿轮的齿数 z_1;

(2) 若齿条中线与被加工齿轮中心的距离为 77 mm,求被加工齿轮的分度圆齿厚 s;

(3) 若已知该齿轮与大齿轮 2 相啮合时的传动比 $i_{12}=4$,在无侧隙条件下的安装中心距 $a'=377$ mm,求这对齿轮的节圆半径 r'_1、r'_2 及啮合角 α'。

15-57 某标准安装的正常齿制齿轮齿条传动,齿轮为原动件,逆时针转动,其角速度 $\omega_1=1$ rad/s,齿条以 $v=60$ mm/s 的速度移动。齿轮转动中心到齿条分度线的距离 $L=63$ mm,齿轮顶圆直径 $d_{a1}=138$ mm,齿条齿形角 $\alpha=20°$,齿条相邻两齿同侧齿顶间距 $p_a=18.85$ mm。试求:

(1) 齿轮与齿条的基本参数;

(2) 以长度比例尺 $u_l=0.001$ m/mm 绘制该传动的啮合图,并在图上注明齿轮各圆半径,理论与实际啮合线;

(3) 说明该传动属于何类型。

15-58 渐开线标准直齿圆柱齿轮与齿条相啮合,已知:$\alpha=20°,h_a^*=1,c^*=0.25,m=5$ mm,$z=20$。由于安装误差,齿条的中线与齿轮的分度圆分离 0.1 mm。试求:

(1) 安装误差时齿轮与齿条啮合时的节圆半径 r' 和啮合角 α';

(2) 安装误差时的重合度 ε_a。

15-59 有如下七个渐开线直齿圆柱齿轮,已知:$m=5$ mm,$\alpha=20°,h_a^*=1$,各轮的齿数和变位系数分别为:$z_1=18,\chi_1=0;z_2=15,\chi_2=0;z_3=12,\chi_3=0.25;z_4=15,\chi_4=0.20;z_5=17,\chi_5=0.30;z_6=26,\chi_6=-0.60;z_7=44,\chi_7=-0.48$。试问哪几个齿轮将产生根切?

15-60 在下列情况中,应采用何种类型的外啮合渐开线直齿圆柱齿轮传动?

(1) $z_1=10$, $z_2=20,\alpha=20°,h_a^*=1$;

(2) $z_1=33$, $z_2=47,m=6$ mm,$\alpha=20°,h_a^*=1,a'=235$ mm;

(3) $z_1+z_2>34,a'>a$;

(4) $z_1=14,z_2=57,\alpha=20°,h_a^*=1,a'=a$,要求无根切;

(5) $a'=150$ mm,$m=8$ mm,$\alpha=20°,h_a^*=1,i_{12}=2.7$。

15-61 已知一对外啮合渐开线直齿圆柱齿轮传动,其基本参数为:$z_1=12,z_2=56,m=4$ mm,$\alpha=20°,h_a^*=1,c^*=0.25$,变位系数 $\chi_1=0.3,\chi_2=-0.21$。试问:

(1) 该对齿轮在变位修正后是否产生根切?

(2) 两轮的齿顶圆直径 d_{a1}、d_{a2} 各为多少?

15-62 原有一对外啮合的渐开线直齿圆柱齿轮传动,已知:$z_1=17,z_2=85,a'=408$mm,$\alpha=20°,h_a^*=1,c^*=0.25$。现小齿轮磨损严重不可再用,而大齿轮磨损程度较轻。在保证传动比 i_{12} 和中心距 a' 不变的前提下:

(1) 试问可以采用什么修配方案?

(2) 若修配后,大齿轮的齿顶圆直径减少 10 mm,试问该对齿轮的基本参数为何值?

15-63 如题 15-63 图所示减速器,已知各轮的模数 $m=4$ mm,$\alpha=20°$,各轮的齿数 $z_1=z_5=12,z_2=51,z_3=76,z_4=49,z_6=73$。试问:

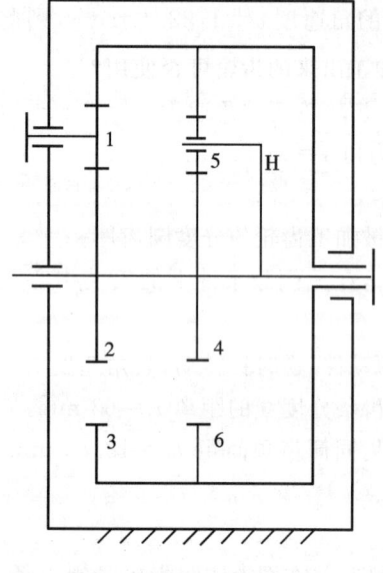

(1) 若齿轮 4、5 的实际中心距 a_{45}' 与其标准中心距 a_{45} 相等,则齿轮 4、5、6 各为何种类型的齿轮才合理?齿轮 5、6 的传动为何种传动类型?合理确定出齿轮 5 的基本参数;

(2) 计算齿轮 4 和 5 的分度圆、齿顶圆、齿根圆、基圆等尺寸,按比例尺 $u_l=0.002$ m/mm 绘其啮合图,注明各圆及理论啮合线、实际啮合线(假定齿轮 4 主动,并作逆时针转动),判定其是否能连续传动?

(3) 若齿轮 1、3 的实际中心距 a_{13}' 与其标准中心距 a_{13} 相等,且按此确定齿轮 1、3 的基本参数及尺寸,此时齿轮 1、2 之间为何种类型传动?

15-64 已知一对外啮合的渐开线直齿圆柱齿轮传动:$z_1=10,z_2=25,\alpha=20°,m=10$ mm,$h_a^*=1$,安装中心距 $a'=175$ mm。

题 15-63 图

(1) 选择传动类型；

(2) 计算小齿轮的分度圆直径 d_1，基圆直径 d_{b1}，齿顶圆直径 d_{a1}，齿根圆直径 d_{f1}（要求小齿轮刚好无根切）。

15-65　已知某对外啮合的渐开线直齿圆柱齿轮传动，中心距 $a=350$ mm，传动比 $i_{12}=2.5$，$\alpha=20°$，$h_a^*=1$，$c^*=0.25$。根据强度要求模数 m 必须在 5 mm、6 mm、7 mm 三者中选择，试设计此对齿轮的以下参数和尺寸：

(1) 齿轮的齿数 z_1、z_2，模数 m，传动类型；

(2) 分度圆直径 d_1、d_2，顶圆直径 d_{a1}、d_{a2}，根圆直径 d_{f1}、d_{f2}，节圆直径 d_1'、d_2'，啮合角 α'；

(3) 若实际安装中心距 $a'=351$ mm，上述哪些参数会变化，数值为多少？

15-66　用范成法滚刀切制参数为 $z=16$、$\alpha_n=20°$、$h_{an}^*=1$ 的斜齿轮，当其 $\beta=15°$ 时，是否会产生根切？仍用此滚刀切制齿数 $z=15$ 的斜齿轮，螺旋角至少应为多少时才能避免根切？

15-67　已知一对外啮合斜齿圆柱齿轮的参数为：$m_n=6$ mm，$z_1=30$，$z_2=100$。试问螺旋角为多少时才能满足标准中心距为 400 mm。

15-68　一个 $z_1=16$ 的标准斜齿圆柱外齿轮，其转速 $n_1=1800$ r/min，驱动另一标准斜齿圆柱外齿轮以 $n_2=400$ r/min 的速度回转，两轮的中心距 $a=280$ mm，模数 $m_n=6$ mm。试求：

(1) 螺旋角 β；

(2) 齿距 p_n、p_t；

(3) 分度圆直径 d_1。

15-69　现有一对外啮合渐开线齿轮机构的安装位置，当采用一对标准直齿轮，其 $m=10$ mm，$h_a^*=1$，$\alpha=20°$，$z_1=40$，$z_2=60$ 时，仅能刚好保证连续传动（$\varepsilon_a=1$）。若改用一对标准斜齿轮，其 $m_n=10$ mm，$h_{an}^*=1$，$\alpha_n=20°$，$z_1=40$，$z_2=60$。试确定为使轮齿间无齿侧间隙传动，螺旋角应为多少？

15-70　在某设备中有一对外啮合的渐开线直齿圆柱齿轮传动，已知：$z_1=26$，$i_{12}=5$，$m=3$ mm，$\alpha=20°$，$h_a^*=1$，$c^*=0.25$。在技术改造中，提高了原动机的转速。为了改善传动的平稳性，要求在不降低强度、不改变中心距和传动比的条件下，将直齿轮传动改为斜齿轮传动，并希望将斜齿轮的分度圆螺旋角 β 限制在 20° 之内，其重合度 $\varepsilon_\gamma \geqslant 3$。试确定该对斜齿轮的齿数、法面模数和齿宽的尺寸。

15-71　在题 15-71 图所示的机构中，已知各渐开线直齿圆柱齿轮的模数均为 2 mm，$z_1=15$，$z_2=32$，$z_2'=20$，$z_3=30$，要求齿轮 1、3 同轴线。试问：

(1) 齿轮 1、2 和齿轮 2'、3 应选什么传动类型最好；

(2) 若齿轮 1、2 改为斜齿轮传动来凑中心距，当齿数和模数不变时，斜齿轮的螺旋角为多少？

(3) 当用范成法滚刀来加工齿数 $z_1=15$、$h_{an}^*=1$、$\alpha_n=20°$ 的斜齿轮时，是否会产生根切？

(4) 这两个斜齿轮的当量齿数为多少？

15-72　在题 15-72 图所示的机构中，已知两对

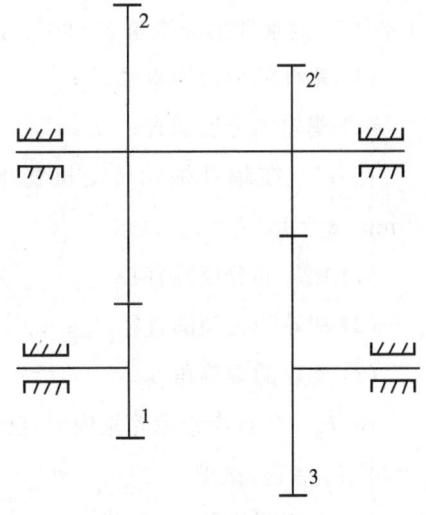

题 15-71 图

外啮合渐开线正常齿制圆柱齿轮传动的齿数 $z_1=15, z_2=53, z_3=14, z_4=56$，模数 $m=m_n=2$ mm，压力角 $\alpha=\alpha_n=20°$，要求无侧隙安装的中心距 $a'_{12}=a'_{34}=70$ mm。

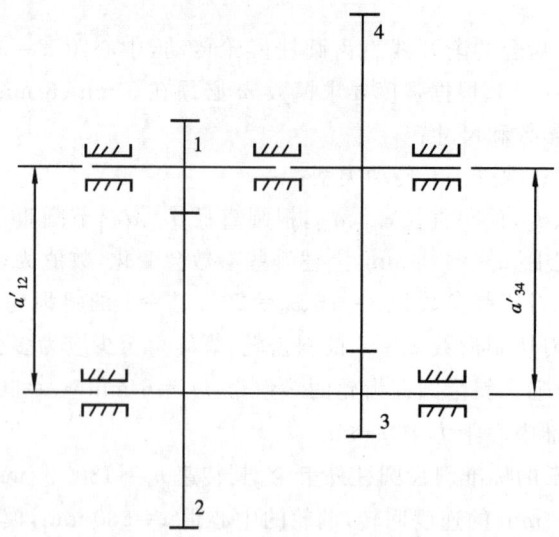

题 15-72 图

（1）若两对齿轮均采用直齿圆柱齿轮传动，试确定其传动类型，并计算齿轮 1、2 的啮合角 α'_{12} 及变位系数之和 $\chi_1+\chi_2$。

（2）若齿轮 1、2 采用标准斜齿圆柱齿轮传动，试求：

① 螺旋角 β；

② 齿轮 1 的分度圆直径 d_1，齿顶圆直径 d_{a1} 及齿根圆直径 d_{f1}；

③ 此时齿轮 1 是否发生根切？

15-73 已知一对蜗杆蜗轮传动的传动比 $i_{12}=12$，中心距 $a=145$ mm，蜗杆的导程角 $\gamma=21°48'05''$，两轴线的交错角 $\Sigma=90°$。试求：

（1）蜗杆的分度圆直径 d_1；

（2）蜗轮的分度圆直径 d_2。

15-74 在蜗杆蜗轮传动机构中，已知轴线交错角 $\Sigma=90°$，$m=5$ mm，$i_{12}=35$，$d_1=50$ mm，$z_1=1$，$h_a^*=1$。试求：

（1）蜗轮的分度圆直径 d_2；

（2）蜗轮的齿顶圆直径 d_{a2}；

（3）蜗轮的螺旋角 β_2。

15-75 在直齿锥齿轮机构中，已知轴线相交角 $\Sigma=90°$，传动比 $i_{12}=2$，$z_1=17$，$m=2$ mm，$\alpha=20°$，$h_a^*=1$。试求：

（1）分度圆锥角 δ_1、δ_2；

（2）小齿轮的分度圆直径 d_1 和齿顶圆直径 d_{a1}。

五、图解题

15-76 题 15-76 图(a)、(b)所示为两对渐开线齿轮的基圆和顶圆,轮 1 为主动轮,试分别在图上标明:理论啮合线 $\overline{N_1 N_2}$,实际啮合线 $\overline{B_1 B_2}$,啮合角 α',节圆半径 r_1'、r_2'。

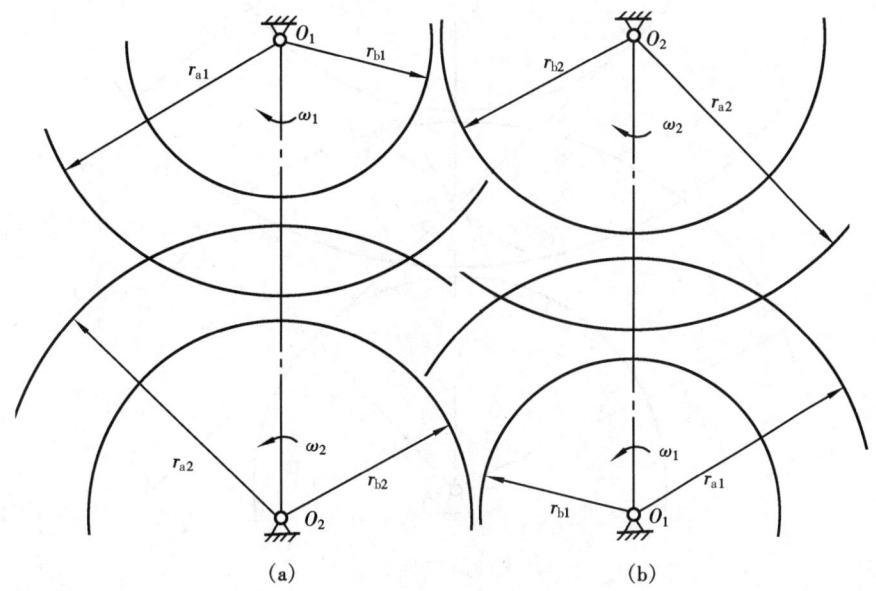

题 15-76 图

15-77 在按标准中心距安装的渐开线标准齿轮啮合图中,如题 15-77 图所示。设齿轮 1 主动,齿轮 2 从动,试在图上绘出:

(1) 两轮的转向;

(2) 两轮的分度圆和节圆;

(3) 啮合角和压力角;

(4) 齿廓 1 上与齿廓 2 上 b_2 点相共轭的 b_1 点及齿廓 2 上与齿廓 1 上 c_1 点相共轭的 c_2 点;

(5) 两条渐开线齿廓的齿廓工作段。

15-78 试分别绘出 $\chi_1 + \chi_2 = 0$,$\chi_1 + \chi_2 > 0$,$\chi_1 + \chi_2 < 0$ 三种类型的变位齿轮传动时,两齿轮分度圆的相应位置(每种类型均满足无侧隙啮合条件)。

15-79 试确定题 15-79 图所示的蜗杆蜗轮传动中各蜗轮的转向(蜗杆的螺旋线方向与转动方向如图所示)。

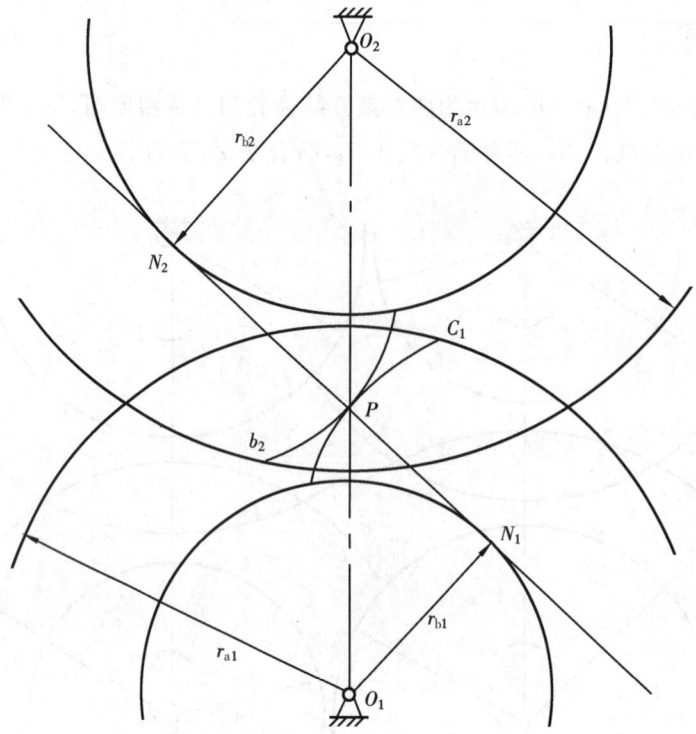

题 15-77 图

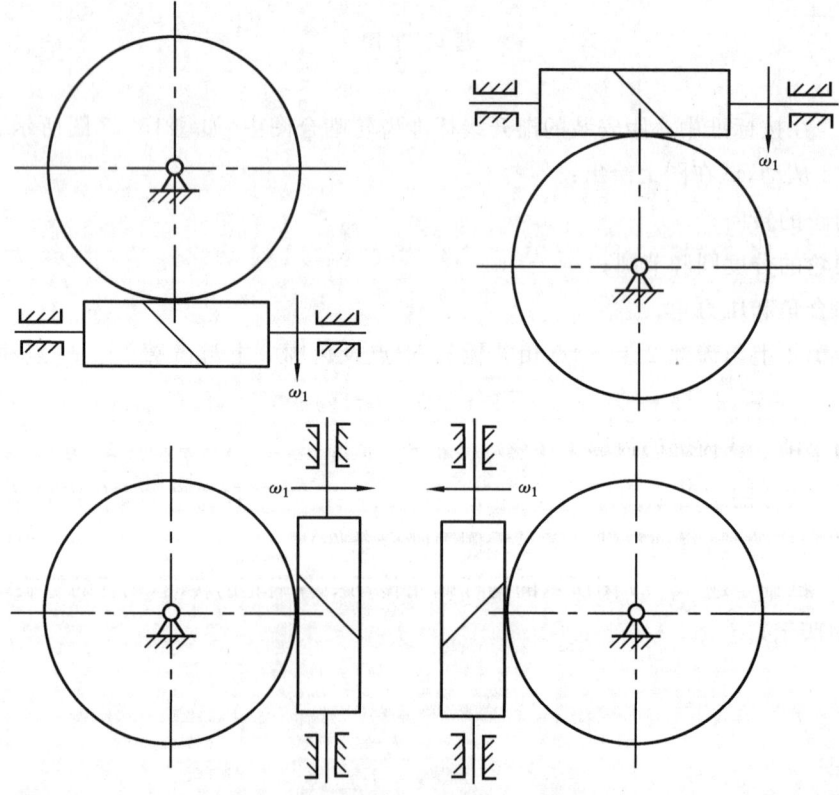

题 15-79 图

第 16 章 轮 系

16.1 主要内容与基本要求

16.1.1 主要内容

1. 轮系及其分类

由一系列齿轮所组成的传动系统称为轮系。它分为以下几种。

(1) 定轴轮系:各齿轮的几何轴线的位置都是固定的轮系。

(2) 周转轮系:有一个或几个齿轮的几何轴线绕着其他轴线回转的轮系。

① 行星轮系:机构自由度为 1 的周转轮系。

② 差动轮系:机构自由度为 2 的周转轮系。

(3) 复合轮系:既包含定轴轮系,又包含周转轮系,或者是由几部分周转轮系组成的轮系。

如图 16-1 所示的轮系,就是既包含定轴轮系,又包含周转轮系的复合轮系;而如图 16-2 所示的轮系,则为由两部分周转轮系(每一个行星架对应于一个周转轮系)所组成的复合轮系。

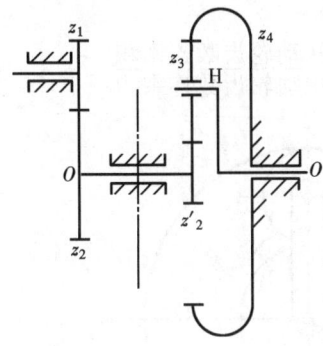

图 16-1 复合轮系(一)

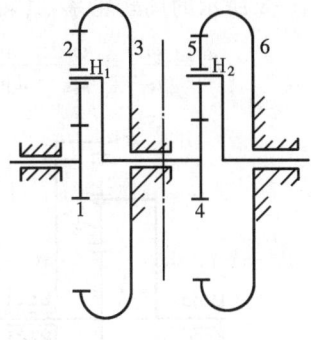

图 16-2 复合轮系(二)

2. 轮系传动比的计算

1) 定轴轮系传动比的计算

定轴轮系的传动比为

$$i_{1n} = (-1)^m \frac{\text{各对啮合齿轮中从动轮齿数连乘积}}{\text{各对啮合齿轮中主动轮齿数连乘积}} \quad (16\text{-}1)$$

式中:m——外啮合的齿轮对数;

n——轮系中末轮的标号。

定轴轮系传动比的计算特点如下。

一对相啮合齿轮首、末轮转向关系与齿轮类型有关,可用标注箭头的方法来确定首、末轮转向关系。如设首轮 1 的转向已知,因一对外啮合的圆柱齿轮的转向是相反的,故表示它们转向的箭头方向也是相反的;而一对内啮合的圆柱齿轮的转向是相同的,故表示它们转向的箭头方向也是相同的;对于圆锥齿轮啮合传动的转向,其首、末轮的转向可用两个相同或相反的箭头表示;对于蜗杆蜗轮传动,为了确定蜗轮的转向,首先要判断蜗杆的旋向。对于右旋蜗杆,须用右手法则确定蜗杆蜗轮的相对运动关系。确定方法是将右手的四个指头顺着蜗杆的转向空握起来,则大拇指沿蜗杆轴线的指向,即表示蜗轮固定时,蜗杆沿轴线的方向移动。但因蜗杆一般不能沿轴向移动,故蜗杆推动蜗轮向相反的方向转动。对于左旋蜗杆,则可用左手法则确定蜗杆转向。

在实际机器中,首、末轮的轴线相互平行的轮系应用较为普遍。对于这种轮系,由于其首、末轮的转向不是相同就是相反,所以规定:当首、末两轮转向相同时,在其传动比计算公式的齿数比前冠以"+"号;转向相反时,则冠以"-"号。这样该公式既表示了传动比的大小,又表示了首、末轮的转向关系。根据这一规定,对于全部由平行轴圆柱齿轮组成的定轴齿轮系,可以不在齿轮上画出箭头,而在传动比计算公式的齿数比前乘以$(-1)^m$(m为外啮合齿轮的对数),这样也可以表明首、末轮转向的关系。但是必须指出:如果轮系中首、末两轮的轴线不平行时,便不能采用在齿数比前标注"+"或"-"号的方法来表示它们的转向关系。这时,它们的转向关系只能采用在图上画箭头的方法来确定。

2) 周转轮系传动比的计算

采用"转化机构法":首先给整个周转轮系加上一个反向的角速度行星架$(-\omega_H)$,使行星架固定不动,于是该周转轮系转化成假想定轴轮系(转化机构);然后用定轴轮系传动比的计算方法求出此假想定轴轮系的传动比;最后经换算求得该周转轮系的传动比。

如图 16-3 所示的周转轮系,其转化机构的传动比为

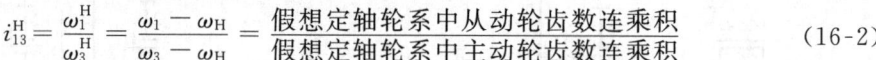

$$i_{13}^H = \frac{\omega_1^H}{\omega_3^H} = \frac{\omega_1 - \omega_H}{\omega_3 - \omega_H} = \frac{假想定轴轮系中从动轮齿数连乘积}{假想定轴轮系中主动轮齿数连乘积} \quad (16\text{-}2)$$

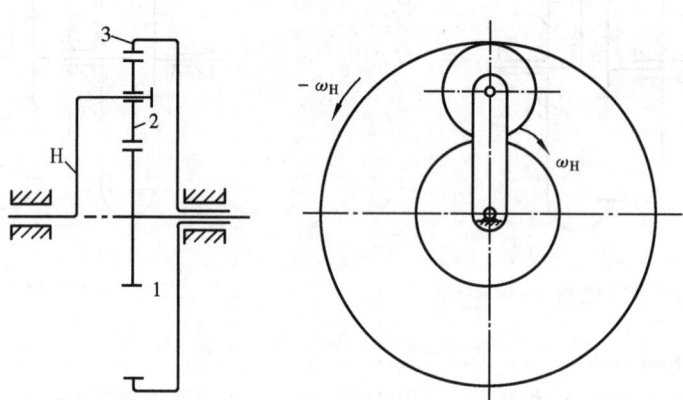

图 16-3 周转轮系

周转轮系传动比的计算特点如下。

(1) 式(16-2)为代数方程,只适用于转化轮系的首、末轮与转臂的回转轴线平行(或重合)且由圆柱齿轮或其他类型齿轮组成的行星轮系。

(2) 在推导式(16-2)时,是假设三者同向,当用式(16-2)解题时,若三者转向不同,就应分别用带正、负号的数值代入。

(3) 由于式(16-2)只适用于转化轮系的首、末轮回转轴线平行的情况,因而齿数比前一定有"+"或"-"号。对于正、负的判定,可将转臂 H 视为静止,然后按定轴轮系判别主、从动

轮转向关系的方法确定其符号。应注意：为表示转化轮系的传动比，在计算行星轮系角速度时，它只是代表转化轮系齿数比的一个符号。因为 $i_{13}^{H}=\dfrac{\omega_{1}^{H}}{\omega_{3}^{H}}$ 而 $i_{13}=\dfrac{\omega_{1}}{\omega_{3}}$，故 $i_{13}^{H}\neq i_{13}$。

（4）在已知各轮齿数的条件下，式（16-2）中的三个量中，需知其中任意两个角速度的大小和方向，才能确定第三个角速度的大小，而第三个构件的转向，应由计算结果的正、负号确定。

3. 轮系的功用（见教材）

4. 行星轮系中各轮齿数的选择（见教材）

16.1.2　基本要求

（1）能正确划分轮系。

（2）掌握定轴轮系、周转轮系、复合轮系传动比的计算。

（3）了解轮系的主要功用。

（4）了解确定行星轮系各轮齿数的四个条件。

16.2　重点与难点分析

16.2.1　重点内容分析

1. 差动轮系传动比的计算

设周转轮系中太阳轮分别为 m 和 n，行星架为 H，则其转化机构（即转化轮系）的传动比 i_{mn}^{H} 可表示为

$$i_{mn}^{H}=\frac{\omega_{m}^{H}}{\omega_{n}^{H}}=\frac{\omega_{m}-\omega_{H}}{\omega_{n}-\omega_{H}} \qquad (16\text{-}3)$$

对于周转轮系，若各轮的齿数已知，则其转化机构的传动比 i_{mn}^{H} 的大小和"±"号均可定出。然后即可根据 ω_{m}、ω_{n} 及 ω_{H} 中的已知两者决定第三个，并进而求得所需的传动比。

2. 行星轮系传动比的计算

由于其中一个太阳轮（设为 n 轮）为固定轮，即 $\omega_{n}=0$，故（16-3）式可以改写为如下形式：

$$i_{mH}=1-i_{mn}^{H} \qquad (16\text{-}4)$$

要注意行星架转向的判别，不能用 $(-1)^{m}$ 中 m 的奇数或偶数来确定，也不能用画箭头方法来决定，而要根据最后计算结果的正负号来判别。若 ω_{H} 与 ω_{m} 同号，则它们的转向相同，反之则相反。

3. 复合轮系传动比的计算

复合轮系传动比计算的步骤如下。

① 将复合轮系所包含的各部分定轴轮系和各部分周转轮系——加以分开。

关键是先要把其中的周转轮系部分划出来。首先要找到行星轮，然后找出行星架（注意它不一定呈简单的杆状），以及与行星轮相啮合的太阳轮，它们组成一个周转轮系。当将这些周转轮系——找出之后，剩下的便是定轴轮系部分了。

② 分别列出定轴轮系和周转轮系传动比的计算关系式。

③ 联立求解，从而求出该复合轮系的传动比。

16.2.2 难点内容分析

如图 16-3 所示,行星轮系中各轮齿数和行星轮数的选择必须满足下列四个条件。

1. 传动比条件

传动比条件即所设计的行星轮系必须能实现给定的传动比 i_{1H}。其各轮齿数的选择可这样来确定:

由式(16-4)得

$$i_{1H} = 1 - i_{13}^H = 1 + \frac{z_3}{z_1}$$

则
$$z_3 = (i_{1H} - 1)z_1 \qquad ①$$

2. 同心条件

同心条件即行星架的回转轴线应与中心轮的几何轴线相重合。

图 16-4 所示的行星轮系若采用标准齿轮,则同心条件是:轮 1 和轮 2 的中心距 $r_1 + r_2$ 应等于轮 3 和轮 2 的中心距 $r_3 - r_2$。又由于轮 2 同时与轮 1 和轮 3 啮合,它们的模数应相同,因此

$$\frac{m(z_1 + z_2)}{2} = \frac{m(z_3 - z_2)}{2}$$

则
$$z_2 = \frac{z_3 - z_1}{2} = \frac{z_1(i_{1H} - 2)}{2} \qquad ②$$

上式表明两中心轮的齿数应同时为偶数或同时为奇数。

3. 装配条件

为了使各个行星轮都能够均匀地装入两太阳轮之间,行星轮的数目(K)与各轮齿数之间必须满足一定的关系:

$$N = \frac{(z_1 + z_3)}{K} \quad \text{(N 为整数)} \qquad ③$$

上式表明,这个行星轮系两中心轮齿数之和应为行星轮数的整数倍。

4. 邻接条件

为了保证行星轮系能够运动,其相邻两行星轮的齿顶圆不得相交,这个条件称为邻接条件。

设采用标准齿轮,其齿顶高系数为 h_a^*,则

$$z_2 < \frac{z_1 \cdot \sin \frac{\pi}{K} - 2h_a^*}{1 - \sin \frac{\pi}{K}} \qquad (16-5)$$

为了设计时便于选择各轮的齿数,通常可把前三个条件合并为一个总的配齿公式,由式①、②、③得

$$z_1 : z_2 : z_3 : N = z_1 : \frac{z_1(i_{1H} - 2)}{2} : z_1(i_{1H} - 1) : \frac{z_1 i_{1H}}{K} \qquad (16-6)$$

确定齿数时,应根据上式选定 z_1 和 K。选择时必须使 N、z_2 和 z_3 均为正整数。确定各轮齿数和行星轮数后,再代入式(16-5)验算是否满足邻接条件。如果不满足,则应减少行星轮数或增加齿轮的齿数。

16.3 例题精选与解析

例 16-1 在例 16-1 图所示的轮系中,已知 $z_1=z_2=z_4=z_5=20$,$z_3=z_6=60$,齿轮 1 的转速 $n_1=1440(\mathrm{r/min})$,求齿轮 6 的转速(大小及方向)。

解题要点:

(1) 例 16-1 图所示为一个定轴轮系。

(2) 其传动比为

$$i_{16}=\frac{n_1}{n_6}=(-1)^2\frac{z_2 \cdot z_3 \cdot z_5 \cdot z_6}{z_1 \cdot z_2 \cdot z_4 \cdot z_5}$$

$$=\frac{z_3 \cdot z_6}{z_1 \cdot z_4}=\frac{60\times 60}{20\times 20}=9$$

所以

$$n_6=\frac{n_1}{i_{16}}=\frac{1440}{9}\ \mathrm{r/min}=160\ \mathrm{r/min}$$

齿轮 6 的转向与齿轮 1 的转向相同。

注:齿轮 6 与齿轮 1 的转向关系也可用标注箭头的方法来确定,如图所示。

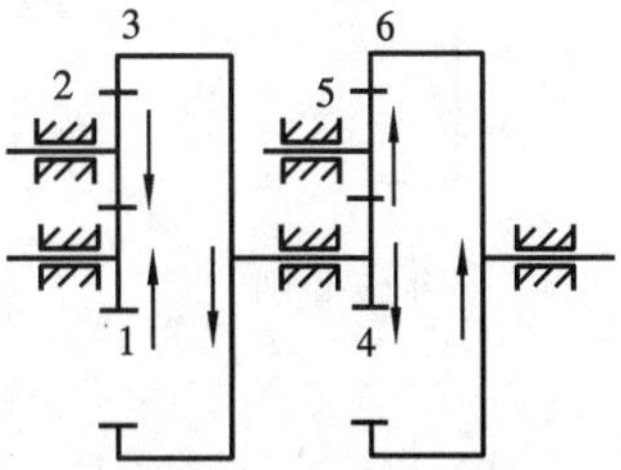

例 16-1 图

例 16-2 在例 16-2 图所示的轮系中,已知双头右旋蜗杆的转速 $n_1=900\ \mathrm{r/min}$,$z_2=60$,$z_2{}'=25$,$z_3=20$,$z_3{}'=25$,$z_4=20$,$z_4{}'=30$,$z_5=35$,$z_5{}'=28$,$z_6=135$,求 n_6 的大小和方向。

解题要点:

(1) $i_{16}=\dfrac{n_1}{n_6}=\dfrac{z_2\times z_3\times z_4\times z_5\times z_6}{z_1\times z_2{}'\times z_3{}'\times z_4{}'\times z_5{}'}=\dfrac{60\times 20\times 20\times 35\times 135}{2\times 25\times 25\times 30\times 28}=108$

(2) $n_6=\dfrac{n_1}{i_{16}}=\dfrac{900}{108}\ \mathrm{r/min}=8.33\ \mathrm{r/min}$　　　(转向如图所示)

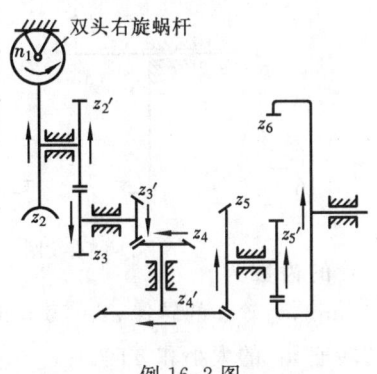

例 16-2 图

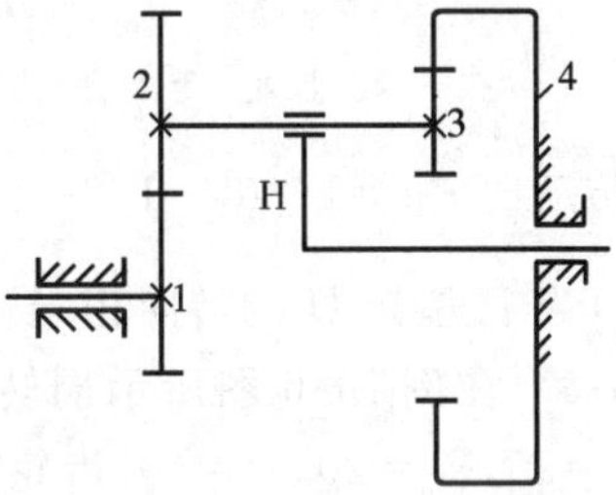

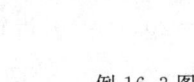

例 16-3 图

例 16-3 在例 16-3 图所示的轮系中,已知 $z_1=20$,$z_2=30$,$z_3=15$,$z_4=65$,$n_1=150\ \mathrm{r/min}$,求 n_H 的大小及方向。

解题要点:

(1) 该轮系为行星轮系。

(2) $i_{1H}=1-i_{14}^{H}=1-(-1)^1\dfrac{z_2\times z_4}{z_1\times z_3}=1+\dfrac{30\times 65}{20\times 15}=7.5$

(3) $n_H=\dfrac{n_1}{i_{1H}}=\dfrac{150}{7.5}\ \mathrm{r/min}=20\ \mathrm{r/min}$

行星架 H 的转向与齿轮 1 的转向相同。

例 16-4 已知齿轮 1 的转速 $n_1 = 120$ r/min，而 $z_1 = 40$，$z_2 = 20$，求 (1) z_3；(2) 行星架的转速 $n_H = 0$ 时齿轮 3 的转速 n_3（大小及方向）。

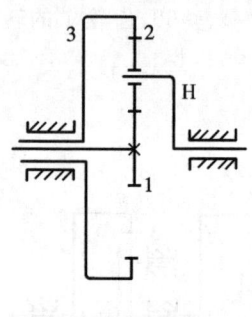

例 16-4 图

解题要点：

该轮系为差动轮系（见例 16-4 图）。

(1) 求 z_3。

根据同心条件，轮 1 和轮 2 的中心距应等于轮 3 和轮 2 的中心距，对于标准齿轮，因互相啮合的齿轮其模数相同，故

$$r_3 - r_2 = r_1 + r_2$$
$$r_3 = r_1 + 2r_2$$
$$\frac{1}{2}mz_3 = \frac{1}{2}mz_1 + mz_2$$
$$z_3 = z_1 + 2z_2 = 40 + 2 \times 20 = 80$$

(2) 当 $n_H = 0$ 时，求 n_3。

当 $n_H = 0$ 时，即行星架 H 固定，该轮系成为定轮系。

$$i_{13} = \frac{n_1}{n_3} = -\frac{z_3}{z_1} = -\frac{80}{40} = -2$$

$$n_3 = \frac{n_1}{i_{13}} = -\frac{120}{2} \text{ r/min} = -60 \text{ r/min}$$

齿轮 3 的转向与齿轮 1 的转向相反。

例 16-5 已知轮系中 $z_1 = 60$，$z_2 = 15$，$z_{2'} = 20$，各轮模数均相同，求 z_3 及 i_{1H}。

解题要点：

(1) 例 16-5 图所示为一行星轮系。

(2) 由同心条件得

$$\frac{m}{2}(z_1 - z_2) = \frac{m}{2}(z_3 - z_{2'})$$

所以　　　　$z_3 = z_1 + z_{2'} - z_2 = 60 + 20 - 15 = 65$

(3) 传动比 $i_{1H} = 1 - i_{13}^H = 1 - \frac{z_2 \times z_3}{z_1 \times z_{2'}} = 1 - \frac{15 \times 65}{60 \times 20} = 1 - \frac{13}{16} = \frac{3}{16}$

齿轮 1 与行星架 H 的转向相同。

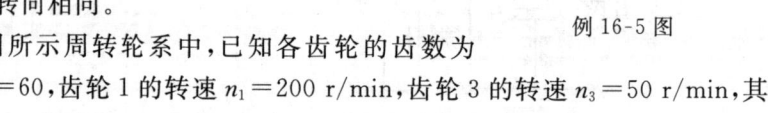

例 16-5 图

例 16-6 在例 16-6 图所示周转轮系中，已知各齿轮的齿数为 $z_1 = 15$，$z_2 = 25$，$z_{2'} = 20$，$z_3 = 60$，齿轮 1 的转速 $n_1 = 200$ r/min，齿轮 3 的转速 $n_3 = 50$ r/min，其转向相反，求行星架 H 的转速 n_H 的大小和方向。

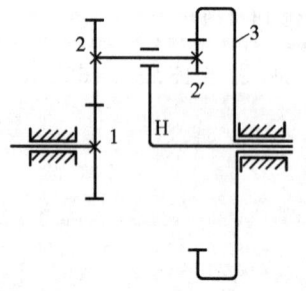

例 16-6 图

解题要点：

(1) 图示为一差动轮系。

(2) 其转化机构的传动比为

$$i_{13}^H = \frac{n_1 - n_H}{n_3 - n_H} = -\frac{z_2 \times z_3}{z_1 \times z_{2'}} = -\frac{25 \times 60}{15 \times 20} = -5$$

(3) 由上式得

$$n_1 - n_H = 5n_H - 5n_3$$

所以　　　　　　　　　　$n_H = \frac{n_1 + 5n_3}{6}$

(4) 设齿轮 1 的转速为正值,则齿轮 3 的转速为负值,将已知值代入上式得

$$n_H = \frac{n_1 + 5n_3}{6} = \frac{200 + 5(-50)}{6} = -\frac{50}{6} \text{ r/min} = -8.33 \text{ r/min}$$

行星架 H 的转向与齿轮 1 的转向相反而与齿轮 3 的转向相同。

例 16-7 求如例 16-7 图所示轮系的传动比 i_{14},已知 $z_1 = z_{2'} = 25$,$z_2 = z_3 = 20$,$z_H = 100$,$z_4 = 20$。

解题要点:

(1) 图示为一复合轮系。

(2) 由齿轮 1、2、$2'$、3 和行星架 H 组成行星轮系,其传动比为

$$i_{1H} = 1 - (-1)^2 \frac{z_2 \times z_3}{z_1 \times z_{2'}} = 1 - \frac{20 \times 20}{25 \times 25} = \frac{9}{25}$$

(3) 由齿轮 4 和行星架 H 组成定轴轮系,其传动比为

$$i_{H4} = \frac{n_H}{n_4} = -\frac{z_4}{z_H} = -\frac{20}{100} = -\frac{1}{5}$$

(4) 传动比 $i_{14} = \frac{n_1}{n_4} = i_{1H} \cdot i_{H4} = \frac{9}{25} \times \left(-\frac{1}{5}\right) = -\frac{9}{125}$

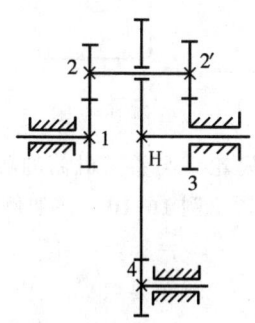

例 16-7 图

齿轮 1 和齿轮 4 的转向相反。

例 16-8 在例 16-8 图所示的轮系中,各齿轮均为标准齿轮,并已知其齿数分别为 $z_1 = 34$,$z_2 = 22$,$z_4 = 18$,$z_5 = 35$。试求齿数 z_3 及 z_6,并计算传动比 i_{1H2}。

解题要点:

(1) 图示轮系为一复合轮系,由两个周转轮系组合而成。

(2) 求齿数 z_3、z_6。

$$z_3 = z_1 + 2z_2 = 34 + 2 \times 22 = 78$$

$$z_6 = z_4 + 2z_5 = 18 + 2 \times 35 = 88$$

(3) 由齿轮 1、2、3 及行星架 H_1 组成行星轮系。

$$i_{1H1} = 1 + \frac{z_3}{z_1} = 1 + \frac{78}{34} = \frac{112}{34} = \frac{56}{17}$$

(4) 由齿轮 4、5、6 及行星架 H_2 组成行星轮系。

$$i_{4H2} = 1 + \frac{z_6}{z_4} = 1 + \frac{88}{18} = \frac{106}{18} = \frac{53}{9}$$

(5) 求 i_{1H2}。

$$i_{1H2} = i_{1H1} \times i_{4H2} = \frac{56}{17} \times \frac{53}{9} = 19.4$$

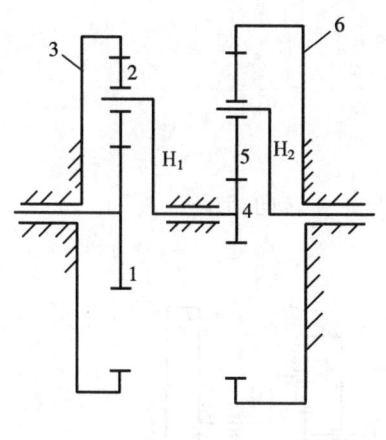

例 16-8 图

例 16-9 求例 16-9 图所示卷扬机减速器的传动比 i_{1H}。若各轮的齿数为 $z_1 = 24$,$z_2 = 48$,$z_{2'} = 30$,$z_3 = 60$,$z_{3'} = 20$,$z_4 = 40$,$z_{4'} = 100$。

解题要点:

(1) 图示轮系为一复合轮系,由齿轮 1、2、$2'$、3 和行星架 H 组成差动轮系;由齿轮 $3'$、4、$4'$ 组成定轴轮系。

(2) 定轴轮系的传动比为

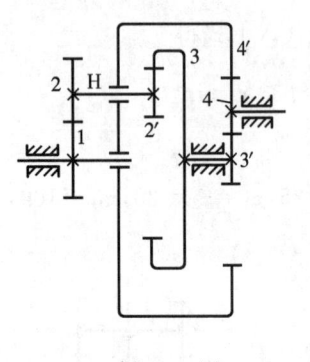

$$i_{3'4'} = \frac{n_{3'}}{n_{4'}} = \frac{n_3}{n_H} = -\frac{z_{4'}}{z_{3'}} = -\frac{100}{20} = -5$$

所以
$$n_3 = -5n_H$$

（3）差动轮系的转化机构的传动比为

$$i_{13}^H = \frac{n_1 - n_H}{n_3 - n_H} = -\frac{z_2 \times z_3}{z_1 \times z_{2'}} = -\frac{48 \times 60}{24 \times 30} = -4$$

（4）由上式得
$$n_1 - n_H = 4n_H - 4n_3$$
$$n_1 = 5n_H - 4n_3 = 5n_H - 4(-5n_H) = 25n_H$$

所以
$$i_{1H} = \frac{n_1}{n_H} = 25$$

例 16-9 图

齿轮 1 与卷扬机筒的转向相同。

例 16-10 在如例 16-10 图所示的电动三爪卡盘传动轮系中，已知各轮齿数为 $z_1 = 6$，$z_2 = z_{2'} = 25$，$z_3 = 57$，$z_4 = 56$，试求传动比 i_{14}。

解题要点：

（1）三爪卡盘传动轮系是一个行星轮系，它可以看做由两个简单的行星轮系组成。第一个行星轮系由齿轮 1、2、3 和行星架 H 所组成；第二个行星轮系由齿轮 3、2、2'、4 和行星架 H 组成。

（2）这两个行星轮系通过双联行星齿轮（2 和 2'）复合在一起。

（3）第一个行星轮系的传动比为

$$i_{1H} = 1 - i_{13}^H = 1 - (-1)^1 \frac{z_3}{z_1} = 1 + \frac{57}{6} = \frac{21}{2}$$

（4）第二个行星轮系的传动比为

$$i_{4H} = 1 - i_{43}^H = 1 - \frac{z_{2'} \times z_3}{z_4 \times z_2} = 1 - \frac{25 \times 57}{56 \times 25} = -\frac{1}{56}$$

（5）所求传动比为

$$i_{14} = \frac{n_1}{n_4} = i_{1H} \cdot i_{H4} = \frac{21}{2} \times (-56) = -588 \text{（轮 1 与轮 4 转向相反）}$$

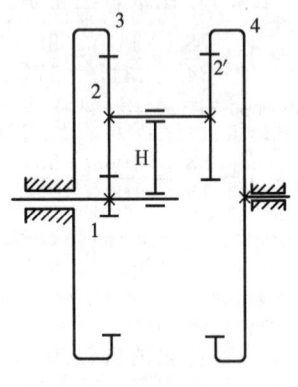

例 16-10 图

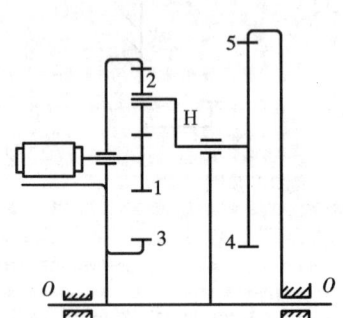

例 16-11 图

例 16-11 在例 16-11 图所示的轮系中，轮 1 与电动机轴相连，$n_1 = 1440 \text{ r/min}$，$z_1 = z_2 = 20$，$z_3 = 60$，$z_4 = 90$，$z_5 = 210$，求 $n_3 = ?$

解题要点：

（1）给整个轮系一个 $-n_3$ 绕 OO 轴线转动，构件 3 就转化成为固定构件。此时，该轮系为一复合轮系,并由两部分组成。

(2) 1-2-3-H 转化为普通行星轮系

$$(i_{1H})^{(3)} = 1 - (i_{13}^H)^{(3)}$$

即

$$n_1/n_H^3 = 1 - (-\frac{z_3}{z_1}) = 1 + \frac{60}{20} = 4, \quad n_H^3 = \frac{n_1}{4} \qquad ①$$

(3) 轮 4、5 转化为定轴轮系,有

$$\frac{n_4^3}{n_5^3} = \frac{n_4 - n_3}{n_5 - n_3} = \frac{z_5}{z_4} = \frac{210}{90}$$

由于 $n_4 = n_H$, $n_5 = 0$,上式化为

$$\frac{-n_H^3}{n_3} = \frac{210}{90}, \quad n_H^3 = -\frac{210}{90}n_3 \qquad ②$$

(4) 将①、②两式联立求解,得

$$n_3 = -90n_1/(4 \times 210) = -154.29 \text{ r/min}$$

轮 3 与电动机转向相反。

例 16-12　在例 16-12 图所示的轮系中,设各轮的模数均相同,且为标准传动,若已知其齿数 $z_1 = z_{2'} = z_{3'} = z_{6'} = 20$,$z_2 = z_4 = z_6 = z_7 = 40$,试问:

(1) 齿轮 3、5 的齿数应如何确定?

(2) 当齿轮 1 的转速 $n_1 = 980$ r/min 时,齿轮 3、5 的运动情况各如何?

解题要点:

(1) 确定齿数。

根据同轴条件,可得

$$z_3 = z_1 + z_2 + z_{2'} = 20 + 40 + 20 = 80$$

$$z_5 = z_{3'} + 2z_4 = 20 + 2 \times 40 = 100$$

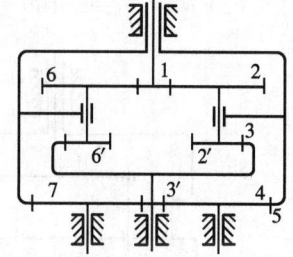

例 16-12 图

(2) 计算齿轮 3、5 的转速。

① 图示轮系为封闭式轮系,在作运动分析时应划分为如下两部分来计算。

② 在 1-2(2')-3-5 组成的差动轮系中:

$$i_{13}^5 = \frac{n_1 - n_5}{n_3 - n_5} = -\frac{z_2 \cdot z_3}{z_1 \cdot z_{2'}} = -\frac{40 \times 80}{20 \times 20} = -8 \qquad ①$$

③ 在 3'-4-5 组成的定轴轮系中:

$$i_{3'5} = \frac{n_3}{n_5} = -\frac{z_5}{z_{3'}} = -\frac{100}{20} = -5 \qquad ②$$

④ 联立式①及式②,得

$$n_5 = \frac{n_1}{49} = \frac{980}{49} \text{ r/min} = 20 \text{ r/min}$$

$$n_3 = -5n_5 = -5 \times 20 \text{ r/min} = -100 \text{ r/min}$$

故 n_3 与 n_1 反向,n_5 与 n_1 同向。

例 16-13　用于自动化照明灯具上的一周转轮系如例 16-13 图所示。已知输入轴转速 $n_1 = 19.5$ r/min,组成轮系的各齿轮均为圆柱直齿轮。各轮齿数为:$z_1 = 60$,$z_2 = z_{2'} = 30$,$z_3 = 40$,$z_4 = 40$,$z_5 = 120$。试求箱体的转速。

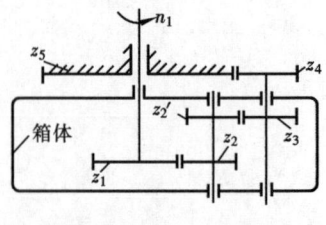

例 16-13 图

解题要点:

(1) $i_{15}^H = \dfrac{n_1 - n_H}{n_5 - n_H} = (-1)\dfrac{z_2 \cdot z_3 \cdot z_5}{z_1 \cdot z_{2'} \cdot z_4} = -\dfrac{40 \times 120}{60 \times 40} = -2$

(2) $n_1 - n_H = -2 \times (n_5 - n_H)$

$$19.5 - n_H = 2n_H$$

所以 $\qquad n_H = \dfrac{19.5}{3} \text{ r/min} = 6.5 \text{ r/min}$

箱体的转向与 n_1 的转向相同。

例 16-14 例 16-14 图所示为 THK6355 型数控自动换刀镗床的刀库转位装置。齿轮 4 与刀库连接成一体,内齿轮 3 与机架固联,各轮齿数为:$z_1 = 24$,$z_2 = z_{2'} = 28$,$z_3 = 80$,$z_4 = 78$ (变位齿轮)。试计算油马达与刀库间的转速关系。

解题要点:

(1) $i_{14} = i_{14}^3 = \dfrac{n_1 - n_3}{n_4 - n_3} = \dfrac{(n_1 - n_H) - (n_3 - n_H)}{(n_4 - n_H) - (n_3 - n_H)}$

$$= \dfrac{\dfrac{n_1 - n_H}{n_3 - n_H} - 1}{\dfrac{n_4 - n_H}{n_3 - n_H} - 1} = \dfrac{-\dfrac{z_3}{z_1} - 1}{\dfrac{z_3}{z_4} - 1} = \dfrac{-\dfrac{80}{24} - 1}{\dfrac{80}{78} - 1} = -169$$

(2) $i_{14} = \dfrac{n_1}{n_4} = -169$,所以 $n_4 = -\dfrac{n_1}{169}$

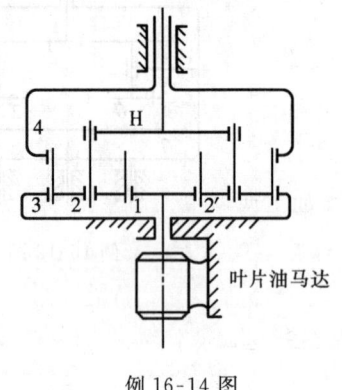

例 16-14 图   例 16-15 图

例 16-15 在例 16-15 图所示的双重周转轮系中,已知各轮的齿数,试求其传动比 i_{1H}。

解题要点:

(1) 双重周转轮系的特点是它的主周转轮系的行星架内有一个副周转轮系,因此至少有一个行星轮同时绕着三个轴线转动。

(2) 图示的双重周转轮系包含了两个主周转轮系(行星轮系 5-H-6 和差动轮系 1-2-H-6,它们共有一个行星架 H)和一个副周转轮系(差动轮系 2'-3-4-h-6)。行星轮 3 同时绕三个轴线 O_3、O_h 及 O_H 转动。

(3) 对于行星轮系 5-H-6,有

$$i_{5H} = \dfrac{\omega_5}{\omega_H} = 1 - i_{56}^H = 1 - \dfrac{z_6}{z_5} \qquad \qquad ①$$

(4) 对于差动轮系 1-2-H-6,有

$$\frac{\omega_1 - \omega_H}{\omega_2 - \omega_H} = -\frac{z_2}{z_1}$$

即
$$i_{1H} = 1 + \frac{z_2}{z_1}\left(1 - \frac{\omega_2}{\omega_H}\right) \qquad ②$$

（5）对于差动轮系 $2'$-3-4-h-6，有

$$\frac{\omega_{2'} - \omega_h}{\omega_4 - \omega_h} = -\frac{z_4}{z_{2'}}$$

因 $\omega_{2'} = \omega_2$，$\omega_h = \omega_5$ 及 $\omega_4 = \omega_H$，故上式可写成

$$\frac{\omega_2 - \omega_5}{\omega_H - \omega_5} = -\frac{z_4}{z_{2'}} \qquad ③$$

（6）将式①代入式③得

$$\frac{\omega_2}{\omega_H} = 1 - \frac{z_6}{z_5}\left(1 + \frac{z_4}{z_{2'}}\right) \qquad ④$$

（7）再将式④代入式②得

$$i_{1H} = 1 + \frac{z_2 z_6}{z_1 z_5}\left(1 + \frac{z_4}{z_{2'}}\right)$$

例 16-16 在例 16-16 图所示的轮系中，已知各齿轮的齿数分别为 $z_1 = 28$，$z_3 = 78$，$z_4 = 24$，$z_6 = 80$，若已知 $n_1 = 2000$ r/min。当分别将轮 3 或轮 6 刹住时，试求行星架的转速 n_H。

解题要点：

（1）当轮 3 被刹住时

$$i_{13}^H = \frac{n_1 - n_H}{n_3 - n_H} = -\frac{z_3}{z_1} \qquad ①$$

因 $n_3 = 0$，得

$$i_{1H} = \frac{n_1}{n_H} = 1 + \frac{z_3}{z_1}$$

所以
$$n_H = \frac{1}{1 + \dfrac{z_3}{z_1}} n_1 = \frac{2000}{1 + \dfrac{78}{28}} \text{ r/min} = 528.3 \text{ r/min}$$

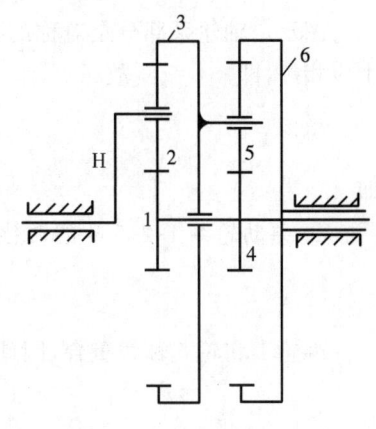

例 16-16 图

（2）当轮 6 被刹住时

$$i_{46}^3 = i_{16}^3 = \frac{n_1 - n_3}{n_6 - n_3} = -\frac{z_6}{z_4}$$

因 $n_6 = 0$，得

$$\frac{n_1}{n_3} = 1 + \frac{z_6}{z_4}, \qquad 所以 \qquad n_3 = \frac{n_1}{1 + \dfrac{z_6}{z_4}} \qquad ②$$

（3）将式②代入式①得

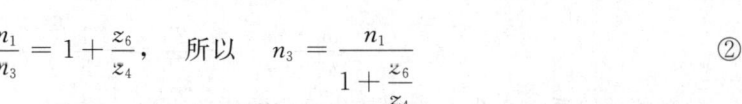

$$\frac{n_1 - n_H}{\dfrac{n_1}{1 + \dfrac{z_6}{z_4}} - n_H} = -\frac{z_3}{z_1}$$

（4）解上式得

$$n_H = \frac{1 + \dfrac{z_3 z_4}{z_1(z_4 + z_6)}}{1 + \dfrac{z_3}{z_1}} n_1 = \frac{1 + \dfrac{78 \times 24}{28(24 + 80)}}{1 + \dfrac{78}{28}} \times 2000 \text{ r/min} = 867.9 \text{ r/min}$$

例 16-17 在例 16-17 图所示的轮系中,已知 $z_5 = z_2 = 25$,$z_{2'} = 20$ 且各轮模数相同,求传动比 i_{54}。

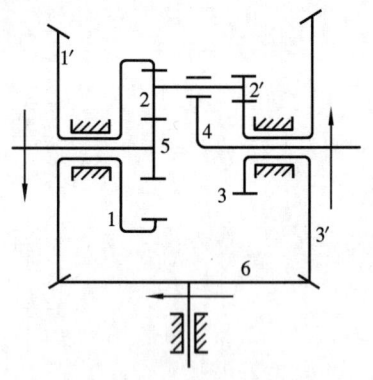

例 16-17 图

解题要点:

(1)区分基本轮系。

先区分周转轮系,再区分定轴轮系。

① 由 1-2-2'-3-4 组成差动轮系。

② 由 1-2-5-4 组成差动轮系。

③ 由 5-2-2'-3-4 组成差动轮系。

④ 由齿轮 1'-6-3' 组成定轴轮系。

由于三个周转轮系不是完全独立的,因此任取两个周转轮系求解,其结果是相同的。

(2)分别列出传动比方程式。

① 定轴轮系 1'-6-3' 的传动比为

$$i_{1'3'} = -\frac{z_{3'}}{z_{1'}} \quad \text{(传动比的正负用画箭头的方法确定)}$$

图示定轴轮系部分是对称的,轮 1' 和轮 3' 的轴线在一直线上,且同时与轮 6 啮合,故其大小应相等,即 $z_{1'} = z_{3'}$,故

$$i_{1'3'} = \frac{\omega_{1'}}{\omega_{3'}} = \frac{\omega_1}{\omega_3} = -1$$

即

$$\omega_1 = -\omega_3 \qquad\qquad\qquad ①$$

② 差动轮系 1-2-5-4 的转化机构的传动比为

$$i_{15}^4 = \frac{\omega_1 - \omega_4}{\omega_5 - \omega_4} = (-1)\frac{z_5}{z_1} = -\frac{z_5}{z_1}$$

因轮 1 和轮 5 轴线重合,因此 $r_1 = r_5 + 2r_2$,而题设各轮模数相同,即

$$\frac{mz_1}{2} = \frac{mz_5}{2} + mz_2$$

所以

$$z_1 = z_5 + 2z_2 = 25 + 2 \times 25 = 75$$

故

$$\frac{\omega_1 - \omega_4}{\omega_5 - \omega_4} = -\frac{25}{75} = -\frac{1}{3} \qquad\qquad\qquad ②$$

③ 差动轮系 1-2-2'-3-4 的转化机构的传动比为

$$i_{13}^4 = \frac{\omega_1 - \omega_4}{\omega_3 - \omega_4} = (-1)\frac{z_2 \cdot z_3}{z_2 \cdot z_{2'}} = -\frac{z_2 \cdot z_3}{z_1 \cdot z_{2'}}$$

同理,因轮 5 和轮 3 的轴线在一直线上,且各轮模数相同,故

$$r_5 + r_2 = r_{2'} + r_3$$

所以

$$z_3 = z_5 + z_2 - z_{2'} = 25 + 25 - 20 = 30$$

故

$$\frac{\omega_1 - \omega_4}{\omega_3 - \omega_4} = -\frac{25 \times 30}{75 \times 20} = -\frac{1}{2}$$

教材在推导转化机构的传动比方程式时,是假定 ω_1、ω_3 和 ω_4 的转向相同,故式中 ω_1、ω_3

和 ω_4 均为正号。但在本题所示的轮系中,当轮 6 的转向一定后,轮 1′和轮 3′的转向恒相反,即轮 1 和轮 3 的转向恒相反。因此上式中 ω_1 和 ω_3 的转向是不同的,故一个取正号,另一个须取负号,故上式应写成

$$\frac{\omega_1 - \omega_4}{-\omega_3 - \omega_4} = -\frac{1}{2}$$

而 $|\omega_1| = |\omega_3|$,故得

$$\frac{\omega_1 - \omega_4}{-\omega_1 - \omega_4} = -\frac{1}{2} \qquad ③$$

(3) 联立求解 i_{54}。

由式③得

$$\omega_1 - \omega_4 = \frac{1}{2}\omega_1 + \frac{1}{2}\omega_4$$

所以

$$\omega_1 = 3\omega_4 \qquad ④$$

由式②得

$$\omega_1 - \omega_4 = -\frac{1}{3}(\omega_5 - \omega_4)$$

故

$$3\omega_4 - \omega_4 = -\frac{1}{3}(\omega_5 - \omega_4)$$

即

$$5\omega_4 = -\omega_5$$

所以

$$i_{54} = \frac{\omega_5}{\omega_4} = -5$$

由于 5、4 同属周转轮系中的组成部分,且轴线重合,故 i_{54} 的符号有意义,表示齿轮 5 与行星架 4 转向相反。

例 16-18 在例 16-18 图所示的轮系中,轴 A 按图示方向以 1250 r/min 的转速回转,而轴 B 按图示方向以 600 r/min 的转速回转。试确定轴 C 的转速大小和方向。

解题要点:

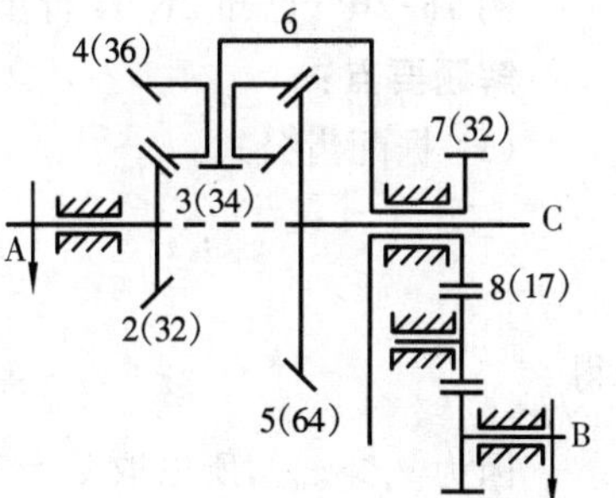

(1) $i_{AC}^6 = \dfrac{n_A - n_6}{n_C - n_6} = -\dfrac{z_3 \cdot z_5}{z_2 \cdot z_4}$

(2) $i_{79} = \dfrac{n_7}{n_9} = \dfrac{z_9}{z_7} = \dfrac{24}{32}$

$$n_7 = n_6 = n_9 \times \frac{3}{4} = n_B \times \frac{3}{4} \text{ r/min} = 450 \text{ r/min}$$

(3) $\dfrac{1250 - 450}{n_C - 450} = -\dfrac{34 \times 64}{32 \times 36}$

$$7200 = -17n_C + 7650$$

$$n_C = \frac{7650 - 7200}{17} \text{ r/min} = 26.47 \text{ r/min}$$

转向与 n_A 一致。

例 16-19 在例 16-19 图所示的轮系中,B、C 和 D、E 做成一体,并分别空套在行星架上。齿轮 A 的转速为 50 r/min,行星架的转速为 100 r/min,它们的转向如图所示。试问此时齿轮 F 的转速和转向如何。

解题要点:

例 16-18 图

(1) $n_B = -50 \times \dfrac{25}{30}$ r/min $= -\dfrac{125}{3}$ r/min

(2) $i_{CF}^G = \dfrac{n_C - n_G}{n_F - n_G} = \dfrac{z_D \cdot z_F}{z_C \cdot z_E}$

因 $$n_C = n_B$$

所以 $$\dfrac{n_B - n_G}{n_F - n_G} = \dfrac{z_D \cdot z_F}{z_C \cdot z_E} = \dfrac{50 \times 58}{60 \times 52}$$

$$\dfrac{\dfrac{125}{3} - 100}{n_F - 100} = \dfrac{290}{312}$$

$$n_F = \left(-\dfrac{125}{3} \times \dfrac{312}{290} - \dfrac{31200}{290} + \dfrac{100 \times 290}{290} \right) \text{ r/min}$$

$$= (-152.41 + 100) \text{ r/min} = -52.41 \text{ r/min}$$

转向与 n_A 相反。

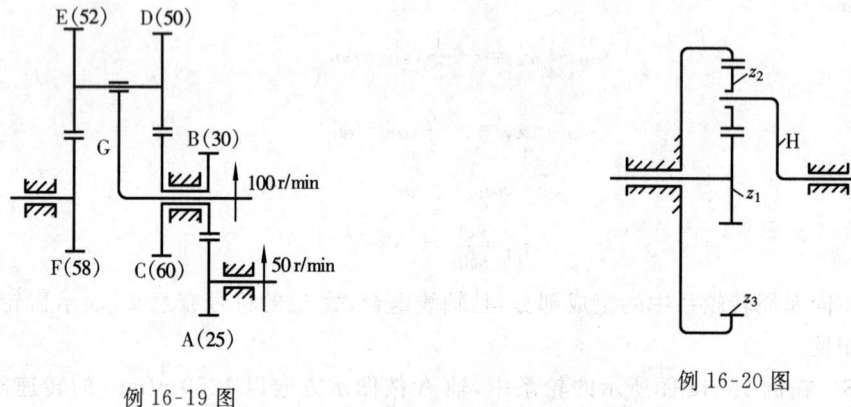

例 16-19 图   例 16-20 图

例 16-20 已知 2K-H 行星轮系如例 16-20 图所示，其 $i_{1H} = 9 \pm 5\%$，求各轮的齿数。

解题要点：

(1) 据配齿公式。

$$z_1 : z_2 : z_3 : N = z_1 : \dfrac{z_1(i_{1H} - 2)}{2} : z_1(i_{1H} - 1) : \dfrac{z_1 \cdot i_{1H}}{K}$$

得 $$z_1 : z_2 : z_3 : N = z_1 : \dfrac{z_1}{2}(9-2) : z_1(9-1) : \dfrac{9 \cdot z_1}{K}$$

因为 $z_1 > z_{min}$，所以取 $z_1 = 18$，故

$$z_2 = \dfrac{18}{2} \times 7 = 63, \quad z_3 = 18 \times 8 = 144$$

(2) 求 N。

设 $K = 3$，则

$$N = 9 \times \dfrac{18}{3} = 54 \quad (K \text{ 可以设为 } 2, 3, 6, \cdots, 18 \text{ 等})$$

(3) 验算传动比误差。

$$i_{1H} = 1 - i_{13}^H = 1 + \dfrac{z_3}{z_1} = 1 + \dfrac{144}{18} = 9$$

满足要求。

（4）校验邻接条件。

因为
$$z_2 < \frac{z_1 \cdot \sin\frac{\pi}{K} - 2h_a^*}{1 - \sin\frac{\pi}{K}}$$

即
$$(z_1 + z_2)\sin\frac{180°}{K} > z_2 + 2h_a^*$$
$$(18 + 63) \cdot \sin60° > 63 + 2$$
$$70.148 > 65$$

满足要求。

16.4　考试复习与练习题

一、填空题

16-1　所谓定轴轮系是指_____,而周转轮系是指_____。

16-2　行星轮系齿数与行星轮数选择必须满足的四个条件是_____条件、_____条件、_____条件、_____条件。

16-3　周转轮系中的基本构件是指_____。

16-4　行星轮系的自由度_____,差动轮系的自由度_____。

16-5　若周转轮系的自由度为2,则称其为_____;若周转轮系的自由度为1,则称其为_____。

二、问答题

16-6　为什么要应用轮系?轮系有几种类型?试举例说明。

16-7　如何区别定轴轮系、行星轮系和差动轮系?

16-8　如何计算定轴轮系的传动比?怎样确定圆柱齿轮组成的轮系及空间齿轮所组成的轮系的传动比符号?

16-9　如何计算周转轮系的传动比?周转轮系有何优点?

16-10　何谓"转化机构"?i_{GK}^{H}是不是周转轮系中G、K两轮的传动比?为什么?

16-11　如何确定周转轮系中从动轮的回转方向?

16-12　怎样从一个轮系中区别哪些构件组成一个周转轮系?哪些构件组成一个定轴轮系。

16-13　在空间齿轮所组成的周转轮系中,能否用转化机构法求传动比?它需要什么条件?

16-14　如何求混合轮系的传动比?试说明解题步骤、计算技巧及其适用范围。

16-15　如何确定行星轮系中各轮的齿数?它们应满足哪些条件?

三、分析计算题

16-16　在题16-16图所示的轮系中,已知各轮齿数为$z_1 = z_2 = z_3 = z_5 = z_6 = 20$,已知齿轮1、4、5、7为同轴线,试求该轮系的传动比i_{17}。

16-17　在题16-17图所示的轮系中,已知各轮齿数为$z_1 = 20, z_2 = 25, z_{2'} = 30, z_3 = 20$,

$z_4=70, n_1=750$ r/min，顺时针方向，试求 n_H 大小及方向。

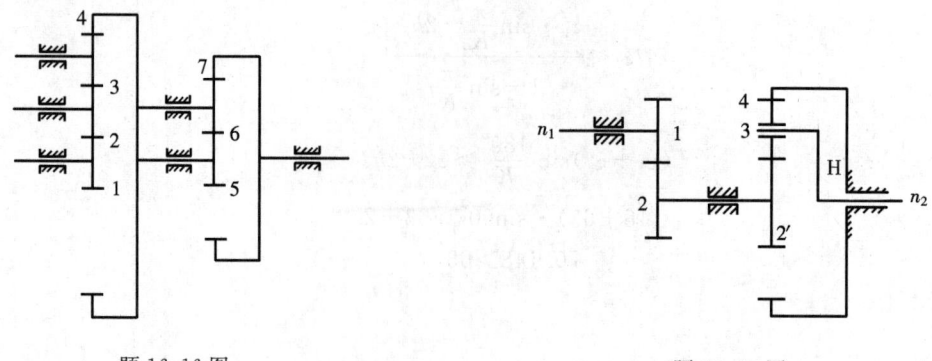

题 16-16 图　　　　　　　　　　　　　　题 16-17 图

16-18　题 16-18 图所示为起重卷扬机机构运动简图，电动机以 $n_1=750$ r/min 顺时针方向转动，各齿轮的齿数为 $z_1=40, z_2=z_{2'}=20$，试求：卷筒的转速和旋转方向。

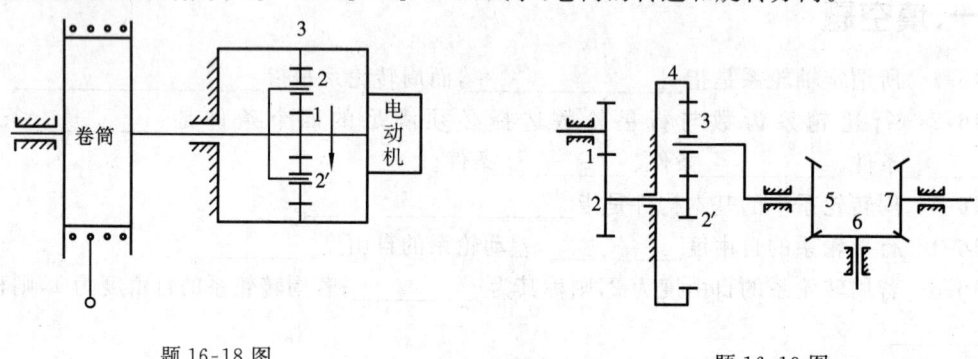

题 16-18 图　　　　　　　　　　　　　　题 16-19 图

16-19　在题 16-19 图所示的轮系中，已知各轮齿数为 $z_1=z_{2'}=20, z_5=z_6=z_7=30, z_2=z_3=40, z_4=100$，试求传动比 i_{17}。

16-20　在题 16-20 图所示的轮系中，已知各轮齿数：$z_1=1, z_2=40, z_{2'}=24, z_3=72, z_{3'}=18, z_4=114$，蜗杆左旋，转向如图示。求轮系的传动比 i_{1H}，并确定输出杆 H 的转向。

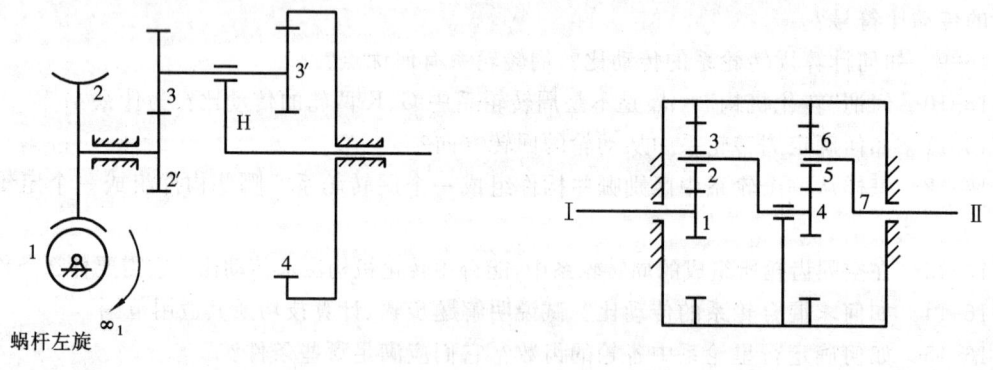

题 16-20 图　　　　　　　　　　　　　　题 16-21 图

16-21　在题 16-21 图所示的轮系中，齿轮均是标准齿轮且正确安装，轮 1 顺时针转动，已知各轮齿数为 $z_1=20, z_2=25, z_4=25, z_5=20$，试求传动比 $i_{1Ⅱ}$ 和 Ⅱ 轴的转向。

16-22　在题 16-22 图所示的轮系中，已知各轮齿数为 $z_1=22, z_3=88, z_4=z_6$，试求传动

比 i_{16}。

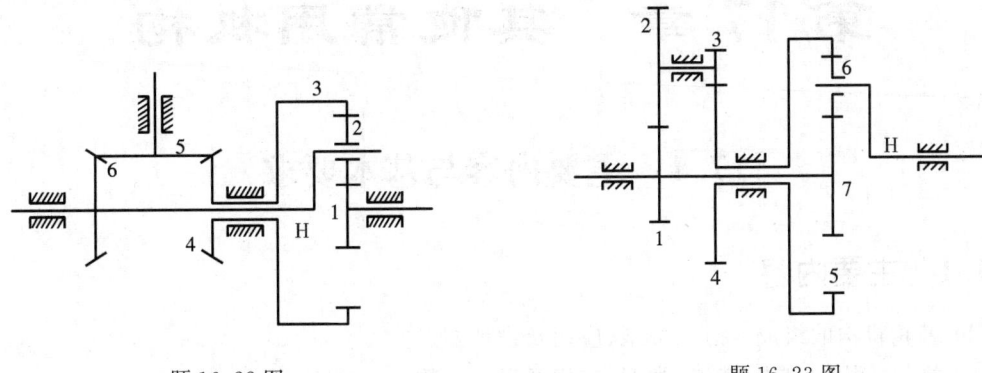

题 16-22 图　　　　　　　　　　　　题 16-23 图

16-23　在题 16-23 图所示的轮系中,已知各轮齿数为:$z_1=20,z_2=34,z_3=18,z_4=36,$ $z_5=78,z_6=z_7=26$。试求传动比 i_{1H}。

16-24　在题 16-24 图所示的轮系中,已知各轮齿数为 $z_2=z_4=25,z_{2'}=20$,各轮的模数相同,$n_4=1000$ r/min,且 $z_{1'}=z_3$。试求行星架的转速 n_H 的大小和方向。

16-25　题 16-25 图所示为一电动卷扬机简图,所有齿轮均为标准齿轮,模数 $m=$ 4(mm),各轮的齿数为 $z_1=24,z_2=z_{2'}=18,z_3=z_{3'}=21,z_4=63,z_5=18,z_6=z_{6'}=18$。试求:

(1) 齿数 z_7;

(2) 传动比 i_{17}。

16-26　题 16-26 图所示为一行星轮系,其传动比 $i_{1H}=\dfrac{18}{5}$,行星轮数 $K=3$,试求各轮的齿数。

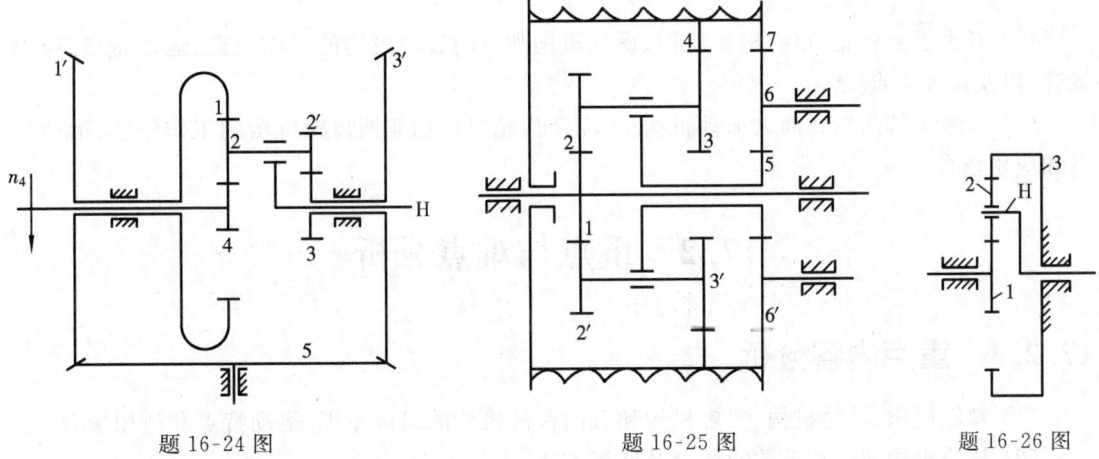

题 16-24 图　　　　　　题 16-25 图　　　　　题 16-26 图

第17章 其他常用机构

17.1 主要内容与基本要求

17.1.1 主要内容

(1) 棘轮机构的组成、特点、类型、应用及设计要点。

(2) 槽轮机构的组成、特点、类型、应用及运动系数和运动特性。

(3) 螺旋机构的组成和特点，以及类型和应用。

(4) 万向铰链机构:

① 单万向铰链机构的组成和运动特性;

② 双万向铰链机构的组成和恒速比条件;

③ 万向铰链机构的特点和应用。

(5) 不完全齿轮机构的组成和特点，以及类型和应用。

(6) 凸轮式间歇运动机构的工作原理和特点，以及类型和应用。

(7) 非圆齿轮机构:

① 非圆齿轮机构的类型和应用;

② 椭圆齿轮机构的运动特性。

17.1.2 基本要求

(1) 着重了解棘轮机构、槽轮机构、螺旋机构和万向铰链机构的工作原理、运动特点、应用场合，以及设计要点。

(2) 一般了解凸轮式间歇运动机构、不完全齿轮机构和非圆齿轮机构的工作原理、运动特点和应用场合。

17.2 重点与难点分析

17.2.1 重点内容分析

(1) 棘轮机构、槽轮机构、螺旋机构和万向铰链机构的组成原理、运动特点和适用场合。

(2) 槽轮机构的运动系数的概念及计算方法。

17.2.2 难点内容分析

(1) 注意其他常用机构的运动特点。

(2) 单万向铰链机构的运动分析。

对于单万向铰链机构，如图 17-1 所示，当主动轴 1 回转一周时，从动轴 3 也跟着回转一周，但两轴的瞬时角速度并不时时相等，即轴 1 以角速度 ω_1 匀速回转时，轴 3 以变角速度 ω_3

回转。若轴 1 与轴 3 的夹角为 α，并令当主动轴 1 的叉平面位于两轴轴线所在的平面内时其转角 $\varphi_1 = 0$（如图 17-1(a) 所示），则两轴的角速比的关系为

$$i_{31} = \frac{\omega_3}{\omega_1} = \frac{\cos\alpha}{1 - \sin^2\alpha\cos^2\varphi_1}$$

上式可如下导出。

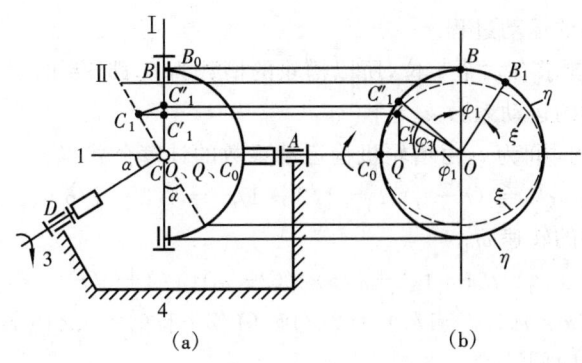

图 17-1 单万向铰链机构的运动分析

如图 17-1 所示，当两轴各回转一周时，B 点和 C 点的轨迹均为一圆。该两圆所在的平面 Ⅰ 和 Ⅱ 各垂直于回转轴，因此它们之间的夹角也等于 α。设以 B 点的运动平面 Ⅰ 作为投影面，那么 B 点的轨迹的投影为一实际大小的圆，如图 17-1(b) 的 $\eta\eta$ 所示；而 C 点轨迹的投影为一椭圆，如图 17-1(b) 的 $\xi\xi$ 所示。由于 OB 和 OC 始终互相垂直，且 OB 在投影面内，因此由投影定理可知，它们的投影也始终互相垂直。当 OB 的投影在位置 OB_0 时（即轴 1 的叉平面位于两轴轴线所在的平面内，轴 1 的转角 $\varphi_1 = 0$ 时），OC 的投影应在位置 OC_0（即轴 3 的叉平面位于两轴轴线所在平面的垂直面内）。当轴 1 回转 φ_1 角时，OB 的投影由 OB_0 转到 OB_1，这时 OC 的投影由 OC_0 转到 OC_1'。根据两投影线 OB_1 和 OC_1' 恒互相垂直的关系可知，$\angle C_0OC_1'$ 也等于 φ_1，该角是轴 3 转角 φ_3 的投影。为了得到 φ_3 的真实大小，可将点 C 的运动平面 Ⅱ 绕 OC_0 回转一个 α 角而与 B 点的运动平面 Ⅰ 相重合，这时 C_1 点的投影 C_1' 与点 C_1'' 相重合，而直线 $C_1''C_1'Q$ 垂直于 OC_0，那么 $\angle C_1''OC_0$ 即为所求的角 φ_3。于是由图 17-1(b) 可得

$$\frac{\arctan\varphi_1}{\arctan\varphi_3} = \frac{\overline{QC_1'}/\overline{OQ}}{\overline{QC_1''}/\overline{OQ}} = \frac{\overline{QC_1'}}{\overline{QC_1''}}$$

又由图 17-1(a) 可知，$\overline{QC_1'}/\overline{QC_1''} = \overline{QC_1'}/\overline{QC_1} = \cos\alpha$，所以 $\arctan\varphi_1 = \arctan\varphi_3 \cdot \cos\alpha$，将此式对时间求导，即可得

$$i_{31} = \frac{\omega_3}{\omega_1} = \frac{\mathrm{d}\varphi_3/\mathrm{d}t}{\mathrm{d}\varphi_1/\mathrm{d}t} = \frac{\sec^2\varphi_1}{\sec^2\varphi_3\cos\alpha} = \frac{\sec^2\varphi_1\cos\alpha}{(1 + \arctan^2\varphi_3)\cos^2\alpha}$$

$$= \frac{\sec^2\varphi_1\cos\alpha}{\cos^2\alpha + \arctan^2\varphi_1} = \frac{\cos\alpha}{\cos^2\alpha\cos^2\varphi_1 + \sin^2\varphi_1} = \frac{\cos\alpha}{1 - \sin^2\alpha\cos^2\varphi_1}$$

17.3 例题精选与解析

例 17-1 某装配自动线上有一工作台转位机构，工作台要求有六个工位，每个工位在工作台静止时间 $t_j = 10$ s 内完成装配工序。当采用单销外槽轮机构时，试求：

(1) 该槽轮机构的运动系数 k；

(2) 装圆柱销的主动构件(拨盘)的转速 ω；

(3) 槽轮的转位时间 t_d。

解题要点：

(1) 明确槽轮机构运动系数的定义及计算方法；

(2) 了解槽轮机构的运动过程。

解： 因为工作台要求有六个工位，所以槽轮的槽数为 6，即 $z=6$。

(1) 计算槽轮机构的运动系数 k。

设一个运动循环的时间为 t，由槽轮机构运动系数的计算公式得

$$k = t_d/t = (t-t_j)/t = 1/2 - 1/z = 1/2 - 1/6 = 1/3$$

(2) 计算主动构件的转速 ω。

由上式得

$$t_j = t(1-1/2+1/z) = (2\pi/\omega)(1/2+1/z)$$

则

$$\omega = (2\pi/t_j)(1/2+1/z) = (2\pi/10)(1/2+1/6) = 0.419 \text{ rad/s}$$

(3) 计算槽轮转位时间。

$$t_d = t - t_j = 2\pi/\omega - t_j = 2\pi/0.419 - 10 = 5 \text{ s}$$

例 17-2 如例 17-2 图所示为一磨床的进刀机构。棘轮 4 与行星架 H 固联，齿轮 3 与丝杆固联。已知行星轮系中各轮齿数 $z_1=22$，$z_2'=18$，$z_2=z_3=20$，进刀丝杠的导程 $l=5$ mm。如果要求实现最小进刀量 $s=0.001$ mm，试求棘轮的最少齿数 z_{min}。

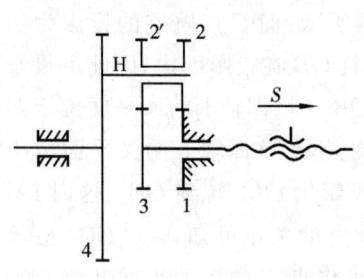

例 17-2 图

解题要点：

(1) 明确棘轮的最小转角为一个齿距角；

(2) 由齿轮 3 的最小转角求出棘轮 4 的最小转角，从而确定棘轮的最少齿数 z_{min}。

解： (1) 求实现最小进刀量 $s=0.001$ mm 时，丝杆相应的最小转角 φ_{3min}。

$$\varphi_{3min} = \frac{2\pi}{l}s = \frac{2\pi}{5} \times 0.001 = 1.2566 \times 10^{-3} \text{ rad}$$

(2) 求行星轮系 1-2(2')-3-H 的传动比 i_{H3} 及行星架 H 的最小转角 φ_{Hmin}。

由

$$i_{3H} = 1 - i_{31}^H = 1 - (-1)^2 \frac{z_2'z_1}{z_3z_2} = 1 - \frac{18 \times 22}{20 \times 20} = \frac{1}{100}$$

得 $i_{H3}=100$，齿轮 3 与行星架转向相同。

故

$$\varphi_{Hmin} = i_{H3}\varphi_{3min} = 100 \times 1.2566 \times 10^{-3} = 0.12566 \text{rad}$$

(3) 求棘轮的最少齿数 z_{min}。

由

$$z \geqslant 2\pi/\varphi_{Hmin} = 2\pi/0.12566 = 50$$

故取棘轮的最少齿数

$$z_{min} = 50$$

例 17-3 在单万向铰链机构中，主动轴 1 以 $n_1=1000$ r/min 匀速回转，从动轴 3 作变速运动，其最低转速为 $n_{3min}=766$ r/min。试求：

(1) 主动轴与从动轴的夹角 α，从动轴 3 的最高转速 n_{3max}；

(2) 在轴 1 运动一周的过程中，φ_1 角为何值时两轴转速相等；

(3) 从动轴的速度波动不均匀系数 δ。

解题要点:

明确单万向铰链机构的角速比关系。

解: (1) 因为
$$n_3 = \frac{\cos\alpha}{1-\sin^2\alpha\cos^2\varphi_1}n_1$$

当 $\varphi_1 = 0°$,即轴 1 的叉平面位于 1、3 两轴所在平面内时,n_3 最大,有
$$n_{3\max} = n_1/\cos\alpha$$

当 $\varphi_1 = 90°$,即轴 1 的叉平面位于 1、3 两轴所在平面的垂直面内时,n_3 最小,有
$$n_{3\min} = n_1\cos\alpha$$

所以,有
$$\alpha = \arccos(n_{3\min}/n_1) = \arccos(766/1000) = 40°$$
$$n_{3\max} = n_1/\cos\alpha = 1000/\cos 40° = 1305.4 \text{r/min}$$

(2) 当 $n_1 = n_3$ 时,即
$$\frac{\cos\alpha}{1-\sin^2\alpha\cos^2\varphi_1} = 1, \quad \cos^2\varphi_1 = \frac{1-\cos\alpha}{\sin^2\alpha}$$

或
$$\frac{1}{1+\arctan^2\varphi_1} = \frac{1}{1+\cos\alpha}, \quad \arctan\varphi_1 = \pm\sqrt{\cos\alpha}$$

故
$$\varphi_1 = \arctan(\pm\sqrt{\cos\alpha}) = \arctan(\pm\sqrt{\cos 40°})$$

在 $\varphi_1 = 42.9414°, 137.0586°, 222.9414°, 317.0586°$ 时,两轴转速相等。

(3) 求从动轴速度的波动不均匀系数。

$$\delta = \frac{n_{3\max}-n_{3\min}}{n_{3m}} = \frac{n_1/\cos\alpha - n_1\cos\alpha}{n_1} = 1/\cos\alpha - \cos\alpha = 1/\cos 40° - \cos 40° = 0.5394$$

例 17-4 例 17-4 图所示的差动螺旋机构中,螺杆 3 与机架刚性连接,其螺纹是右旋的,导程 $l_A = 4$ mm,螺母 2 相对机架只能移动,内外均有螺纹的螺杆 1 沿箭头方向转 5 圈时要求螺母 2 向左移动 5 mm。试求 1、2 螺旋副的导程 l_B 及其旋向。

解题要点:

(1) 规定位移 s 向右为正,反之为负。

(2) 导程的正负由转动方向和螺旋方向而定。若是右螺纹,则用右手按转动方向看大拇指的指向,大拇指指向为右,则为正;反之为负。若是左螺纹,则用左手按转动方向决定大拇指指向,然后定出正负。

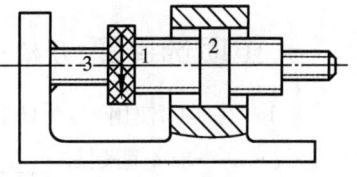

例 17-4 图

解: 因为螺母 2 相对机架 3 的位移量为

$$s_{23} = (l_A - l_B)\frac{\varphi_{13}}{2\pi}$$

因为 $\varphi_{13} = 5\times 2\pi$ rad,$l_A = 4$ mm(右旋,指向向右),$s_{23} = -5$ mm(向左移动),代入上式有

$$-5 = (4 - l_B)\frac{5\times 2\pi}{2\pi}$$

所以得
$$l_B = 5 \text{ mm}$$

因 l_B 大于零,故由螺杆的转向可知,1、2 螺旋副为右旋。

例 17-5 有一双万向铰链机构,其主动端的轴间夹角等于从动端的轴间角($\alpha_{12} = \alpha_{23}$),但主动轴 1、中间轴 2 和从动轴 3 三轴轴线不在同一平面上,且中间轴两端叉面也不在同一平面上,其中主动端的叉面在主动轴和中间轴两轴轴线所在的平面上时,从动端的叉面正好在中间轴和从动轴两轴轴线所在的平面上。问此双万向铰链机构其主、从动轴间能否保持恒速比(i_{31}

≡1)的传动。

解题要点：

（1）注意了解双万向铰链机构主、从动轴要作恒速比传动应满足的三个条件，分析本例的特殊情况。

（2）对问题要进行深入的分析，不要简单地套用结论。

解： 从表面上看，此问题并不满足双万向铰链机构主、从动轴要恒速比传动的三个条件，似乎不能作恒速比传动。但稍作进一步的分析就不难发现，当中间轴主动端的叉面位于主动轴和中间轴两轴轴线所在的平面上时，其情况相当于例 17-5 图（a）所示，此时有

$$\omega_2 = \omega_1 \cos\alpha_{12}$$

由于此时中间轴在从动端的叉面也正好位于中间轴和从动轴两轴轴线所在的平面上，其情况相当于例 17-5 图（b）所示，故有

$$\omega_3 = \omega_2 / \cos\alpha_{23}$$

将上述两式联立求解，不难得到 $\omega_3 = \omega_1$，故知其主、从动轴能保持恒速比传动。

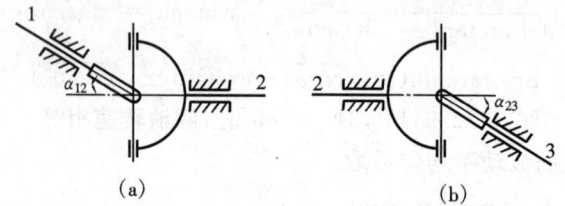

例 17-5 图

17.4 考试复习与练习题

一、单项选择题（从给出的 A、B、C、D 中选一个答案）

17-1 在实际使用中，为防止从动轴的速度波动幅度过大，单万向铰链机构中两轴的夹角
α 一般不能超过_____。
   A. 20°   B. 30°   C. 40°   D. 50°

17-2 为了使槽轮机构的槽轮运动系数 k 大于零，槽轮的槽数 z 应大于_____。
   A. 1   B. 2   C. 5   D. 6

17-3 在单向间歇运动机构中，棘轮机构常用于_____的场合。
   A. 低速轻载   B. 高速轻载   C. 低速重载   D. 高速重载

17-4 在单向间歇运动机构中，_____的间歇回转角在较大的范围内可以调节。
   A. 槽轮机构   B. 棘轮机构
   C. 不完全齿轮机构   D. 蜗杆凸轮式间歇运动机构

17-5 在单向间歇运动机构中，_____可以获得不同转向的间歇运动。
   A. 不完全齿轮机构   B. 圆柱凸轮间歇运动机构
   C. 棘轮机构   D. 槽轮机构

17-6 在单向间歇运动机构中，_____既可以避免柔性冲击，又可以避免刚性冲击。

A. 不完全齿轮机构　　　　　　　B. 圆柱凸轮间歇运动机构

C. 棘轮机构　　　　　　　　　　D. 槽轮机构

17-7　不完全齿轮机构安装瞬心线附加杆的目的是为了_____。

A. 改变瞬心位置　　　　　　　　B. 提高齿轮啮合的重合度

C. 提高运动的平稳性　　　　　　D. 便于齿轮的加工

17-8　不完全齿轮机构中,适当减少主动轮首齿齿顶高的目的是_____。

A. 提高从动轮在停歇时的定位精度　　B. 防止齿轮在退出啮合时发生干涉

C. 使齿轮的径向间隙保持标准值　　　D. 防止齿轮在进入啮合时发生干涉

二、填空题

17-9　在单万向铰链机构中,主、从动轴传动比 $i_{31}=\omega_3/\omega_1$ 的变化范围是_____,其变化幅度与_____有关。

17-10　在齿式棘轮机构中,为保证棘爪能顺利进入棘轮轮齿的齿根,应满足的条件是_____。

17-11　有一外槽轮机构,已知槽轮的槽数 $z=4$,转盘上装有一个拨销,则该槽轮机构的运动系数 $k=$_____,其静止系数 $k'=$_____。

17-12　欲将一匀速旋转运动转换成单向间歇的旋转运动,可采用的机构有_____、_____、_____和_____等。

17-13　槽轮机构是由_____、_____、_____组成的。对于原动件转一圈,槽轮只运动一次的槽轮机构来说,槽轮的槽数应不少于_____;机构的运动系数总小于_____。

17-14　棘轮的标准模数 m 等于棘轮的_____直径与齿数 z 之比。

三、问答题

17-15　槽轮机构的运动系数的意义是什么? 为什么说运动系数必须大于零而小于1?

17-16　齿式棘轮机构有何特点? 棘轮工作齿面的倾斜角 α 应如何确定? 若倾斜角 α 过小将会出现什么问题,棘轮的最小转角 φ_{min} 与棘轮齿数 z 间保持何种关系?

17-17　双万向铰链机构要满足什么条件才能保证传动比恒等于1?

17-18　何谓差动螺旋机构? 各构件之间的相对位移 s 与螺旋的导程 l、相对转角 φ 有何关系?

17-19　棘轮机构和槽轮机构均可用来实现从动轴的单向间歇运动,但在具体的使用选择上又有什么不同?

17-20　螺旋机构的运动特点是什么? 有哪三种基本形式? 其位移和移动方向如何确定?

17-21　试论述在牛头刨床的送进机构中采用棘轮机构,在电影放映机的抓片机构中采用槽轮机构,在蜂窝煤压制机的工作台转位机构中采用不完全齿轮机构是否合理?

四、分析计算题

17-22　在单万向铰链机构中,已知主动轴1为等速回转,当两轴夹角 $\alpha=35°$,且瞬时传动比为1.16时,试求两轴转角 φ_1 和 φ_3。

17-23　如题17-23图所示的螺旋机构,螺杆1分别与构件2和3组成螺旋副,导程分别

为 $l_A = 2$ mm，$l_B = 3$ mm。如果要求构件 2 和 3 如图示箭头由距离 $L_1 = 100$ mm 快速趋近到 $L_2 = 90$ mm，试确定：

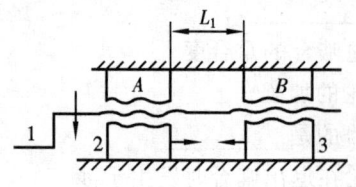

题 17-23 图

（1）两螺旋的旋向（螺杆的转向如图所示）；

（2）螺杆应转过多大的角度？

17-24　有一外槽轮机构，已知槽轮的槽数 $z = 6$，槽轮的停歇时间为每转 1 s，槽轮的运动时间为每转 2 s。试求：

（1）槽轮机构的运动系数 k；

（2）所需的圆销数 n。

17-25　设计一单销四槽外槽轮机构，要求槽轮在停歇时间完成工作动作，所需时间为 30 s。试求：

（1）拨盘的转速 n_1；

（2）槽轮转位所需的时间 t_d。

17-26　在题 17-26 图所示的微动螺旋机构中，螺杆 1 上 A 段螺旋副的导程 $l_A = 10$ mm，其回转方向如图所示。当螺杆 1 转动 $2\frac{1}{2}$ 圈时，平台 3 向右移动 2 mm。试求：

（1）当 A、B 两段螺旋的旋向均为右旋时，B 段螺旋的导程 l_B 应为多少？

（2）当 A、B 两段螺旋的旋向均为左旋时，B 段螺旋的导程 l_B 又应为多少？

17-27　牛头刨床工作台的横向进给螺杆的导程 $l = 3$ mm，与螺杆固联的棘轮齿数 $z = 40$。问棘轮的最小转动角度 φ_{min} 是多少？该牛头刨床的最小横向进给量 s_{min} 是多少？

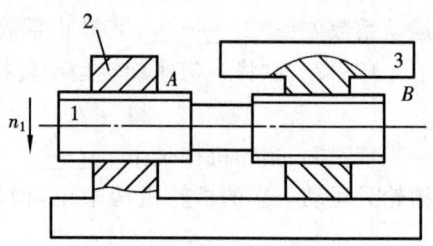

题 17-26 图

17-28　螺旋机构如题 17-28 图所示。螺旋 A、B、C 均为右旋，导程分别为 $l_A = 6$ mm，$l_B = 4$ mm，$l_C = 24$ mm。试求当构件 1 按图示方向转 1 圈时，构件 2 的轴向位移 s_2 及转角 φ_2。

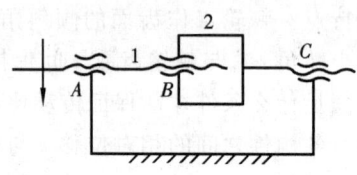

题 17-28 图

第18章 机械速度波动的调节

18.1 主要内容与基本要求

18.1.1 主要内容

1. 机械运转的三个阶段

机械运转的三个阶段是启动阶段、稳定运转阶段和停车阶段。一般情况下,启动阶段的生产阻力为零,驱动力矩的功用于增加机械的动能。稳定运转阶段分为等速稳定运转和周期变速稳定运转,等速稳定运转的 ω＝常数,周期变速稳定运转的每个周期起始位置的 ω 相同。停车阶段的驱动力矩为零,机械在启动阶段积蓄的动能消耗在机械的摩擦阻力和为使机械快停所加的制动力矩上。

2. 等效动力学模型

机械通常是一个复杂的系统,为了使问题的研究简化,在机械中取一个转动构件,假想它具有等效转动惯量,其上作用有等效力矩,这个构件称为等效构件,以等效构件建立的动力学模型称为机械的等效动力学模型。由动力学模型解出的等效构件的运动和该构件在原机械中的运动完全相同。

等效转动惯量按下式计算:

$$J = \sum_{i=1}^{n} m_i \left(\frac{v_{ci}}{\omega}\right)^2 + \sum_{i=1}^{n} J_{ci} \left(\frac{\omega_i}{\omega}\right)^2 \tag{18-1}$$

等效力矩按下式计算:

$$M = \sum_{i=1}^{n} P_i \cos\alpha_i \left(\frac{v_i}{\omega}\right) + \sum_{i=1}^{n} \left[\pm M_i \left(\frac{\omega_i}{\omega}\right)\right] \tag{18-2}$$

如果取机械中的移动构件为等效构件,其动力学模型就是等效构件具有等效质量,其上作用有等效力。

等效质量按下式计算:

$$m = \sum_{i=1}^{n} m_i \left(\frac{v_{ci}}{v}\right)^2 + \sum_{i=1}^{n} J_{ci} \left(\frac{\omega_i}{v}\right)^2 \tag{18-3}$$

等效力按下式计算:

$$P = \sum_{i=1}^{n} P_i \cos\alpha_i \left(\frac{v_i}{v}\right) + \sum_{i=1}^{n} \left[\pm M_i \left(\frac{v_i}{v}\right)\right] \tag{18-4}$$

3. 机械运动方程及求解

机械运动方程即等效构件的运动方程。当取转动构件作为等效构件时,机械运动方程的形式有:

$$\frac{1}{2} J(\varphi) \omega^2(\varphi) - \frac{1}{2} J_0(\varphi) \omega_0^2(\varphi) = \int_{\varphi_0}^{\varphi} M(\varphi, \omega, t) \mathrm{d}\varphi$$

$$J(\varphi) \frac{\mathrm{d}\omega(\varphi)}{\mathrm{d}t} + \frac{\omega^2(\varphi)}{2} \frac{\mathrm{d}J(\varphi)}{\mathrm{d}\varphi} = M(\varphi, \omega, t)$$

当取移动构件作为等效构件时,机械运动方程的形式有:

$$\frac{1}{2}m(s)v^2(s) - \frac{1}{2}m_0(s)v_0^2(s) = \int_{s_0}^{s} P(s,v,t)\mathrm{d}s$$

$$m(s)\frac{\mathrm{d}v(s)}{\mathrm{d}t} + \frac{v^2(s)}{2}\frac{\mathrm{d}m(s)}{\mathrm{d}s} = P(s,v,t)$$

等效质量或等效转动惯量是机构位置的函数,而等效力或等效力矩可能是机构位置的函数,也可能是机构位置和速度的函数,或是多个变量的函数。当等效力和等效力矩均为位置的函数时,或当等效转动惯量是常数,等效力矩是速度的函数时,机械的运动方程可得到解析解。当等效转动惯量是变量,等效力矩是位置和速度的函数时,只能用数值方法求解。

4. 机械稳定运转的条件

机械稳定运转包括等速稳定运转和周期变速稳定运转。等速稳定运转的条件是

$$M_d = M_r$$

即在机械运动每一瞬时,等效驱动力矩 M_d 均与等效阻力矩 M_r 相等。

周期变速稳定运转的条件是

$$\int_{\varphi\varphi} (M_d - M_r)\mathrm{d}\varphi = 0$$

即在机械运动的一个周期中,等效驱动力矩的功和等效阻力矩的功相等。

5. 速度不均匀系数

速度不均匀系数为

$$\delta = \frac{\omega_{max} - \omega_{min}}{\omega_m} \qquad (18\text{-}5)$$

式中:

$$\omega_m = \frac{\omega_{max} + \omega_{min}}{2}$$

速度不均匀系数 δ 表示机械速度波动的程度。

6. 飞轮的功用

飞轮相当于一个能量储存器。在机械上安装一具有足够大转动惯量 J_F 的飞轮后,可以使得速度不均匀系数 δ 下降到其许可范围之内。另一方面,当等效阻力矩在一个周期中的短时间内作用且数值较大的情况下,安装飞轮可以适当减小驱动电动机的容量。

7. 飞轮转动惯量的计算

飞轮转动惯量的计算公式为

$$J_F = \frac{\Delta W_{max}}{\omega_m^2 [\delta]} \qquad (18\text{-}6a)$$

或

$$J_F = \frac{900 \cdot \Delta W_{max}}{\pi^2 n^2 [\delta]} \qquad (18\text{-}6b)$$

8. 非周期性速度波动的调节

若选用电动机作为原动机,其本身具有自调性。若选用蒸汽机、汽轮机或内燃机作为原动机,必须安装调速器来调节机械出现的非周期性速度波动。

18.1.2 基本要求

了解机械运转过程的三个阶段、机械稳定运转的条件、飞轮的功用以及机械非周期性速度波动的调节原理。掌握等效转动惯量、等效质量、等效力矩、等效力的概念和计算方法,机械运动方程的形式及简单情况下的求解,以及力是机构位置函数时飞轮转动惯量的计算方法。

18.2 重点与难点分析

18.2.1 重点内容分析

等效转动惯量、等效质量、等效力矩、等效力的概念和计算方法;力是机构位置函数时,飞轮转动惯量的计算方法。

18.2.2 难点内容分析

1. 四个等效概念的建立

等效转动惯量和等效质量的概念建立在动能相等的前提下,等效构件的动能等于机械中所有构件的动能之和,由此导出等效转动惯量和等效质量的表达式。等效力矩和等效力的概念建立在瞬时功率相等的前提下,假想作用在等效构件上的等效力矩或等效力的瞬时功率等于机械中各构件上所有外力的瞬时功率之和,由此导出等效力矩和等效力的表达式。

2. 最大盈亏功的概念和求解方法

最大盈亏功是指机械在变速稳定运转的一个周期内,动能的最大值和最小值之间的驱动功与阻抗功之差。机械运转速度波动的极值点发生在等效驱动力矩和等效阻力矩两曲线的交点处。

18.3 例题精选与解析

例 18-1　在例 18-1 图所示机构中,滑块 3 的质量为 m_3,曲柄 AB 长为 r,滑块 3 的速度 $v_3 = \omega_1 r \sin\theta$,$\omega_1$ 为曲柄的角速度。当 $\theta = 0° \sim 180°$时,阻力 F =常数;当 $\theta = 180° \sim 360°$时,阻力 $F = 0$。驱动力矩 M 为常数。曲柄 AB 绕 A 轴的转动惯量为 J_{A1},不计构件 2 的质量及各运动副中的摩擦。设在 $\theta = 0°$时,曲柄的角速度为 ω_0。试求:

（1）取曲柄为等效构件时的等效驱动力矩 M_d 和等效阻力矩 M_r;

（2）等效转动惯量 J;

（3）在稳定运转阶段,作用在曲柄上的驱动力矩 M;

（4）写出机构的运动方程式。

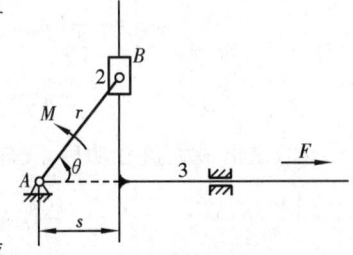

例 18-1 图

解题要点:

（1）驱动力矩 M 作用在等效构件上,且其他构件上无驱动力矩,故有

$$M_d = M$$

阻力 F 的等效阻力矩:

$$M_r = Fv_3/\omega_1 = Fr\sin\theta \ (0° \leqslant \theta \leqslant 180°)$$
$$M_r = 0 \ (180° \leqslant \theta \leqslant 360°)$$

（2）等效转动惯量为

$$J = J_{A1} + m_3 r^2 \sin^2\theta$$

（3）计算稳定运转阶段,作用在曲柄上的驱动力矩 M。

由 $M \cdot 2\pi = F \cdot 2r$,可得 $\qquad\qquad M = \dfrac{F}{\pi}$

(4) 机构的运动方程式:

$$\int_0^\theta (M_d - M_r)\mathrm{d}\theta = \frac{1}{2}J(\theta)\omega^2 - \frac{1}{2}J_0(\theta)\omega_0^2$$

例 18-2 已知某机械一个稳定运动循环内的等效阻力矩 M_r 如例 18-2 图所示,等效驱动力矩 M_d 为常数,等效构件的最大及最小角速度分别为 $\omega_{\max} = 200 \text{ rad/s}$ 及 $\omega_{\min} = 180 \text{ rad/s}$。试求:

(1) 等效驱动力矩 M_d 的大小;

(2) 运转的速度不均匀系数 δ;

(3) 当要求 δ 在 0.05 范围内,并不计其余构件的转动惯量时,应装在等效构件上的飞轮的转动惯量 J_F。

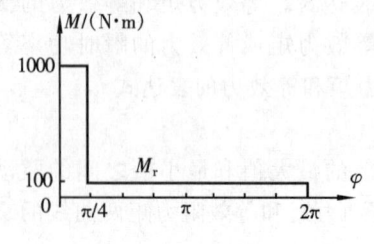

例 18-2 图

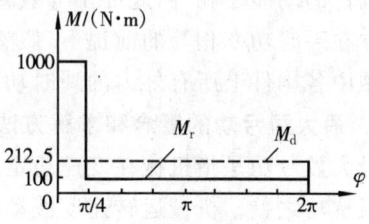

例 18-2 图解

解题要点:

(1) 根据一个周期中等效驱动力矩的功和阻力矩的功相等来求等效驱动力矩。

由 $\qquad\qquad\qquad \int_0^{2\pi} M_d \mathrm{d}\varphi = \int_0^{2\pi} M_r \mathrm{d}\varphi$

得 $\qquad\qquad M_d = \dfrac{1}{2\pi}\left(1000 \times \dfrac{\pi}{4} + 100 \times \dfrac{7\pi}{4}\right) = 212.5 \text{ N} \cdot \text{m}$

(2) 直接利用式(18-5)求 δ。

$$\omega_m = \frac{1}{2}(\omega_{\max} + \omega_{\min}) = \frac{1}{2}(200 + 180) \text{ rad/s} = 190 \text{ rad/s}$$

$$\delta = \frac{\omega_{\max} - \omega_{\min}}{\omega_m} = \frac{200 - 180}{190} = 0.105$$

(3) 求出最大盈亏功后,飞轮转动惯量可利用式(18-6)求解(参见本例图解)。

$$\Delta W_{\max} = (212.5 - 100)\frac{7\pi}{4} \text{ J} = 618.5 \text{ J}$$

$$J_F = \frac{\Delta W_{\max}}{\omega_m^2 [\delta]} = \frac{618.5}{190^2 \times 0.05} \text{ kg} \cdot \text{m}^2 = 0.3427 \text{ kg} \cdot \text{m}^2$$

18.4 考试复习与练习题

一、单项选择题(从给出的 A、B、C、D 中选一个答案)

18-1 机器安装飞轮后,原动机的功率可以比未安装飞轮时_____。

    A. 一样   B. 大   C. 小   D. A、C 的可能性都存在

18-2 在机械稳定运转的一个运动循环中,应有_____。

A. 惯性力和重力所做之功均为零

B. 惯性力所做之功为零,重力所做之功不为零

C. 惯性力和重力所做之功均不为零

D. 惯性力所做之功不为零,重力所做之功为零

18-3 机器运转出现周期性速度波动的原因是_____。

A. 机器中存在往复运动构件,惯性力难以平衡

B. 机器中各回转构件的质量分布不均匀

C. 在等效转动惯量为常数时,各瞬时驱动功率和阻抗功率不相等,但其平均值相等,且有公共周期

D. 机器中各运动副的位置布置不合理

18-4 将作用于机器中所有驱动力、阻力、惯性力、重力都转化到等效构件上,求得的等效力矩和机构动态静力分析中求得的在等效构件上的平衡力矩,两者的关系应是_____。

A. 数值相同,方向一致   B. 数值相同,方向相反

C. 数值不同,方向一致   D. 数值不同,方向相反

二、填空题

18-5 若已知机械系统的盈亏功为 ΔW_{max},等效构件的平均角速度为 ω_m,系统许用速度不均匀系数为 $[\delta]$,未加飞轮时,系统的等效转动惯量的常量部分为 J_C,则飞轮转动惯量 J_F _____。

18-6 若不考虑其他因素,单从减轻飞轮的质量上看,飞轮应安装在_____轴上。

18-7 大多数机器的原动件都存在运动速度的波动,其原因是驱动力所做的功与阻力所做的功_____保持相等。

18-8 机器等效动力学模型中的等效质量(转动惯量)是根据_____的原则进行转化的,因而它的数值除了与各构件本身的质量(转动惯量)有关外,还与_____有关。

18-9 当机器中仅包含_____机构时,等效动力学模型中的等效质量(转动惯量)是常数;当机器中包含_____机构时,等效质量(转动惯量)是机构位置的函数。

三、问答题

18-10 某机器的传动系统由主轴经由一套行星轮系减速后再串联一个曲柄摇杆机构组合而成,试问:

(1) 这个传动系统等效到其主轴上的转动惯量中,哪些构件的等效转动惯量在运动循环中是不变量? 哪些构件的转动惯量是变量?

(2) 在一个工作循环中,作用在主轴上的驱动力矩和输出摇杆上的生产阻力矩都是常数,这时理论上是否要安装飞轮? 并说明其理由。

18-11 一个力系的等效力与平衡力有什么关系?

18-12 机器中安装了飞轮后,是否能得到绝对均匀的运转? 为什么?

18-13 在确定飞轮转动惯量时,速度不均匀系数 δ 是否选得越小越好?

18-14　在飞轮设计求等效力或等效力矩时,是否要考虑惯性力?

18-15　为了减轻飞轮的质量,飞轮最好安装在何处?

18-16　机器等效动力学模型中,等效质量的等效条件是什么?试写出等效质量的一般表达式。如不知道机构的真实运动,能否求得等效质量?为什么?

四、分析计算题

18-17　在题 18-17 图所示机构中,已知 $l_{OB}=50$ mm,各轮齿数 $z_1=z_2=20$,$z_3=60$,与构件 4 固联的杆 OB 的角位置 $\varphi=30°$,作用在构件 6 上的阻力 $F_6=8$ N。试求 F_6 等效到构件 1 上的等效力矩 M_1。

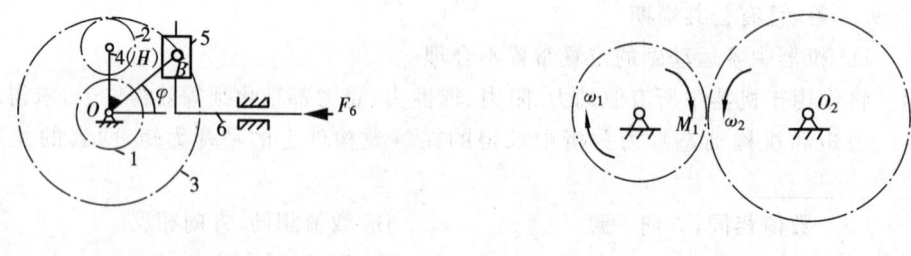

题 18-17 图　　　　　　　　　　　　题 18-18 图

18-18　在题 18-18 图所示齿轮机构中,齿轮的齿数分别为 $z_1=20$,$z_2=40$,齿轮的转动惯量 $J_1=0.01$ kg·m²,$J_2=0.04$ kg·m²,作用在齿轮 1 上的力矩 $M_1=10$ N·m,齿轮 2 上的阻力矩为零。设齿轮 2 上的角加速度为常数,试求齿轮 2 从角速度 $\omega_{20}=0$ 上升到 $\omega_{2t}=100$ rad/s 时所需的时间 t。

18-19　题 18-19 图所示为某剪床以电动机转子为等效构件时的等效阻力矩曲线 $M_r(\varphi)$,它的循环周期为 20π,即电动机转 10 转完成一次剪切。设驱动力矩为常数及机组各构件的等效转动惯量可以忽略不计,试完成下列计算:

（1）求驱动力矩 M_d,并以图线表示在图上;

（2）求最大盈亏功 ΔW_{max};

（3）设电动机的转速为 750 r/min,许用的速度不均匀系数 $\delta=0.05$,求安装在电动机轴上的飞轮转动惯量 J_F。

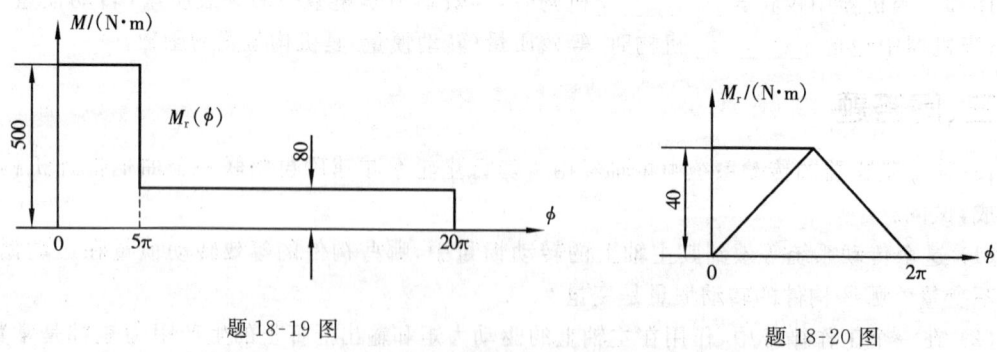

题 18-19 图　　　　　　　　　　　题 18-20 图

18-20　某机械在等效构件上作用的等效阻力矩 M_r 在一个工作循环中的变化规律如题 18-20 图所示,等效驱动力矩 M_d 为常数。试求:

（1）等效驱动力矩 M_d;

（2）最大盈亏功 ΔW_{max}。

18-21 已知一齿轮传动机构,其中 $z_2 = 2z_1$, $z_3 = 2z_2'$;在轮 3 上有一工作阻力矩 M_r,在某一工作循环中,M_r 的大小与齿轮 3 的转角 φ_3 的变化如题 18-21 图所示;轮 3 转过 2π 为一工作循环;轮 1 为主动轮,如加于轮 1 上的驱动力矩 M_d 为常数。试求:

(1) 以轮 1 为等效构件,画出等效阻力矩图和驱动力矩图;

(2) 设各轮的转动惯量 $J_1 = J_2' = 0.1$ kg·m², $J_2 = J_3 = 0.2$ kg·m²。如果轮 1 的平均角速度 $\omega_m = 2\pi$ rad/s,其速度不均匀系数 $\delta = 0.1$,试求出安装在轮 1 上的飞轮转动惯量 J_F。

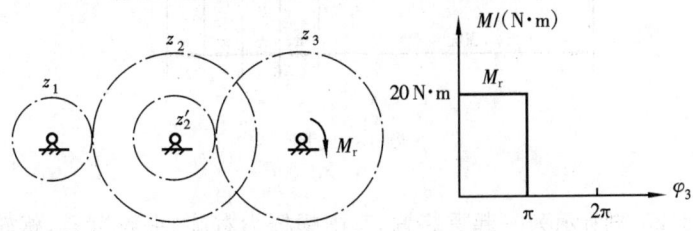

题 18-21 图

18-22 已知机组在稳定运动时期的等效阻力矩变化曲线 M_r-φ 如题 18-22 图所示。等效驱动力矩为常数 $M_d = 19.6$ N·m,主轴的平均角速度 $\omega_m = 10$ rad/s。为了减小主轴的速度波动,现装一个飞轮,飞轮的转动惯量 $J_F = 9.8$ kg·m²。(主轴本身的等效转动惯量不计)试求:运动不均匀系数 δ。

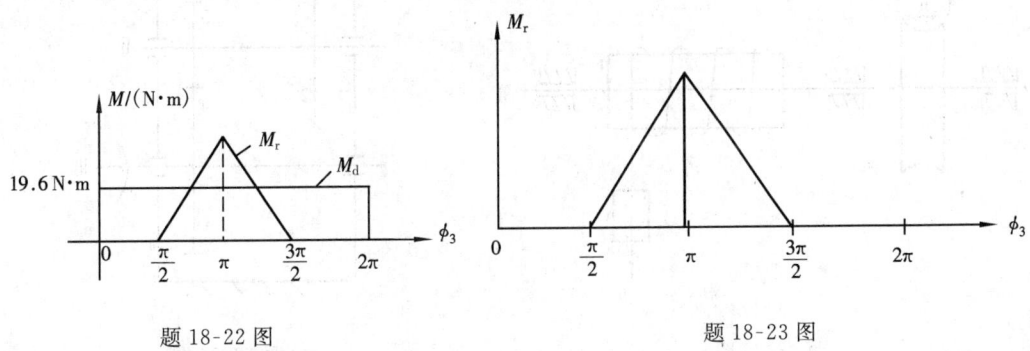

题 18-22 图　　　　　　　　　　　题 18-23 图

18-23 已知一周期性速度波动机械的输出轴在一个稳定运转周期(2π)内的阻力矩如题 18-23 图所示,其中 $M_r(\pi) = 1000$ N·m,驱动力矩为常数。驱动轴的初速 $n_{10} = 980$ r/min,此机械为两级齿轮转动,其传动比 $i_{12} = 2$, $i_{23} = 3$,三根轴已有的转动惯量分别为 $J_1 = 0.8$ kg·m², $J_2 = 2$ kg·m², $J_3 = 4$ kg·m²。试求:

(1) 驱动轴上的驱动力矩 M_d;

(2) 画出输出轴速度波动示意图;

(3) 计算出驱动轴 n_{1max} 和 n_{1min};

18-24 机械系统的等效力矩变化曲线如题 18-24 图所示。机械启动后转 30π 后开始工作,等效驱动力矩 $M_d = 30$ N·m,等效阻力矩 $M_{rmax} = 60$ N·m,变化周期为 2π,等效转动惯量 $J_e = 2$ kg·m²。试求:

(1) 等效构件的最大与最小角速度 ω_{max} 与 ω_{min};

(2) 机械系统的速度不均匀系数 δ;

(3) 若 $\delta=0.05$ 时，应加在等效构件上飞轮的转动惯量 J_F。

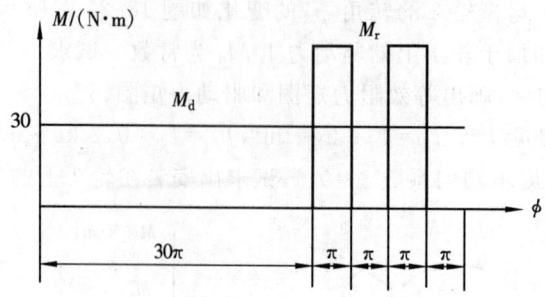

题 18-24 图

18-25　题 18-25 图所示为一起重装置，其中蜗杆为右旋、头数为 z_1，蜗轮齿数为 z_2，轴 I 组件的转动惯量为 J_1，轴 II 组件的转动惯量为 J_2，重物的重量为 G，卷筒直径为 D。

（1）试确定提升重物时，蜗杆的转向。

（2）设施加在轴上的驱动力矩 M_d 为常数，不计运动副和轮齿啮合的摩擦。若要重物在 t 秒内，由静止达到上升速度 v，试确定 M_d 的大小。

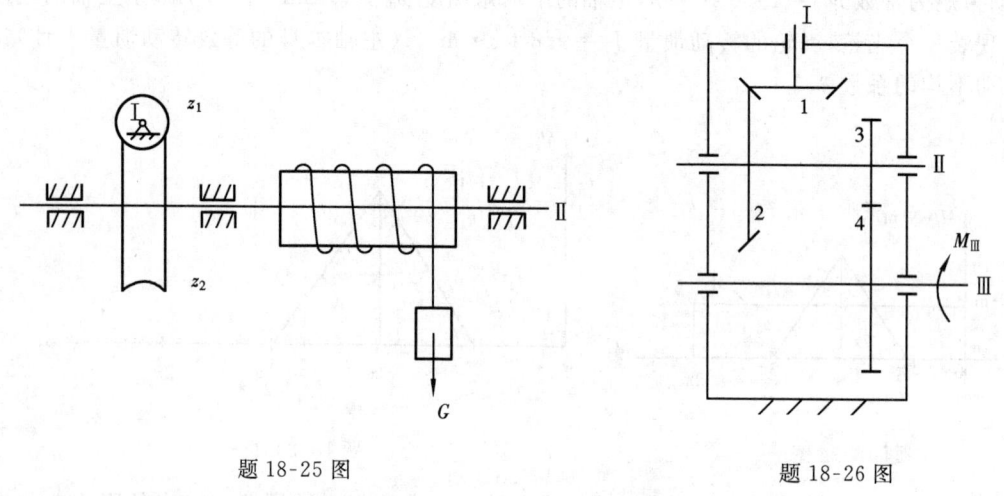

题 18-25 图　　　　　　　　　　　题 18-26 图

18-26　在题 18-26 图所示减速器中，已知各轮的齿数 $z_1=z_3=25$，$z_2=z_4=50$，各轮的转动惯量 $J_1=J_3=0.04$ kg·m²，$J_2=J_4=0.16$ kg·m²（忽略各轴的转动惯量），作用在轴 III 上的阻力矩 $M_{\text{III}}=100$ N·m。

（1）试求选取轴 I 为等效构件时，该机构的等效转动惯量 J 和 M_{III} 的等效阻力矩 M_r。

（2）如果要安装飞轮，应该装在哪一个轴上，为什么？

第 19 章　机械的平衡

19.1　主要内容与基本要求

19.1.1　主要内容

（1）刚性转子静平衡原理与计算。对于轴向尺寸较小的盘状转子，它们的质量可以视为分布在同一平面内，若其重心不在回转轴线上，利用加减配重的方法使其重心与回转轴线相重合，使转子的惯性力之和为零，配重的大小和方位可用矢量方程图解法求得，即

$$Q\vec{r} + \sum Q_i \vec{r_i} = 0$$

（2）刚性转子静平衡实验方法。将转子放在导轨式或其他形式的平衡架上，轻轻地推动转子使其在平衡架上滚动，待停止滚动时，便可以断定其重心必位于轴心的正下方。通过加减配重使转子在任何位置都能保持静止，即转子达到了静平衡。

（3）刚性转子动平衡原理与计算。对于轴向尺寸较大的转子，其质量不能视为分布在同一平面内，分布在不同平面内的偏心质量可以分解到与它相平行的两个任选的平面内，在选定平面上加减配重，使两平面内惯性力之和均等于零，转子就完全平衡了。两个选定平面上配重的大小和方位的计算与静平衡计算完全相同。

（4）刚性转子动平衡实验方法。转子的动平衡实验一般需在专用的动平衡机上进行。

（5）转子的许用不平衡量。转子的许用不平衡量有两种表示法，即重径积表示法和偏心距表示法。两者间的关系为

$$Q[e] = [Q'r'] \quad \text{或} \quad [e] = \frac{[Q'r']}{Q}$$

对于静不平衡的转子，许用不平衡量直接用上式计算的值；对于动不平衡的转子，应将求出的许用不平衡重径积 $[Q'r']$ 分配到两个平衡基面上。

（6）平面机构的平衡原理与方法。对于机构中作往复运动和平面复合运动的构件，其在运动中产生的惯性力不能在构件本身予以平衡，必须就整个机构加以平衡。机构惯性力的平衡有两种方法，即完全平衡和部分平衡。完全平衡可以采用利用对称机构平衡和利用配重平衡两种措施。部分平衡可以采用利用非完全对称机构平衡和利用配重平衡两种措施。

19.1.2　基本要求

掌握刚性转子静平衡与动平衡的原理与方法，了解平面机构的平衡原理与方法。

19.2　重点与难点分析

19.2.1　重点内容分析

本章重点是刚性转子动平衡的原理与方法。静平衡只能平衡惯性力，动平衡使惯性力和

惯性力矩均为零。因此,满足静平衡要求的转子,不一定满足动平衡要求;而满足动平衡要求的转子,则一定也满足静平衡要求。一般情况下,轴向尺寸较小的转子$\left(\dfrac{b}{D}<0.2\right)$,只需静平衡实验就可以了;而轴向尺寸较大的转子$\left(\dfrac{b}{D}\geqslant0.2\right)$,则需进行动平衡实验。经过平衡实验的转子,实际上不可能达到绝对平衡,只要满足精度要求就可以了。

19.2.2　难点内容分析

一个转子,不论其形状如何复杂,理论上只需在任意选定的两个平面内分别增加(或减少)一个平衡质量,就能使该转子完全平衡。其理论依据,可由理论力学的原理来解释。一个力可以分解为与它相平行的两个分力,无论转子的质量如何分布,各质量产生的惯性力可以分解到两个选定的平面内。这样,就把空间力系的平衡问题,转化成为两个平面上的汇交力系的平衡问题。

19.3　例题精选与解析

例 19-1　例 19-1 图所示的盘状转子上有两个不平衡质量:$m_1=1.5$ kg,$m_2=0.8$ kg,$r_1=140$ mm,$r_2=180$ mm,相位如图。现用去重法来平衡,试求所需挖去的质量的大小和相位(设挖去质量处的半径 $r=140$ mm)。

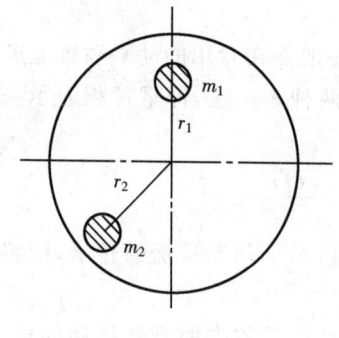

例 19-1 图

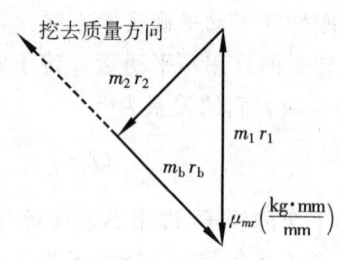

例 19-1 图解

解题要点:

(1) 计算出各不平衡质量的质径积。

$$m_1 r_1 = 210 \text{ kg} \cdot \text{mm}, \quad m_2 r_2 = 144 \text{ kg} \cdot \text{mm}$$

(2) 列出静平衡矢量方程。

静平衡条件 $$m_1 \boldsymbol{r}_1 + m_2 \boldsymbol{r}_2 + m_b \boldsymbol{r}_b = 0$$

(3) 按比例作图求解。

解得 $$m_b r_b = 140 \text{ kg} \cdot \text{mm}$$

应加平衡质量 $$m_b = 140/140 = 1 \text{ kg}$$

挖去的质量应在 $m_b r_b$ 矢量的反方向,140 mm 处挖去 1 kg 质量。

19.4 考试复习与练习题

一、单项选择题（从给出的 A、B、C、D 中选一个答案）

19-1 平面机构的平衡问题，主要是讨论机构的惯性力和惯性力矩对_____的平衡。

    A. 曲柄　　　　　　B. 连杆　　　　　　C. 机座　　　　　　D. 从动件

19-2 机械平衡研究的内容是_____。

    A. 驱动力与阻力间的平衡　　　　　　B. 各构件作用力间的平衡

    C. 惯性力系间的平衡　　　　　　　　D. 输入功率与输出功率间的平衡

19-3 在题 19-3 图（A）、（B）、（C）所示的三根曲轴中，已知 $m_1 r_1 = m_2 r_2 = m_3 r_3 = m_4 r_4$，并作轴向等间隔布置，且都在曲轴的同一含轴平面内，其中（（A）、（B）、（C））轴已达静平衡，而_____轴还达动平衡。（多项选择）

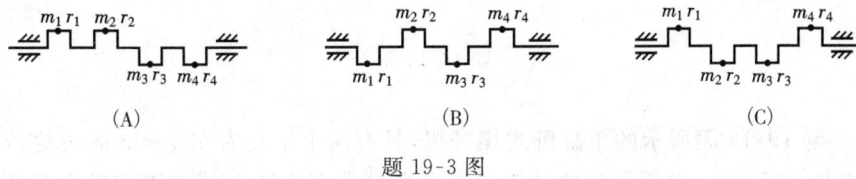

题 19-3 图

二、填空题

19-4 机构总惯性力在机架上平衡的条件是_____。

19-5 研究机械平衡的目的是部分或完全消除构件在运动时所产生的_____，减小或消除在机构各运动副中所引起的_____力，减轻有害的机械振动，改善机械工作性能和延长使用寿命。

19-6 对于绕固定轴回转的构件，可以采用_____的方法，使构件上所有质量的惯性力形成平衡力系，达到回转构件的平衡。若机构中存在作往复运动或平面复合运动的构件，应采用_____方法，方能使作用在机架上的总惯性力得到平衡。

19-7 处于动平衡状态的刚性回转构件，_____静平衡。

19-8 用假想的集中质量的惯性力及惯性力矩来代替原机构的惯性及惯性力矩，该方法称为_____。

三、问答题

19-9 为什么说经过静平衡的转子不一定是动平衡的，而经过动平衡的转子必定是静平衡的？

19-10 举出工程中需满足静平衡条件的转子的两个例子，需满足动平衡条件的转子的三个例子。

19-11 何谓转子的静平衡及动平衡？对于任何不平衡转子，采用在转子上加平衡质量使其达到静平衡的方法是否对改善支承反力总是有利的？为什么？

19-12 动平衡以后的转子是否再进行静平衡？为什么？

四、分析计算题

19-14 题 19-14 图所示的曲柄滑块机构中，滑块 C 的质量 $m_3 = 0.4$ kg，试确定连杆 BC 与曲柄 AB 的质量 m_2 与 m_1，以使机构惯性力完全平衡。构件 AB 与 BC 的重心 S_1 与 S_2 的坐标 $l_{AS_1} = 100$ mm，$l_{BS_2} = 100$ mm，而 $l_{AB} = 100$ mm，$l_{BC} = 400$ mm。

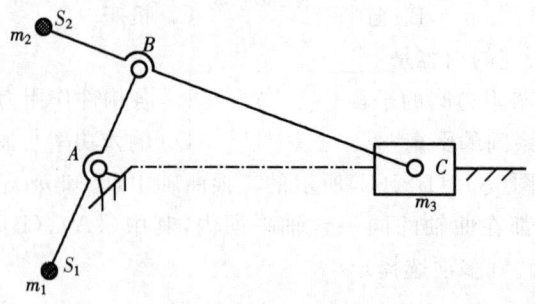

题 19-14 图

19-15 题 19-15 图所示的单缸卧式煤气机，具有两个半径为 600 mm 的飞轮 A 和 B。已知曲柄半径 $R = 250$ mm 及折算到曲柄销的不平衡量为 500 N，试求在两飞轮上各装的平衡重量 Q'_A 和 Q'_B。

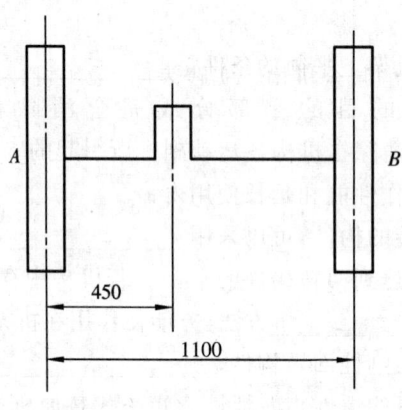

题 19-15 图

第 20 章 机械原理综合题

20.1 主要内容与基本要求

20.1.1 主要内容

1. 机构系统运动方案设计

机构系统运动方案设计,就是根据功能原理方案中提出的工艺动作过程及各工艺动作的运动规律要求,选择相应的若干执行机构的形式,按某种方式将其组合成一个机构系统,以确保上述工艺动作过程的实现。

2. 机构的变异

为了满足一定的工艺动作要求,或为了使机构具有某些性能与特点,改变已知机构的结构,在原有机构的基础上,演变发展出新的机构,此种演变称为变异,变异得到的新机构称为变异机构。机构的变异方法种类繁多,常用的有机构的倒置,机构的扩展,机构局部结构的改变,机构结构的移植与模仿,机构运动副类型的变换等。

3. 机构的组合

在工程实际中,对机构的运动形式、运动规律及动力性能等的要求各不相同,其中有些要求用基本机构及其变异机构难以满足,而要把一些基本机构按照某种方式组合起来,创新设计出一种与原机构特点不同的新的复合机构。实践表明,采用机构组合原理可以设计出功能新颖的机构,不失为一种简便易行的机构创新设计方法。机构组合的方式较多,常见的有:串联组合、并联组合、混接式组合等。

20.1.2 基本要求

(1) 了解机构变异的方法。
(2) 了解机构组合的特点与方式。
(3) 会分析已知机构是何种组合类型。
(4) 掌握由各基本机构组合而成机构的设计与计算。

20.2 重点与难点分析

20.2.1 重点内容分析

1. 机构的变异

(1) 机构内运动构件与机架的转换,称为机构的倒置。按照运动相对性原理,机构倒置后各构件间的相对运动关系不变,但可以得到不同类型的机构。

(2) 以原有机构作为基础,增加新的构件,构成一个扩大的新机构,称为机构的扩展。机构扩展后,原有机构各构件间的相对运动关系不变,但所构成的新机构的某些性能与原机构差别很大。

（3）机构局部结构的改变。改变机构局部结构（包括构件运动结构和机构组成结构），可以获得有特殊运动性能的机构。

（4）将一机构中的某种结构应用于另一种机构中的设计方法，称为结构的移植。利用某一结构特点设计新的机构，称为结构的模仿。

（5）要有效地利用结构的移植与模仿设计出新的机构，必须注意了解、掌握一些常用机构之间实质上的共同点，以便在不同条件下灵活运用。例如，圆柱齿轮的半径无限增大时，齿轮演变为齿条，因此，由转动演变为直线移动。运动形式虽改变了，但齿廓啮合的工作原理基本上没有改变。这种将转动构件的转动中心移至无限远处，构件的转动演变为直线移动的变异方式，可视为移植中的变异。掌握了机构之间的一些实质性的共同点，可以开拓创新，设计出新的机构。

（6）机构运动副类型的变换。改变机构中的某个或多个运动副的形式，可设计创新出不同运动性能的机构。通常的变换方式有两种：一种是转动副与移动副之间的变换；另一种是高副与低副之间的变换。

2. 机构的组合

（1）机构的串联组合。

将两个或两个以上的单一机构按顺序连接，每一个前置机构的输出运动是其后续机构的输入运动，这样的组合方式称为机构的串联组合。

（2）机构的并联组合。

以一个多自由度机构作为基础机构，将一个或几个自由度为 1 的机构（可称为附加机构）的输出构件接入基础机构，这种组合方式称为机构的并联组合。

（3）机构的混接式组合。

综合运用串联-并联组合方式，可组成更为复杂的机构，这种组合方式称为机构的混接式组合。

20.2.2　难点内容分析

1. 不同类型机构的组合有各种不同的效果

（1）将匀速运动机构作为前置机构与另一机构串联，可以改变机构输出运动的速度和周期。如齿轮机构与曲柄滑块机构串联，就可取得这种效果。

（2）将一个非匀速运动机构作为前置机构与工作机构串联，则可改变机构的速度特性。

（3）由若干个子机构串联组合，可得到传力性能较好的机构系统。例如，槽轮机构的动力性能较差，但若将一个转动导杆机构串接在槽轮机构之前，则可改善槽轮机构的动力性能。

（4）假若前一个基本机构的输出为平面运动构件上某一点 M 的轨迹，通过轨迹点 M 与后一个机构相连，这种连接方式称为"轨迹点串联"。

2. 由各基本机构组合而成机构的计算

其要点是会分析各基本机构间的相互联系，能灵活应用基本机构的基本概念和设计方法。

3. 机构运动方案设计

机构运动方案设计中，应根据机构组成与变异原理，创造出新的机构；或者在充分掌握各执行机构运动、动力学特性的基础上，进行巧妙的组合，能获得新颖、灵巧而又简单的机构系统。

20.3　例题精选与解析

例 20-1　现欲设计一机构系统,该机构系统的输入运动为连续转动,输出运动为间歇往复移动。若设移动行程为 H,则正行程运动过程为从左极限位置开始移动 $H/2$(设其移动时间为 t_d),然后停歇(停歇时间为 t_j);再移动 $H/2$(移动时间仍为 t_d),再停歇(停歇时间仍为 t_j)。反行程运动过程为从右极限位置开始移动 $H/2$(设其移动时间为 t_d),然后停歇(停歇时间为 t_j);再移动 $H/2$(移动时间仍为 t_d),再停歇(停歇时间仍为 t_j)。现选定如例 20-1 图所示的对心曲柄滑块机构为该系统的一部分,且设滑块为该机构系统的输出构件。若已知

$$\text{移动时间 } t_d = \text{停歇时间 } t_j$$

试进行该机构系统的方案设计,并画出该机构系统的示意图。

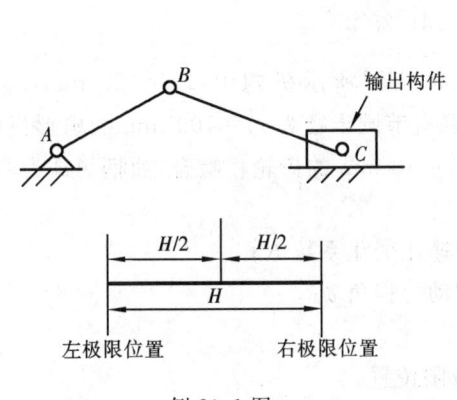

例 20-1 图

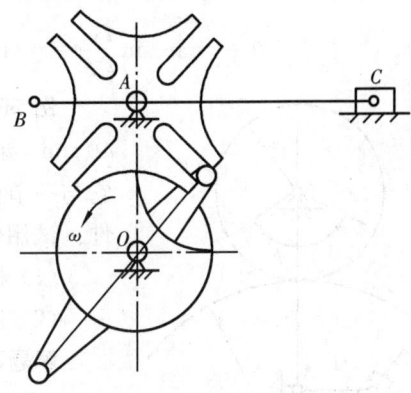

例 20-1 图解

解题要点:

由槽轮机构与曲柄滑块机构串联,曲柄 AB 与槽轮固联,通过连杆 BC,带动输出件滑块 C 作间歇往复移动。此图为滑块处于左极限位置时的机构运动简图。(也可用不完全齿轮机构)

解:解题结果如例 20-1 图解所示。

例 20-2　例 20-2 图所示为一摆动导杆-齿轮组合机构,曲柄 1 及齿轮 4 各自可绕支座 A 回转,齿轮 2 与滑块刚性连接,已知齿数 $z_2 = 18$,$z_4 = 54$,构件尺寸为 $l_{AB} = 0.1$ m,$l_{AC} = 0.3$ m,曲柄以 $\omega_1 = 2\pi$ rad/s 角速度顺时针方向匀速回转。试求:

(1) 齿轮 4 的角速度 ω_4 的计算式;

(2) $\omega_{4max} = ?$ $\omega_{4min} = ?$ 并在图中标注此二极值所对应的曲柄位置。

解题要点:

(1) 求导杆 3 的角速度 ω_3。由机构运动分析可得

$$\omega_3 = \frac{l_{AB}\cos(\theta_s - \theta_1)}{l_{AC}\sin\theta_3 + l_{AB}\cos(\theta_s - \theta_1)}\omega_1$$

(2) 轮 4、轮 2 及系杆(即曲柄)AB 组成周转轮系。

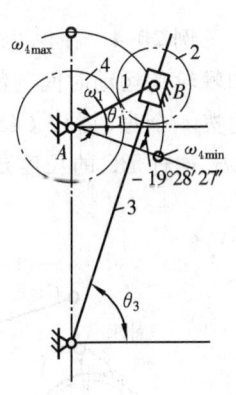

例 20-2 图

解:　(1)求 ω_4。

由

$$\frac{\omega_4 - \omega_1}{\omega_2 - \omega_1} = -\frac{z_2}{z_4} = -\frac{18}{54} = -\frac{1}{3}$$

又因 $\omega_2 = \omega_3$，可得

$$\omega_4 = \left(4 - \frac{l_{AB}\cos(\theta_3 - \theta_1)}{l_{AC}\sin\theta_3 + l_{AB}\cos(\theta_3 - \theta_1)}\right)\frac{\omega_1}{3} \qquad ①$$

(2) 求 $\omega_{4\max}$ 和 $\omega_{4\min}$。

由式①可知，要得最小值 $\omega_{4\min}$，则 $[\cos(\theta_3 - \theta_1)]_{\max}$，即

$$\theta_3 - \theta_1 = 90° - 90° = 0$$

于是得

$$\omega_{4\min} = \left(4 - \frac{0.1}{0.3 + 0.1}\right)\frac{2\pi}{3} = 7.8540 \text{rad/s}$$

要得最大值 $\omega_{4\max}$，则 $[\cos(\theta_3 - \theta_1)]_{\min}$，即

$$\theta_3 - \theta_1 = 90° \quad \text{或} \quad \theta_1 = \theta_3 - 90°$$

于是得

$$\omega_{4\max} = \left(4 - \frac{l_{AB}\cos 90°}{l_{AC}\sin\theta_3 + l_{AB}\cos 90°}\right)\frac{\omega_1}{3} = \frac{4 \times 2\pi}{3} = 8.3776 \text{rad/s}$$

$$\theta_1 = -\arcsin\frac{l_{AB}}{l_{AC}} = -\arcsin\frac{0.1}{0.3} = -19°28'27''$$

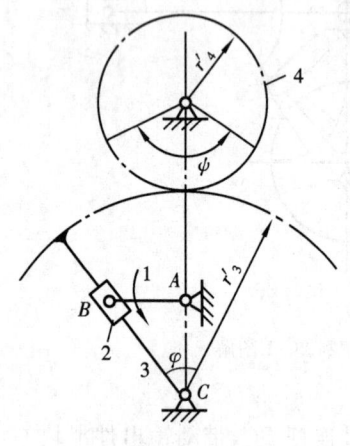

例 20-3 图

例 20-3 在例 20-3 图所示机构中，$l_{AB} = 20$ mm，$l_{AC} = 40$ mm，导杆 3 上固联有节圆半径为 $r_3' = 100$ mm 的扇形齿轮，它与一节圆半径为 $r_4' = 40$ mm 的齿轮相啮合，曲柄 AB 为原动件。试用解析法求：

(1) 机构的行程速比变化系数 K；

(2) 齿轮 4 的摆动行程角 ψ。

解题要点：

$AB \perp BC$ 时为极限位置。

解：
$$\theta = \varphi = 2\arcsin\frac{l_{AB}}{l_{AC}} = 2\arcsin\frac{20}{40} = 60°$$

$$(1) \quad K = \frac{180° + \theta}{180° - \theta} = \frac{180° + 60°}{180° - 60°} = 2$$

$$(2) \quad \psi = \varphi\frac{r_3'}{r_4'} = 60° \times \frac{100}{40} = 150°$$

例 20-4 在例 20-4 图所示棘轮机构中，棘爪是装在曲柄摇杆机构中的摇杆 CD 上。已知棘轮的运动时间与静止时间之比为 1.2，棘轮的齿数 $z = 24$。当棘爪往复摆动一次，要求棘轮拨 4 个齿，摇杆 CD 的长度为 150 mm，机架 AD 与摇杆 CD 长度之比为 2。试确定曲柄 AB、连杆 BC 的长度及曲柄 AB 转动的方向。

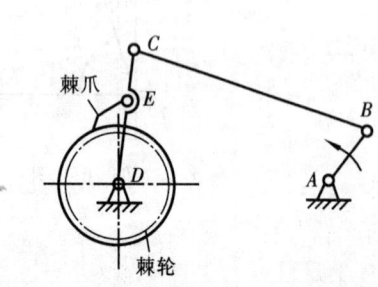

例 20-4 图

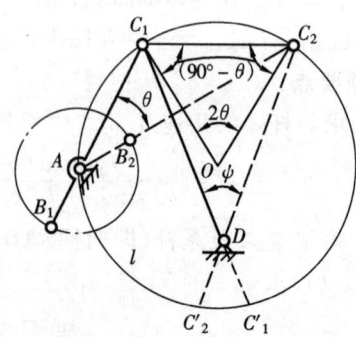

例 20-4 图解

解题要点:

弄清棘轮与连杆机构的基本概念及机构组合方式。

解: (1) 棘轮的齿距角为 $360°/24=15°$,而

曲柄的极位夹角: $\qquad \theta=180°\dfrac{K-1}{K+1}=180°\times\dfrac{1.2-1}{1.2+1}=16.36°$

摇杆的最大摆角: $\qquad\qquad\qquad \psi=4\times15°=60°$

又 $\qquad\qquad\qquad 90°-\theta=73.64°,\quad AD=2\times CD=300 \text{ mm}$

(2) 画图比例取 1:5,则画图量得

$$\begin{cases} C_2A=83\times5 \text{ mm}=415 \text{ mm}=BC+AB \\ C_1A=59\times5 \text{ mm}=295 \text{ mm}=BC-AB \end{cases}$$

联立上两式解得

$$\begin{cases} BC=355 \text{ mm} \\ AB=60 \text{ mm} \end{cases}$$

且曲柄 AB 逆时针转动。

例 20-5 某机床的进刀机构如例 20-5 图所示,进刀箱由丝杠带动。丝杠的导程为 $P=10$ mm,丝杠与轮系中的齿轮 3 固联,轮系中的中心轮 1 由棘轮 5 带动。已知 $z_1=12,z_2=z_{2'}=24,z_3=50,z_4=60,z_5$(棘轮齿数)$=100$。试求当棘轮转过一个齿时,进刀箱移动的距离 s。

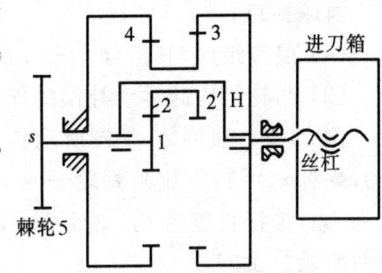

例 20-5 图

解题要点:

轮 1、2、2′、3 组成差动轮系,1、2、4 组成行星轮系。

$$i_{13}^{\mathrm{H}}=\frac{\omega_1-\omega_{\mathrm{H}}}{\omega_3-\omega_{\mathrm{H}}}=-\frac{z_2 z_3}{z_1 z_{2'}}=-\frac{24\times50}{12\times24}=-\frac{25}{6}$$

$$i_{14}^{\mathrm{H}}=\frac{\omega_1-\omega_{\mathrm{H}}}{\omega_4-\omega_{\mathrm{H}}}=-\frac{z_4}{z_1}=-\frac{60}{12}=-5$$

联立上两式,可得 $\qquad\qquad\qquad \omega_3=-\dfrac{1}{30}\omega_1$

设进刀箱移动的距离为 s,有

$$s=\omega_3 P=-\frac{\omega_1}{30}P=-\frac{10}{30}\omega_1=-\frac{1}{3}\omega_1 \text{ (mm)}$$

当棘轮转过一个齿时,$\omega_1=\dfrac{1}{100}$,则 $s=\dfrac{1}{300}$ mm。

例 20-6 例 20-6 图所示为一种平台印刷机的版台传动机构。其基础机构Ⅲ是由上、下齿条(均为可移动齿条)和轴线可动的齿轮组成的齿轮-齿条机构,而附加机构包括双曲柄机构Ⅰ、曲柄滑块机构Ⅰ′和凸轮机构Ⅱ。系统的输入运动为曲柄 AB 的匀速转动,输出运动为与上齿条固联的版台的往复移动。该机构在工作行程的一个区间内,速度比较均匀。设置凸轮机构是为了修正版台(即上齿条)的运动,使其在压印区满足一定的速度要求。

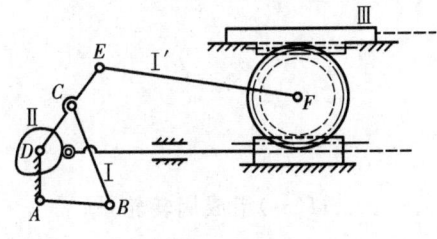

例 20-6 图

(1) 试分析机构的组合方式。

(2) 说明凸轮机构在机构系统中的作用。

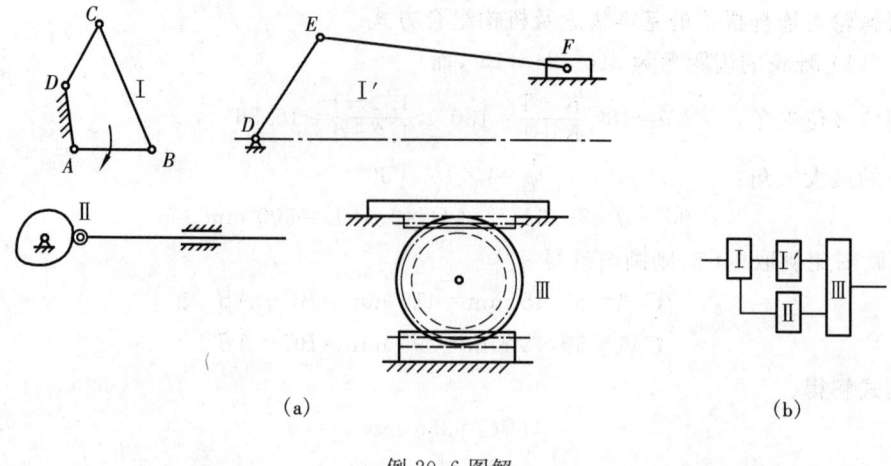

(a)　　　　　　　　　　　　　　(b)

例 20-6 图解

解题要点：

(1) 混接组合，其组合方式如例 20-6 图解所示；

(2) 凸轮机构起运动补偿的作用。

例 20-7　在例 20-7 图所示传动机构中，已知：轮系 $z_1 = z_2 = 20$，$z_3 = z_{4'} = 25$，$z_4 = z_5 = 100$，蜗杆 $z_6 = 1$（右旋），蜗轮 $z_7 = 75$；一偏置曲柄滑块机构的曲柄与轴固联在蜗轮上，曲柄长度为 l_{AB}，连杆长度为 l_{BC}，偏距为 e，行程速比变化系数 $K = 1.4$；原动件为齿轮 1，其转动方向如图所示。试问：

(1) 当滑块 C 向右远离蜗轮中心为工作行程时，蜗轮的转向是否合理？并简述理由；

(2) 当齿轮 1 转过 40 转时，曲柄滑块机构的滑块 C 是否到达右极限位置？如没有到达右极限位置，蜗轮需再转多少角度才能到达该位置？（曲柄滑块机构的左极限位置为起点）

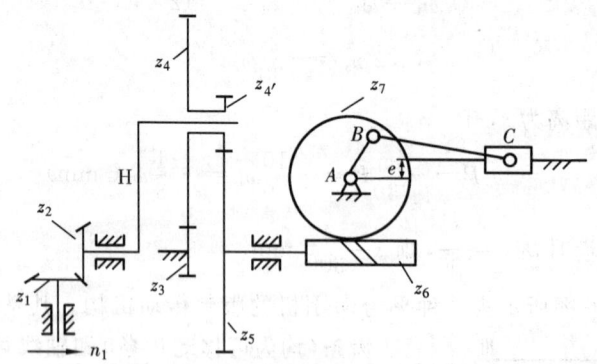

例 20-7 图

解题要点：

(1) 分析轮系：z_1、z_2 和 z_6、z_7 各组成定轴轮系，z_3、z_4、$z_{4'}$、z_5、$H(z_2)$ 组成周转轮系；

(2) 分别列方程；

(3) 联立求解；

（4）注意分析本机构组合的特点。

解：

$$i_{12} = \frac{n_1}{n_2} = \frac{z_2}{z_1} = 1(n_2 \text{ 指向} \downarrow)$$

$$i_{53}^H = \frac{n_5 - n_H}{n_3 - n_H} = \frac{z_3 z_{4'}}{z_4 z_5} = \frac{25 \times 25}{100 \times 100} = \frac{1}{16}$$

由于 $n_3 = 0, n_2 = n_H, \frac{n_5}{n_2} = 1 - i_{53}^H = \frac{15}{16}$，故得

$$n_5 = \frac{15}{16} n_2 = \frac{15}{16} n_1 = \frac{15}{16} \times 40 \text{ r/min} = \frac{75}{2} \text{ r/min}$$

n_5 与 n_2 同向（↓），蜗轮顺时针转动，其方向正确。

由于 $i_{67} = \frac{n_6}{n_7} = \frac{z_7}{z_6} = 75$，且 $n_6 = n_5$，故得

$$n_7 = \frac{1}{75} n_6 = \frac{1}{75} \times \frac{75}{2} \text{ r/min} = \frac{1}{2} \text{ r/min}$$

蜗轮还需转 $\theta = 180° \frac{K-1}{K+1} = 180° \times \frac{1.4-1}{1.4+1} = 30°$，才能达到右极限位置。

20.4 考试复习与练习题

一、分析计算题

20-1 题 20-1 图所示为一机载雷达传动系统简图，其中 1-7 为轮系，$ABCD$ 为一四杆机构，9、10 为扇形齿轮传动。天线与齿轮 10 为同一构件，每分钟往复 20 次，摆角为 $180°$。已知 $z_1 = 70, z_2 = z_4 = 65, z_3 = 60$。试确定圆锥齿轮传动 6、7 的传动比 i_{67}。

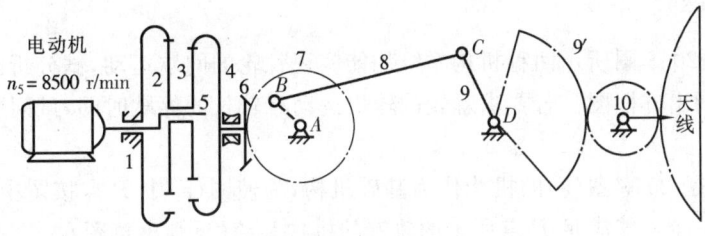

题 20-1 图

20-2 题 20-2 图所示机构中，构件 1 为中心轮，其节圆半径为 r_1；构件 2 为行星轮，其节圆半径为 r_2。A 点为行星轮 2 节圆圆周上的一点，在图示位置时，A 点与啮合点重合。试求：

（1）传动比 i_{2H}；

（2）A 点的轨迹是什么？怎样判断？

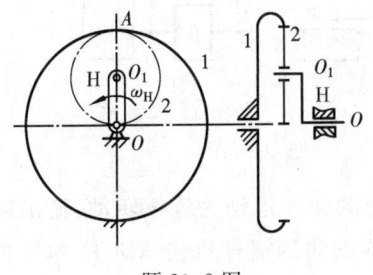

题 20-2 图

20-3 题 20-3 图所示机构中，1、2 为一对标准齿轮传动，模数 $m = 2$，齿数 $z_1 = 20, z_2 = 40$，轮 1 的角速度 $\omega_1 = 100$ rad/s 为常数。机构简图按 1：2 比例画出，$O_1 A = 15$ mm，$O_2 B = 30$ mm，$AD = 50$ mm，其他所需尺寸可由图

量得。试求：

在图示位置时,构件 AD 的角速度,D 点的速度大小和方向。

20-4　在题 20-4 图所示的轮系中,已知各齿轮均为标准齿轮,并且 $z_1=120,z_{1'}=80$, $z_{2'}=20,z_3=60,z_{3'}=50,z_4=20,z_{5'}=80$。试完成下列计算:

(1)用平面机构的自由度计算公式来计算该齿轮系的自由度;

(2)求出齿数 z_2 和齿数 z_5;

(3)求出构件 1 和 H 的传动比 i_{1H}。

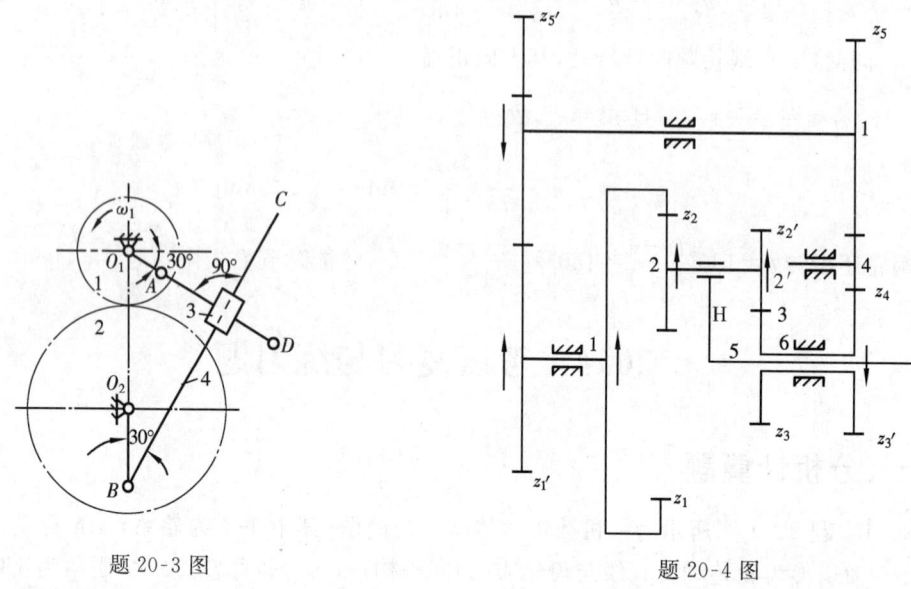

题 20-3 图　　　　　　　　　　题 20-4 图

二、作图题

20-5　如题 20-5 图所示两种机构系统均能实现棘轮的间歇运动,试分析此两种机构系统的组合方式,并画出方框图。若要求棘轮的输出运动有较长的停歇时间,试问采用哪一种机构系统方案较好。

20-6　试用题 20-6 图(a)的机构作为基础机构,为使图(a)中 P 点按图中轨迹运动,请按图(b)框图设计一个可能满足 P 点所走的轨迹的机构系统(只画出草图)。

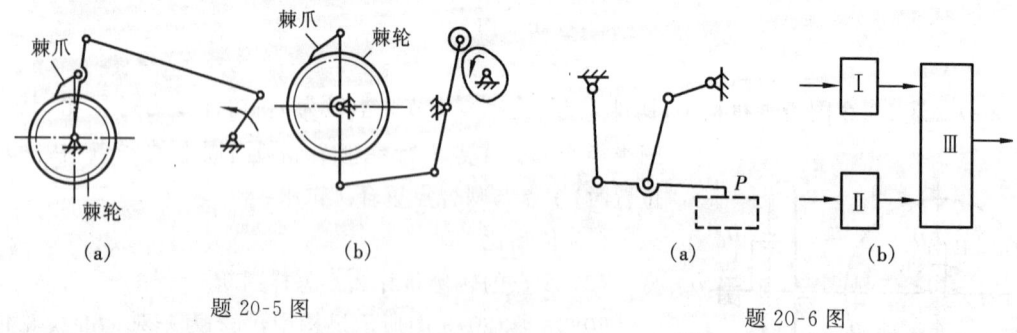

题 20-5 图　　　　　　　　　　题 20-6 图

20-7　现欲设计一机构系统(见题 20-7 图),该机构系统的输入运动为连续转动,输出运动为间歇转动(可间歇转动一周)。现已确定包含原动件 AB 的曲柄摇杆机构 $ABCD$ 为该系统的一部分(注意:CD 为摇杆),完成该系统的构型设计,并画出系统简图(示意图)。

20-8 试设计一机构系统,设计要求是:

(1) 按题 20-8 图所示机构的组合框图设计;

(2) 输出机构为曲柄滑块机构(输出件为滑块);

(3) 使滑块在工作行程时作近似匀速运动(比单纯的曲柄滑块机构的速度曲线性能有所改善);

(4) 原动件为曲柄,且作匀速转动,而输出件有急回特性。

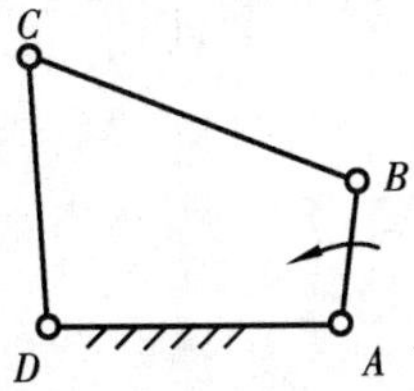

题 20-7 图

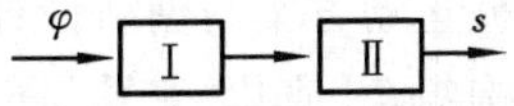

题 20-8 图

20-9 试用机构组成原理,把一个单构件高副组和二构件低副组依次连到主动件和机架上组成一个机构,要求所组成机构的主动件为凸轮,输出件为能实现往复运动的构件。

20-10 试分析例 20-6 平台印刷机版台的运动特点。说明版台往复运动的位移是曲柄滑块机构滑块中心 F 点的位移倍数关系的原因。

第 21 章　机械创新设计

21.1　主要内容与基本要求

21.1.1　主要内容

(1) 机械运动方案与创新设计；

(2) 机构组合、演化、变异与创新；

(3) 创新设计的方法与创新思维；

(4) 创新实例剖析。

21.1.2　基本要求

理论与实践相结合，了解机构组合、演化、变异与创新，掌握机械创新设计的概念、过程、内容及方法，应用所学过的知识进行产品创新构思，提高独立解决工程实际问题的能力。

21.2　重点与难点分析

21.2.1　重点内容分析

1. 机构演化、变异原理与创新

运动副演化与变异的主要目的：开拓机构的各种新功能；寻求演化新机构的有效途径。例如：增强运动副元素的接触强度；减小运动副元素的摩擦、磨损；改善机构的受力状态；改善机构的运动和动力效果。

运动副演化与变异的主要方法包括：改变运动副的尺寸；改变运动副元素的接触性质；改变运动副元素的形状。

机构构件变异的主要目的：改善机构运动的不确定；解决机构由于结构原因无法正确运动问题，开发新功能、新机构，改善机构的受力状态，提高构件强度或刚度。

采用的演化变异方法有：利用构件的运动性质进行演化变异，改变构件的结构形状和尺寸，在构件上增加辅助结构，改变构件运动性质。

2. 机构组合原理与创新

机构的组合是指在机构选型的基础上，根据功能目标或工艺动作的各种需要，组合创建新机构系统。对工艺动作复杂的机构。采用简单的，单一的基本机构无法实现复杂的工艺动作，需进行机构的组合。一般常采用并联式、复合式或叠加式组合方式，组合时注意各个子工艺动作之间的运动或动作协调配合问题。

3. 创新设计方法

基本原理：① 主动原理，勇于设问探索；② 刺激原理，对外界刺激有兴趣；③ 希望原理，不满现状，追求完美；④ 环境原理，心态好，无压力；⑤ 多多益善原理，设想越多，成功几率越大；

⑥ 压力原理,有压力有竞争,就会有创造。

创新法则:① 分析与综合法则还原法则(抽象法则);② 移植法则;③ 离散法则;④ 强化法则,换元法则;⑤ 迂回法则,组合法则。

创新原则:① 新颖原则;② 实用原则;③ 经济原则;④ 美观原则;⑤ 道德原则;⑥ 技术规范原则;⑦ 可持续发展原则。

创新设计的方法:① 移植法,吸取、借助某一领域的科学成果,引用或渗透到其他领域,用以变革或改进已有事物或开发新产品,"它山之石,可以攻玉";② 延伸法,把现有产品稍加改进,而可扩大它的用途的方法;③ 思维的扩展法,打破常规思维;④ 仿生法,从自然界获得灵感,再将其应用于人造产品中的方法,仿生法不是自然现象的简单再现,而是将模仿与现代科技手段相结合,设计出具有新功能的仿生系统,是对自然界的一种超越,对自然现象的探求;⑤ 专利利用法,分析研究已经公开的专利,启发自己的创新思维;⑥ 机械系统搜索法,利用机械系统的各种组成方法,从中搜索出适合设计要求的新机构,进行创新设计;⑦ 功能原理法;⑧ 信息交合法。

21.2.2　难点内容分析

1. 机械运动方案与创新设计

机械运动方案设计的主要内容包括:① 机械功能目标的拟订;② 机械工作原理的拟订;③ 机构的选型与组合;④ 机械运动方案创新设计的评价。

机械功能目标是指该机械产品的功用,拟订机械的功能目标时应该对机械产品或机械装置的具体性能参数和各项技术指标进行限定,如运转速度、输出功率、效率高低、移动距离、制品规格、使用要求、操作程序、维护与保养、对使用者的技术要求、对环境的要求、安全可靠性能、对环境的影响以及价格、成本、经济效益等内容,均属功能目标的限定范畴。

拟订功能目标要进行可行性分析,要分清主次,要利于功能的实现;要利于扩大设计思路;要具有一定的超前意识;要注意产品的生命周期循环问题。

机械工作原理的拟订:工艺动作的构思,工艺动作的分解,各子工艺动作的协调与配合。

机构选型时应力求其结构简单。机构结构简单主要体现在运动链要短,构件和运动副数目要少,机构尺寸要适度,布局要紧凑。坚持这个原则,可使材料耗费少,成本低;运动副数目少,运动链短,机构在传递运动时累积的误差也少,有利于提高机构的运动精度和机械的效率。

2. 创新设计实例分析

分析、理解、掌握机电产品、生活中小发明的设计理念、创新思维方法,并能进行产品创新构思与改进设计。

21.3　例题精选与解析

例 12-1　填空题

(1) 机械系统有目的性、_____、整体性、环境适应性等特性。

(2) 结构设计时要求_____、部件设计满足机械的功能要求。

(3) 机电一体化系统的设计思想为开创新的应用领域和增加机械产品的新_____。

(4) 工程设计的基本特征为_____、多解性、相对性。

(5) 仿生思维就是在_____中寻找解决问题的方程式。

答案:(1) 相关性　(2) 零件　(3) 功能　(4) 约束性　(5) 大自然

例 21-2　是非题

(1) 运动规律设计不相同,综合出的机构也就完全不相同,而不同的机构却可以实现同一运动规律,满足同样的使用要求。　　　　　　　　　　　　　　　　　　(　　)

(2) 机械系统运动方案设计中机构愈复杂,构件数目愈多愈好。　　　　　　(　　)

(3) 运动方案的构思是设计者通过机构简图计算出来的。　　　　　　　　(　　)

(4) 设计和制造一种什么活都能干的机器是很困难的。　　　　　　　　　(　　)

(5) 千百年来人们洗涤衣服都是靠手工搓、擦板擦、刷子刷,更原始的方法是用棒打或脚踩。现代的洗衣机也是利用机械模仿人工洗涤的动作设计的。　　　　　　　(　　)

答案:(1) T　(2) F　(3) F　(4) T　(5) F

例 12-3　问答题(文字叙述要求简洁,有条理)

(1) 洗衣机的发明过程是如何突破思维定势的,对你创新思维有何启示?

答:① 如按照思维定势模仿人洗衣的方法——以搓揉或捶打动作去设计洗衣机,要设计一个机构像人那样搓揉衣服,又要适合不同大小的衣服,是不容易的;如采用刷子擦洗,怎样才能使衣服各处都能刷到且结构简单,也很难解决;此外还可用古老的捶打法,动作虽简单,但易损坏衣服,如扣子会被打碎等,思维定势妨碍家用洗衣机的发展。

② 洗衣机的发明采用还原法创新,即跳出以往考虑问题的起点,从人们洗衣方法而还原到问题的创造原点。那么洗衣的原点是什么呢?分析后应该是"洗"和"洁",再附加一个"安全",即不损伤衣服,至于采用什么方法,并没有限制,这样突破思维定势后可以创造设计出各类不同的洗衣机。

③ 洗衣机的发明过程是多思,善思,巧思,发明就是要异想天开,如通过水与衣物产生的摩擦而实现"洁"的洗衣机,不用洗衣粉的洗衣机(超声波洗衣机、活性氧去污垢洗衣机、电磁去污洗衣机,如图 21-1 所示)。

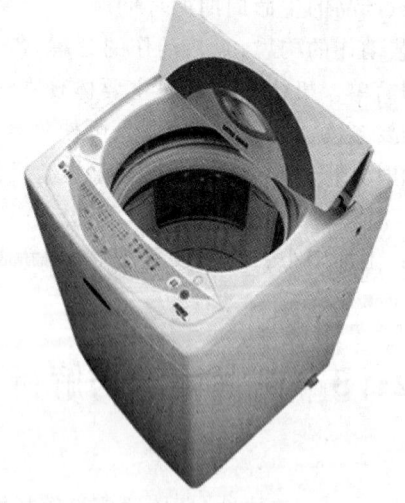

图 21-1　洗衣机

(2) 简述机器人与一般机器的不同之处,并说出对你创造新产品的启示?

答:① 机器人与一般机器的不同之处,主要在于机器是没有"大脑"的,而机器人有"脑子"(电脑)。由此可见,机器人是由机器"进化"而来的。

② 机器是机器人的躯体和四肢,计算机就是机器人的"大脑"。因此,机器人的"成长"与电脑的进步是分不开的,研制机器人的目的是让它模仿人的功能,以代替人从事各种体力和脑力劳动,如图 21-2 所示。但人光有躯体、四肢和大脑是不够用的,人还得有眼、耳、鼻、舌、身等各种感觉器官,才能灵活地适应和从事各种工作。为此也必须给机器人配上各种"感觉器官"——传感器。因此,机器人的"成长"过程,就是电脑、传感器和各种机构等系统的创造、改进与综合配置的过程。

③ 对创造新产品的启示是:创造新产品应多学科交叉,可以是过去从未出现过的东西,也可以是已知事物的不同组合,但这种组合的结果不是简单的已知事物的重复,而是总有某种新的成分出现。

图 21-2 机器人

例 21-4 分析题

(1) 试根据设计原则分析图 21-3 所示自行车防盗锁的特点,并提出改进建议?

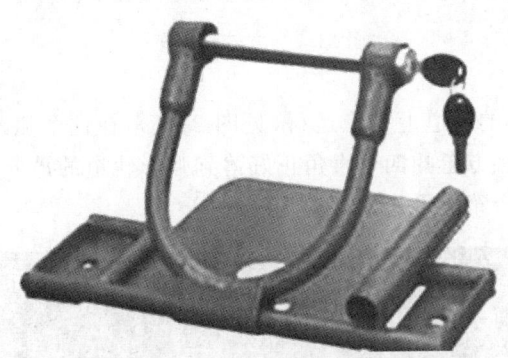

图 21-3 自行车防盗锁

分析:该防盗锁是一种锁架式的防盗锁,是用来锁自行车斜梁的,用插锁将自行车的斜梁固定在地上的锁车架上,车锁插锁是一根钢管。这样,采取常规的切、割、撬、压、砸等手段都不管用,也不能把自行车运走,符合实用性原则。

改进建议:创新与新颖性不足,且自行车大小不同,在锁大型自行车的斜梁可能位置不够,建议底板做一凹槽放前车轮,大小自行车均可锁前车轮,插锁开闭操作采用遥控方式。

(2) 试根据设计原则分析图 21-4 所示自行车的特点及不足。

分析:产品符合新颖、美观原则,折叠方式巧妙、方便、小巧,但从实用原则、技术规范原则、可持续发展原则上分析,其骑行驱动方式、连接部位的可靠性、骑行时的舒适性、人机工程的考虑、产品用途的功能定位都不完善。

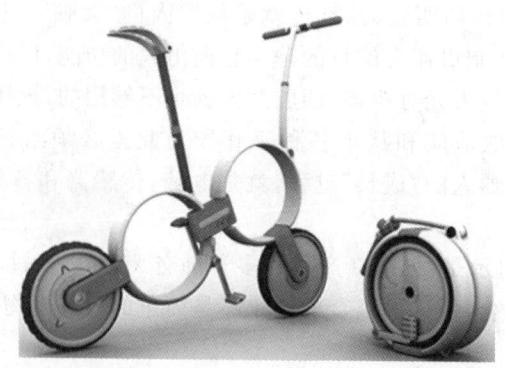

图 21-4 折叠自行车

例 21-5 设计题

考查指标: 方案的可行性、新颖性、实用性、巧机构的应用。

(1) 试构思一种图 21-5 所示方轮自行车能在地面上骑行的方法。

图 21-5 方轮自行车

方案构思:

方轮自行车在半圆形的轨道上平稳运行(见图 21-6),在这个弧形轨道上运动时,方轮的四边始终与轨道相切,并且方轮的四个直角正好落到弧形轨道的最低点,这样方轮的重心是作直线运动的,所以这辆自行车能平稳地运动。

图 21-6 方轮自行车

(2) 有一小型工件(见图 21-7),需要以手动快速压紧或松开,并要求工件被压紧后,在工人手脱离的情况下不会自行松脱。试确定用什么机构实现这一要求;绘出机构在压紧工件状态时的运动简图,并说明设计该机构时的注意事项。

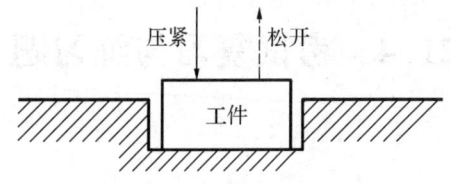

图 21-7　小型工件快速装夹

方案构思：

用铰链四杆机构实现工作要求；机构示意图如图 21-8 所示。设计时，以连杆为主动件。在压紧状态时应使 ABC 在一直线上，利用机构死点的特性来压紧工件。

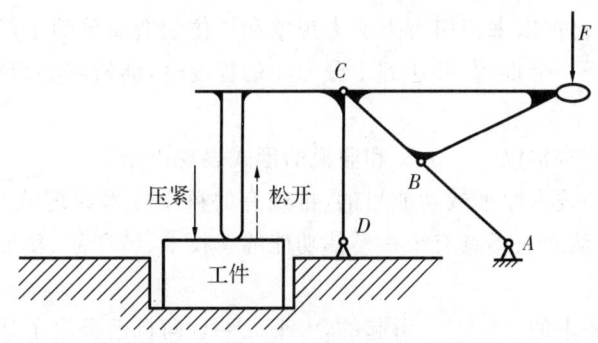

图 21-8　小型工件快速装夹方案

（3）潜艇在发射鱼雷或导弹时（见图 21-9），为防止海水涌进潜艇发射筒内，用什么方法来保证潜艇发射鱼雷或导弹时，发射筒具有严密的防水性的呢？

图 21-9　潜艇发射鱼雷

方案构思：

① 发射筒采用水密结构，发射筒上端由水密盖关闭。因为在发射前，发射筒盖大约承受着相当于 3 个大气压的外压作用。在这种情况下，如果不采取措施，发射筒盖是打不开的。

② 为了解决上述问题，构思解决办法：一是向发射筒内充气，使筒内的气压与筒外的水压相等；二是在发射筒筒盖下方，安装一层半球形气密塑胶薄膜，这层气密塑胶薄膜既不影响导弹的出筒速度，又能承受较小的压力。

③ 在潜艇弹道导弹发射筒口上，都安装有一层 1.8 mm 厚的气密塑胶薄膜，前端还有机械阀门装置。

21.4　考试复习与练习题

一、填空题

21-1　现代产品的主要特点:个性化、美学化、高效节能化、产品高质量化、_____环保化。

21-2　新产品开发策略是自行开发;_____开发;联合开发。

21-3　仿生学的基础是_____。人类生活在自然界,与周围的生物为"邻居",这些生物各种各样的奇异本领,自古以来吸引着人们去想象和模仿制造简单的生产工具。

21-4　人们潜心于一个难题,并达到十分专注的程度时,偶然间心智得到极大激发的心理现象是_____。

21-5　"异想天开"常常以_____和假说的形式表现出来。

21-6　按照一定的技术原理或功能目的,将现有的科学技术原理或方法、现象、物品作适当的组合或重新安排,从而获得具有统一整体功能的新技术、新产品、新形象的创造技法,称为_____法。

21-7　问题是由需求的_____引起的,一个人一旦向自己提出了某个问题,并产生解决它的强烈欲望,形成了"问题意识"。

21-8　在长期的思维实践中,每个人都形成了自己所惯用的、格式化的思考方式,当面临外界事物或现实问题的时候,人们就不假思索地把它们纳入特定的思维框架,并沿着特定的思维路径对它们进行思考和处理,这就是思维_____。

21-9　机械系统是由若干机械装置组成的、完成_____功能的系统。

21-10　机械系统主要由动力系统、_____系统、控制系统、传动系统等子系统组成。

二、是非题

21-11　机电系统仅有智能化的特性。　　　　　　　　　　　　　　　　　（　　）

21-12　在大自然中寻找解决问题的方程式就是思维创新。　　　　　　　　（　　）

21-13　思维定势就是采用自己所惯用的、新颖的思考方式。　　　　　　　（　　）

21-14　对于不同的功能要求,机械系统中的执行系统也不同。　　　　　　（　　）

21-15　产品结构设计的任务是确定机器各零部件的形状、尺寸。　　　　　（　　）

21-16　机器人是一种什么活都能干的万能机械。　　　　　　　　　　　　（　　）

21-17　洗衣机是利用水与衣物布料摩擦的洗涤动作实现清洁衣物的。　　　（　　）

21-18　在广义机构中,实现运动或动力转换比传统机构困难。　　　　　　（　　）

21-19　发散的创新设计方法,通常是对机器结构进行各种演化、变换或排列组合,产生大量的设计方案。　　　　　　　　　　　　　　　　　　　　　　　　　（　　）

21-20　联想是由一事物引发而想到另一事物的心理活动。　　　　　　　　（　　）

21-21　虚拟产品开发技术是以计算机仿真为基础,计算机图形学、创新设计为手段的综合应用技术。　　　　　　　　　　　　　　　　　　　　　　　　　　　（　　）

21-22　机电一体化系统由动力系统,驱动系统,机械系统,传感系统,液压系统五个要素

组。 （　　）

21-23　对于不同的功能要求,机械系统中的执行系统也不同。 （　　）

21-24　缝纫机是采用机械模仿人缝衣的动作设计的。 （　　）

21-25　虚拟现实技术(virtual reality,VR)是一种三维计算机图形技术与计算机硬件技术发展而实现的高级人机交互技术。 （　　）

三、问答题

21-26　分析缝纫机工作原理与人缝衣动作有何不同之处,简述对你创造新产品有何启示。

21-27　试举例通过突破思维定势进行产品创新设计的启示。

21-28　举例说明仿生学在军事上的应用。

21-29　举例说明机电一体化技术对机械系统的影响。

21-30　技术创新有哪些特点?

21-31　创新设计有哪 7 个原则,并举例说明?

21-32　简述新产品开发的策略。

21-33　思维定势有哪些危害,应如何克服?

21-34　举例说明生物体的结构与功能在机械产品设计方面给予了哪些启发。

21-35　天然气不停气能在线接分支管吗?

21-36　构思诸葛亮的木牛流马是何原理。

21-37　能否根据飞轮储存和释放能量的原理来构思机械电池的工作原理?

21-38　简述并联机床的结构特点及功用。

21-39　简述照相机防抖原理。

21-40　直升飞机能采用弹射救生的方式吗?

四、分析题

21-41　试分析题 21-41 图所示水果削皮机是如何工作的,画出其机构草图。

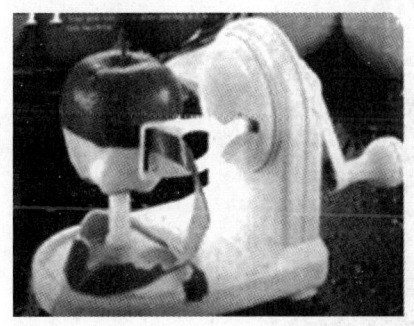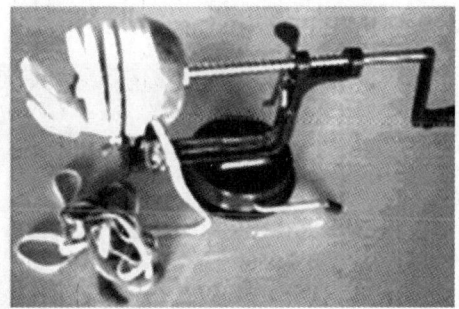

题 21-41 图

21-42　分析题 21-42 图所示新奇自行车的创意是否合理,并根据设计原则提出改进意见。

21-43　试根据设计原则分析题 21-43 图所示吃面吹风机、带 U 盘的瑞士军刀、可以坐的旅行箱的不足,并提出改进意见。

（1）双人骑自行车

（2）大链轮自行车

（3）横骑自行车

（4）穿鞋自行车

题 21-42 图

（1）吃面吹风机

（2）带U盘的瑞士军刀

（3）可以坐的旅行箱

题 21-43 图

21-44　试分析题 21-44 图所示火星车是如何利用机构特点越过前方小石头障碍的，画出其机构方案草图。

题 21-44 图

21-45 分析题 21-45 图所示服务机器人的创新特点,并说明其应改进的地方。

题 21-45 图

21-46 通过转换角度,对题 21-46 图你能看见什么? 对你的创新思维有何启发。

题 21-46 图

五、设计题 (对以下命题根据创新设计原则进行构思设计,画出方案草图,并简述其主要功能)

21-47 试发明"拾球器"来帮助捡训练场上的乒乓球。

21-48 利用自行车的功能,将废旧自行车巧利用,改装成能为生活服务的小装置。

21-49 分析打火机的原理,改进现有打火机,设计出儿童打不出火的安全打火机。

21-50 设计一种家庭用的可折叠的多功能书架。

21-51 设计两种家庭使用的能挤水的拖把。

21-52 设计一种用于"家用物件的清洁、整理、储存和维护用机械装置"。

21-53 试根据题 21-53 图的提示,设计一种鸡蛋煮蛋与剥壳机。(请至少提供两种方案,并简要说明实现方法)

题 21-53 图

21-54 参考题 21-54 图所示电动牙刷的提示,构思电动牙刷机构运动方案,画出草图。

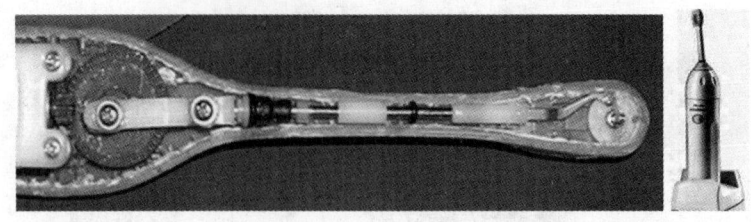

题 21-54 图

21-55 设计可拖动爬楼行李箱,实现上楼梯和在平地拖动。

21-56 锅碗瓢盆大比拼:要求用新构思、新方法、新材料改造传统碗盘、筷勺,开发出具有新功能的碗盘、筷勺。

21-57 进行适用双臂残疾人自动喂饭机器的遐想,有何奇妙的想法?

21-58 举升机构作为一种基本机构,在很多机械中都得到了应用,试设计一种用于题 21-58 图所示车载导弹发射的快速举升机构,并构思其工作原理,画出机构方案草图。

题 21-58 图

21-59 利用机构的功能,设计出家用多功能健身器,有什么奇妙的想法? 试画出构思的机构草图。

21-60 设计一仿骑马奔腾效果的自行车,从而使自行车行驶时形成车身周期性的上下波浪起伏,骑车人犹如骑坐在奔驰的马背上,简述其工作原理。

21-61 设计一种小偷打不开的锁,并简述其工作原理。

21-62 设计一种棉花与茶叶收获机,简述其工作原理,画出构思的机构运动方案草图。

21-63 设计一种零散硬币自动包装机,要求实现分类、整理、包装一体化。

参 考 文 献

[1] 彭文生,李志明,黄华梁.机械设计[M].2 版.北京:高等教育出版社,2008.

[2] 杨家军,机械原理[M].2 版.武汉:华中科技大学出版社,2014.

[3] 吴昌林,张卫国,姜柳林.机械设计[M].3 版.武汉:华中科技大学出版社,2011.

[4] 杨家军,张卫国.机械原理设计基础[M].2 版.武汉:华中科技大学出版社,2014.

[5] 黄华梁,彭文生.机械设计基础[M].4 版.北京:高等教育出版社,2007.

[6] 孙桓,陈作模,葛文杰.机械原理[M].8 版.北京:高等教育出版社,2013.

[7] 郑文伟,吴克坚.机械原理[M].8 版.北京:高等教育出版社,2010.

[8] 张策.机械原理与机械设计[M].北京:机械工业出版社,2004.

[9] 王德伦,高媛.机械原理[M].北京:机械工业出版社,2012.

[10] 申永胜.机械原理[M].北京:清华大学出版社,2005.

[11] 王知行,邓宗全.机械原理[M]. 北京:高等教育出版社,2006.

[12] 张春林,余跃进.机械原理教学参考书(上、中、下)[M].北京:高等教育出版社,2009.

[13] 申永胜.机械原理辅导与习题[M].北京:清华大学出版社,2006.

[14] 濮良贵,陈国定,吴立言.机械设计[M].9 版.北京:高等教育出版社,2013.

[15] 吴宗泽,高志.机械设计[M].2 版.北京:高等教育出版社,2009.

[16] 杨可桢,程光蕴,李仲生,等.机械设计基础[M].北京:高等教育出版社,2013.

[17] 濮良贵,纪名刚.机械设计学习指南[M].4 版.北京:高等教育出版社,2001.

[18] 陈国定.机械设计基础[M].北京:机械工业出版社,2005.

[19] 杨家军.机械创新设计技术[M].北京:科学技术出版社,2008.

[20] 杨家军.机械创新设计与实践[M].武汉:华中科技大学出版社,2014.

[21] 彭文生,杨家军,王均荣.机械设计与机械原理考研指南(上、下册)[M].2 版.武汉:华中科技大学出版社,2005.